Mathematik heute 8

Sekundarschule
Sachsen-Anhalt

Herausgegeben von
Heinz Griesel, Helmut Postel, Rudolf vom Hofe

Schroedel
westermann

Mathematik heute 8

Sekundarschule
Sachsen-Anhalt

Herausgegeben und bearbeitet von

Professor Dr. Heinz Griesel
Professor Helmut Postel
Professor Dr. Rudolf vom Hofe

Joachim Baum, Arno Bierwirth, Frieder Henker, Bernhard Humpert, Dirk Kehrig, Wolfgang Krippner,
Prof. Dr. Matthias Ludwig

An dieser Ausgabe für Sachsen-Anhalt wirkten mit:
Erika Beier, Silke Haumann, Dr. Bernd Liebau, Anke Wilke

Zum Schülerband erscheint:
Lösungen Best.-Nr. 87870
Arbeitsheft 8 Sachsen-Anhalt Best.-Nr. 87864

Druck A[8] / Jahr 2025
Alle Drucke der Serie A sind im Unterricht parallel verwendbar.

Redaktion: Dr. Heike Bütow
Herstellung: Reinhard Hörner
Titel- und Innenlayout: Janssen Kahlert, Design & Kommunikation GmbH, Hannover
Illustrationen: Dietmar Griese; Zeichnungen: Günter Schlierf, Peter Langner
Satz: Konrad Triltsch, Print und digitale Medien GmbH, 97199 Ochsenfurt
Druck und Bindung: Westermann Druck GmbH, Georg-Westermann-Allee 66, 38104 Braunschweig

ISBN 978-3-507-**87858**-7

Inhaltsverzeichnis

ZUM METHODISCHEN AUFBAU DER LERNEINHEITEN

Einstieg bietet einen direkten Zugang zum Thema.

Aufgabe mit vollständigem Lösungsbeispiel. Diese Aufgaben können alternativ oder ergänzend als Einstiegsaufgaben dienen. Die Lösungsbeispiele eignen sich sowohl zum eigenständigen Nacharbeiten als auch zum Erarbeiten von Lernstrategien.

Zum Festigen und Weiterarbeiten Hier werden die neuen Inhalte durch benachbarte Aufgaben, Anschlussaufgaben und Zielumkehraufgaben gefestigt und erweitert. Sie sind für die Behandlung im Unterricht konzipiert und legen die Basis für eine erfolgreiche Begriffsbildung.

Information Wichtige Begriffe, Verfahren und mathematische Gesetzmäßigkeiten werden hier übersichtlich hervorgehoben und an charakteristischen Beispielen erläutert.

Übungen In jeder Lerneinheit findet sich reichhaltiges Übungsmaterial. Dabei werden neben grundlegenden Verfahren auch Aktivitäten des Vergleichens, Argumentierens und Begründens gefördert, sowie das Lernen aus Fehlern.
Spielerische Übungsformen unterstützen handlungsorientiertes Lernen.
Aufgaben mit Lernkontrollen sind an geeigneten Stellen eingefügt.
Grundsätzlich lassen sich fast alle Übungsaufgaben auch im Team bearbeiten. In einigen besonderen Fällen wird zusätzlich Anregung zur Teamarbeit gegeben.
Die Fülle an Aufgaben ermöglicht dabei unterschiedliche Wege und innere Differenzierung.

Vermischte und komplexe Übungen Hier werden die erworbenenen Qualifikationen in vermischter Form angewandt und mit den bereits gelernten Inhalten vernetzt.

Bist du fit? Auf diesen Seiten am Ende eines Kapitels können Lernende eigenständig überprüfen, inwieweit sie die neu erworbenen Grundqualifikationen beherrschen. Die Lösungen hierzu sind im Anhang des Buches abgedruckt.

Im Blickpunkt / Projekt Hier geht es um komplexere Sachzusammenhänge, die durch mathematisches Denken und Modellieren erschlossen werden. Die Themen gehen dabei häufig über die Mathematik hinaus, sodass Fächer übergreifende Zusammenhänge erschlossen werden. Es ergeben sich Möglichkeiten zum Arbeiten in Projekten und zum Einsatz neuer Medien.

Aufgabenpraktikum Das Kapitel 7 beinhaltet umfangreiches Material für das Aufgabenpraktikum. Außerdem können dafür die Blickpunkte und Projekte sowie Aufgaben aus den Teilkapiteln „Vermischte und komplexe Übungen" genutzt werden.

Piktogramme weisen auf besondere Anforderungen bzw. Aufgabentypen hin:

Teamarbeit

Suche nach Fehlern

Tabellenkalkulation

Dynamische Geometrie-Software

Internet

Zur Differenzierung

Der Aufbau und insbesondere das Übungsmaterial sind dem Schwierigkeitsgrad nach gestuft. Dem Lehrer sei daher empfohlen, bei den schwierigeren Aufgaben zu überprüfen, welche für seine Schüler noch angemessen sind. Eine weitere Hilfe für die individuelle Förderung der einzelnen Schüler geben die folgenden Zeichen:
Hauptschulabschlussbezogen: keine Kennzeichnung
Realschulabschlussbezogen: keine Kennzeichnung, zusätzlich ● und **7.**
Anspruchsvollere Aufgaben sind durch eine rote Aufgabennummer, z. B. **7.** gekennzeichnet.
Zusätzliche Aufgabenstellungen sind durch △, ▲ und ▲ gekennzeichnet.

Einheiten

Längen

10 mm	=	1 cm
10 cm	=	1 dm
10 dm	=	1 m
1000 m	=	1 km

Flächeninhalte

$100\ mm^2 = 1\ cm^2$	$100\ m^2 = 1\ a$
$100\ cm^2 = 1\ dm^2$	$100\ a = 1\ ha$
$100\ dm^2 = 1\ m^2$	$100\ ha = 1\ km^2$

Die Umwandlungszahl ist 100

Volumina

$1\,000\ mm^3 = 1\ cm^3$	$1\ dm^3 = 1\ l$
$1\,000\ cm^3 = 1\ dm^3$	$1\,000\ ml = 1\ l$
$1\,000\ dm^3 = 1\ m^3$	$1\ cm^3 = 1\ ml$

Die Umwandlungszahl ist 1 000

Massen

1 000 mg = 1 g
1 000 g = 1 kg
1 000 kg = 1 t

Die Umwandlungszahl ist 1 000

Zeitdauer

60 s = 1 min
60 min = 1 h
24 h = 1 d

Mathematische Symbole

Zahlen

$a = b$	a gleich b
$a \neq b$	a ungleich b
$a < b$	a kleiner b
$a > b$	a größer b
$a \approx b$	a ungefähr gleich (rund) b
$a + b$	Summe aus a und b; a plus b
$a - b$	Differenz aus a und b; a minus b
$a \cdot b$	Produkt aus a und b; a mal b
$a : b$	Quotient aus a und b; a durch b
$\lvert a \rvert$	Betrag von a
a^n	Potenz aus Basis (Grundzahl) a und Exponent (Hochzahl) n; a hoch n
p%	p Prozent
$\mathbb{N}$	Menge der natürlichen Zahlen
$\mathbb{Z}$	Menge der ganzen Zahlen
$\mathbb{Q}$	Menge der rationalen Zahlen
$\mathbb{Q}_+$	Menge der gebrochenen Zahlen

Geometrie

$\overline{AB}$	Verbindungsstrecke der Punkte A und B; Strecke mit den Endpunkten A und B; Länge der Strecke $\overline{AB}$
AB	Verbindungsgerade durch die Punkte A und B; Gerade durch A und B
$\overrightarrow{AB}$	Strahl mit dem Anfangspunkt A durch den Punkt B
$g \parallel h$	Gerade g ist parallel zur Geraden h
$g \perp h$	Gerade g ist senkrecht zur Geraden h
$P(x \mid y)$	Punkt P mit den Koordinaten x und y
ABC	Dreieck mit den Eckpunkten A, B und C
ABCD	Viereck mit den Eckpunkten A, B, C und D
$\sphericalangle PSQ$	Winkel mit dem Scheitel S und den Schenkeln $\overrightarrow{SP}$ und $\overrightarrow{SQ}$
$F \cong G$	Figur F ist kongruent zu Figur G
h_a	Höhe auf der Seite a

Bleib fit im ...

Umgang mit den rationalen Zahlen

Zum Aufwärmen

1. *Peters Geldgeschichten*

a) (1) Peter führt den Hund von Frau Meier regelmäßig spazieren. Dafür bekommt er 20 € im Monat. Frau Meier hat für Juli bis Dezember im Voraus bezahlt:
(+20 €) + (+20 €) + (+20 €) + (+20 €) + (+20 €) + (+20 €).
Wie berechnet man diese Summe durch Multiplizieren?

(2) Am 30. September ist Frau Meier nach Mallorca geflogen, mit ihrem Hund. Peter muss leider drei Bezahlungen rückgängig machen:
(+20 €) + (+20 €) + (+20 €) + (+20 €) + (+20 €) + (+20 €) – (+20 €) – (+20 €) – (+20 €).
Welches Produkt kann er anstelle der roten Änderung addieren?

b) (1) Für das Mittagessen in der Schule hat er fünfmal 3,50 € im Voraus ausgegeben:
(–3,50 €) + (–3,50 €) + (–3,50 €) + (–3,50 €) + (–3,50 €).
Wie addiert man negative rationale Zahlen?
Wie kann man diese Änderung durch Multiplizieren berechnen?

(2) Übersehen wurden am Donnerstag die Bundesjugendspiele und am Freitag ein Feiertag. Da kann er glücklicherweise zwei der Ausgaben für das Mittagessen in der Schule wieder rückgängig machen:
(–3,50 €) + (–3,50 €) + (–3,50 €) + (–3,50 €) + (–3,50 €) – (–3,50 €) – (–3,50 €).
Wie subtrahiert man negative rationale Zahlen?
Welches Produkt kann man anstelle der roten Änderung addieren?

c) Wie ändert sich sein Geldvorrat insgesamt? Erkläre mithilfe der Teilaufgaben a) bis d), wie man rationale Zahlen (mit positiven und negativen Vorzeichen) multipliziert.

Zum Erinnern

Betrag:
Abstand von 0
|–7| = 7
|+3| = 3
|0| = 0

(1) Addieren rationaler Zahlen

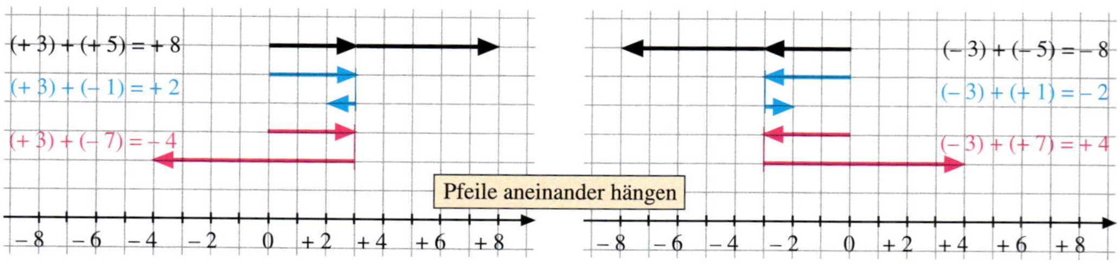

- Zwei rationale Zahlen mit *gleichen Vorzeichen* werden addiert, indem man die Beträge addiert und das gemeinsame Vorzeichen übernimmt.
- Zwei rationale Zahlen mit *verschiedenen Vorzeichen* und *verschiedenen* Beträgen werden addiert, indem man den kleineren Betrag von dem größeren subtrahiert und das Vorzeichen beim größeren Betrag übernimmt.
Bei *verschiedenen* Vorzeichen und *gleichen* Beträgen ist die Summe 0.

Die entgegengesetzte Zahl einer Zahl erhält man durch Ändern des Vorzeichens: –5 ist die entgegengesetzte Zahl von +5.

(2) Subtrahieren rationaler Zahlen

Eine rationale Zahl wird subtrahiert, indem man ihre entgegengesetzte Zahl addiert.

Beispiele: (+5) – (+6) = (+5) + (–6) = –1 (+5) – (–6) = (+5) + (+6) = +11

(3) Multiplizieren rationaler Zahlen

(a) Mit positiven Zahlen multiplizieren

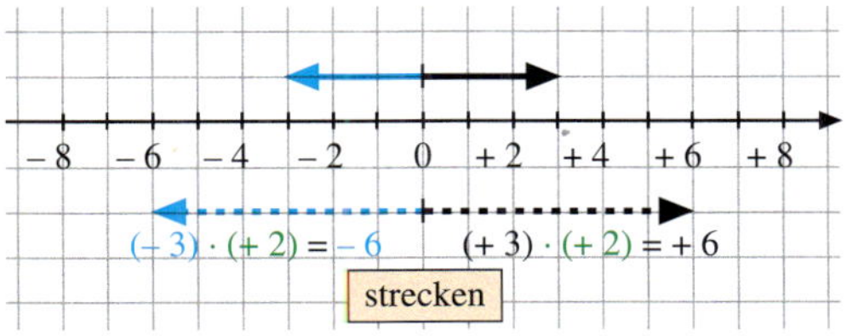

(b) Mit negativen Zahlen multiplizieren

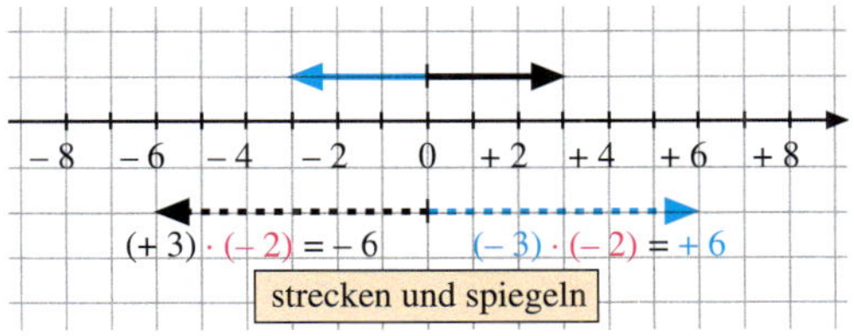

Zwei rationale Zahlen werden multipliziert, indem man ihre Beträge multipliziert und das Vorzeichen wie nebenstehend bestimmt. Außerdem gelten:

$a \cdot 0 = 0; \quad 0 \cdot a = 0$

$+ \cdot + = +$
$+ \cdot - = -$
$- \cdot + = -$
$- \cdot - = +$

Den Kehrwert (das Reziproke) eines Bruches erhält man durch Vertauschen von Zähler und Nenner.

(4) Dividieren rationaler Zahlen

Durch eine rationale Zahl ungleich 0 wird dividiert, indem man mit dem Kehrwert multipliziert.

Beispiel: $(+6) : (-3) = (+6) : \left(-\frac{3}{1}\right) = (+6) \cdot \left(-\frac{1}{3}\right) = -2$

Zum Trainieren

2. a) Ordne nach der Größe: 25; −15; 5,5; $-\frac{25}{2}$; 12,1; −25,5; $-\frac{99}{4}$

b) Bilde die Beträge der Zahlen aus Teilaufgabe a) und ordne die Beträge.

3. a) Zeichne in ein Koordinatensystem die Punkte A(−4|−1); B(−1|−1); C(1|1); D(5|1); E(4|−3); F(−5|−3) und verbinde sie der Reihe nach zu einem Vieleck.

b) Addiere (−3) zu allen Koordinaten in Teilaufgabe a). Zeichne die entstehenden Punkte in ein neues Koordinatensystem. Wie entsteht das neue Vieleck aus dem vorherigen?

4.

a)	b)	c)	d)
(+12) + (−8)	(+15) − (−8)	(−5) · (+3)	(−30) : (+6)
(+24) + (+16)	(+17) − (+9)	(−4) · (−16)	(−21) : (−7)
(+8) + (−15)	(+22) − (+25)	(−5) · (+15)	(−24) : (+12)
(−21) + (+10)	(−19) − (+11)	(+9) · (−20)	(+39) : (+3)
(−17) + (+33)	(−13) − (−5)	(+11) · (−7)	(+48) : (−4)
(−12) + (−14)	(−24) − (−30)	(+12) · (+11)	0 : (8 + (−8))
(−117) + (+117)	(+63) − (+63)	0 · (−17)	0 : (−50)
(−27) + (−27)	(+25) − (−25)	(−8) · (+8)	(−12) : 0

5.

a)	b)	c)	d)
$(-100 + 8) \cdot 0{,}5$	$-25 - 30 - 5$	$(-2)^4 - 24$	$\left(-\frac{2}{5}\right) \cdot \left(-\frac{1}{3}\right)$
$-7{,}5 : (-5) - 3{,}5 : (-5)$	$(-5) \cdot (-6) \cdot (-2)$	$-6 + (-4)^3$	$\left(-\frac{2}{5}\right) + (-0{,}5)$
$-0{,}3 - 0{,}8 \cdot (-2)$	$100 : (-2) : (-2)$	$(5 - 10)^2$	$\left(-\frac{1}{4}\right) : \left(+\frac{1}{2}\right)$

6. Mit drei Zahlen aus dem Korb kann man Aufgaben bilden, bei denen das Ergebnis zwischen −20 und −10 liegt. Finde mehrere solche Aufgaben.

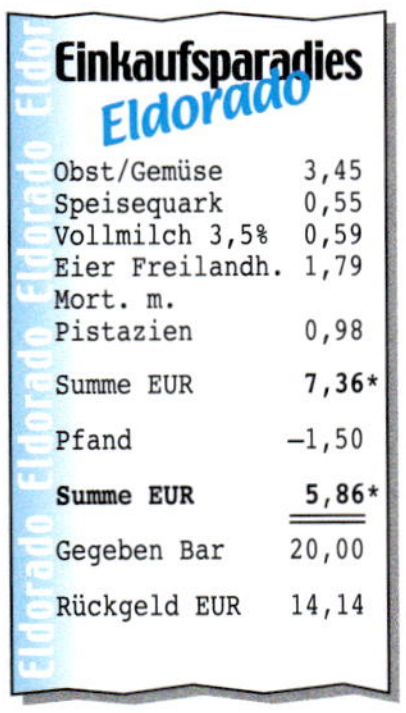

7. a) Gib einen einzigen Term an, mit dem man das Rückgeld berechnen kann.

b) Wie viel sollte man dem Kassierer geben, damit er einen glatten Betrag zurückgeben kann?

c) Wie ändert sich das Rückgeld, wenn man noch zusätzlich eine Schokolade für 1,50 € kauft?

d) Wie ändert sich das Rückgeld, wenn man noch weitere Flaschen mit 2 € Pfand abgibt?

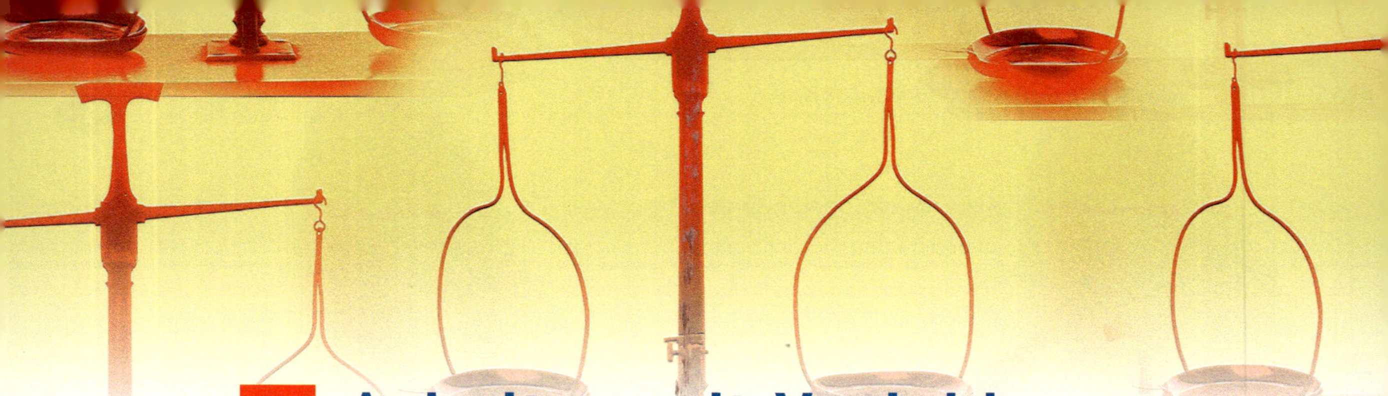

1 Arbeiten mit Variablen, Gleichungen und Formeln

C4 | = =2*A4+3*B4

	A	B	C
1	Berechnung von Termwerten		
2			
3	a	b	2·a + 3·b
4	1	1	5
5	2	2	10
6	3	3	15
7	4	4	20
8	5	5	25
9			

Im Bamberger Rechenbüchlein aus dem Jahre 1483 findet man folgende Aufgabe:

Es ist ein Thurn gepawel nach soliche Sitten on des thurn ist $\frac{1}{4}$ im ertrich und $\frac{1}{5}$ im wasser und 100 schuch im Luft. Nu fragt man wyvil schuch sein in wasser des thurn on wyvil schuch sein im ertrich und eyvil schuch sein an dem ganzen thurn.

Hinweis: 1 Schuh (schuch) ist ein altes Längenmaß

➜ Wie könnte in unserer Sprache diese Aufgabe lauten?

➜ Wie kannst du herausfinden, wie hoch der Turm ist?

In diesem Kapitel lernst du ...

... wie man Terme mit und ohne Klammern umformen sowie Gleichungen mit Klammern lösen kann.

TERME MIT VARIABLEN

Aufstellen von Termen — Berechnen von Termwerten

Einstieg

Ein Mobilfunkunternehmen wirbt mit folgendem Angebot:

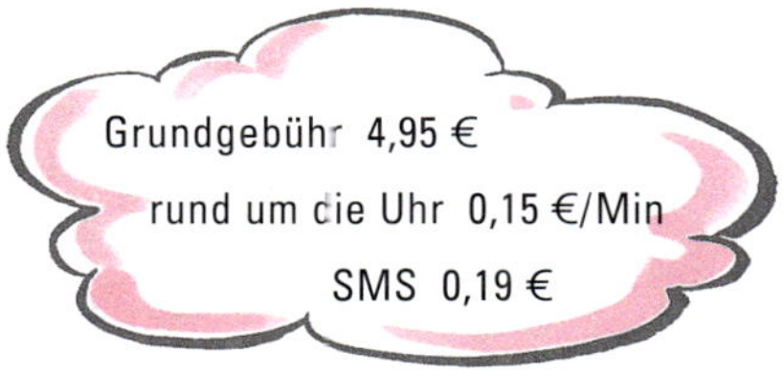

Anzahl x der Gesprächsminuten	Anzahl y der SMS	Kosten (in €)
10	15	
19	12	

Aufgabe

1. a) Eine rechteckige Tischplatte soll um den Rand herum einen Schutzumleimer aus Kunststoff erhalten. Berechne jeweils die Länge des Umleimers für folgende Seitenlängen:

(1) a = 89 cm, b = 58 cm (2) a = 1,24 m, b = 0,78 m

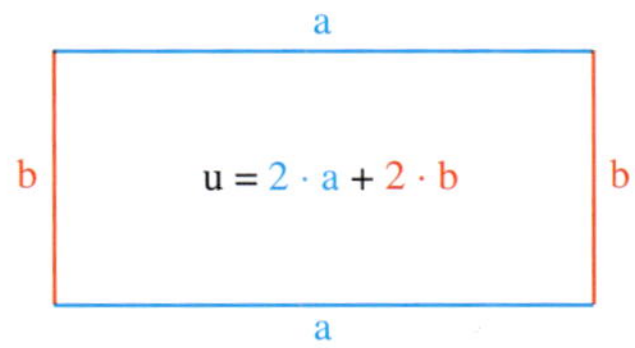

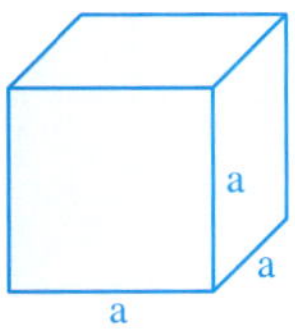

b) Die Schüler der Klasse 8a wollen für den Mathematikunterricht Würfel aus Karton herstellen.

(1) Berechne den Kartonbedarf A_O ohne Verschnitt und Klebefalz für a = 15 cm.

(2) Berechne A_O für a = 14 mm; a = 7,5 cm; a = 8,2 dm.
Lege eine Tabelle an.

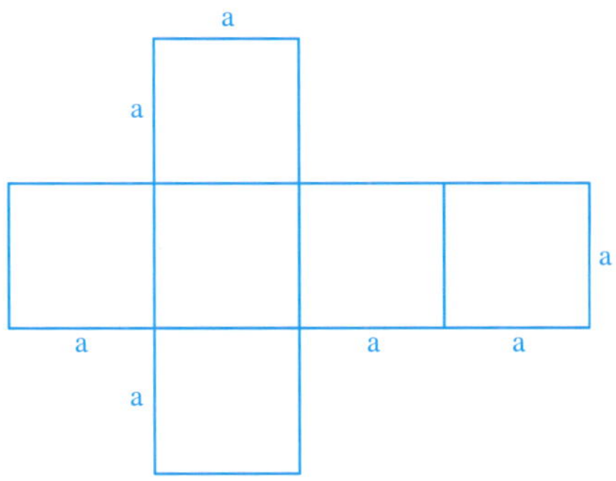

Lösung

a) Die Länge des Umleimers ist der Umfang u des Rechtecks, für den gilt:
$u = 2 \cdot a + 2 \cdot b$

Punktrechnung vor Strichrechnung

(1) $u = 2 \cdot a + 2 \cdot b$
$u = 2 \cdot 89\text{ cm} + 2 \cdot 58\text{ cm}$
$u = 178\text{ cm} + 116\text{ cm}$
$u = 294\text{ cm}$
Ergebnis: Der Umfang beträgt 294 cm.

(2) $u = 2 \cdot a + 2 \cdot b$
$u = 2 \cdot 1{,}24\text{ m} + 2 \cdot 0{,}78\text{ m}$
$u = 2{,}48\text{ m} + 1{,}56\text{ m}$
$u = 4{,}04\text{ m}$
Ergebnis: Der Umfang beträgt 4,04 m.

b) Die Oberfläche eines Würfels besteht aus 6 gleich großen Quadraten mit der Seitenlänge a. Der Oberflächeninhalt A_O lässt sich nach der Formel $A_O = 6 \cdot a^2$ berechnen.

Potenzrechnung vor Punktrechnung

(1) $A_O = 6 \cdot a^2$
$A_O = 6 \cdot (15\text{ cm})^2$
$A_O = 6 \cdot 225\text{ cm}^2$
$A_O = 1\,350\text{ cm}^2$
Ergebnis: Der Oberflächeninhalt beträgt 1 350 cm².

(2)

a	A_O
14 mm	1 176 mm²
7,5 cm	337,5 cm²
8,2 dm	403,44 dm²

Wiederholung

veränderbar
(lat.) variabel

(1) Terme und Variablen

Du kennst Terme mit Zahlen. In der Aufgabe 1 traten die Terme $2 \cdot a + 2 \cdot b$ und $6 \cdot a^2$ auf. Diese Terme können erst berechnet werden, wenn anstelle von a bzw. b Zahlen oder Größen eingesetzt werden. Dann erhält man den *Wert des Terms*.
Die Buchstaben halten also den Platz frei für eine Einsetzung von Zahlen oder Größen. Da die Einsetzungen für den *Platzhalter* veränderbar sind, heißen solche Buchstaben *Variable*.
Auch Zeichen wie □, ○, △ können als Variablen verwendet werden, z.B. $3 \cdot \square + 4 \cdot \triangle$.

Terme (Rechenausdrücke) kann man einteilen in solche *mit* und solche *ohne* Variablen.

Variablen (Platzhalter) sind Zeichen, meist Buchstaben wie x, y, z, a, b, welche den Platz für eine Einsetzung von Zahlen oder Größen freihalten.

Terme	
mit Variablen	ohne Variablen
Beispiel: $4 \cdot x + 5$	*Beispiel:* $4 \cdot 7 + 2 \cdot 8$

(2) Vorrangregeln für das Berechnen von Termen

(1) Klammern werden zuerst berechnet.
(2) Potenzrechnung geht vor Punkt- und Strichrechnung.
(3) Punktrechnung geht vor Strichrechnung.
(4) In allen anderen Fällen wird von links nach rechts gerechnet.

Beispiel (1)

$2 \cdot (15 - 3 \cdot 4)$ — Klammer zuerst, dann Punkt vor Strich
$= 2 \cdot (15 - 12)$
$= 2 \cdot 3$
$= 6$

Beispiel (2)

$3 \cdot 4 + 2 \cdot 5^2$ — Potenzrechnung vor Punkt- und Strichrechnung
$= 3 \cdot 4 + 2 \cdot 25$ — Punktrechnung vor Strichrechnung
$= 12 + 50$
$= 62$

Terme ohne Variablen kann man wie in den Beispielen (1) und (2) mithilfe der Vorrangregeln berechnen.
Terme mit Variablen kann man nur berechnen, wenn man für die Variable Zahlen einsetzt.
Beispiel: Der Term $7 \cdot (a^2 - 3 \cdot a)$ enthält die Variable a. Setzt man für a die Zahl 4 ein, so erhält man den Term $7 \cdot (4^2 - 3 \cdot 4)$. Diesen Term kann man wie im Beispiel rechts nach den Vorrangregeln berechnen.

Term $7 \cdot (a^2 - 3 \cdot a)$
Termberechnung für $a = 4$
$7 \cdot (4^2 - 3 \cdot 4)$
$= 7 \cdot (16 - 12)$
$= 7 \cdot 4$
$= 28$

(3) Weglassen von Multiplikationszeichen

Multiplikationszeichen dürfen weggelassen werden, wenn keine Missverständnisse möglich sind. Ferner ist $1 \cdot x = x$.

Beispiele: 4a statt $4 \cdot a$ ab statt $a \cdot b$ 2(x + y) statt $2 \cdot (x + y)$
aber *nicht* 45 statt $4 \cdot 5$

(4) Produkt als Summe aus gleichen Summanden

Es gilt: $a + a + a = 3 \cdot a$
$= 3a$

$b + b + b + b + b + c + c = 5 \cdot b + 2 \cdot c$
$= 5b + 2c$

Information

(5) Termstruktur (Name eines Terms)

Die letzte Rechenart, die bei der Berechnung eines Terms an die Reihe kommt, entscheidet über die Struktur (den Namen) des Terms.

(a) $7 \cdot x + 8 \cdot y$

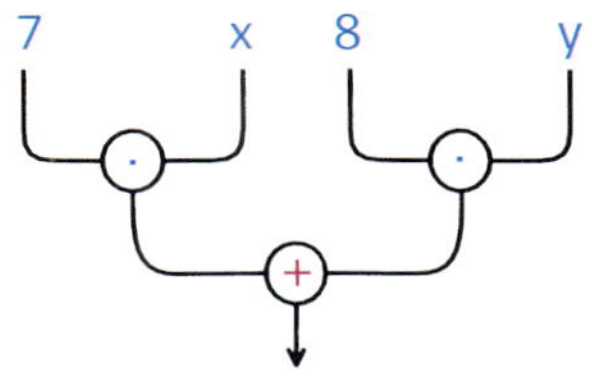

Der Term ist eine *Summe*, weil das Addieren zuletzt an die Reihe kommt.

(b) $4 \cdot x^2 - 9 \cdot z$

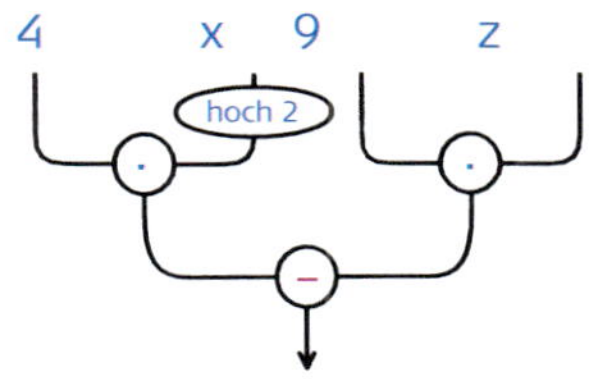

Der Term ist eine *Differenz*, weil das Subtrahieren zuletzt an die Reihe kommt.

(c) $(8 + z) \cdot 7$

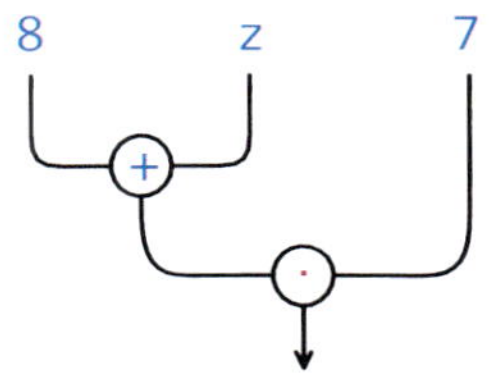

Der Term ist ein *Produkt*, weil das Multiplizieren zuletzt an die Reihe kommt.

(d) $(9 - y) : 4$

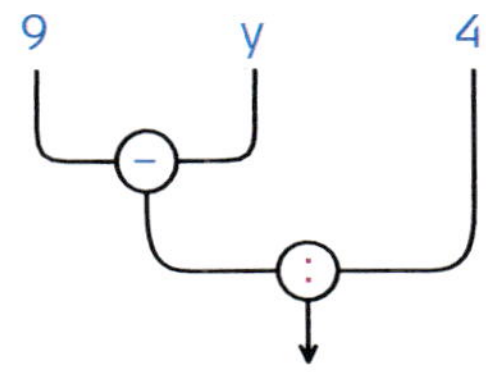

Der Term ist ein *Quotient*, weil das Dividieren zuletzt an die Reihe kommt.

(e) $4 : (3 \cdot x + 2)$

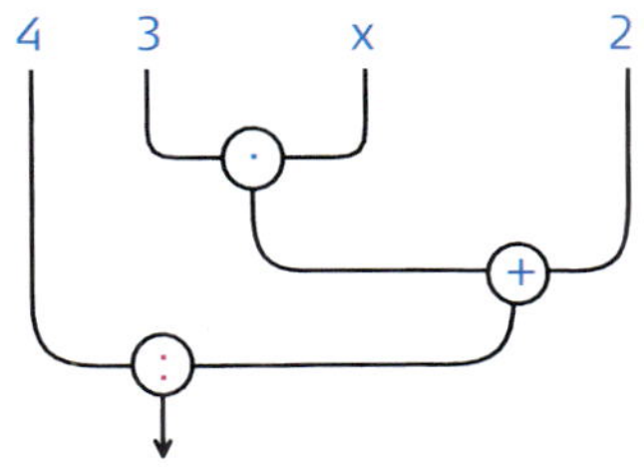

Der Term ist ein *Quotient*, weil das Dividieren zuletzt an die Reihe kommt.

(f) $(4 \cdot y - 6)^3$

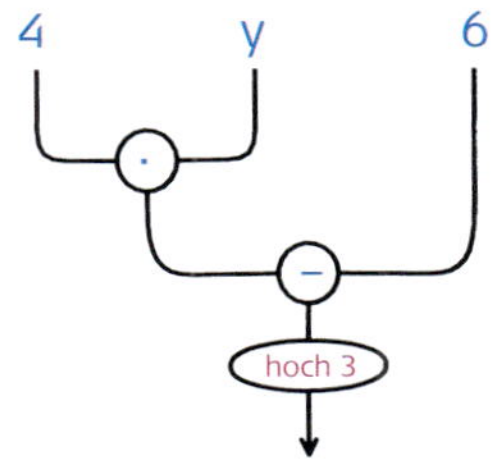

Der Term ist eine *Potenz*, weil das Potenzieren zuletzt an die Reihe kommt.

Zum Festigen und Weiterarbeiten

2. a) Schreibe die Tabelle ab und fülle sie aus. Ergänze sie für:

Zahlklammern beim Einsetzen negativer Zahlen

(1) $x = 12;\ y = 5$ (4) $x = -4;\ y = 9$ (7) $x = -3{,}5;\ y = -2{,}5$

(2) $x = 9;\ y = 11$ (5) $x = -3;\ y = -5$ (8) $x = \frac{7}{4};\ y = \frac{8}{9}$

(3) $x = 0;\ y = 20$ (6) $x = 3{,}7;\ y = 2{,}6$ (9) $x = -\frac{1}{2};\ y = -\frac{2}{3}$

x	y	$x \cdot y + 5$	$x \cdot (y - 5)$	$y \cdot (x - 5)$	$x^2 + 5$
1	2				

b) Gib die Namen der Terme in Teilaufgabe a) an.

3. **a)** Stelle eine Formel für den Oberflächeninhalt A_O eines Quaders mit quadratischer Grundfläche auf.

b) Berechne den Oberflächeninhalt A_O für:
(1) x = 7 cm; y = 5 cm (2) x = 2,5 cm; y = 3,5 cm

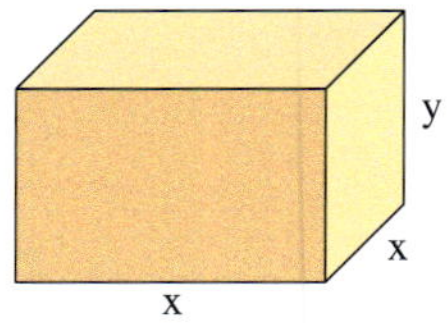

4. Wo steckt der Fehler? Erkläre und korrigiere.

a) *Term: $3 \cdot x + x \cdot 4$*
2 eingesetzt:
$3 \cdot 2 + x \cdot 4$

b) *Term: $6 \cdot x - y$*
eingesetzt $x = 2$; $y = 1$:
$6 \cdot 2 - 2$

c) *Term: $x \cdot 7 - 4$*
eingesetzt $x = 5$:
$5 \cdot 3$

5. Ein Term mit einer Variablen kann auch in der Wortform angegeben werden, z. B. wird das Doppelte einer Zahl a vermindert um 10 durch den Term $2 \cdot a - 10$ beschrieben. Beschreibe durch einen Term

a) die Hälfte einer Zahl vermehrt um 12;

b) das Quadrat einer Zahl vermindert um 1;

c) den (1) Nachfolger, (2) Vorgänger einer natürlichen Zahl n;

d) das Vierfache einer Zahl a vermindert um b.

Information

x + x → 3, 5: verboten
x + y → 3: erlaubt

Für gleiche Variablen müssen immer gleiche Zahlen eingesetzt werden.
Für verschiedene Variablen dürfen verschiedene, aber auch gleiche Zahlen eingesetzt werden.

Übungen

6. Die Mietkosten eines Lkws setzen sich aus einer Tagespauschale (einschließlich der ersten 100 km) und einem Mehr-km-Preis zusammen.
Stelle für jede Wagenklasse den Term auf, mit dem man die Mietkosten berechnen kann. Setze dabei x für die Anzahl der Tage und y für die Anzahl der Mehr-km.

Fahrzeugart (Nutzlast)	Tages-pauschale	Mehr-km-Preis
Lkw (850 kg)	60 €	0,18 €
Lkw (1,5 t)	106 €	0,30 €
Lkw (2,5 t)	168 €	0,46 €

7. Stelle einen Term auf für:

a) den Flächeninhalt des Rechtecks

b) den Umfang des Rechtecks

c) den Flächeninhalt des gelben Dreiecks

d) den Flächeninhalt der grünen Fläche

e) den Umfang der grünen Fläche

f) den Flächeninhalt der roten Fläche

g) den Umfang der roten Fläche

h) den Flächeninhalt der drei Flächen zusammen

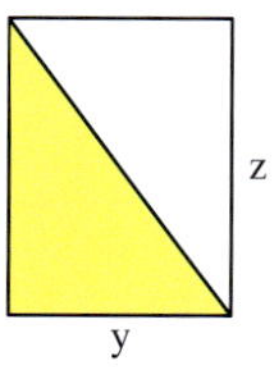

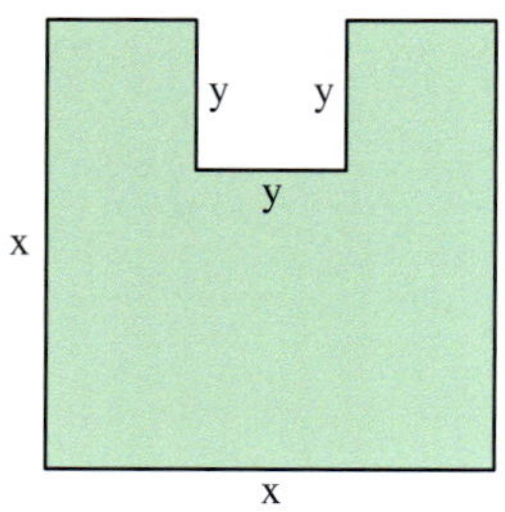

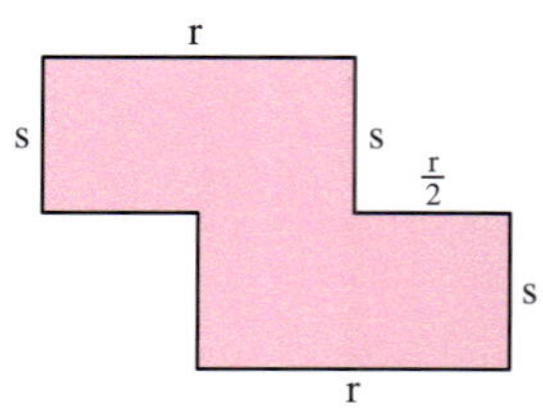

8. Welche Multiplikationszeichen darfst du weglassen, ohne Fehler zu machen? Schreibe wie im Beispiel.

$5 \cdot x = 5x$
$a \cdot b - 7 \cdot \frac{3}{4} = ab - 7 \cdot \frac{3}{4}$

a) $9 \cdot c$ **d)** $4 \cdot 5 \cdot x$ **g)** $2 \cdot \frac{1}{2} + \frac{3 \cdot x}{2}$
b) $-3 \cdot 4$ **e)** $7 \cdot (a - 8 \cdot 6)$ **h)** $3 \cdot 5^2 - 1 \cdot x$
c) $3 \cdot a \cdot b$ **f)** $(2 \cdot x - y) \cdot 4 \cdot a$ **i)** $(4 + x) \cdot (4 - x)$

9. **a)** Setze die Tabelle fort mit:
(1) $x = 3;\ y = 5$ (3) $x = -2;\ y = 5$ (5) $x = 1{,}2;\ y = 4{,}8$ (7) $x = -\frac{1}{4};\ y = \frac{3}{2}$
(2) $x = 2;\ y = 6$ (4) $x = -3;\ y = -1$ (6) $x = 1{,}2;\ y = -4{,}8$ (8) $x = -\frac{3}{10};\ y = -\frac{2}{5}$

x	y	2x + (y − 4)	2(x · y) − 4	2 · (x + y − 4)	$x^2 - 2y$
3	5				

b) Gib die Namen der Terme in Teilaufgabe a) an.

10. Ein Händler bietet verschiedene Sorten Äpfel an.

a) Es werden x kg Ontario und y kg Golden Delicius gekauft.
Notiere einen Term, mit dem man den Preis P in € berechnen kann.
Bestimme mithilfe des Terms den Preis P für
(1) 3 kg Ontario und 5 kg Golden Delicius;
(2) 2,4 kg Ontario und 4,3 kg Golden Delicius.

b) Den Preis kannst du auch mithilfe einer Tabellenkalkulation berechnen. Welche Formel wurde in der Zelle E2 eingegeben?
Erstelle die Tabelle mit deinem Kalkulationsprogramm.

TAB

	A	B	C	D	E
1	Apfelsorte	Ontario	Gold. Delicius	Cox-Orange	Preis
2	Masse [kg]	1,6	2,4	1,8	8,20 €

11. Setzt man für die Variable n nur natürliche Zahlen ein, so beschreibt der Term $3 \cdot n$ alle Vielfachen von 3. Beschreibe durch einen Term
a) alle durch 5 teilbaren natürlichen Zahlen;
b) alle (1) geraden natürlichen Zahlen; (2) ungeraden natürlichen Zahlen.

12. Stelle einen Term auf.
a) Ein Drittel einer Zahl s vermehrt um t. **b)** Das Quadrat einer Zahl x vermindert um y.

13. Gib den Term in der Wortform an.
a) $3a - 7$ **b)** $18 - 4b$ **c)** $x^2 - 2y$ **d)** $0{,}5r + 2s$

14. **a)** Der Term $3a + 7b$ soll den Wert 44 erhalten.
Gib mögliche Einsetzungen für a und b an. Versuche mehrere Lösungen zu finden.
b) Julia hat die Teilaufgabe a) so gelöst: $3 \cdot 4{,}4 + 7 \cdot 4{,}4$.
Was meinst du dazu?

Bruchterme – Definitionsbereich eines Bruchterms

Einstieg

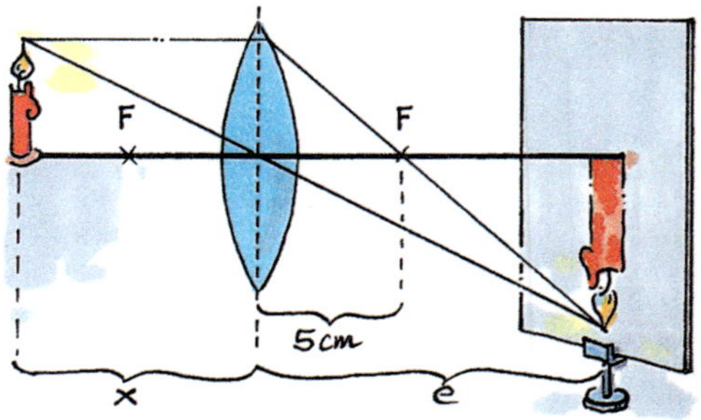

Stellt man eine Kerze vor einer Sammellinse (mit der Brennweite 5 cm) auf, so kann man auf der anderen Seite der Linse auf einem Schirm ein Bild der Kerze auffangen. Dieses ist aber nur scharf, wenn man den Schirm in einer bestimmten Entfernung von der Linse platziert.
In der Physik kann man zeigen, dass für eine Linse mit der Brennweite 5 cm gilt:
Ist x (in cm) die Entfernung der Kerze von der Linse, so erhält man ein scharfes Bild, wenn die Entfernung e (in cm) des Schirmes von der Linse $e = \frac{5 \cdot x}{x - 5}$ beträgt.

→ Die Kerze steht 7 cm von der Linse entfernt. Ermittle rechnerisch, in welcher Entfernung e der Schirm aufgestellt werden muss.

Wenn man die Kerze 5 cm von der Linse entfernt aufstellt, so erhält man kein scharfes Bild von der Kerze, wie immer man auch den Schirm verschiebt. Dies liegt daran, dass die Kerze genau im Brennpunkt vor der Linse steht.

→ Was erhält man, wenn man bei x = 5 cm versucht, die Entfernung des Schirms e rechnerisch zu bestimmen?

Aufgabe

1. Setze in den *Bruchterm* $\frac{5}{x - 2}$ für x folgende Zahlen ein: 3; 2; 1,5; 1; 0; −1.
Berechne, wenn möglich, den Wert des Terms.
Welche Zahlen dürfen für x eingesetzt werden?
Man fragt auch: Für welche Einsetzungen ist der Term definiert (erklärt)?
Fasse alle Zahlen, für die der Term definiert ist, zum *Definitionsbereich* D des Bruchterms zusammen. Gib diesen an.

Lösung

x	3	2	1,5	1	0	−1
$\frac{5}{x-2}$	$\frac{5}{3-2} = \frac{5}{1} = 5$	$\frac{5}{2-2} = \frac{5}{0}$ (nicht definiert)	$\frac{5}{1,5-2} = \frac{5}{-0,5} = -\frac{50}{5} = -10$	$\frac{5}{1-2} = \frac{5}{-1} = -5$	$\frac{5}{0-2} = \frac{5}{-2} = -\frac{5}{2}$	$\frac{5}{-1-2} = \frac{5}{-3} = -\frac{5}{3}$

Setzt man in den Term $\frac{5}{x-2}$ für x die Zahl 2 ein, so wird der Nenner 0. Die Division durch 0 ist aber nicht möglich. Der Term $\frac{5}{x-2}$ ist definiert (erklärt) für $x \neq 2$, weil dann der Nenner ungleich 0 ist. Der Definitionsbereich D von $\frac{5}{x-2}$ umfasst alle Zahlen außer 2.

Information

$\frac{x+2}{x-3} = (x+2) : (x-3)$

(1) Bruchterme

Terme wie $\frac{5}{x-2}$, $\frac{x+2}{x(x+1)}$ und $\frac{3+2}{3 \cdot (3+1)}$ heißen **Bruchterme**.
Den Quotienten a : b kann man als Bruchterm $\frac{a}{b}$ schreiben.
Der Bruchstrich ersetzt dabei das Divisionszeichen.

Bruchstrich bedeutet geteilt

$\frac{a}{b} = a : b$

Durch 0 darf man nicht dividieren

(2) Definitionsbereich eines Bruchterms

Der **Definitionsbereich** D eines Terms enthält alle Zahlen, für die man nach Einsetzung für die Variable (bzw. für die Variablen) den Termwert berechnen kann.
Bei **Bruchtermen** muss man darauf achten, dass der Nenner nicht 0 werden darf.
Zur Bestimmung des Definitionsbereichs D betrachtet man zunächst alle rationalen Zahlen; dann schließt man die Zahlen aus, für die der Nenner 0 wird.

Beispiel: $\frac{2x}{x-3}$ $D = \mathbb{Q} \setminus \{3\}$ (gelesen: *Menge aller rationalen Zahlen ohne 3*)

Zum Festigen und Weiterarbeiten

2. a) Berechne den Wert des Terms $\frac{x}{(x-2)\cdot(x+4)}$ für x = 3; x = 7; x = −4; x = 2,5; x = 0.
Warum ist der Term nicht für x = 2 und nicht für x = −4, wohl aber für x = 0 definiert (erklärt)? Stelle fest, wie dein Taschenrechner reagiert, wenn du den Wert des Terms für x = 2 berechnest.

b) Gegeben ist der Term $\frac{x+2}{x^2+1}$. Berechne den Wert des Terms für x = 5; x = −3; x = 0; x = −2,5; x = 4,5. Warum ist der Term für alle rationalen Zahlen x definiert?

3. Gib den Definitionsbereich an.

a) $\frac{2}{x}$ **b)** $\frac{3x}{7}$ **c)** $\frac{7x+9}{x+8}$ **d)** $\frac{7x^2+5}{3x+2}$

$\frac{5}{2x-4}$ $D = \mathbb{Q} \setminus \{2\}$

$\frac{3}{4} = \frac{3\cdot 5}{4\cdot 5} = \frac{15}{20}$

$\frac{20}{28} = \frac{20:4}{28:4} = \frac{5}{7}$

4. Du kannst Bruchterme wie gemeine Brüche erweitern und kürzen.
Beachte aber, dass der Erweiterungs-/Kürzungsfaktor ungleich 0 sein muss.

a) Erweitere: $\frac{5}{9}$ mit b; $\frac{2x^2}{3x}$ mit x; $\frac{a+b}{a-b}$ mit c

b) Kürze: $\frac{-15a}{45a}$; $\frac{4x^2}{2x}$; $\frac{3x^2+2x}{-4x}$

$\frac{4x}{3} = \frac{4x^2}{3x}$; $x \neq 0$

$\frac{3x}{2x} = \frac{3}{2}$; $x \neq 0$

Übungen

5. Berechne den Wert des Bruchterms für die angegebenen Einsetzungen. Trage die Ergebnisse in eine Tabelle ein. Für welche Einsetzungen ist der Bruchterm nicht definiert? Gib den Definitionsbereich des Terms an.

a) $\frac{24}{x-7}$; 10; 9; 8; 7; 6; 5; 7,8

b) $\frac{4x}{2x-6}$; −1; 0; 1; 2; 3; 4; 4,5

c) $\frac{x(x+1)}{x-1}$; 2; 1; 0; −1; −2; −3; 1,5

d) $\frac{x+3}{x-4}$; −1; 0; 1; 2; 3; 4,7

6. Gib den Definitionsbereich des Bruchterms an.

a) $\frac{x+5}{x-7}$ **c)** $\frac{4x}{3x-12}$ **e)** $\frac{x+4}{7x+35}$ **g)** $\frac{2}{a(a+4)}$

b) $\frac{3x}{x+6}$ **d)** $\frac{5x+2}{3x+15}$ **f)** $\frac{x+5}{24}$ **h)** $\frac{1}{a^2-0{,}16}$

7. Der Definitionsbereich eines Bruchterms ist **a)** $D = \mathbb{Q}\setminus\{-2\}$; **b)** $D = \mathbb{Q}\setminus\{-2; 2\}$.
Wie könnte der zugehörige Bruchterm aussehen? Finde mehrere Möglichkeiten.

Beachte die einschränkende Bedingung.

8. a) Erweitere: $\frac{3}{x}$ mit 5x; $\frac{3}{8y}$ mit −3y; $\frac{5}{a-1}$ mit (a + 1); $\frac{3x+1}{5-4x}$ mit 2x

b) Kürze: $\frac{9x}{12x}$; $\frac{15a^2}{-24a}$; $\frac{6(x-1)}{x-1}$; $\frac{36x^2(x+2)}{6x(x+2)}$

IM BLICKPUNKT: BERECHNEN VON TERMWERTEN MIT DEM COMPUTER

Mit einem Tabellenkalkulationsprogramm kannst du am Computer Termwerte schnell berechnen und die Ergebnisse übersichtlich in Tabellen darstellen.

1. Anke möchte den Term $2 \cdot a + 3 \cdot b$ mithilfe ihres Kalkulationsprogramms untersuchen. Sie hat die abgebildete Tabelle erstellt. Für die Variablen a und b hat sie in den Spalten A und B jeweils die Zahlen von 1 bis 5 notiert.

C4 = =2*A4+3*B4

	A	B	C
1	Berechnung von Termwerten		
2			
3	a	b	2·a + 3·b
4	1	1	5
5	2	2	10
6	3	3	15
7	4	4	20
8	5	5	25
9			

In der Eingabezeile erkennst du: Der Wert des Terms wird in der Zelle C4 mithilfe der Formel **= 2 * A4 + 3 * B4** berechnet.

Anke hat diese Formel bis in die Zelle C8 nach unten kopiert.

Immer wenn sie einen Wert für die Variablen a oder b ändert, wird der Term vom Programm neu berechnet.

Erstelle die Tabelle mit deinem Tabellenkalkulationsprogramm.

a) Setze für b überall den Wert 2. Beschreibe, wie sich die Werte des Terms ändern, wenn sich nur der Wert der Variable a um 1 erhöht. Setze danach für b auch andere Werte ein.

b) Beschreibe die Veränderungen, wenn sich nur der Wert für die Variable b um 1 erhöht.

c) Der Term soll den Wert 36 erhalten. Finde durch Probieren verschiedene Einsetzungen für a und b.
Wie viele Möglichkeiten gibt es?

2. Fällt eine Kugel in einen Brunnen, kann man die Tiefe des Brunnens aus der Fallzeit bestimmen: Man misst die Fallzeit t (in s) und berechnet mit dem Term $5 \cdot t^2$ annähernd die Tiefe (in m).
Erstelle ein Tabellenblatt, aus dem du die Brunnentiefe für Fallzeiten von 0,25 s; 0,5 s; 0,75 s; 1,0 s; 1,25 s; ...; 3 s ablesen kannst.

3. Alexander hat sich über Handytarife informiert.
Anbieter A verlangt in der Hauptzeit 39 Cent, in der Nebenzeit 19 Cent jeweils pro Minute.
Anbieter B berechnet pro Minute 35 Cent in der Haupt- und 21 Cent in der Nebenzeit.

	A	B	C	D
1	Vergleich von Handytarifen			
2				
3	Hauptzeit	Nebenzeit	Anbieter A	Anbieter B
4	in min	in min	€	€
5	22	37	15,61	15,47
6	35	41	21,44	20,86
7	24	48	18,48	18,48

a) Erstelle eine Tabelle, in der die Kosten für beide Tarife berechnet werden. Überprüfe deine Berechnungen anhand der abgedruckten Tabelle.

b) Alexander möchte pro Monat nicht mehr als 20 € bezahlen. Gib verschiedene Möglichkeiten an, wie lange Alexander dafür telefonieren kann.

c) Finde durch Probieren verschiedene Zeiten, für die beide Anbieter denselben Preis verlangen.

4. Entwickle eine Kalkulationstabelle. Nach Eingabe der Seitenlängen a und b eines Rechtecks werden der Flächeninhalt und der Umfang berechnet.

	A	B	C	D
1	Flächeninhalt und Umfang vom Rechteck			
2				
3/4	Länge der Seite a	Länge der Seite b	Umfang u	Flächeninhalt A
5	2	3	10	6
6	3	3	12	9
7	4	3	14	12

a) Wie ändert sich der Umfang des Rechtecks, wenn
(1) die Seitenlänge a um 1 vergrößert wird;
(2) die Seitenlänge b um 1 vergrößert wird?

b) Wie ändert sich der Flächeninhalt des Rechtecks, wenn
(1) die Seitenlänge a um 1 vergrößert wird;
(2) die Seitenlänge a verdoppelt wird;
(3) beide Seitenlängen verdoppelt werden?

5. Franziska möchte im Garten einen rechteckigen Auslauf für ihren Hasen bauen. Sie hat 16 m Zaun zur Verfügung.

a) Fertige eine Skizze an. Gib verschiedene Seitenlängen des Auslaufs an, wenn der gesamte Zaun genutzt werden soll.

b) Erstelle eine Tabelle wie abgebildet. Berechne auch den Flächeninhalt des Auslaufs.

B5 | = | =(16-2*A5)/2

	A	B	C
1	Auslauf für meinen Hasen		
2			
3/4	Seite a (in m)	Seite b (in m)	Flächeninhalt A (in m²)
5	1,00	7,00	7,00
6	1,50	6,50	9,75
7	2,00	6,00	12,00
8	2,50	5,50	13,75

In der Eingabezeile erkennst du: Die Seitenlänge b wird in der Zelle B5 mithilfe der Formel **= (16 – 2*A5)/2** berechnet.

Erkläre diese Formel. Beachte, dass der 16 m lange Zaun der Umfang des Rechtecks ist.

In der Zelle C5 gibst du die Formel **= A5*B5** ein. Das Programm multipliziert die Werte für die Seitenlängen a und b aus den Zellen A5 und B5.

Veränderst du den Wert für die Seitenlänge a, werden die Seitenlänge b und der Flächeninhalt A sofort neu berechnet.

c) Erweitere die Tabelle und untersuche, wie Franziska den Zaun aufbauen muss, damit ihr Hase einen möglichst großen Auslauf bekommt.

d) Berechne die Maße für den größten Flächeninhalt auch für andere Zaunlängen.

6. Julia möchte aus einem 96 cm langen Draht das Kantenmodell eines Quaders herstellen.

	A	B
1	Kantenmodell eines Quaders	
2		
3	Kantenlänge a	6
4	Kantenlänge b	5
5	Kantenlänge c	13
6	Drahtlänge für das Modell	96

a) Erstelle das abgebildete Tabellenblatt. In der Zelle B6 gibst du die Formel **= 4*B3 + 4*B4 + 4*B5** ein, um die Drahtlänge für das Kantenmodell zu berechnen.

b) Verändere zunächst die Länge der Kante a. Untersuche, wie du anschließend die Kantenlängen b und c verändern kannst, damit die Drahtlänge für das Modell wieder 96 cm beträgt.

c) Suche verschiedene Möglichkeiten für Quader mit quadratischer Grundfläche.

d) Ergänze das Tabellenblatt. Berechne in der Zeile 7 das Volumen des entstandenen Quaders. Welche Seitenlängen muss Julia wählen, damit sie einen möglichst großen Quader erhält?

TERMUMFORMUNGEN

Wertgleiche Terme — Termumformungen

Einstieg

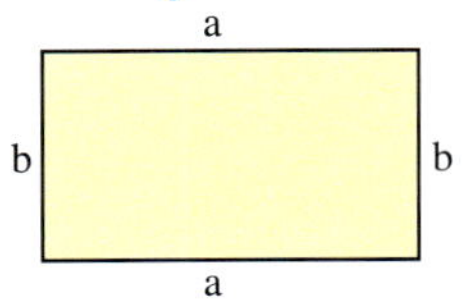

Für den Umfang u des Rechtecks mit den Seitenlängen a und b kannst du mehrere Formeln aufstellen, z. B.: $u = 2 \cdot a + 2 \cdot b$ und $u = 2 \cdot (a + b)$.

➜ Begründe sie.

Betrachte die beiden Terme $2 \cdot x + 2 \cdot y$ und $2 \cdot (x + y)$.

➜ Überprüfe durch Einsetzen folgender Zahlen, ob sich jeweils derselbe Wert ergibt:
(1) $x = 7;\ y = 5$ (2) $x = 3;\ y = 8$ (3) $x = 17{,}3;\ y = 28{,}5$ (4) $x = -5;\ y = -2$

Aufgabe

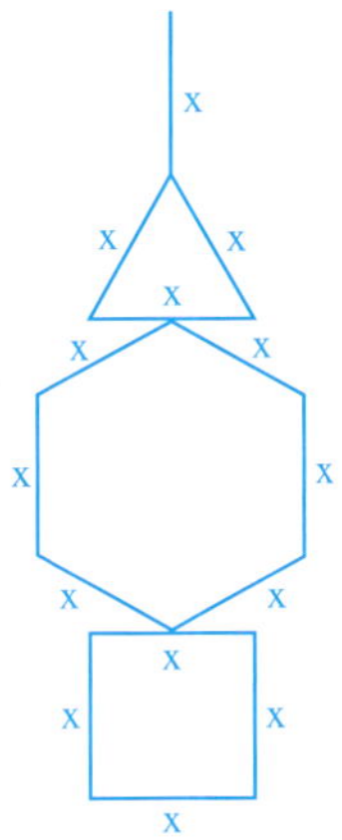

1.

Bettina und Laura möchten den links abgebildeten Ohrschmuck aus Silberdraht herstellen. Da der Draht sehr teuer ist, möchten sie den Drahtverbrauch im Voraus genau berechnen. Sie wissen aber noch nicht, wie groß sie den Schmuck, also die Seitenlänge x, wählen sollen. Jede der Freundinnen stellt zunächst eine Formel auf.

Bettinas Formel: $x + 3 \cdot x + 6 \cdot x + 4 \cdot x$

Lauras Formel: $14 \cdot x$

a) Erkläre, wie die Freundinnen ihre Formeln gefunden haben.

b) Betrachte die beiden Terme
$x + 3 \cdot x + 6 \cdot x + 4 \cdot x$ und $14 \cdot x$.
Liefern sie auch für negative Zahlen anstelle von x dasselbe Ergebnis?
Überprüfe das an Zahlenbeispielen.

Lösung

a) *Bettinas Überlegung:*

Drahtverbrauch für den Aufhänger:	x
Drahtverbrauch für das Dreieck:	$3 \cdot x$
Drahtverbrauch für das Sechseck:	$6 \cdot x$
Drahtverbrauch für das Quadrat:	$4 \cdot x$
Gesamte Drahtlänge:	$x + 3 \cdot x + 6 \cdot x + 4 \cdot x$

Lauras Überlegung:
Laura zählt ab, wie viele gleich lange Seiten ihr Ohrschmuck insgesamt hat. Sie erhält daher für die gesamte Drahtlänge: $14 \cdot x$.

b) Setze für x auch negative Zahlen ein, z. B. -2; -15; $-7{,}3$.

x	x + 3 · x + 6 · x + 4 · x	Wert	14 · x	Wert
-2	$-2 + 3 \cdot (-2) + 6 \cdot (-2) + 4 \cdot (-2)$	-28	$14 \cdot (-2)$	-28
-15	$-15 + 3 \cdot (-15) + 6 \cdot (-15) + 4 \cdot (-15)$	-210	$14 \cdot (-15)$	-210
$-7{,}3$	$-7{,}3 + 3 \cdot (-7{,}3) + 6 \cdot (-7{,}3) + 4 \cdot (-7{,}3)$	$-102{,}2$	$14 \cdot (-7{,}3)$	$-102{,}2$

Bei negativen Zahlen Zahlklammern beachten

Auch bei gleicher Einsetzung negativer Zahlen für x liefern die beiden Terme jeweils denselben Wert.

Zum Festigen und Weiterarbeiten

2. Die Terme $4 \cdot (3 \cdot x) + x$, $13 \cdot x$ und $x + 12 \cdot x$ ergeben für alle rationalen Zahlen für x denselben Wert. Überprüfe das an folgenden Beispielen:
(1) $x = 5$ (2) $x = -2$ (3) $x = -100$ (4) $x = -2{,}2$ (5) $x = \frac{1}{2}$

3. a) Zeige an vier Beispielen, dass die beiden Terme bei gleicher Einsetzung denselben Wert ergeben.
(1) $x(1 - x) - (x - 1)$ und $1 - x^2$ (2) $(1 + x)(1 + y)$ und $1 + x + y + xy$

b) Gib Einsetzungen an, bei denen die Terme $2x + 2$ und $2(x + 2)$ *nicht* denselben Wert ergeben.

Information

(1) Wertgleiche Terme – Termumformung

Die Terme $x + 3x + 6x + 4x$ und $14x$ liefern bei gleicher Einsetzung für x jeweils denselben Wert. Das bedeutet:
Es gilt für alle rationalen Zahlen x: $x + 3x + 6x + 4x = 14x$
Die Terme links und rechts vom Gleichheitszeichen sind *wertgleich.*
Den Übergang von dem Term $x + 3x + 6x + 4x$ zu dem Term $14x$ nennt man *Termumformung.* Man sagt:
Der Term $x + 3x + 6x + 4x$ ist in den Term $14x$ umgeformt worden.
Solche Termumformungen führt man häufig zur Vereinfachung von Termen durch.

> Zwei Terme heißen **wertgleich** (äquivalent), wenn sich bei *jeder* beliebigen Einsetzung übereinstimmende Werte ergeben.
> Bei einer **Termumformung** wird ein Term in einen wertgleichen, aber anders aufgebauten Term umgeformt. Man verbindet beide Terme durch ein Gleichheitszeichen.
> *Beispiel:*
> Die Terme $x(1 - x) - (x - 1)$ und $1 - x^2$ sind wertgleich.
> Es gilt für alle rationalen Zahlen x: $x(1 - x) - (x - 1) = 1 - x^2$ (s. Aufgabe 3 a)
> Ebenfalls gilt: $4(3x) + x = x + 12x$ (s. Aufgabe 2)

(2) Zielsetzung: Regeln zur Begründung von Termumformungen

Warum ergibt sich bei $x(1 - x) - (x - 1) = 1 - x^2$ links und rechts vom Gleichheitszeichen immer derselbe Wert (vgl. Aufgabe 3 a) oben)? Das können wir noch nicht allgemein begründen. Unser Ziel ist daher Regeln aufzustellen, mit deren Hilfe man einen Term in einen wertgleichen umformen kann. Dies werden wir im folgenden Abschnitt (Seite 20) tun.

Übungen

4. Gegeben sind die Terme $3x + 6$ und $3(2 + x)$.
Setze für x ein: 5; 12; 2 000; −7; −1; 9; $\frac{1}{3}$; $-\frac{3}{4}$.
Berechne die Werte der Terme. Was fällt dir auf?

5. Setze für x und y die folgenden Zahlen ein:
(1) $x = 15$; $y = 3$ (2) $x = 7$; $y = 7$ (3) $x = 1{,}5$; $y = -8$ (4) $x = -\frac{3}{4}$; $y = \frac{1}{3}$
Berechne dann jeweils die Werte der Terme und vergleiche. Was fällt dir auf?
$4x - 6 + 6(1 - y)$, $2(2x - 3y)$, $3(1 - 2y) - (3 - 4x)$
Hinweis: Du kannst auch ein Tabellenkalkulationsprogramm verwenden. Prüfe dann weitere Einsetzungen.

TAB

6. Sind die Terme $a^2 - b^2$ und $a \cdot 2 - b \cdot 2$ wertgleich? Prüfe durch Einsetzen:
(1) $a = 5$, $b = -3$; (2) $a = 1{,}3$, $b = 1{,}3$; (3) $a = -2$, $b = 8$.

Addition und Subtraktion gleichartiger Glieder als Termumformung

Einstieg

Einige der Terme links haben den gleichen Wert.

→ Finde heraus, welche Terme das sind.

→ Kannst du auch eine Begründung dafür angeben?

Aufgabe

1. **a)** Aus Draht soll ein Modell eines Rhombus mit der Seitenlänge a hergestellt werden.
Wie lang muss der Draht insgesamt sein?
Schreibe dazu zunächst einen ausführlichen Term. Forme diesen dann in einen kürzeren um.

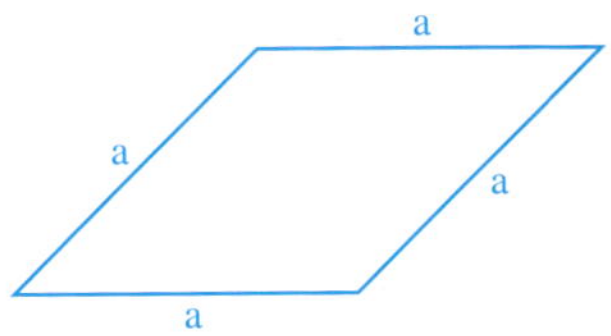

b) Der Rhombus soll zu einem räumlichen Modell mit der Höhe b ausgebaut werden.
Wie lang muss der Draht sein?
Schreibe dazu mehrere Terme in einer Gleichungskette auf.

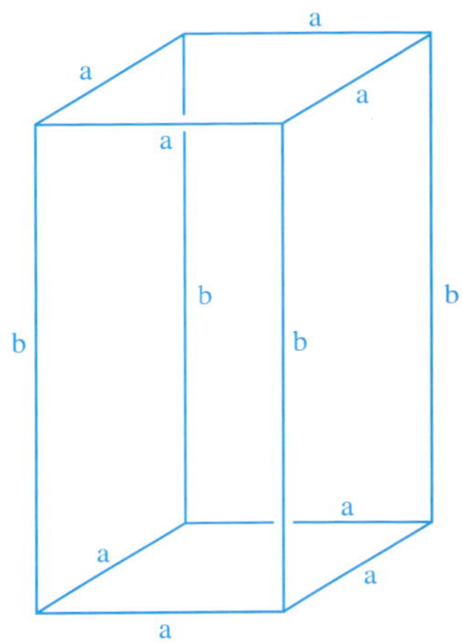

Lösung

a) Für die Länge des Drahtes gilt:
$a + a + a + a = 4a$

b) Für die Gesamtlänge des Drahtes gilt z. B.:
$4a + 4b + 4a$
$= 4a + 4a + 4b$
$= a + a + a + a + a + a + a + a + 4b$
$= 8a + 4b$

Information

Addition und Subtraktion gleichartiger Glieder als Termumformung

$4c$ und $2c$ unterscheiden sich *nur* in den **Zahlfaktoren** (*Koeffizienten*), entsprechend $3a^2$ und $4a^2$ sowie $8yz$ und $12yz$. Man nennt sie **gleichartig**.
$9x$ und $12y$ und entsprechend $4xy$ und $7xy^2$ sind dagegen *nicht* gleichartig.

Regel über das Zusammenfassen gleichartiger Glieder

Man addiert (subtrahiert) gleichartige Glieder, indem man die Zahlfaktoren (Koeffizienten) addiert (subtrahiert).

Beispiele:

(1) $7a + 5a = 12a$

(2) $8x - x = 7x$

(3) $-5xy + 3xy = -2xy$

(4) $2x + 9x + 12y = 11x + 12y$

Distributivgesetz
$a \cdot (b + c) = a \cdot b + a \cdot c$

Begründung der Regel über das Zusammenfassen gleichartiger Glieder
Wir verwenden das **Distributivgesetz** (Verteilungsgesetz) in umgekehrter Richtung:

Beispiel (1):
$7 \cdot a + 5 \cdot a = (7 + 5) \cdot a = 12a$
$b \cdot a + c \cdot a = (b + c) \cdot a$

Beispiel (2):
$(-5) \cdot xy + 3 \cdot xy = (-5 + 3) \cdot xy = -2xy$
$b \cdot a + c \cdot a = (b + c) \cdot a$

Zum Festigen und Weiterarbeiten

2. Welche Terme kannst du durch Addition zusammenfassen?

$7 \cdot x$ | $a \cdot b$ | $4 \cdot x^2$ | $0{,}7 \cdot x \cdot y$ | x | $0{,}5a^2b$ | $\frac{1}{4}ab$ | $4 \cdot a^2b$ | $\frac{1}{2}x \cdot y$ | $-6ab^2$ | $3 \cdot (x + y)$

3. Forme in einen einfacheren Term um.

a) $14d + 16d - 3d$ **c)** $219z^3 - 119z^3 + 84z^3$ **e)** $4{,}7x + 3{,}2x - 5{,}2x$
b) $24b - 21b - 5b$ **d)** $142xz - 37xz - 49xz$ **f)** $\frac{4}{5}ax - \frac{3}{5}ax - \frac{2}{5}ax$

1+1=3

4. Hier wurde versucht, verschiedenartige Glieder zusammenzufassen. Zeige durch geeignete Einsetzungen, dass die Terme links und rechts vom Gleichheitszeichen nicht wertgleich sind.

Sarah: $x + x^2 = x^3$
Dennis: $x + x^2 = 2x^3$
Marie: $x + x^2 = 2x$
Florian: $x + x^2 = 2x^2$

Kommutativgesetz
$a + b = b + a$

5. a) Erkläre an dem nebenstehenden Beispiel die Anwendung des **Kommutativgesetzes** (Vertauschungsgesetzes) der *Addition*.

$a + b = b + a$
$2y + 3x + 7y = 2y + 7y + 3x$
$= 9y + 3x$

b) Vereinfache den folgenden Term. Wende dazu zunächst das Kommutativgesetz an.

(1) $72a + 8b + 19a$ (3) $87xy + 28xz + xy \cdot 33$ (5) $-18xy + 6yz - 4xy$
(2) $34xz + 16xy + 62xz$ (4) $48ab + 19a - 54ab$ (6) $-6x^2 + 8x - 14x^2$

Übungen

6. Vereinfache.

a) $7y + y$ ($y = 1 \cdot y$)
$-12r + r \cdot 14$
$14y - 14y$
$-3a + 3a$

b) $4st - 5st$
$-14yz - 4yz$
$-28uv + uv \cdot 17$
$9r^2 - r^2$

c) $1{,}9ab - 17ab - ab$
$-0{,}44x^2 + 1x^2 - 3{,}03x^2$
$2{,}2abc - 3{,}1abc + 0{,}2abc$
$2{,}5u^2v - 4{,}3u^2v + 1{,}5u^2v$

1+1=3

7. Welche Umformungen sind falsch?

Anna: $7x - 7 = x$
Bernd: $5x - x = 4x$
Christine: $3x^2 + 2x = 5x^2$
Daniel: $6 + x^3 = 6x^3$

8. Zerlege auf drei verschiedene Weisen in eine Summe aus zwei Summanden.

$7ab = 3ab + 4ab$
$7ab = 6ab + ab$
$7ab = 5ab + 2ab$

a) $16xy$ **c)** $24ab$ **e)** $20y^2$
b) $9z^2$ **d)** $6rs$ **f)** $12bgh$

9. Welcher Term lässt sich durch Zusammenfassen vereinfachen, welcher nicht?
(1) $2xy + 2x$ (2) $12d - d$ (3) $7a - 2$ (4) $z + 9z$ (5) $2x - 2$

10. Vereinfache die Terme soweit wie möglich.

a) $5a + 11b + 7a$
$7q - 3p - 8q$
$-9r + r + 5s$
$4x + 13y - x \cdot 2$

b) $75x - 14x^2 + 33y$
$100a + 26b - 77a$
$-97 + 97t + 3t$
$120x + 116y + 203x$

c) $42u^2 + 57v^2 - 48v^2$
$59g^2 - 100 + g^2 \cdot 21$
$-a^2 - b^2 - 30a^2 + 1$
$0{,}2x^2 + 4y - x + 1{,}3y$

11. Ergänze passend.

a) $3x + 7x + \square = 12x$
b) $-4a - 3a + \square = a$
c) $4y - 9y + \square = -3y$
d) $2a + \square - b + \square = 6a + 5b$
e) $-x \cdot 4 + y - \square + \square = -2y + 8x$
f) $\square + 3x - \square - 12y = -x \cdot 5 - 17y$

12. Berechne den Wert des Terms für die Einsetzungen. Vereinfache zunächst den Term.
(1) $a = 7;\ b = 4$ (2) $a = 12;\ b = -5$ (3) $a = 1{,}5;\ b = 6{,}5$ (4) $a = -\frac{1}{5};\ b = 0$
a) $5a - b + a - 3b$ **b)** $4a + 9b - a - b + 3a - 5b$ **c)** $25b + a - 8b + 10a - 17b - 19a$

Multiplizieren und Dividieren von Produkten und Potenzen als Termumformung

Einstieg

Betrachte die Terme rechts.
→ Welche der Terme sind wertgleich?
→ Kannst du auch eine Begründung dafür angeben?

Aufgabe

1.

Zur Berechnung des Drahtverbrauchs für den Ohrschmuck links haben Tim und Michael verschiedene Formeln aufgestellt.
Tim: $4 \cdot (3x)$ Michael: $12 \cdot x$

a) Wie haben Tim und Michael ihre Formeln gefunden?
Begründe mithilfe eines allgemeinen Gesetzes, dass beide Formeln auch für negative x dasselbe leisten.

b) Berechne $6y : 2$. Welche Gesetze wendest du dabei an?

c) Berechne $5x \cdot 3y$. Welche Gesetze wendest du dabei an?

Lösung

a) *Tims Überlegung:*
Drahtlänge für ein Dreieck: $3x$
Der Schmuck besteht aus vier Dreiecken.
Gesamtlänge also: $4 \cdot (3x)$

Wir wenden das **Assoziativgesetz** (Verbindungsgesetz) der Multiplikation an; es gilt auch für negative Zahlen.

Michaels Überlegung:
Jedes Dreieck hat drei Seiten, bei vier Dreiecken also insgesamt $4 \cdot 3$, d.h. 12 Seiten.
Gesamtlänge also: $12 \cdot x$

$a \cdot (b \cdot c) = (a \cdot b) \cdot c$
$4 \cdot (3 \cdot x) = (4 \cdot 3) \cdot x = 12x$

b) Dividieren durch 2 bedeutet multiplizieren mit $\frac{1}{2}$.
Außerdem wenden wir das **Kommutativgesetz** (Vertauschungsgesetz) der Multiplikation an.

$a \cdot b = b \cdot a$
$6y : 2 = 6y \cdot \frac{1}{2} = \frac{1}{2} \cdot 6y = 3y$

c) $5x \cdot 3y = 5 \cdot x \cdot 3 \cdot y$ (Faktoren vertauschen)
$= 5 \cdot 3 \cdot x \cdot y$ (Zahlfaktoren miteinander multiplizieren)
$= 15xy$

Assoziativgesetz
$a \cdot (b \cdot c) = (a \cdot b) \cdot c$
Kommutativgesetz
$a \cdot b = b \cdot a$

Information

Regel für das Multiplizieren eines Produkts mit einer Zahl
Man multipliziert ein Produkt mit einer Zahl, indem man *nur einen* Faktor mit der Zahl multipliziert.
Beispiel:
$4 \cdot (3 \cdot x) = (4 \cdot 3) \cdot x = 12x$ (Anwenden des Assoziativgesetzes)

Regel für das Dividieren eines Produktes durch eine Zahl
Man dividiert ein Produkt durch eine Zahl, indem man *nur einen* Faktor durch die Zahl dividiert.
Beispiel:
$(14x) : 7 = (14 : 7)x = 2x$ (Zusätzlich Anwenden des Kommutativgesetzes)

Zum Festigen und Weiterarbeiten

2. Vereinfache den Term. Gib an, welche Regeln du anwendest.
a) $7 \cdot 9z$ **b)** $18 \cdot 3a$ **c)** $\frac{3}{4} \cdot 24pq$ **d)** $12ab \cdot 0{,}5$ **e)** $9rp \cdot (-4)$ **f)** $18a : 3$ **g)** $24xy : 8$ **h)** $-24xy : 8$ **i)** $32xy : (-8)$ **j)** $48x^2 : 12$

3. Vereinfache den Term. Gib an, welche Regeln du anwendest.
a) $3 \cdot (7y) + 4 \cdot (2y)$ **b)** $(9ab) \cdot 2 + 7 \cdot (8ab)$ **c)** $12 \cdot (4x) - (2x) \cdot 3$

4. **a)** $3x \cdot 4y$ **b)** $4r \cdot 2r$ **c)** $(-2k) \cdot (-3b)$ **d)** $7 \cdot (-4a) \cdot 3b$

5. Zeige durch eine geeignete Einsetzung, dass die Terme nicht wertgleich sind.
a) $2a$ und a^2 **b)** $a \cdot 3$ und a^3 **c)** a^2 und 2^a

6. Fasse zusammen wie im Beispiel.
$b \cdot b^2 = b \cdot b \cdot b = b^3$
a) $x \cdot x^2$; $x \cdot x$ **b)** $a^2 \cdot a^2$; $a^3 \cdot a$ **c)** $4b \cdot b^2$; $7z \cdot z^3$ **d)** $5y^2 \cdot y$; $y \cdot 7y$ **e)** $4x^2 \cdot 2x$; $9a^2 \cdot 12a^2$

7. Marion hat umgeformt. Welche Fehler hat sie gemacht? Berichtige.

a) $5 \cdot 7a = 35 \cdot 5a$
b) $7a \cdot 7b = 7 \cdot (ab)$

c) $(18a \cdot 21b) : 3 = 6a \cdot 7b$
d) $x^2 \cdot x^4 = x^8$

8. Vereinfache. Da man durch 0 nicht dividieren kann, sind die Terme in den Teilaufgaben a), c) und d) für x = 0 nicht erklärt. Für diese Terme gilt die *einschränkende Bedingung* $x \neq 0$ (lies: x ungleich Null).

a) $32x : 8x$ c) $12x^2 : 4x$ e) $(-4ab) \cdot (-3b)$
b) $9a \cdot 6ab$ d) $48x^2y : (-12x)$ f) $0{,}5x \cdot (12y)$

$24xy : 6x = \frac{\cancel{24}^4 \cdot \cancel{x}^1 \cdot y}{\cancel{6}^1 \cdot \cancel{x}^1}$
$= \frac{4y}{1}$
$= 4y;\ x \neq 0$

Übungen

9. Vereinfache die Terme.

a) $3 \cdot 2a$; $4 \cdot 2x$ b) $4 \cdot 3x \cdot 5$; $10 \cdot 8a \cdot 10$ c) $5a \cdot b \cdot 1$; $1 \cdot r \cdot 7s$ d) $5y \cdot 3y \cdot 2$; $11a \cdot 7a \cdot 10$

10. Vereinfache den Term.

a) $(-a) \cdot (8b)$ c) $(-2x) \cdot (-y)$
b) $(5r) \cdot (-2s)$ d) $(4a) \cdot \left(-\frac{1}{2}b\right)$

$(-x) \cdot (3y) = -(x \cdot 3y)$
$= -3xy$

11. a) $48x : 12$; $-105y : 7$ b) $24u : (-6)$; $-10y : (-2{,}5)$ c) $\frac{5}{6}a : \frac{1}{3}$; $-\frac{9}{20}s : \frac{3}{4}$ d) $12r \cdot 8s : 4$; $(-28k) \cdot (-8h) : 2$

12. Ergänze passend.

a) $\square \cdot 7a = 63a$ c) $96r : \square = 8r$ e) $\square \cdot 2x^2y = x^2yz$
b) $48x : \square = 4x$ d) $3x \cdot \square = 6xy$ f) $3a^2 \cdot \square = 12a^2b$

13. Fasse geeignet zusammen.

a) $3 \cdot (4a) + 7 \cdot (5a)$ b) $27 \cdot (19p) - 3 \cdot (9q)$

14. a) $x \cdot x^3$ b) $7a^2 \cdot a^2$ c) $9x \cdot 10x^2$ d) $8y^2 \cdot 14y$ e) $a \cdot 4 \cdot 7a^2$

15. Mario hat umgeformt. Welche Fehler hat er gemacht? Berichtige.

a) $y + y + y = y^3$
b) $x^6 : 3 = x^2$

c) $4a^2 \cdot a^3 = 4a^6$
d) $2a^2 \cdot 5 - 3 = 4a^2$

16. Multipliziere bzw. dividiere erst, fasse dann zusammen.

a) $2a^2 \cdot a + 3a^2 \cdot a + 2a^3$ c) $15a^2b^2 : 3 - 28a^2b^2 : 7 + 9a^2b^2 : 3$
b) $7x^2 \cdot x^2 + 4x^2 \cdot 3x^2 - 4x^2 \cdot 9x^2$ d) $28ax^2 : 7 + 9x^2 \cdot 4 - \frac{1}{3}ax^2 \cdot 12$

17. Vereinfache. Gib die einschränkende Bedingung an.

a) $\frac{12xy}{6x}$ b) $\frac{14ab}{10b}$ c) $\frac{18a^2b}{9b}$ d) $\frac{24rs^2}{18s}$ e) $\frac{-15ay}{3y}$ f) $\frac{18bx}{-20b}$ g) $\frac{-35rz}{-25r}$

18. a) $x^3 : x$; $y^2 : y$ b) $21a^2 : a$; $48r^2 : 6r^2$ c) $45ab^2 : 9b$; $72x^2y^2 : 12x$ d) $(-21x^2y) : 3x$; $(-32a^2c) : (-16a)$ e) $24a^2b^2c : 18b$; $32xy^2z^2 : 48y$

LÖSEN VON LINEAREN GLEICHUNGEN OHNE KLAMMERN

Zum Wiederholen

1. a) Markus sagt:

b) Bestimme die Lösungsmenge der Gleichung $7x - 19 = 3x + 67$.

Lösung

a) (1) *Aufstellen der Gleichung für die gedachte Zahl*

Die gedachte Zahl:	x
Die gedachte Zahl wird mit 5 multipliziert:	$5 \cdot x$
Vom Ergebnis wird 18 subtrahiert:	$5 \cdot x - 18$
Gleichung:	$5x - 18 = 77$

(2) *Bestimmen der Lösungsmenge der Gleichung*

$$5x - 18 = 77 \quad | +18$$
$$5x = 95 \quad | :5$$
$$x = 19$$

(3) *Probe am Text:*
19 mit 5 multipliziert ergibt 95, davon 18 subtrahiert ergibt 77.
19 ist eine natürliche Zahl, sie gehört also zum Variablengrundbereich bei Markus' Aufgabe.

(4) *Ergebnis:* Markus hat sich die Zahl 19 gedacht.

b)
$$7x - 19 = 3x + 67 \quad | +19$$
$$7x = 3x + 86 \quad | -3x$$
$$4x = 86 \quad | :4$$
$$x = 21{,}5$$

Ergebnis: $L = \{21{,}5\}$

Probe:

$7 \cdot 21{,}5 - 19 = 3 \cdot 21{,}5 + 67$ (w?)	
LS: $150{,}5 - 19 = 131{,}5$	RS: $64{,}5 + 67 = 131{,}5$

Da nichts anderes gesagt ist, nehmen wir die Menge der rationalen Zahlen als Variablengrundbereich; die Zahl 21,5 gehört dazu.

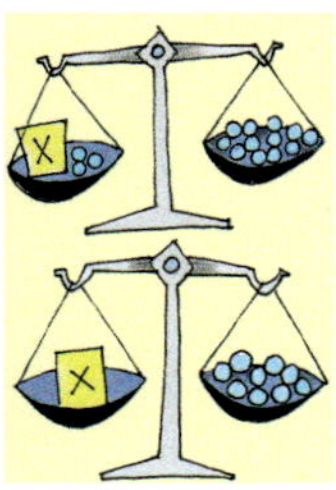

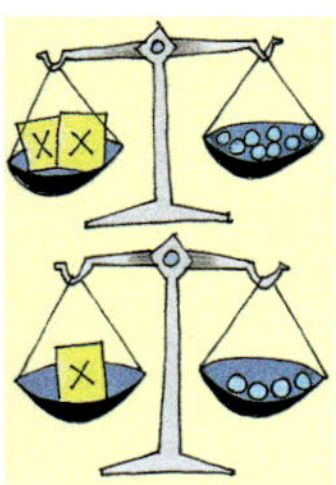

Umformungsregeln für Gleichungen (Wiederholung)

Additions- und Subtraktionsregel

Addiert oder subtrahiert man auf beiden Seiten einer Gleichung dieselbe Zahl, so ändert sich die Lösungsmenge nicht.

$$x + 3 = 12 \quad | -3$$
$$x + 3 - 3 = 12 - 3$$
$$x = 9$$

Multiplikations- und Divisionsregel

Multipliziert (dividiert) man beide Seiten einer Gleichung mit derselben Zahl (durch dieselbe Zahl) ungleich 0, so ändert sich die Lösungsmenge nicht.

$$2x = 8 \quad | :2$$
$$2x : 2 = 8 : 2$$
$$1x = 4$$
$$x = 4$$

Übungen

2. Welche der angegebenen Zahlen ist Lösung der Gleichung?

a) $5x + 9 = 2x + 15$
Zahlen:
5; 8; 3; 2

b) $7y + 4 = 8y - 6$
Zahlen:
−2; 0; 10; 15

c) $3z + 5 = 2z + 3$
Zahlen:
−4; −1; 1; 4

Die Variable muss nicht immer x heißen.

3. Löse die Gleichung. Denke an die Probe.

a) $8x = -72$ **d)** $8x + 23 = 33$ **g)** $8x + 8 = 9x$ **j)** $-7x + 4 = x$
b) $14 + x = 23$ **e)** $210 - 20x = 230$ **h)** $7x = 96 - x$ **k)** $-22 + 4y = 15y$
c) $17 = y - 83$ **f)** $44 = 17a - 7$ **i)** $120 - 21x = 9x$ **l)** $1 - 14a = -16a$

4. **a)** $5x + 11 = 2x + 20$ **d)** $15 + 5x = 15 - 2x$ **g)** $\frac{1}{2}x + 6 = -\frac{1}{2}x + 10$
b) $13x - 7 = 11 + 4x$ **e)** $3x - 5 = -3x + 31$ **h)** $\frac{4}{5}x - 5 = -12 + \frac{3}{5}x$
c) $9 + 9x = x + 41$ **f)** $17 - 4x = x + 27$ **i)** $10 + \frac{1}{6}x = \frac{1}{2}x + 6$

5. Gib jeweils drei Gleichungen an, die die angegebene Lösung haben.

a) $x = 3$ **b)** $y = 5$ **c)** $a = -4$ **d)** $x = 0$ **e)** $k = -\frac{1}{2}$

6. Fasse zuerst gleichartige Glieder zusammen. Löse dann die Gleichung.

a) $7x - 4 + 2x = 52 - 5x$ **d)** $40 - 2a + 5a = 68 + a$ **g)** $30 + y + 8 = 118 - 3y$
b) $z + 3z - 15 = 27 + 2z$ **e)** $14r + 3r - r = 4r + 48$ **h)** $5h + 14 + 31 = 4h + 73$
c) $35 - s + 4s = s + 65$ **f)** $20x - 36 + 2x = 3x - 17$ **i)** $2n + 8 + 3n = 64 + n$

7. Löse das Zahlenrätsel mit einer passenden Gleichung.

a) Wenn ich das 5fache meiner Zahl um 18 verkleinere, dann erhalte ich 97.
b) Wenn ich meine Zahl um 14 vergrößere, dann erhalte ich das 3fache meiner Zahl.
c) Wenn ich das 10fache meiner Zahl um 60 vergrößere, dann erhalte ich das 12fache der Zahl.
d) Wenn ich das Doppelte meiner Zahl um 12 verkleinere, so erhalte ich die Hälfte der Zahl.
e) Wenn man das 10fache einer Zahl um 1 vermindert, erhält man 0.
f) Verringert man das 7fache einer Zahl um 12, so erhält man dasselbe, wie wenn man das Doppelte der gesuchten Zahl um 8 vergrößert.
g) Wenn man eine Zahl um 21 vergrößert, erhält man dasselbe, wie wenn man das 5fache der Zahl um 3 vergrößert.
h) Das 9fache einer Zahl ist um 75 größer als das 4fache der gesuchten Zahl.

8. Gib zu der Gleichung ein Zahlenrätsel an. Bestimme dann die gesuchte Zahl.

a) $2x + 5 = 19$ **b)** $\frac{x}{2} - 3 = 7$ **c)** $50 - 3r = 17$ **d)** $5t + 7 = 6t - 2$

9. Der Umfang der abgebildeten Figur (alle Maße in cm) soll 20 cm betragen. Stelle eine Gleichung auf und berechne die Länge b. Zeichne die Figur mit deinen berechneten Maßen. Beurteile deine Lösung.

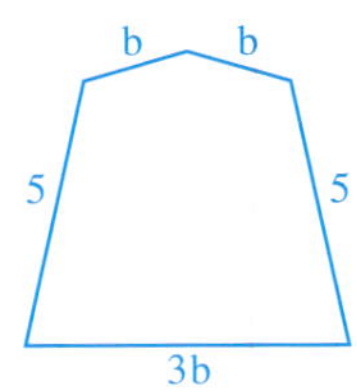

AUFLÖSEN UND SETZEN EINER KLAMMER

Auflösen einer Klammer in einem Produkt

Einstieg

Der Garten der Familie Müller hat die Form eines Rechtecks. Er besteht aus zwei Teilrechtecken.
Beschreibe zwei Wege, wie man die Größe des Gartens berechnen kann.

- Gib für jeden der Berechnungswege einen Term mit den Variablen a, b, c an.
- Berechne die Gesamtfläche durch Einsetzen der Werte für a, b, c in beide Terme.
- Welches Rechengesetz kannst du diesem Beispiel entnehmen?

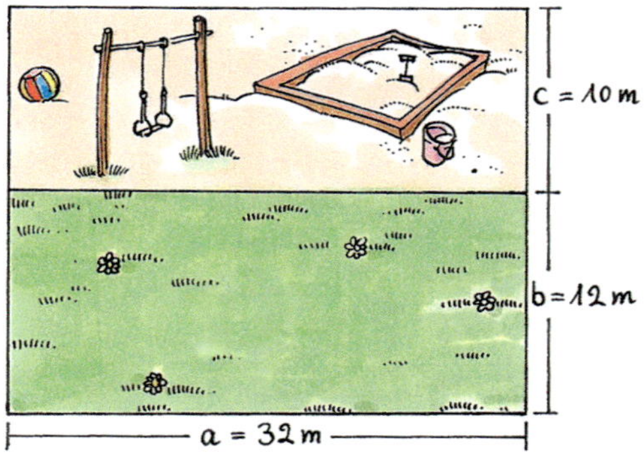

Aufgabe

1. a) (1) Forme $3 \cdot (4x+2y)$ um.
Wende dazu das Distributivgesetz $a \cdot (b+c) = a \cdot b + a \cdot c$ an.
(2) Verfahre ebenso mit $(-4) \cdot (3 + 2a)$.

b) (1) Forme $3x \cdot (2y-4z)$ um.
Wende dazu das Distributivgesetz $a \cdot (b-c) = a \cdot b - a \cdot c$ an.
(2) Verfahre ebenso mit $(-2) \cdot (2x - 3)$.

Lösung

a) (1) $a \cdot (b + c) = a \cdot b + a \cdot c$

$3 \cdot (4x + 2y) = 3 \cdot 4x + 3 \cdot 2y$
$= 12x + 6y$

(2) $(-4) \cdot (3 + 2a) = (-4) \cdot 3 + (-4) \cdot 2a$
$= -12 + (-8a)$
$= -12 - 8a$

b) (1) $a \cdot (b - c) = a \cdot b - a \cdot c$

$3x \cdot (2y - 4z) = 3x \cdot 2y - 3x \cdot 4z$
$= 6xy - 12xz$

(2) $(-2) \cdot (2x - 3) = (-2) \cdot 2x - (-2) \cdot 3$
$= -4x + 6$

Information

Auflösen einer Klammer in einem Produkt als Termumformung

Jedes Glied der Klammer mit dem Faktor multiplizieren

Man multipliziert jedes Glied der Klammer mit dem Faktor.
Die Zeichen + und − werden nach den Vorzeichenregeln gesetzt.

Beispiele:

(1) $7 \cdot (x + 3)$
$= 7 \cdot x + 7 \cdot 3$
$= 7x + 21$

(2) $(-7) \cdot (4x + 3y)$
$= (-7) \cdot 4x + (-7) \cdot 3y$
$= -28x - 21y$

(3) $(3x - 6) \cdot 2y$
$= 3x \cdot 2y - 6 \cdot 2y$
$= 6xy - 12y$

Durch Anwendung des Distributivgesetzes (Verteilungsgesetzes) ist aus einem Term mit Klammer ein *wertgleicher* Term ohne Klammer entstanden.
Man sagt: *Die Klammer wurde aufgelöst.*

Zum Festigen und Weiterarbeiten

2. Löse die Klammer durch Anwenden des Distributivgesetzes auf.

a) $7(x + 5)$ **b)** $(x + 2) \cdot 9$ **c)** $5(3x - 2)$ **d)** $(3 - 2a) \cdot (-4)$ **e)** $x(y + 7)$ **f)** $(z - 2) \cdot x$ **g)** $(1 - y) \cdot x$ **h)** $3x(x + 9)$

3. Löse die Klammer auf. Wende dazu das Distributivgesetz für drei Summanden an.

a) $8(x + y + 7)$ **b)** $(x - y - z) \cdot 5$ **c)** $4(3x + 2y + 5z)$ **d)** $(2a - 4b - 3c) \cdot 15$ **e)** $-2{,}5(4x - 7y + 9z)$ **f)** $(0{,}1a + 2b - 2z) \cdot 7{,}2$

$x : 5 = \frac{x}{5} = \frac{1}{5}x$

4. Löse die Klammer auf. Wende das Distributivgesetz für die Division an.

a) $(x + 4) : 2$ **b)** $(8 + y) : 5$ **c)** $(4x - 3) : 2$ **d)** $(-9x + 6y) : 3$ **e)** $(14a - b) : (-2)$ **f)** $(21s - 24t) : (-3)$

$(a + 6) : 3$
$= a : 3 + 6 : 3$
$= \frac{1}{3}a + 2$

Übungen

5. Löse jeweils die Klammer auf.

a) $9(x + y)$; $(x + y) \cdot (-5)$
b) $(x - y) \cdot 7$; $(-3) \cdot (a - b)$
c) $x(1 + y)$; $(x - 1) \cdot y$
d) $85(b - 1)$; $(1 + u^2) \cdot 4$
e) $r(r + 0)$; $(0 - t) \cdot (-s)$

6.
a) $7(8x + 5)$; $(3 + 5r) \cdot 6$; $4(9t + 1)$
b) $(3x - 2y) \cdot a$; $c(7a - 4b)$; $(2r - 6s) \cdot x$
c) $2a(7x + 5y)$; $(3r - 14s) \cdot 3t$; $9c \cdot (8a + 7b)$
d) $2c(0{,}5x + 3{,}7y)$; $(2{,}4a - 7{,}6b) \cdot 5x$; $\left(\frac{2}{9}u + \frac{7}{9}v\right) \cdot 9x$

7.
a) $(-3a)(4x - y)$; $(-5r)(2s - 4t)$; $(-7u)(9v - 3w)$
b) $(v - w - 7) \cdot (-u)$; $2a(8b + 3c - 5d)$; $-5x(3y - 4z - 11)$
c) $(-75r)(1{,}2r - 0{,}8s)$; $(-0{,}2t)(1{,}5k - 2{,}5t)$; $(4{,}8a - 1{,}8b) \cdot (-3{,}5c)$

8. Wähle jeweils einen grünen und einen orangen Term aus. Bilde das Produkt; löse dann die Klammer auf.

Grüne Terme: $2x$; $-4a$; $\frac{1}{2}$; $3y$; r

Orange Terme: $(3a - 4b)$; $(12q - 1)$; $(x + 11y)$; $(-4s + 2r)$; $(5x - y)$

9.
a) $8(a + b + c)$; $(x + y + z) : 4$; $5 \cdot (a + 1 - b) : 20$
b) $a(3x + 8y + 7z)$; $x(a - 9b - 5c)$; $(20r - 15s + 12t) \cdot (-8q)$
c) $4y(2{,}5x + 7{,}1y - 8{,}3z)$; $(-12a)(0{,}8a - 0{,}1b + 1{,}2c)$; $(70x - 4{,}5y - 0{,}3) \cdot (-0{,}2z)$

10.
a) $\frac{1}{2} \cdot (a - 2b)$ **b)** $(9a - 6) \cdot \frac{1}{3}$ **c)** $\left(-\frac{2}{5}\right) \cdot (x + 10y)$ **d)** $(2x - y) : \left(-\frac{1}{10}\right)$ **e)** $\frac{3}{5}x(x - y)$ **f)** $-\frac{7}{12}a\left(3 + \frac{1}{2}b\right)$ **g)** $\left(-\frac{2}{3}r\right)\left(0{,}2s + \frac{1}{3}t\right)$ **h)** $(1{,}5x - 6{,}5y) \cdot \left(-\frac{1}{5}x^2\right)$

11. Löse die Klammer auf und vereinfache.

a) $7x - 8 + 3(4x + 5)$
b) $8 - 4a + 9(3a - 4)$
c) $8z + 3(4 - 2z) + 5$
d) $7p + 2(3p - 8) + 15$
e) $8x + (4x - 8) : 2 + 4$
f) $9x + 2\left(\frac{1}{2}x + 5\right) - 8$
g) $40 + \frac{1}{3}(9y - 12) + 3y$
h) $\frac{3}{4}(8p - 12) - 7p + 5$

$3a + 7 \cdot (5a - 8)$
$= 3a + 7 \cdot 5a - 7 \cdot 8$
$= 3a + 35a - 56$
$= 38a - 56$

Setzen einer Klammer – Ausklammern

Einstieg

Susanne hat Klammern aufgelöst. Sie hat die Aufgaben aber nicht notiert.

→ Wie könnte die Aufgabe jeweils gelautet haben?

a) $3x + 3x$
b) $8a + 12b$
c) $4x + ax$
d) $3p^2q + 6pq$
e) $8x^3z - 4x^2z$
f) $7u - 7$

Aufgabe

1. Die Summe $3xy + 4xz$ enthält in beiden Summanden den gleichen Faktor x. Verwandle den Term in ein Produkt mit einem Faktor x.
Kontrolliere das Ergebnis durch Ausmultiplizieren.

Lösung

Wir wenden das Distributivgesetz von rechts nach links an. Wir sagen: Der Faktor x wird *ausgeklammert*. Die Summe wird in ein Produkt umgeformt. Man spricht daher auch von **Faktorisieren.**

$$a \cdot b + a \cdot c = a \cdot (b + c)$$
$$3xy + 4xz = x \cdot 3y + x \cdot 4z = x \cdot (3y + 4z)$$

Kontrolle durch Ausmultiplizieren:

$$x \cdot (3y + 4z) = x \cdot 3y + x \cdot 4z = 3xy + 4xz$$

Information

Ausklammern eines gemeinsamen Faktors

(1)
$$a \cdot b + a \cdot c = a \cdot (b + c)$$
$$5xy + 7xz = x \cdot 5y + x \cdot 7z = x \cdot (5y + 7z)$$

(2)
$$8x^2 - 2x = 2x \cdot 4x - 2x \cdot 1 = 2x \cdot (4x - 1)$$

Zum Festigen und Weiterarbeiten

2. Fülle die Lücke aus.

a) $12 + 3x = 3 \cdot (\square + x)$
b) $x + xy = x(\square + y)$
c) $-ab - 8a = -a(\square + 8)$
d) $9x - 12xy = \square \cdot (-3 + 4y)$
e) $a - b = \square \cdot (-a + b)$
f) $x - y = \square \cdot (y - x)$

3. Suche in den Gliedern der Terme gleiche Faktoren. Klammere dann aus. Kontrolliere dein Ergebnis.

Gleiche Faktoren rot unterstrichen

$$4ab + 7bc = b \cdot (4a + 7c)$$

a) $2x + 2z$
$-9x + (-9)y$
$-\frac{3}{4}z + \frac{3}{4}y$

b) $3x + 2xy$
$5pq - 3nq$
$-5u + 3uv$

c) $24x + 12y$
$8ab - 16c$
$21ab + 14xy$

d) $2xy + 2x$
$77ab - 7bc$
$-9xy + 12xyz$

4. Fasse wie im Beispiel zusammen.

a) $9(a - b) + 7(a - b)$
b) $3(3 - x) - 11(3 - x)$
c) $-5(x + 2y) + (x + 2y) \cdot 6$

$$3(x + y) + 4(x + y)$$
$$= [3 + 4] \cdot (x + y)$$
$$= 7(x + y)$$

5. Um einen geeigneten Faktor zum Ausklammern zu finden, kann es notwendig sein, Potenzen in Produkte zu zerlegen. Zerlege in möglichst viele Produkte.

a) y^3 **b)** a^2 **c)** $(a \cdot b)^4$ **d)** x^4y^2

$$x^4 = x \cdot x^3$$
$$x^4 = x^2 \cdot x^2$$
$$x^4 = x^3 \cdot x$$

6. Klammere den größt möglichen Faktor aus.

a) $3a + 5a^2$; $7y^3 - 8y^4$
b) $9a^2b - 3a^4b$; $24x^3y^2 - 8x^2$
c) $-12x^2y - 9xy^2 + 15xy$; $\frac{3}{4}xy^2z + \frac{1}{4}x^2yz^3 + \frac{5}{4}y^4z^2$

Übungen

7. Klammere einen gemeinsamen Faktor aus. Kontrolliere durch Ausmultiplizieren.

a) $5a + 5b$; $13r + 13s$; $11x - 11y$; $19u - 19v$
b) $7x + 7yz$; $2rs + 2t^2$; $4a + 4$; $9 - 9x$
c) $25a - 15b$; $3r + 4rs$; $3x - xy$; $rs + r^2$
d) $xy - xz$; $t + t^2$; $x^2 - 2xy$; $r^2 - r$
e) $4ab - 9bc$; $a^2b + 7b^2$; $\frac{1}{2}ab + \frac{1}{2}a^2$; $\frac{4}{7}rs - \frac{3}{7}r$

8. Kontrolliere, ob richtig gerechnet wurde. Korrigiere, falls nötig.

Anna
$4xy - 4xz = 4x(y + z)$

Bert
$12ab + 18ab^2 = 3ab(4 + 6b)$

Christian
$-30cd - 24ce = -6c(5d - 4e)$

Dario
$6x^6y + 4x^3z = 2x^3(x^2y + 2z)$

Elke
$15pq + 24pq^2 + 3q = 3q(5p + 8pq)$

Fabian
$-27u^2v + 15uvw = -3v(9u^2 + 5uw)$

9. Klammere so aus, dass der Term in der Klammer möglichst einfach wird.

a) $9ab + 9ac$; $5r^2 - 5rs$; $7xy + 7x$
b) $8uv - vw$; $0{,}5ab + abc$; $\frac{1}{12}xy + \frac{1}{12}yz$
c) $15uv - 5ut + 20ur - 45uv$; $12rs - 18st - 30s^2 + 42rst$; $\frac{2}{5}ab + \frac{3}{5}a^2c - \frac{4}{5}abc - \frac{1}{5}a$

10. Wurde richtig ausgeklammert? Korrigiere gegebenenfalls die rechte Seite.

a) $3ab + 3c = 3(ab + 3c)$
b) $5xyz + 5x = 5x(yz)$
c) $10rs + 11rt = 10r(s + 2t)$
d) $7a \cdot 4a - 14ab = 14a(2 - b)$
e) $9xy - 12x^2 = 3x(3y - 4)$
f) $8ax - 9by = 8ab(x - y)$
g) $7x + y = \left(x + \frac{1}{7}y\right) \cdot 7$
h) $\frac{4}{9}a^2 - ab = \frac{4}{9}a(a - b)$

11. Klammere den größt möglichen Faktor aus.

a) $5a^2 + 5b^2$; $7xy + 7xz$; $13r^2x + 13r^2y$; $35w^2 + 7w^2v$; $40s^4t - 8st^4$
b) $11x^2y - 11xy^2$; $19uv - 19u^2v^2$; $23a^3b - 23ab^3$; $15xy^3 + 25y^2t$; $40a^2b + 60a^2b^2$
c) $7p^2q - 21pq^2$; $12r^2s - 18rs^2$; $24ab^2c - 7a^2bc^2$; $8ab + 12a^2 + 60ab^2$; $75x^3uv + 125x^2r^2 - 150x^4$

12. Vereinfache wie im Beispiel in Aufgabe 4.

a) $3(x^2 + y) + 7(x^2 + y)$; $21(r - s^2) + (r - s^2) \cdot 9$
b) $1{,}4(x - y) + (x - y)$; $-8{,}2(r + s) + (r + s) \cdot 5{,}7$
c) $-\frac{1}{2}(3x + 7y) + (7y + 3x) \cdot \frac{1}{3}$; $-\frac{5}{6}(8x - y) + (8x - y) \cdot \left(-\frac{7}{15}\right)$

13. Setze für □ eine passende Zahl oder Variable ein, so dass du ausklammern kannst.

a) $3x + \square \cdot y$; $7ab + \square ab$
b) $8a + 7\square$; $9x^2y + 2\square y$
c) $4\square z^2 - \square y^2$; $5a^2\square + \square \cdot \square \cdot b$

Es gibt mehrere Möglichkeiten

Auflösen von Klammern bei Summen und Differenzen
Minusklammern – Plusklammern

Einstieg

Herr Zehnbach hat 500 € im Portmonee. Er möchte einen Kunstdruck mit Rahmen kaufen, hat sich aber noch nicht entschieden: Nimm an, der Kunstdruck kostet x Euro.

→ Schreibe einen Term für sein Restgeld. Findest du mehrere Möglichkeiten? Vergleiche die gefundenen Terme miteinander.

Aufgabe

1. *Entgegengesetzte Zahl und Multiplizieren mit (–1)*

Die entgegengesetzte Zahl einer rationalen Zahl erhältst du durch Wechseln des Vorzeichens. Berechne die Produkte. Was fällt dir auf?

a) $(-1)\cdot(-8)$ **b)** $(-1)\cdot(+3{,}5)$ **c)** $(-1)\cdot\left(+\frac{2}{5}\right)$ **d)** $(-1)\cdot\left(-\frac{1}{3}\right)$

Lösung

a) $(-1)\cdot(-8) = +8$

b) $(-1)\cdot(+3{,}5) = -3{,}5$

c) $(-1)\cdot\left(+\frac{2}{5}\right) = -\frac{2}{5}$

d) $(-1)\cdot\left(-\frac{1}{3}\right) = +\frac{1}{3}$

Die Multiplikation einer Zahl mit –1 liefert die entgegengesetzte Zahl der Zahl.

Information

Die Multiplikation mit (–1) kürzt man durch ein vorgesetztes Minuszeichen ab.

Beispiel: Statt $(-1)\cdot(-7)$ schreibt man: $-(-7)$. Es gilt also: $-(-7) = +7$

Daher kannst du die entgegengesetzte Zahl zu einer Zahl auch durch ein vorgesetztes Minuszeichen beschreiben.

Beispiel: $-(-7)$ ist die entgegengesetzte Zahl zu (-7). Es gilt $-(-7) = +7$

Aufgabe

2. *Auflösen einer Minusklammer*

Vor der Klammer steht ein Minuszeichen (kurz: *Minusklammer*). Löse die Klammer auf.

a) $-(3x+5y)$ **b)** $a-(b+c)$ **c)** $7z-(5y-3z)$ **d)** $x-4(2x+y)$

$-a = (-1)\cdot a$

Lösung

a) (Minusklammer)
$$\begin{aligned}-(3x+5y) &= (-1)\cdot(3x+5y)\\ &= (-1)\cdot 3x + (-1)\cdot 5y\\ &= -3x + (-5y)\\ &= -3x - 5y\end{aligned}$$

b) (Minusklammer)
$$\begin{aligned}a-(b+c) &= a + (-1)\cdot(b+c)\\ &= a + (-b-c)\\ &= a - b - c\end{aligned}$$

c)
$$\begin{aligned}7z-(5y-3z) &= 7z + (-1)\cdot(5y-3z)\\ &= 7z + (-5y+3z)\\ &= 7z - 5y + 3z\\ &= 10z - 5y\end{aligned}$$

d)
$$\begin{aligned}x-4(2x+y) &= x-(8x+4y)\\ &= x + (-1)\cdot(8x+4y)\\ &= x + (-8x-4y)\\ &= x - 8x - 4y\\ &= -7x - 4y\end{aligned}$$

Information

Auflösen einer Minusklammer – Subtrahieren einer Klammer

Steht ein Minuszeichen vor einer Klammer, so heißt die Klammer *Minusklammer*.

(1) Das Minuszeichen vor der Klammer kann als Multiplikation mit (-1) aufgefasst werden.
Man löst eine Minusklammer auf, indem man jedes Glied der Klammer mit (-1) multipliziert.

$$\begin{aligned}-(3x+2y) &= (-1)\cdot(3x+2y)\\ &= (-1)\cdot 3x + (-1)\cdot 2y\\ &= -3x + (-2y)\\ &= -3x - 2y\end{aligned}$$

Minusklammer auflösen bedeutet Wechsel der Vorzeichen in der Klamme

(2) Subtrahieren bedeutet Addieren der entgegengesetzten Zahl.
Die entgegengesetzte Zahl erhält man durch Multiplikation mit (-1).

$$\begin{aligned}7x - 4\cdot(2x-5y) &= 7x - (8x - 20y)\\ &= 7x + (-1)\cdot(8x-20y)\\ &= 7x + (-8x + 20y)\\ &= 7x - 8x + 20y\\ &= -x + 20y\end{aligned}$$

Aufgabe

3. *Auflösen einer Plusklammer*
Vereinfache den Term $(3a+4b)+(7a+2b)$.

Lösung

Plusklammern kann man weglassen

$(3a+4b)+(7a+2b)$	
$= 3a+4b+7a+2b$	Weglassen der Klammern (Assoziativgesetz)
$= 3a+7a+4b+2b$	Ordnen der Variablen (Kommutativgesetz)
$= 10a+6b$	Zusammenfassen gleichartiger Glieder

Zum Festigen und Weiterarbeiten

4. Berechne.
a) $-(-4)$ **b)** $-(+5)$ **c)** $-\left(+\frac{2}{3}\right)$ **d)** $-\left(-\frac{5}{7}\right)$ **e)** -0

5. Welche Zahl darf man hier für x einsetzen?
a) $-x=+4$ **b)** $-x=-6$ **c)** $-x=+\frac{1}{2}$ **d)** $-x=-\frac{2}{3}$ **e)** $-x=-0{,}4$

6. Berechne.
a) $-(+2)-(+4)$ **b)** $-((-8)+(+10))$ **c)** $-((-3)\cdot(+6))$ **d)** $-((+4)\cdot(-8))$

7. Löse die Klammer auf.
a) $-(5x-7)$ **c)** $-(8xy-2xz)$ **e)** $a+(b+c+d)$ **g)** $4x-2(8a-2b-3c)$
b) $-(2x^3-5z)$ **d)** $a-(b-c)$ **f)** $a-(b-c-d)$ **h)** $4y+3(2x-2z)$

8. Löse die Klammer auf und fasse dann zusammen.
a) $4a+(2b+9a)$ **c)** $7a^3+(-4a^3-5a)$ **e)** $15x-(9y-8x)$
b) $8a^2+(3b-5a^2)$ **d)** $12a-(5a+8b)$ **f)** $7r^2-(-r^2+9)$

9. **a)** $3x+5(x-4)$ **c)** $\frac{1}{2}a(b+4)-ab$ **e)** $4a-5ab-a(2+14b)$
b) $(x+3)\cdot 2-7$ **d)** $7x-5y-8(x+y)$ **f)** $23x+(5x+21y)\cdot 2-19y$

Übungen

10. a) $-\left(-\frac{2}{3}\right)$ b) $-(+2)$ c) $-(-3{,}2)$ d) $-(-1)$ e) $-(+1)$ f) $-(-0)$ g) $-(-(-7))$ h) $-((-23)+(-43))$

11. a) $-[(-2{,}3)-(-3{,}4)]$ b) $-\left[\left(-\frac{3}{4}\right)+\left(-\frac{5}{8}\right)\right]$ c) $(+4{,}2)-[(-34)-(-57)]$ d) $-[((-3{,}8)-(+4{,}5))-(-7{,}3)]$

12. a) $(-(-15))\cdot 4$ b) $(-(-3{,}5))\cdot(-6)$ c) $(+1{,}5)\cdot[-(+2{,}4)]$ d) $-[-((-2{,}4)+(-1{,}7))]$

13. Löse die Minusklammer auf.

a) $-(a+b)$; $-(x-y)$; $-(-3+r)$
b) $-(a-b)$; $-(4x+y)$; $-(-u-7v)$
c) $-(3+x^2)$; $-(x+y^3)$; $-(a^2-b^2)$
d) $-(3x-y+z)$; $-(-2a+8b-c)$; $-(-1-r-0{,}5s)$

14. Löse die Klammer auf und fasse – wenn möglich – zusammen.

a) $x-(y+z)$; $x+(y-z)$; $a-(5+b)$
b) $3x-(x-y)$; $8a-(-a+2b)$; $5r-(-r-s)$
c) $6a+(-3b+4a)$; $4x-(-5x-7z)$; $5u-(zu-4v)$
d) $8+(2-a+b)$; $x-(3x+y-2z)$; $7r-(-s+2r+5)$

15. a) $(4x+7)-(3x-9)$; $(2x-5)+(4x-2)$; $(4-2x)+(-3-x)$
b) $(9x+2x)-(8-4x)$; $(4x+3)-(-4+6x)$; $(12x-6)-(-8-4x)$
c) $(x-2x)-(3{,}4x+2{,}3x)$; $(8{,}2-5{,}7x)-(-9{,}4+3{,}6x)$; $(9{,}2-5x)+(-9{,}2+5x)$

16. Kontrolliere, ob richtig gerechnet wurde. Korrigiere gegebenenfalls.

a) $7x-3(2x-5)$
$=7x+6x+15$
$=13x+15$

b) $(a+9u)+(-3u-7a)$
$=a+9u-3u+7a$
$=8a+6u$
$=14au$

c) $5y-(-4)\cdot(-y-z)$
$=5y-4y+z$
$=y+z$

17. a) $(4x+2y-3z)-(8x+5y-2z)$; $(9a-2b+3c)+(8c-4b+a)$
b) $(12x+9z-8y)-(3y+z-x)$; $(12x^2-4y^2-2z^2)-(12x^2-4y^2+5)$

18. Ergänze den Term.

a) $7a+(5b-\square)=7a+5b-3c$
b) $3x-(\square-5y)=-x+5y$
c) $(8u+\square)+(\square+v)=5u-6v$
d) $-3a-(\square-8b)-(\square-\square)=-4a+c$

19. Löse die Klammer auf und fasse – wenn möglich – zusammen.

a) $5a-4(3a+2)$; $x-7(9y+6)$; $3u-6(u-4v)$
b) $7x-1{,}5(2x+y)$; $6a-8(0{,}5a+0{,}5b)$; $r-2{,}5(4r-s)$
c) $a-\frac{6}{5}\left(30b-\frac{5}{12}a\right)$; $\frac{3}{2}x-\frac{1}{4}\left(\frac{8}{3}x-\frac{3}{8}y\right)$; $8{,}8a-\frac{3}{4}(8{,}8a-0{,}12b)$

20. a) $5a-3b+7(a+b)$; $7(x+y)-3(x-y)$
b) $x(1{,}5x-2{,}5y)-7x^2+xy$; $ab+a(6{,}1a+3{,}5b)-4a$
c) $\frac{1}{3}(9r-12s)+5s-4r$; $-\frac{x}{4}(28-8x)-\frac{x}{5}(15x+20)$

21. a) $(a-b)-(a+b)$; $(x+y)-(x-y)$; $2(r-s)-5(r-s)$
b) $-(x+y)-(y-x)-(a-10b)-(3a+8b)$; $-(x+7)-(4-x)+(11x+7y)-(-4x+2y)$; $-(a-b)+\frac{1}{5}(b-a)-(4a+b)-\frac{1}{5}(1{,}2b-6a)$

LÖSEN VON LINEAREN GLEICHUNGEN MIT KLAMMERN

Gleichungen mit Klammern

Einstieg

Ich denke mir eine Zahl und subtrahiere 7. Das Ergebnis multipliziere ich mit 3. Ich erhalte -6. Wie heißt die Zahl?

Aufgabe

1. Bestimme die Lösungsmenge der Gleichung.

a) $5(x+3) = 45$ **b)** $7(2x-4) - 1 = 3x + 4$

Lösung

a)

$$\begin{aligned} 5(x+3) &= 45 \\ 5\cdot x + 5\cdot 3 &= 45 \\ 5x + 15 &= 45 \quad |-15 \\ 5x &= 30 \quad |:5 \\ x &= 6 \end{aligned}$$

Ergebnis: $L = \{6\}$

Probe:

$5(6+3) = 45$ (w?)	
LS: $5(6+3)$ $= 5\cdot 9$ $= 45$	RS: 45

b)

$$\begin{aligned} 7(2x-4) - 1 &= 3x + 4 \\ 7\cdot 2x - 7\cdot 4 - 1 &= 3x + 4 \\ 14x - 28 - 1 &= 3x + 4 \\ 14x - 29 &= 3x + 4 \quad |-3x \\ 11x - 29 &= 4 \quad |+29 \\ 11x &= 33 \quad |:11 \\ x &= 3 \end{aligned}$$

Ergebnis: $L = \{3\}$

Probe:

$7(2\cdot 3 - 4) - 1 = 3\cdot 3 + 4$ (w?)	
LS: $7(2\cdot 3 - 4) - 1$ $= 7\cdot 2 - 1$ $= 13$	RS: $3\cdot 3 + 4$ $= 9 + 4$ $= 13$

Zum Festigen und Weiterarbeiten

2. Bestimme die Lösungsmenge.

a) $4\cdot(x+5) = 28$ **c)** $12x + 20 = 2(3x+1)$ **e)** $48{,}5 - (5 - 2x) = 4{,}5$

b) $(z-9) : 12 = 3$ **d)** $13 - (x+2) = 9$ **f)** $-19x - 4(16 - 2x) = x + 12$

3. a) Tim und Julia haben unterschiedliche Lösungswege notiert. Erkläre und bewerte.

b) Bestimme die Lösungsmenge.

(1) $5(x-7) = 0$ (2) $\frac{1}{5}(x+5) = 2$ (3) $7(2a+3) = 14$ (4) $\frac{1}{2}(-2y-5) = 0$

Übungen

4. Bestimme die Lösungsmenge. Kontrolliere dein Ergebnis.

a) $4(x+3) - 2x = 22$
$x + 5(18 - x) = 46$
$2(5a - 1) + 3a = 24$

b) $4x + 3(1 + 2x) = 73$
$(8a + 1) - 2a = 124$
$22x - (9 - 3x) = 41$

c) $\frac{3}{2}(y - 10) - y = 0$
$y + \frac{1}{3}(y + 6) = 22$
$6\left(\frac{1}{3}x - 2\right) - x = 0$

5. Bestimme die Lösungsmenge.

a) $6(4 + x) = 5(x - 6) + 60$
b) $5(x - 3) = 2(7 - x) - 1$
c) $(12 + 3x) \cdot \frac{1}{3} = 7(2 - x) - 2$
d) $14 + 2(3x - 1) = 3(x - 8) + 66$
e) $6(7 - 2p) + 2 = 5(6 - 4p) + 46$
f) $5k + 4\left(\frac{1}{2}k - 6\right) = k + (12 - 2k) \cdot 2 + 12$
g) $6\left(4 - \frac{1}{2}r\right) - 2r = \frac{1}{3}(15 - 3r) + 19$
h) $\frac{1}{4}(12h + 8) - h = 2(14 - 2h + 6)$

6.
a) $5(x - 7) - 4x = 11$
b) $8x + (4x - 4) \cdot 2 = -8$
c) $4t + 5(-4 - t) = -7$
d) $10 + 3(4x - 5) = 15x + 40$
e) $2x + 8(-12 - x) = 54 - 18x$
f) $12(x - 0{,}4) + 0{,}9 = 10x - 0{,}7$
g) $32 + 2{,}25a = 0{,}25a - (0{,}5a + 8)$
h) $4(0{,}1 - 5x) - x = 1{,}7 - 20x$
i) $9(4 - 6s) = -21 + 3(2{,}5s - 1{,}5)$
j) $\left(x - 0{,}7\right) = (4x + 2{,}4) \cdot \frac{1}{8}$
k) $5x + 2(x^2 - 1) = 3x + 2x^2 - 8$
l) $2x(x + 1) = x(2x - 1) - 9$

7. Löse das Zahlenrätsel mithilfe einer Gleichung. Überprüfe die Lösung am Text.

a) Wenn man eine Zahl von 30 subtrahiert und die Differenz durch 0,7 dividiert, erhält man 40.

b) Wenn man eine Zahl um 1,5 vergrößert und das Ergebnis verdoppelt, erhält man ein Drittel der gesuchten Zahl.

8. Bei den folgenden Aufgaben kann man die Lösungsmenge auch bestimmen, ohne die Klammern aufzulösen.

a) $4(x + 3) = 28$
b) $(x - 2) \cdot 6 = 6$
c) $(x + 1) : 5 = -2$
d) $(x - 7) : 4 = 1$
e) $(z - 3) \cdot 5 = 12$
f) $(a + 3) : 5 = 17$
g) $\frac{4}{5}(5x - 5) = 40$
h) $3(8 + s) : 4 = 6$

9. Bestimme die Lösungsmenge. Denke an die Probe.

a) $(2x - 3) + (8x - 7) = 40$
b) $(8x - 5) - (3x - 10) = 35$
c) $(6x + 40) - (10x + 14) = 18$
d) $(14a - 10) - (6a + 8) = 14$
e) $14x - (10x - 6) = 12x - (6x + 16)$
f) $24y - (18y - 6) - 18 - (8 - 2y) = 0$

10.
a) $(2x + 3) + (6x - 4) = (9x - 3) + (8x - 16)$
b) $(10x - 4) - (5x - 6) = (8x - 1) - (4x - 7)$
c) $(2 + 14a) - (4 - 9a) - (3 + 8a) + (5a + 5) = 0$
d) $(6z - 3) + (8z - 5) = (12z - 4) - (2z + 2)$

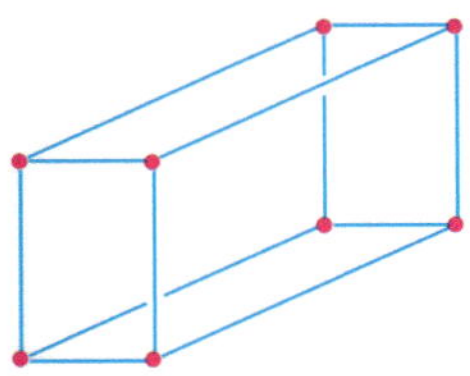

11. Aus einem Draht der Länge 8 m soll ein Modell eines Quaders hergestellt werden. Die Breite ist doppelt so lang wie die Länge; die Höhe ist 7-mal so lang wie die Länge. Bestimme Länge, Breite und Höhe.

12. Die Seiten eines Rechtecks sind 8 cm und 5 cm lang. Um wie viel cm muss man die längere Seite des Rechtecks verlängern, damit der Flächeninhalt des neuen Rechtecks 100 cm² beträgt?

Besondere Verfahren bei Gleichungen mit Brüchen

Aufgabe

1. Bestimme die Lösungsmenge der Gleichung $\frac{3}{4}x - \frac{1}{2} = \frac{1}{6}x - \frac{9}{4}$.
Dies kann auf zwei unterschiedlichen Wegen erfolgen. Vergleiche sie.

Lösung

1. Weg:
Es wird mit Brüchen gerechnet.

$$\begin{aligned} \tfrac{3}{4}x - \tfrac{1}{2} &= \tfrac{1}{6}x - \tfrac{9}{4} && \mid -\tfrac{1}{6}x \quad \mid +\tfrac{1}{2} \\ \tfrac{3}{4}x - \tfrac{1}{6}x &= -\tfrac{9}{4} + \tfrac{1}{2} \\ \tfrac{9}{12}x - \tfrac{2}{12}x &= -\tfrac{9}{4} + \tfrac{2}{4} && \mid T \\ \tfrac{7}{12}x &= -\tfrac{7}{4} && \mid \cdot \tfrac{12}{7} \\ x &= -\tfrac{7 \cdot 12}{4 \cdot 7} \\ x &= -3 \end{aligned}$$

$L = \{-3\}$

2. Weg:
Die Brüche werden beseitigt.

12 ist Haupt nenne

$$\begin{aligned} \tfrac{3}{4}x - \tfrac{1}{2} &= \tfrac{1}{6}x - \tfrac{9}{4} && \mid \cdot 12 \\ \left(\tfrac{3}{4}x - \tfrac{1}{2}\right) \cdot 12 &= \left(\tfrac{1}{6}x - \tfrac{9}{4}\right) \cdot 12 \\ \tfrac{3}{4}x \cdot 12 - \tfrac{1}{2} \cdot 12 &= \tfrac{1}{6}x \cdot 12 - \tfrac{9}{4} \cdot 12 && \mid T \\ 9x - 6 &= 2x - 27 && \mid -2x \quad \mid +6 \\ 7x &= -21 && \mid :7 \\ x &= -3 \end{aligned}$$

$L = \{-3\}$

Bei Gleichungen mit Brüchen ist es oft günstiger, zunächst die Brüche zu beseitigen.

Zum Festigen und Weiterarbeiten

2. Bestimme die Lösungsmenge.

a) $\frac{x}{4} = \frac{1}{2}$ **b)** $-\frac{7}{8} = \frac{x}{16}$ **c)** $\frac{z}{2} + \frac{z}{5} = 7$ **d)** $\frac{x}{3} - \frac{x}{4} = 1$ **e)** $\frac{x}{15} + \frac{x}{10} = \frac{1}{6}$

3. Bestimme die Lösungsmenge.

a) $\frac{x-2}{3} = 5$ **b)** $\frac{x+2}{5} = \frac{x}{4}$ **c)** $\frac{a+3}{4} = \frac{a-2}{2}$ **d)** $\frac{z-1}{2} + \frac{z+3}{6} = 6$

4. Bestimme die Lösungsmenge wie in der Lösung zu Aufgabe 1 auf zwei verschiedenen Wegen. Vergleiche und bewerte beide Lösungswege.

a) $\frac{2}{3}x + \frac{3}{8} = \frac{5}{3}x - \frac{1}{4}$ **b)** $\frac{4}{3} - \frac{2}{5}x = \frac{3}{5} - \frac{1}{3}x$ **c)** $\frac{1}{2}x - \frac{1}{3} = \frac{5}{6}x - \frac{3}{7}$

Übungen

5. **a)** $\frac{x}{3} + \frac{x}{4} = 7$ **c)** $\frac{x}{8} + 5 = \frac{x}{3}$ **e)** $\frac{7x}{2} - \frac{3x}{4} = \frac{11}{4}$ **g)** $\frac{5}{12}z - \frac{7}{18}z = 2$

b) $-\frac{x}{2} - \frac{x}{5} = 7$ **d)** $\frac{y}{2} - \frac{y}{3} = -\frac{1}{3}$ **f)** $\frac{3x}{5} - \frac{1}{15} = \frac{2x}{5}$ **h)** $\frac{7}{9}x - \frac{13}{6}x = \frac{1}{12}$

6. **a)** $\frac{5}{6}(x-3) = 10$ **b)** $-\frac{1}{3}(x+21) = -4$ **c)** $\frac{3}{4}(z+8) = \frac{1}{3}(z-12)$

7. Bestimme die Lösungsmenge.

a) $\frac{x}{8} = \frac{x+5}{4}$ **b)** $\frac{2a-1}{3} = 5$ **c)** $\frac{3b+1}{2} = \frac{21-2b}{3}$ **d)** $\frac{7-z}{2} + \frac{6+6z}{3} = \frac{25+3z}{4}$

▲ **8.** Dezimalbrüche in einer Gleichung kann man ebenfalls beseitigen.

$$\begin{aligned} 0{,}7x + 3{,}87 &= 2{,}4 && \mid \cdot 100 \\ 70x + 387 &= 240 \end{aligned}$$

a) Rechne das Beispiel rechts zu Ende. Führe auch die Probe durch.

b) Bestimme die Lösungsmenge. Beginne wie im Beispiel.
(1) $4{,}2x + 3{,}9 = 2{,}6x + 39{,}1$ (2) $0{,}48x - 4{,}17x = 250 - 3{,}19x$

Sonderfälle bei der Lösungsmenge einer Gleichung

Einstieg

Anna hat sich ein Zahlenrätsel ausgedacht.

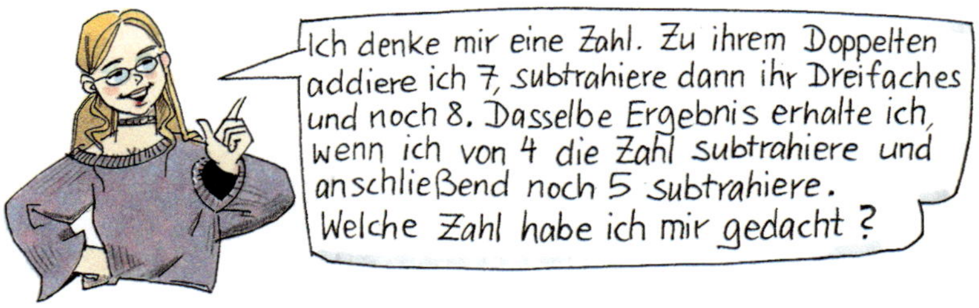

Aufgabe

1. Bestimme die Lösungsmenge.

a) $3(4x + 8) = 2(12 + 6x)$

b) $6(8x - 5) = 12(3 + 4x)$

Lösung

a)
$$\begin{aligned} 3(4x + 8) &= 2(12 + 6x) \quad &| \text{T} \\ 12x + 24 &= 24 + 12x \quad &| -12x \\ 24 &= 24 \quad \text{(wahr)} \end{aligned}$$

Du erkennst schon an der vorletzten Gleichung: *Jede* rationale Zahl ist Lösung der Gleichung. Setzt man irgendeine Zahl ein, beispielsweise 5, so erhält man eine wahre Aussage:
$12 \cdot 5 + 24 = 24 + 12 \cdot 5$
Jede Zahl ist Lösung der Gleichung.

$L = \mathbb{Q}$

b)
$$\begin{aligned} 6(8x - 5) &= 12(3 + 4x) \quad &| \text{T} \\ 48x - 30 &= 36 + 48x \quad &| -48x \\ -30 &= 36 \quad \text{(falsch)} \end{aligned}$$

Du erkennst schon an der vorletzten Gleichung: *Keine* rationale Zahl ist Lösung der Gleichung. Setzt man irgendeine Zahl ein, beispielsweise 2, so erhält man eine falsche Aussage:
$48 \cdot 2 - 30 = 36 + 48 \cdot 2$
Die Gleichung hat keine Lösung.
Die Lösungsmenge ist leer.
$L = \{\ \}$

Information

Die **Lösungsmenge einer Gleichung** kann auch gleich der Menge $\mathbb{Q}$ der rationalen Zahlen oder gleich der leeren Menge { } sein.

Zum Festigen und Weiterarbeiten

2. a) Welcher Lösungsweg ist fehlerhaft? Suche den Fehler. Begründe deine Antwort.

b) Ändert die Multiplikation mit x bzw. mit (x − 3) auf beiden Seiten die Lösungsmenge der Gleichung? Prüfe dazu jeweils, ob die angegebene Zahl Lösung der Gleichung vor und nach der Umformung ist.

(1)
$$\begin{aligned} 2x + 5 &= 1 - 2x \quad | \cdot x \\ (2x + 5) \cdot x &= (1 - 2x) \cdot x \end{aligned}$$
Führe die Probe mit der Zahl 0 durch.

(2)
$$\begin{aligned} 4x + 3 &= 3x + 4 \quad | \cdot (x - 3) \\ (4x + 3) \cdot (x - 3) &= (3x + 4) \cdot (x - 3) \end{aligned}$$
Führe die Probe mit der Zahl 3 durch.

3. Bestimme die Lösungsmenge. Beende die Rechnung möglichst frühzeitig.

a) $x + 5 = x + 9$ **d)** $8x = 2x$ **g)** $2(10x + 3) = 5(4x - 1) + 11$

b) $2x - 7 = 2x - 7$ **e)** $2x + 4 = 3x + 4$ **h)** $(2x - 4) \cdot 3 = 4(4 + 2x) - 2x$

c) $8x - 5 = 8x + 5$ **f)** $2 - 4x = 7 - 4x$ **i)** $-8(x + 3) + 2(12 + 4x) = 0$

Information

Die Multiplikation (Division) auf beiden Seiten einer Gleichung mit einem Term, der eine Variable enthält, ist *nicht immer* eine zulässige Anwendung der Multiplikations- und Divisionsregel, weil der Term gleich 0 werden kann.

Übungen

4. Bestimme die Lösungsmenge.

a) $3x + 7 + 9x = 10 - 12x - 3$ **d)** $3p - 4{,}6 + 2p = 8p - 4{,}6 - 3p$

b) $3w - 7 + 9w = 10 + 12w + 3$ **e)** $10x - 13{,}5 - 30x = 11x - 13{,}5 - 30x$

c) $3x + 7 + 9x = 10 + 12x - 3$ **f)** $15a + 0{,}9 - 10a = 1{,}5 + 5a - 0{,}6$

5. Notiere die Lösungsmenge. Überlege dazu, welche Zahlen die Gleichung erfüllen.

a) $2x = x + x$ **d)** $0 \cdot x = 5$ **g)** $x : (-1) = 0$ **j)** $x^2 = 0$

b) $x = x + 5$ **e)** $2(x - x) = 5$ **h)** $2x + 1 = 2x$ **k)** $1 + \frac{x}{2} = \frac{1}{2}x + 1$

c) $x \cdot x = -4$ **f)** $0 \cdot x = 0$ **i)** $7x + 8 = 8 + 7x$ **l)** $5 : x = 0$

6. Multipliziere die Gleichung (1) $2x = x - 3$ (2) $-5x = 6 - x$ mit

a) 10, **b)** x, **c)** $5x$, **d)** $x - 3$.

Wann liegt eine zulässige Anwendung der Multiplikations- und Divisionsregel vor?

7. Kontrolliere, ob die Gleichungen fehlerfrei gelöst wurden.

Tom	Uta	Pit
$5x + 1 + 2x = 3x + 1$	$-2x + 7 - 3x = 3 + 5x + 4$	$3 - 4x + 2 = x - 5x$
$7x + 1 = 3x + 1$	$7 - 5x = 7 + 5x$	$1 - 4x = -4x$
$7x = 3x$	$L = \{\ \}$	$L = \{\ \}$
$L = \{\ \}$		

8. Bestimme die Lösungsmenge.

a) $6x + 12 = 30 - 3x$ **g)** $4(5 - 6y) = 3(7 - 8y)$

b) $18x - 7 = 29x - 7$ **h)** $15(2z + 6) - 4 = 6 \cdot (5z) + 86$

c) $y + 9 \cdot 3y = 2 - 2y$ **i)** $12(7 - 3x) + 6 = 100 - 6 \cdot (6x)$

d) $1 - 4z = 4z - 1$ **j)** $5(3 - 2a) + 5 = -10 - 5 \cdot (5a)$

e) $3(4x + 5) = 2(3 + 5x)$ **k)** $(3 - 2k) - (2k + 5) = 7 - 3k$

f) $2(9x - 4) = 3(6x + 5)$ **l)** $6(4 - 9x) - 18(3x - 2) = 60$

zu **9.**

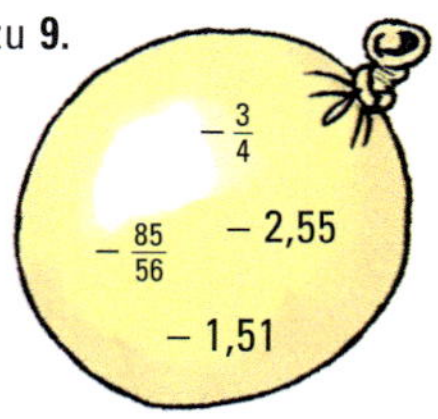

9. a) $5a - 8{,}3 + a + 4{,}9 - 12a + 11{,}5 + 3a - 0{,}8 + 6a - 9{,}1 + a + 12 = 0$

b) $7{,}5r - 4{,}25 - 2{,}8r + 9{,}03 - 8{,}3r - 11{,}6 + 0{,}2r + 0{,}37 - 2{,}2r - 2{,}05 = 0$

c) $4s + \frac{1}{4} - \frac{1}{2}s - \frac{3}{8} - s - \frac{1}{3} + s + \frac{1}{8} - 3s - \frac{1}{2} - \frac{3}{2}s + \frac{1}{12} = 0$

ANWENDEN VON GLEICHUNGEN IN DER GEOMETRIE

Einstieg

In einem Dreieck soll die kleinste Seite 1 cm kürzer sein als die mittlere und diese wieder 1 cm kürzer als die längste Seite. Der Umfang des Dreiecks soll 30 cm betragen.

→ Zeichne das Dreieck.

Aufgabe

1. Aus einem 120 cm langen Stück Draht soll ein Rechteck hergestellt werden. Die längere Seite soll 14 cm länger als die kürzere sein. Wie lang ist die kürzere Seite? Berechne auch die längere Seite.

Lösung

(1) *Fertige eine Skizze an, lege die gesuchte Größe fest.*
Wir rechnen nur mit den Maßzahlen.
Länge der kürzeren Seite (in cm): x
Länge der längeren Seite (in cm): $x + 14$

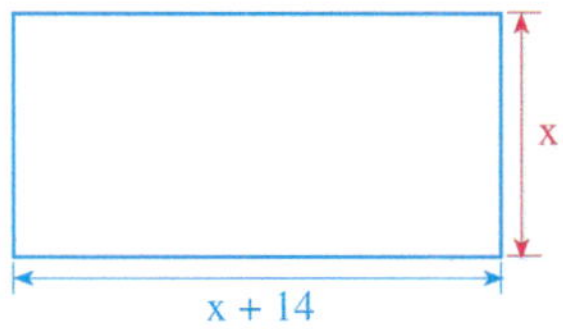

(2) *Stelle die Gleichung auf.*
Umfang des Rechtecks: $2x + 2(x + 14) = 120$

(3) *Bestimme die Lösungsmenge der Gleichung.*

$$\begin{aligned} 2x + 2(x + 14) &= 120 \\ 2x + 2x + 28 &= 120 \quad | -28 \\ 4x &= 92 \quad | :4 \\ x &= 23 \end{aligned}$$

$L = \{23\}$

(4) *Führe die Probe am Aufgabentext durch.*
Ein Rechteck mit den Seitenlängen 23 cm und 23 cm + 14 cm, also 37 cm, hat den Umfang:
$u = 2 \cdot (23\text{ cm} + 37\text{ cm}) = 2 \cdot 60\text{ cm} = 120\text{ cm}$ (w)

(5) *Formuliere einen Antwortsatz.*
Die kürzeren Seiten des Rechtecks sind jeweils 23 cm, die längeren jeweils 37 cm lang.

Zum Festigen und Weiterarbeiten

2. *Prüfen, ob eine Lösung der Gleichung auch eine sinnvolle Lösung der Aufgabe ist.*
In einem Dreieck soll die kleinste Seite 6 cm kürzer sein als die mittlere und diese wieder 6 cm kürzer als die längste. Der Umfang des Dreiecks soll 30 cm betragen.
Zeichne das Dreieck.

Information

Strategie bei der Lösung einer Textaufgabe

(1) Fertige eine Zeichnung (Skizze) an und trage die gegebenen Größen ein. Lege die Bedeutung von x (bzw. y, z, …) fest und ergänze die Zeichnung.
(2) Stelle eine Gleichung auf.
(3) Bestimme die Lösungsmenge der Gleichung.
(4) Prüfe am Aufgabentext, ob die Lösung der Gleichung auch eine sinnvolle Lösung der Aufgabe ist.
(5) Formuliere einen Antwortsatz.

Übungen

3. Ein Rechteck hat einen Umfang von 68 cm. Die längere Seite ist 4 cm länger als die kürzere Seite. Berechne die Seitenlängen des Rechtecks.

4. Drücke mithilfe einer Gleichung aus.

a) Die Seite a ist doppelt so lang wie die Seite b.

b) Die Basis eines gleichschenkligen Dreiecks ist 5 cm länger als jeder Schenkel.

c) Die Basis eines gleichschenkligen Dreiecks ist halb so lang wie ein Schenkel.

d) Die Dreiecksseiten a und b sind zusammen 11 cm länger als die Seite c.

5. **a)** Der Umfang eines gleichschenkligen Dreiecks beträgt 48 cm. Die Basis soll doppelt so lang wie jeder Schenkel sein.

b) Der Umfang eines gleichschenkligen Dreiecks beträgt 36 cm. Jeder Schenkel soll doppelt so lang wie die Basis sein.

c) Ein gleichschenkliges Dreieck hat einen Umfang von 24 cm. Jeder Schenkel soll 6 cm kürzer als die Basis sein.

TAB

6. Frank möchte für sein Meerschweinchen einen rechteckigen Freilauf bauen. Er hat im Schuppen eine Drahtrolle gefunden. Diese ist 18 m lang und 40 cm breit.

a) Welche Abmessungen könnte der Freilauf haben?

b) Sind alle möglichen Lösungen sinnvoll? Begründe.

c) Nenne Maße für den Freilauf, wenn er auch oben mit Draht verschlossen sein soll.

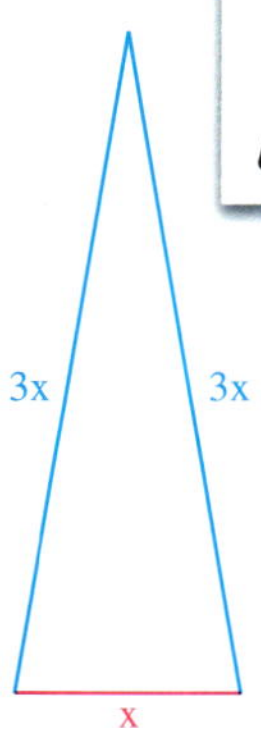

7. Zeichne das Dreieck.

a) In einem gleichschenkligen Dreieck ist jeder Schenkel dreimal so lang wie die Basis. Der Umfang des Dreiecks beträgt 28 cm.

b) In einem Dreieck ist die mittlere Seite 2 cm länger als die kürzeste und 1 cm kürzer als die längste Seite. Der Umfang des Dreiecks ist 20 cm.

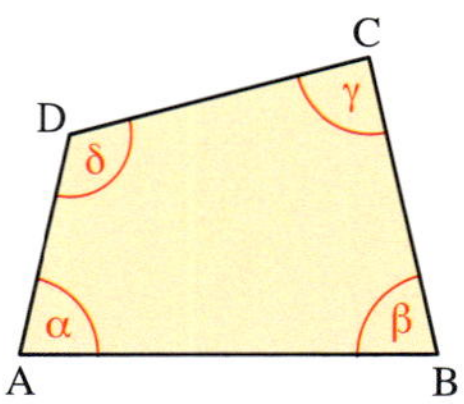

8. Zeichne ein Viereck ABCD, bei dem die Winkel β und γ jeweils doppelt so groß wie der Winkel α sind und der Winkel δ um 30° größer ist als der Winkel α.

9. In einem Viereck sind zwei Winkel gleich groß. Der dritte Winkel ist so groß wie diese beiden Winkel zusammen. Der vierte Winkel ist nur halb so groß wie einer der beiden gleich großen Winkel. Wie groß sind die vier Winkel?

10. Ein Quader hat drei verschiedene Kantenlängen. Die Summe der Längen aller 12 Kanten beträgt 144 cm. Die längste Kante ist dreimal so lang wie die kürzeste. Die dritte Kantenlänge ist doppelt so groß wie die kleinste Kantenlänge.
Berechne das Volumen und den Oberflächeninhalt des Quaders.

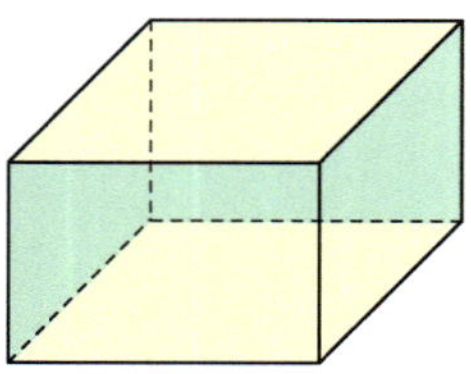

11. Bei einem Quader kann man Grundflächen und Mantelflächen unterscheiden. Im nebenstehenden Bild sind die Grundflächen gelb gefärbt. Die anderen Flächen sind die Mantelflächen. Die gesamte Oberfläche eines Quaders ist 270 cm^2 groß. Die Mantelfläche eines Quaders sei genau so groß wie jede der beiden Grundflächen.
Wie groß ist eine Grundfläche?

12. In einem Quader ist eine kleinste Seitenfläche um 30 cm^2 kleiner, eine größte um 120 cm^2 größer als eine mittlere Seitenfläche. Die Größe der Oberfläche beträgt insgesamt 900 cm^2. Wie groß ist jede Seitenfläche?

VERHÄLTNISGLEICHUNGEN

Unterschied und Verhältnis als Hilfsmittel beim Vergleich zweier Größen – Verhältnisgleichung

Einstieg

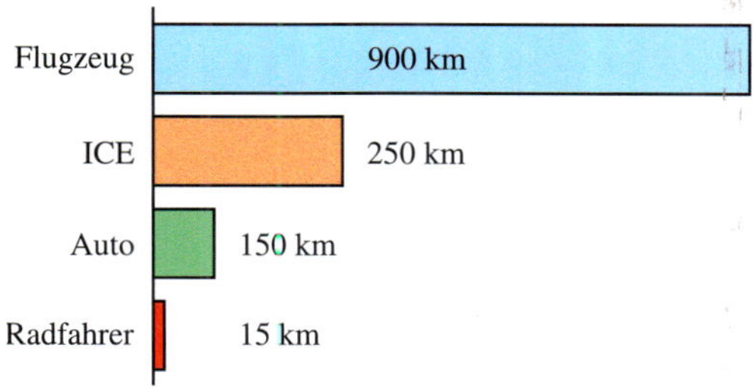

Links sind Entfernungen angegeben, die in einer Stunde zurückgelegt werden können.

→ Vergleicht die Angaben auf unterschiedliche Weise.

→ Präsentiert eure Ergebnisse.

Aufgabe

1. Im Jahre 1960 kostete eine Eintrittskarte in einem bestimmten Kino umgerechnet 0,80 €, das waren ca. 1,56 DM.
Im Jahre 2010 musste man an derselben Kinokasse 6,80 € für eine Eintrittskarte bezahlen. Vergleiche die Preise.

Lösung

1. Möglichkeit

Wir berechnen den Preisunterschied (die Preisdifferenz):
6,80 € – 0,80 € = 6,00 €

Ergebnis: Der Preis erhöhte sich um 6 €.

2. Möglichkeit

Wir berechnen, in welchem Verhältnis die Preise zueinander stehen.
Wir schätzen: Der Preis hat sich ungefähr verachtfacht.
Das kann man genauer berechnen:

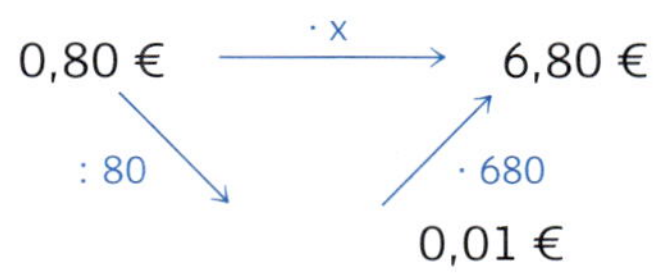

$$x = \frac{6{,}80\ €}{0{,}80\ €} = \frac{680}{80} = \frac{17}{2} = 8\frac{1}{2}$$

Ergebnis: Der Preis im Jahre 2010 ist das $8\frac{1}{2}$fache des Preises von 1960.
Man sagt auch:
Das Verhältnis des Preises von 2010 zum Preis von 1960 ist $8\frac{1}{2}$ $\left(\text{bzw. } \frac{17}{2}\right)$ oder
Der Preis von 2010 verhält sich zum Preis von 1960 wie 17 zu 2.
Man schreibt:

Preis von 2010 : Preis von 1960 = 17 : 2 oder $\frac{\text{Preis von 2010}}{\text{Preis von 1960}} = \frac{17}{2}$

Information

(1) Verhältnis zweier Größen bzw. Zahlen

Beim Vergleich zweier Größen a und b bezeichnet man den Quotienten a : b bzw. den Bruch $\frac{a}{b}$ auch als **Verhältnis**.
Den Term a : b bzw. $\frac{a}{b}$ liest man dann *a zu b*.

(2) Verhältnisgleichung

Beim Lösen der Aufgabe 1 auf Seite 41 (2. Möglichkeit) erhalten wir zwei gleich große Verhältnisse, nämlich $\frac{6{,}80\,€}{0{,}80\,€}$ und $\frac{17}{2}$ (bzw. 6,80 € zu 0,80 € und 17 zu 2).

Es gilt: $\frac{6{,}80\,€}{0{,}80\,€} = \frac{17}{2}$. Eine solche Gleichung heißt *Verhältnisgleichung* (*Proportion*).

Proportion ⟨lat.⟩ entsprechendes Verhältnis

> Eine Gleichung der Form $\frac{a}{b} = \frac{c}{d}$ heißt **Verhältnisgleichung** (*Proportion*).
> Man schreibt auch: a : b = c : d und liest: *a verhält sich zu b wie c zu d.*

Zum Festigen und Weiterarbeiten

2. a) Mark rechnet das Verhältnis der Preise einer Kinokarte aus Aufgabe 1 von Seite 41 auf folgende Weise aus:

> Das Achtfache des Preises von 1960 ergibt 6,40 €. Es bleiben 0,40 € Differenz zu 6,80 €. 0,40 € ist die Hälfte $\left(\frac{1}{2}\right)$ von 0,80 €.
> Das ergibt zusammen: 6,80 € ist das $8\frac{1}{2}$fache von 0,80 €.

Vergleiche und bewerte die Lösungswege aus Aufgabe 1 und Aufgabe 2.

b) Im Jahre 1963 kostete 1 Liter Super an einer bestimmten Tankstelle umgerechnet 0,22 €.
Im Jahr 2010 zahlt man an dieser Tankstelle für 1 Liter Super 1,51 €.
(1) Vergleiche die Preise auf unterschiedliche Art.
(2) Gib den Preisunterschied in Prozent der Preise von 1963 an.
(3) Gib das Verhältnis der Preise von 2010 und 1963 in Prozent an.

3. Welche der folgenden Gleichungen sind Verhältnisgleichungen? Lies diese auch laut.

(1) $\frac{3}{4} = \frac{15}{20}$ (2) $\frac{3}{4} \cdot \frac{2}{3} = \frac{3}{10}$ (3) $\frac{3}{4} = \frac{x}{5}$ (4) $\frac{x-2}{x+1} = \frac{2}{x+2}$ (5) $\frac{x}{y} + \frac{y}{x} = 1$

4. Welche der Verhältnisgleichungen sind wahre Aussagen?
Korrigiere gegebenenfalls die rechte Seite der Gleichung.

a) $\frac{60\text{ Cent}}{80\text{ Cent}} = \frac{3}{4}$ b) $\frac{120\text{ km}}{720\text{ km}} = \frac{1}{6}$ c) $\frac{2}{7} = \frac{120\text{ kg}}{300\text{ kg}}$ d) $\frac{7}{5} = \frac{126}{85}$ e) $\frac{4}{3} = \frac{5}{4}$

Übungen

5. Vergleiche den Anstieg der Geldwerte auf zwei Weisen.

a) Durchschnittlicher Bruttostundenlohn eines Arbeiters

b) 1 Liter Super

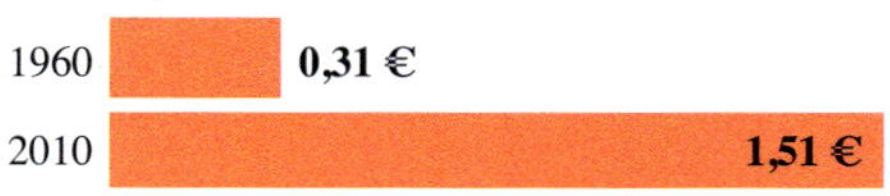

c) 1 Liter Vollmilch

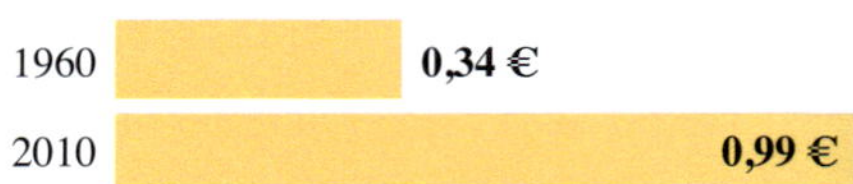

d) 1 Kilogramm Roggenbrot

6. Eine Straße steigt auf 75 m waagerecht um 5,70 m an. An der Straße steht das abgebildete Schild.
Stimmt die Angabe?

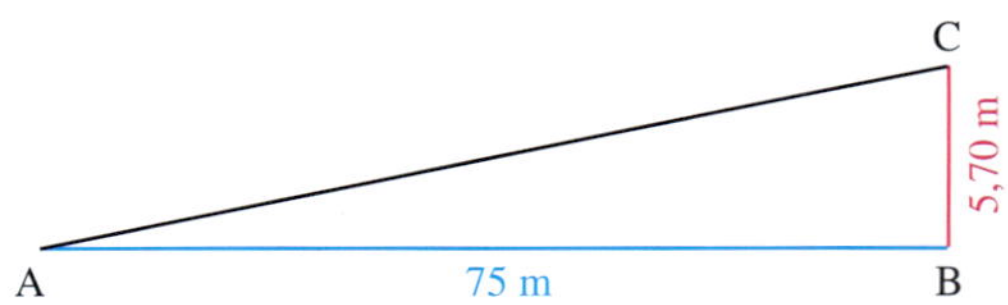

$\frac{a}{b} \times \frac{c}{d}$
„über Kreuz multiplizieren"

7. Gegeben ist die Verhältnisgleichung $\frac{a}{b} = \frac{c}{d}$.
Zeige, dass man „über Kreuz" multiplizieren darf: $a \cdot d = b \cdot c$.
Das heißt: Aus $\frac{a}{b} = \frac{c}{d}$ folgt $a \cdot d = b \cdot c$ für $b \neq 0,\ d \neq 0$.

Anwenden von Verhältnissen und Verhältnisgleichungen

Einstieg

Lara hat einen Roller. Sie braucht dafür ein Gemisch 1 : 50 (Öl- zu Benzinvolumen).

→ Sie tankt 3,4 *l* Benzin.
Wie viel Öl muss zugegeben werden?

→ Ein anderes Mal kauft sie eine Dose mit 60 ml Öl.
Wie viel *l* Benzin muss sie tanken?

Aufgabe

1. Zwei Nachbarn, Andreas und Bernd, spielen gemeinsam Lotto. Andreas zahlt 3 €, Bernd 5 € ein. Sie gewinnen zusammen 720 €.
Wie viel erhält jeder, wenn der Gewinn im Verhältnis der Einsätze verteilt wird?
Rechne auf zwei Wegen.

Lösung

1. Weg

Weil Andreas 3 € und Bernd 5 € eingezahlt haben, muss der Gewinn im Verhältnis 3 : 5 verteilt werden.
Andreas erhält also 3 Teile, Bernd 5 Teile des Gewinns. Das sind zusammen 8 Teile, die verteilt werden müssen. Auf jeden Teil entfallen: 720 € : 8 = 90 €
Andreas erhält: 90 € · 3 = 270 €
Bernd erhält: 90 € · 5 = 450 €

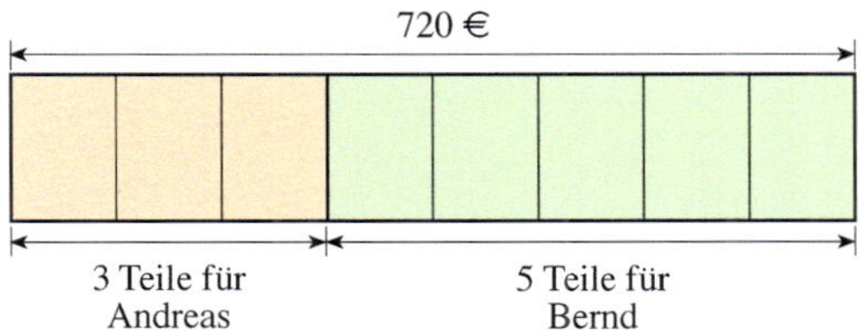

2. Weg

(1) *Aufstellen einer Verhältnisgleichung*

Andreas, der 3 € eingezahlt hat, erhält x €. Dann erhält Bernd (720 – x) €.

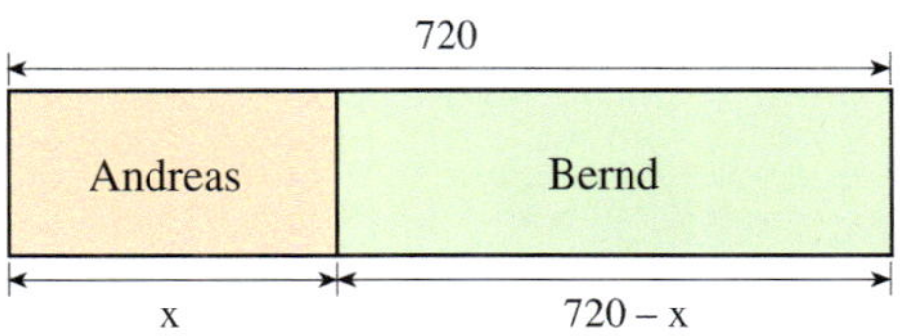

Es gilt: $\frac{720 - x}{x} = \frac{5}{3}$

(2) *Bestimmen der Lösung*

Definitionsbereich $D = \mathbb{Q} \setminus \{0\}$

Wir formen um für $x \neq 0$:

$$\frac{720 - x}{x} = \frac{5}{3} \quad | \cdot x$$
$$\frac{720 - x}{x} \cdot x = \frac{5}{3} \cdot x \quad | \cdot 3$$
$$(720 - x) \cdot 3 = 5 \cdot x$$
$$2\,160 - 3x = 5x$$
$$-8x = -2\,160$$
$$x = 270$$

Bernd erhält dann: (720 – 270) € = 450 €

0 musst du für x ausschließen, da du sonst durch 0 dividieren würdest.

(3) *Ergebnis:* Andreas erhält 270 €, Bernd 450 €.

Zum Festigen und Weiterarbeiten

2. **a)** Zwei Personen A und B teilen sich einen Gewinn von 1 200 € im Verhältnis 2 : 3. Wie viel Euro erhält jede Person?

b) Eine Erbschaft von 1 800 € wird unter zwei Geschwistern im Verhältnis 5 : 7 verteilt. Wie viel Euro erhält jeder von der Erbschaft?

Übungen

3. Bestimme die Lösungsmenge. Gib auch den Definitionsbereich an.

Vergiss die Probe nicht.

a) $\frac{3}{2} = \frac{x}{4}$ **c)** $\frac{16}{7} = \frac{8}{x}$ **e)** $\frac{x-9}{8} = \frac{5}{2}$ **g)** $\frac{12x}{9} = \frac{28-x}{12}$ **i)** $\frac{17}{24} = \frac{49+a}{36a}$

b) $\frac{2}{x} = \frac{5}{11}$ **d)** $\frac{x+2}{4} = \frac{3}{5}$ **f)** $\frac{6}{x+2} = \frac{4}{9}$ **h)** $\frac{2}{5} = \frac{4x}{6+x}$ **j)** $\frac{\frac{1}{2}y+1}{-2y} = \frac{3}{4}$

4. Die Kosten für einen Zivilprozess betragen 665 €. Sie werden von den streitenden Parteien im Verhältnis 4 : 3 getragen. Wie viel Euro hat jede Partei zu zahlen?

5. In einem Zweifamilienhaus betrugen in einem Jahr die Kosten für die gemeinsame Ölheizung 1 026 €. Die Heizkosten der Familien werden nach der Größe der Wohnungen (80 m^2 bzw. 110 m^2) berechnet.
Wie viel Euro muss jede Familie für die Heizung bezahlen?

6. Die Kühlflüssigkeit des Kühlsystems eines Pkw besteht bei Frostsicherheit bis −27° aus 2 Teilen Frostschutzmittel und 3 Teilen Wasser. Das Kühlsystem fasst 7,5 *l*.
Wie viel *l* Frostschutzmittel und wie viel *l* Wasser braucht man?

7. *Verhältnis von drei bzw. vier Größen*

a) Ein Gewinn von 13 500 € wird unter drei Personen A, B, C im Verhältnis 4 : 3 : 2 verteilt.
Wie viele Teile erhält jeder?
Welche Anteile am Gewinn sind das?
Wie viel Euro erhält jeder?

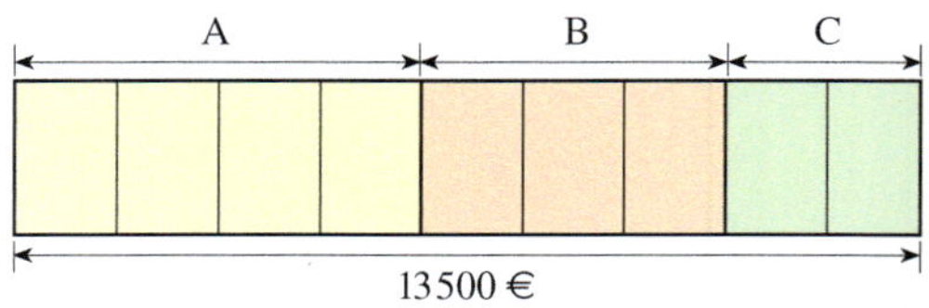

Anleitung: Entnimm der Zeichnung, in wie viele gleich große Teile man sich den Gewinn aufgeteilt denken kann.

b) Ein Gewinn von 8 700 € wird im Verhältnis 1 : 2 : 3 : 4 verteilt.

8.

Durch Anzupfen einer Saite kann man einen Ton erzeugen. Verkürzt man die Saite (z. B. durch Fingerdruck), so erhält man einen höheren Ton. Grundton und höhere Töne bilden zusammen ein Tonintervall. Bestimmte Tonintervalle haben eigene Namen:
Sekunde (10 : 9), Terz (5 : 4), Quarte (4 : 3), Quinte (3 : 2), Sexte (5 : 3), Septime (15 : 8), Oktave (2 : 1) usw.
In Klammern steht jeweils das Längenverhältnis der langen zur verkürzten Saite.

a) Eine Saite ist 60 cm lang. Wie lang muss jeweils die verkürzte Saite sein, damit man die einzelnen Intervalle erhält?

b) Die verkürzte Saite ist 36 cm lang. Wie lang muss die längere Saite sein, damit man die angegebenen Intervalle erhält?

UMSTELLEN VON FORMELN

Einstieg

In einem gleichschenkligen Dreieck ist die Winkelgröße γ gegeben.

→ Berechne die Winkelgröße α für:
(1) $\gamma = 50°$ (2) $\gamma = 60°$ (3) $\gamma = 86°$

→ Stelle eine Formel für die Winkelgröße α auf.

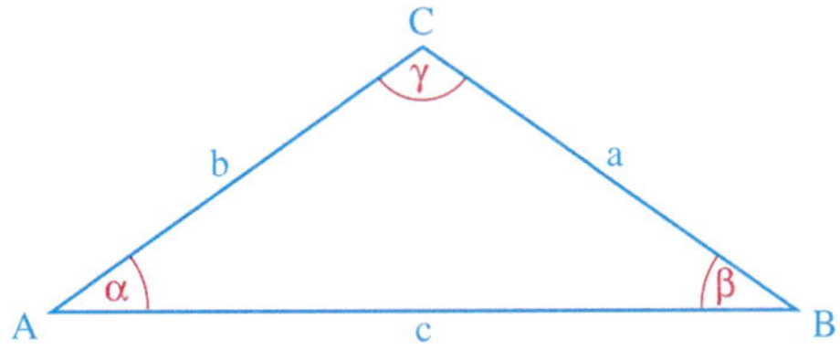

Zum Wiederholen

1. Berechne die Seitenlänge g des Dreiecks, von dem bekannt sind
(1) der Flächeninhalt A = 9 cm^2 und die Höhe h = 3 cm;
(2) der Flächeninhalt A = 4,9 cm^2 und die Höhe h = 2,8 cm.

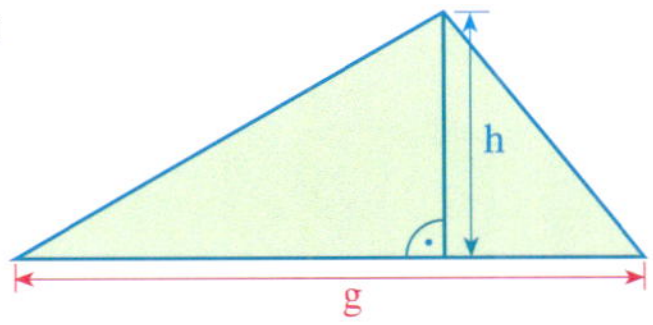

Lösung

Für den Flächeninhalt eines Dreiecks gilt die Formel: $A = \frac{g \cdot h}{2}$

Wir wissen, dass es günstiger ist, diese Formel nach der Variablen g umzustellen, anstatt die Werte einzusetzen und mehrmals g zu berechnen.

$$A = \frac{g \cdot h}{2}$$

Wir schreiben den Term mit der gesuchten Variable g links vom Gleichheitszeichen.

$$\frac{g \cdot h}{2} = A \quad | \cdot 2$$

$$g \cdot h = 2 \cdot A \quad | : h$$

Da die Höhe h ungleich 0 ist, dürfen wir durch h dividieren.

$$g = \frac{2 \cdot A}{h}$$

Wir setzen die gegebenen Größen für A und h ein und erhalten

(1) $g = \frac{2 \cdot 9\ \text{cm}^2}{3\ \text{cm}}$
$g = 6$ cm
Ergebnis: Die Seitenlänge g beträgt 6 cm.

(2) $g = \frac{2 \cdot 4{,}9\ \text{cm}^2}{2{,}8\ \text{cm}}$
$g = 3{,}5$ cm
Ergebnis: Die Seitenlänge g beträgt 3,5 cm.

Zum Festigen und Weiterarbeiten

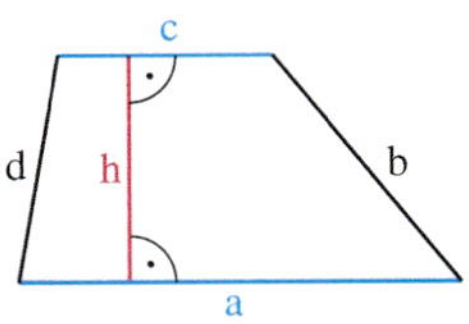

2. **a)** Die Formel für den Flächeninhalt des Trapezes lautet: $A = \frac{(a + c) \cdot h}{2}$
Sie lässt sich auch so schreiben: $A = \frac{a + c}{2} \cdot h$. Begründe dies.

b) Erkläre die blau gerahmten Rechnungen. Was ist jeweils gesucht? Was ist gegeben?

$$\frac{(a + c) \cdot h}{2} = A \quad | \cdot 2$$
$$(a + c) \cdot h = 2 \cdot A$$
$$a \cdot h + c \cdot h = 2 \cdot A \quad | - c \cdot h$$
$$a \cdot h = 2 \cdot A - c \cdot h \quad | : h$$
$$a = \frac{2 \cdot A - c \cdot h}{h}$$

$$\frac{(a + c) \cdot h}{2} = A \quad | \cdot 2$$
$$(a + c) \cdot h = 2 \cdot A \quad | : (a + c)$$
$$h = \frac{2 \cdot A}{a + c}$$

c) Stelle nach der Variable c um.

3. a) Für den Umfang eines Parallelogramms gilt: $u = 2a + 2b$.
Stelle nach b um.

b) Für den Flächeninhalt des Parallelogramms gilt: $A = a \cdot h_a$.
Stelle nach (1) der Variable a, (2) der Variable h_a um.
Warum liegt eine erlaubte Umformung vor?

c) Rechts wurde falsch umgeformt. Berichtige.

Übungen

4. Der Kasten rechts zeigt $m \cdot P = P_G$.

Masse in kg —(· Preis pro kg)→ Gesamtpreis
m —(· P)→ P_G

a) Erkläre die Formel an einem Beispiel.

b) Isoliere in der Formel jede auftretende Variable.

c) Anna geht zum Einkaufen. Für 5 kg Bananen zahlt sie 9,90 €.
Berechne den Preis pro kg. Verwende eine geeignete Formel.

5. Stelle Formeln für den Umfang und den Flächeninhalt der Parallelogramme auf. Benutze die angegebenen Variablen. Forme anschließend nach jeder Variable in den Formeln um.

a)

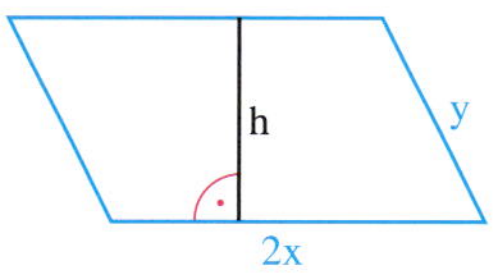

b)

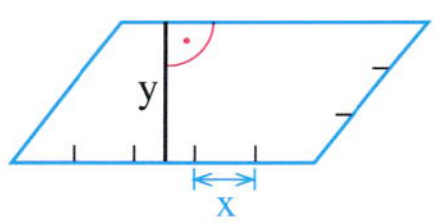

c)

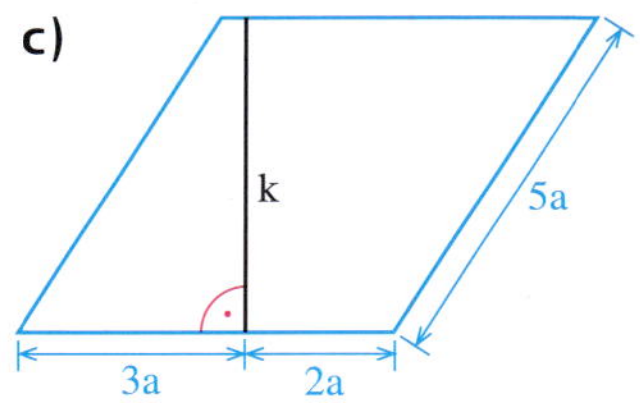

6. Forme nach jeder Variable um.

a) $y = mx$

b) $y = x - b$

c) $e = -x + q$

d) $z = kx - 1$

e) $s = -mx - n$

f) $y = t(a + b) - r$

7. Für das Volumen eines Quaders gilt: $V = a \cdot b \cdot c$

a) Stelle nach (1) der Variable a, (2) der Variable b, (3) der Variable c um.

b) Berechne die fehlende Größe für:
(1) $V = 900\ m^3$; $b = 3\ m$; $c = 8\ m$
(2) $V = 720\ cm^3$; $a = 3{,}5\ cm$; $c = 4{,}5\ cm$

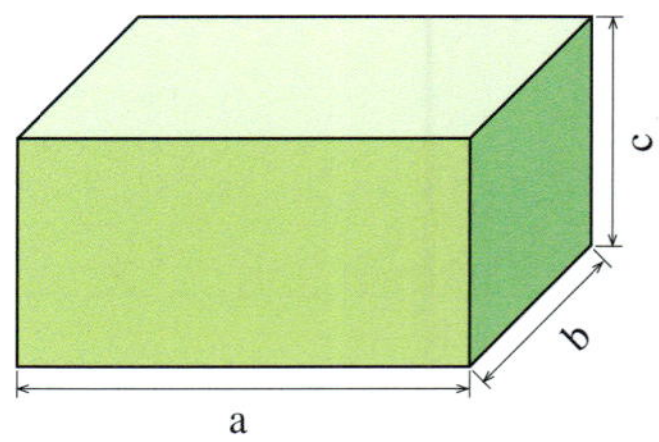

8. Die Formel für die gesamte Kantenlänge k eines Quaders lautet: $k = 4 \cdot a + 4 \cdot b + 4 \cdot c$

a) Begründe die Formel.

b) Stelle nach (1) a, (2) b, (3) c um. Bilde selbst Zahlenbeispiele.

9. Erstelle eine Formel für den Umfang der Figur.
Stelle (1) nach a, (2) nach b um.
Berechne die Seitenlängen a und b für $u = 72$ cm.
Welchen Zusammenhang zwischen a und b musst du dabei berücksichtigen?
Erstelle eine Formel für die Berechnung von u nur mithilfe der Variablen (1) a; (2) b.

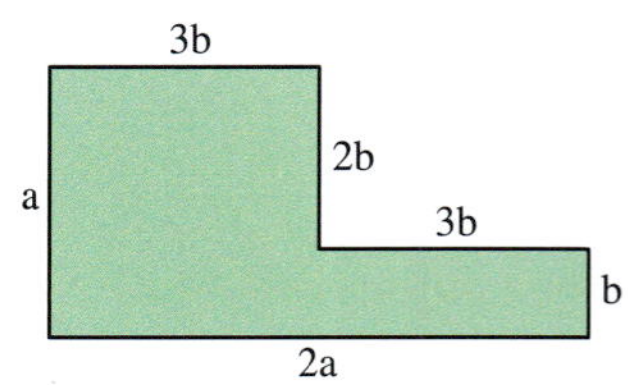

10. Betrachte die Formeln aus der Physik.

(1) $v = \frac{s}{t}$ (3) $W = F \cdot s$ (5) $F_G = m \cdot g$

(2) $\varrho = \frac{m}{V}$ (4) $P = \frac{W}{t}$ (6) $\frac{F}{s} = D$

a) Was bedeuten die verwendeten Buchstaben?

b) Isoliere in den Formeln jede auftretende Variable.

11. Angela hat umgeformt. Berichtige ihre Fehler.

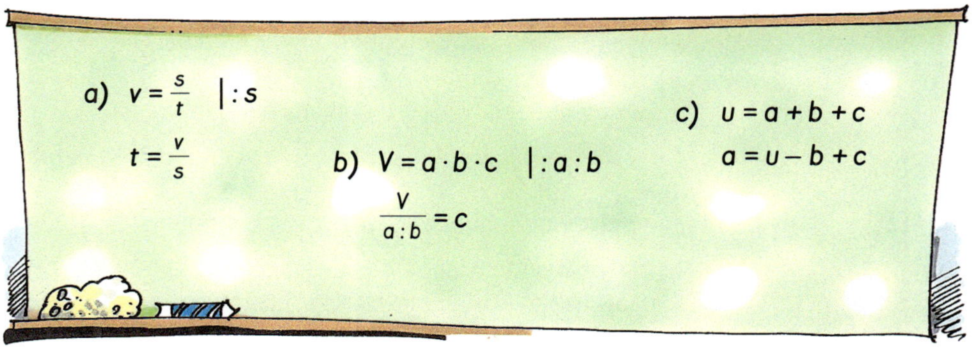

12. Aus dem Pfeilschema erkennt man $G \cdot p\% = W$.

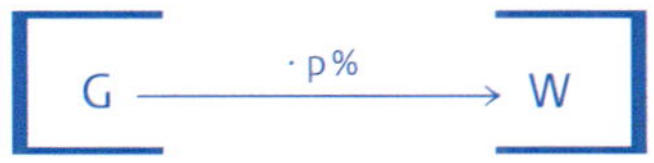

a) Welche Bedeutung haben die Buchstaben?

b) In Formelsammlungen findet man auch:
$W = \frac{p}{100} \cdot G$; $W = \frac{p \cdot G}{100}$; $\frac{G}{100} \cdot p = W$
Wie kommt man zu den Formeln?

c) Löse jede der Formeln aus Teilaufgabe b) nach der Variablen p und nach der Variablen G auf.

d) Fülle die Tabelle aus. Verwende bei der Rechnung die Formeln.

	(1)	(2)	(3)	(4)	(5)	(6)	(7)	(8)
Grundwert G	280 €		24 m		67 m^2	90 l		1 h
Prozentsatz p %	4 %	8 %		15 %	31 %		2,5 %	
Prozentwert W		8 kg	18 m	35 g		67,5 l	1 €	10 min

13. Stelle eine Formel für den Flächeninhalt der Figur auf.
Isoliere anschließend jede Variable.

a)

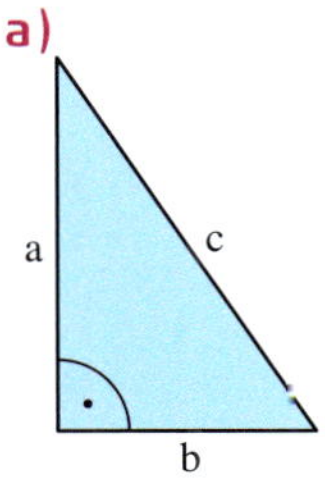

b)

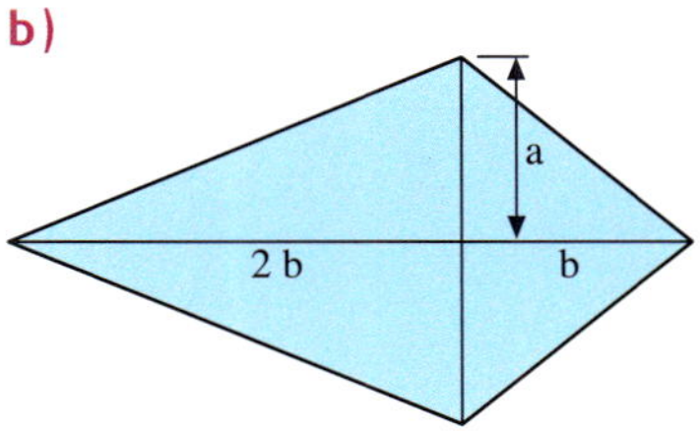

c)

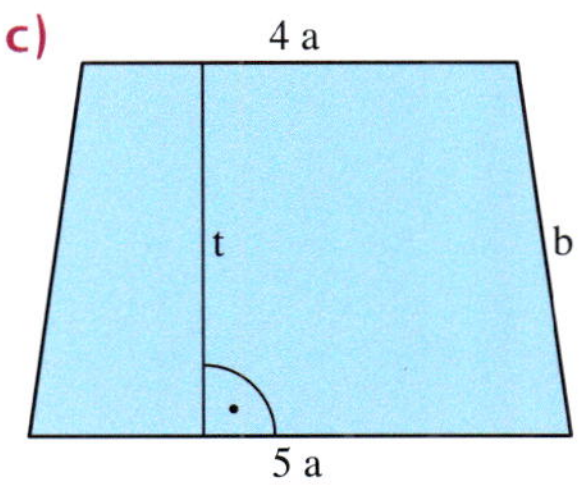

LÖSEN VON NICHTLINEAREN GLEICHUNGEN

In diesem Kapitel haben wir Verfahren zur Lösung von Gleichungen kennen gelernt. Es gibt auch Gleichungen, die man nicht mit den Umformungsregeln lösen kann.

Aufgabe

1. Bestimme die Lösungsmenge der Gleichung:

a) $(x - 2) \cdot (x + 3) = 0$ **b)** $2^x = 128$ **c)** $z^3 = 216$ **d)** $|x - 2| = 7$

Lösung

a) Die linke Seite der Gleichung ist ein Produkt, das den Wert 0 (rechte Seite) hat. Ein Produkt ist 0, wenn mindestens ein Faktor 0 ist.

1. Fall: $x - 2 = 0$, $x = 2$ *2. Fall:* $x + 3 = 0$, $x = -3$

Die Gleichung hat also zwei Lösungen: $L = \{-3; 2\}$

b) Die linke Seite der Gleichung bedeutet: Wenn wir 2 mit der gesuchten Zahl potenzieren, erhalten wir 128. Wir lösen die Gleichung mithilfe einer Tabelle.

x	2^x	$2^x = 128$	Gleichung ist
5	32	32 = 128	falsch
6	64	64 = 128	falsch
7	128	128 = 128	wahr

Wir erhalten die Lösung: $L = \{7\}$

c) Gesucht ist eine Zahl, die mit 3 potenziert 216 ergibt. Wir lösen die Gleichung mithilfe einer Tabelle.

z	z^3	$z^3 = 216$	Gleichung ist
4	64	64 = 216	falsch
5	125	125 = 216	falsch
6	216	216 = 216	wahr

Wir erhalten die Lösung: $L = \{6\}$

d) Der Betrag von $x - 2$ ist 7, das bedeutet: $x - 2$ hat den Wert -7 oder 7.

1. Fall: $x - 2 = -7$, $x = -5$ *2. Fall:* $x - 2 = 7$, $x = 9$

Die Gleichung hat also zwei Lösungen: $L = \{-5; 9\}$

Übungen

2. Bestimme die Lösungsmenge.

a) $(x + 1)(x - 5) = 0$ **d)** $(x + 6)\, x + 5) = 0$ **g)** $(2x + 6)(3x - 9) = 0$
b) $(x - 9)(x - 7) = 0$ **e)** $(8 - z)(z + 8) = 0$ **h)** $(5z - 2)(7z + 8) = 0$
c) $x \cdot (x - 4) = 0$ **f)** $(9 + x)(3 - x) = 0$ **i)** $(3y + 4)(6y - 5) = 0$

3. Bestimme die Lösung durch systematisches Probieren.

a) $10^x = 10\,000$ **d)** $\left(\frac{1}{2}\right)^x = \frac{1}{64}$ **g)** $x^9 = 19\,683$
b) $3^x = 729$ **e)** $\left(\frac{1}{4}\right)^x = \frac{1}{4096}$ **h)** $z^5 = 3\,125$
c) $12^z = 1\,728$ **f)** $x^4 = 1\,296$ **i)** $z^3 = 1\,331$

4. Bestimme die Lösungsmenge.

a) $|x + 5| = 18$ **b)** $|x - 6| = 17$ **c)** $|5 - x| = 9$ **d)** $|2x + 4| = 8$ **e)** $|3z - 7| = -1$

VERMISCHTE UND KOMPLEXE ÜBUNGEN

1. Stelle einen Term für den Umfang der Fläche auf. Berechne ihn für a = 7 cm.

a)
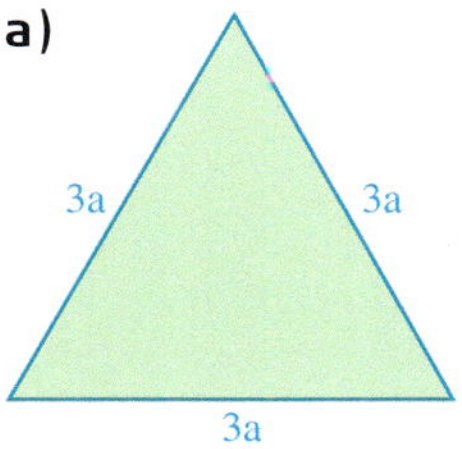

b)
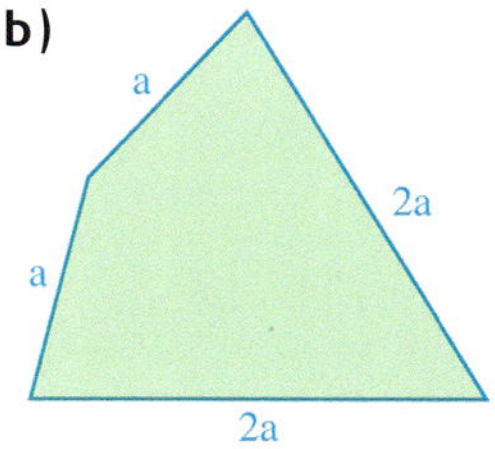

c)
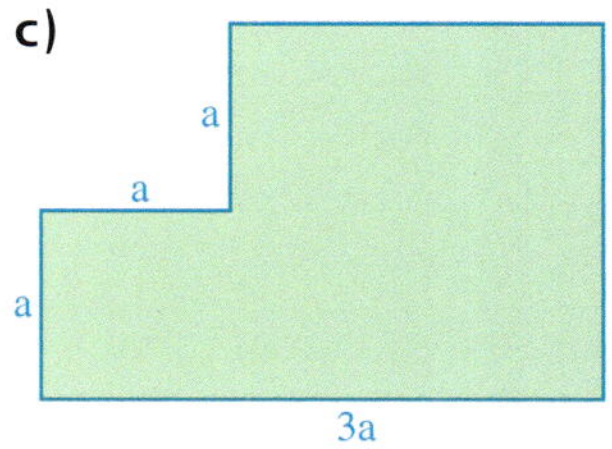

2. Bestimme die Lösungsmenge.

a) $2x - 6 = 26$ **d)** $4x - 35 + 3x = 0$ **g)** $18x - 25 - 11x + 49 = 3$

b) $15a - 165 = 15$ **e)** $0{,}2a = 7{,}2a + 14$ **h)** $3{,}7x + 0{,}8 = 6{,}1 - 5{,}3x + 0{,}7$

c) $96 - 6z = 6$ **f)** $2{,}9a + 1{,}8 = 2a$ **i)** $8x + 1 = 5^2$

3. a) Vereinfache den Term.
(1) $6x - 7 - 3x + 8 - x$ (2) $7{,}3z - 6{,}1 - 2{,}8z + 5{,}5 + \frac{1}{2}z + 2{,}6$

b) Für welche Zahlen für x nimmt der Term die Werte – 3; – 9; 8; 0 an?

4. a) $4(x + 3) = 32 - x$ **c)** $3(x + 7) = -3(x - 1)$

b) $3(5 - 2x) = 4x - 15$ **d)** $1{,}5(3x - 6) = 4(x - 2{,}5)$

5. Gib jeweils drei Gleichungen an, die die angegebene Lösungsmenge haben. Benutze auch Klammern.

a) $L = \{5\}$ **b)** $L = \{-7\}$ **c)** $L = \{2{,}5\}$ **d)** $L = \left\{\frac{1}{4}\right\}$ **e)** $L = \{-0{,}9\}$

6. a) Wenn man zu einer Zahl 21 addiert, erhält man das 12fache der Zahl vermindert um 12.

b) Wenn man vom 4fachen einer Zahl 6 subtrahiert, erhält man das 6fache der Zahl vermindert um 5.

c) Wenn man zu einer Zahl 5 addiert und das Ergebnis mit 6 multipliziert, erhält man dasselbe, wie wenn man vom Doppelten der Zahl 2 subtrahiert und das Ergebnis halbiert.

7. Gib zu der Gleichung ein Zahlenrätsel an. Bestimme dann die gesuchte Zahl.

a) $4x + 10 = 38$ **b)** $\frac{1}{2}x - 3 = 7$ **c)** $2x + 16 = 26$ **d)** $8z - 3 = 21$

8. Addiere das Dreifache von x zu der Summe aus 15 und x^2. Stelle den Term auf.
Berechne dann den Wert des Terms für $x = 17$; $x = 0{,}8$; $x = \frac{2}{3}$; $x = -1$.

9. Was gehört in die Lücken? Beachte jeweils die Lösungsmenge links.

a) Wenn man zu dem 5fachen einer Zahl die Zahl 46 addiert, erhält man das □fache der gesuchten Zahl, verringert um 10.

b) Wenn man von 75 das 7fache einer Zahl subtrahiert, erhält man das 11fache der gesuchten Zahl, vermehrt um □.

10. Die folgenden geometrischen Figuren haben alle den Umfang 48 dm.
Bestimme jeweils die Seitenlänge mithilfe einer Gleichung.

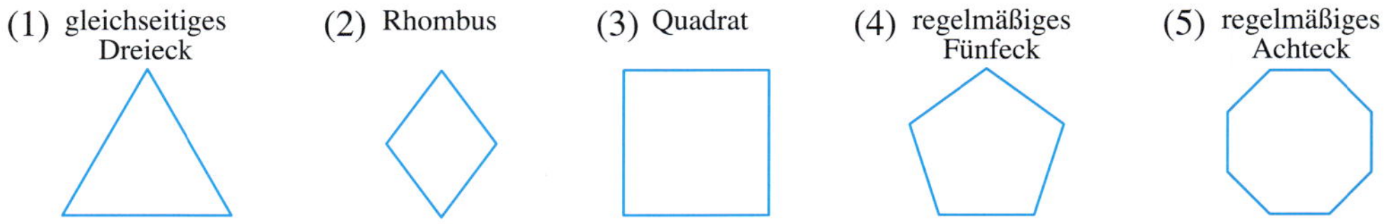

11. Bestimme den Wert der Variablen aus dem Umfang u der Figur (Maße in cm).

a)

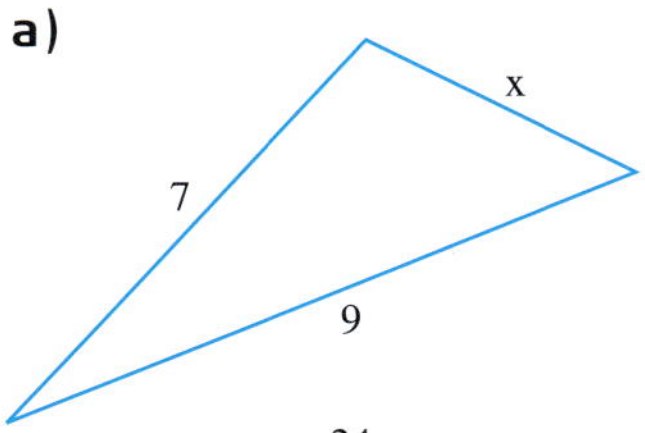

u = 24 cm

b)

u = 34 cm

c)

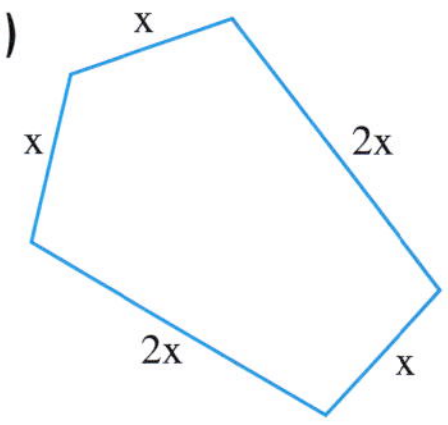

u = 21 cm

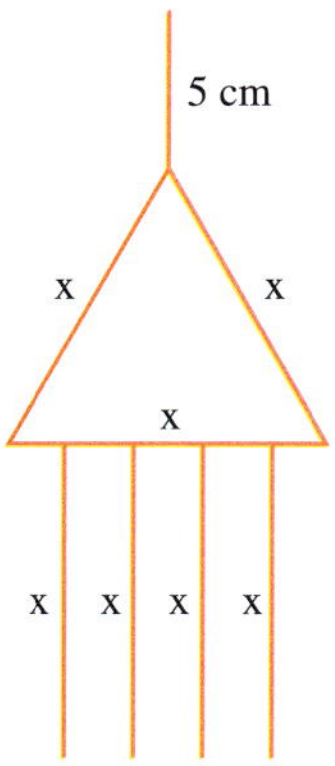

12. In der Projektwoche gibt es auch das Thema *Ohrschmuck*. Gabi hat ein Stück (siehe links) entworfen. Ihr stehen 40 cm Kupferdraht zur Verfügung.
Wie lang kann die Strecke x höchstens sein?

13. Ein rechteckiges Grundstück grenzt an ein Haus. Es soll mit einem Zaun von 50 m Länge eingezäunt werden.
Wie breit ist die Einzäunung?

14. Stelle eine Formel für den Flächeninhalt A auf.

a)

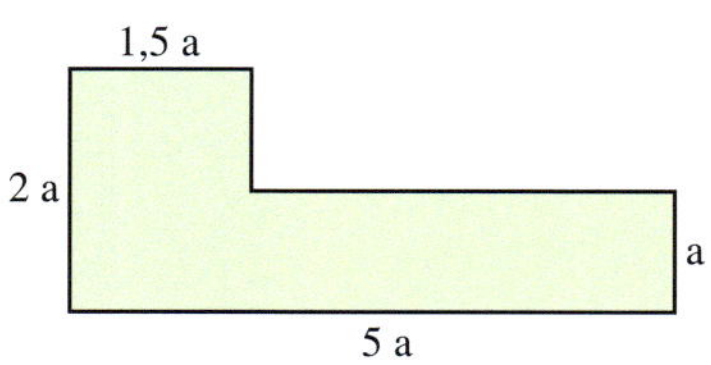

b)

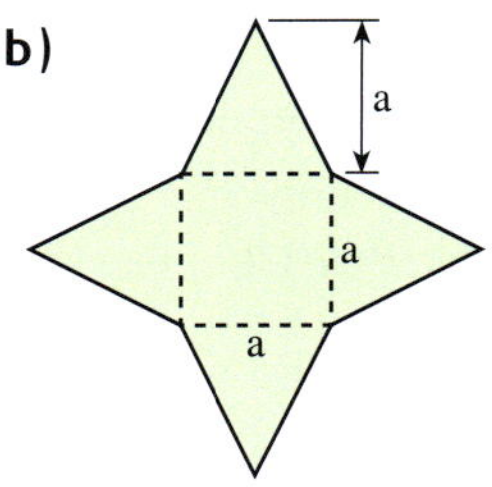

c)

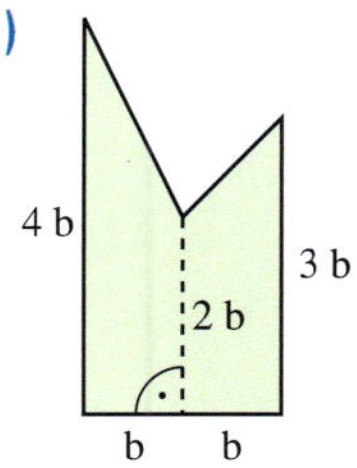

15. Verlängert man die beiden Seiten eines Quadrates um 2 cm, so vergrößert sich der Flächeninhalt um 40 cm^2.
Wie lang sind die Seiten des vergrößerten Quadrates?

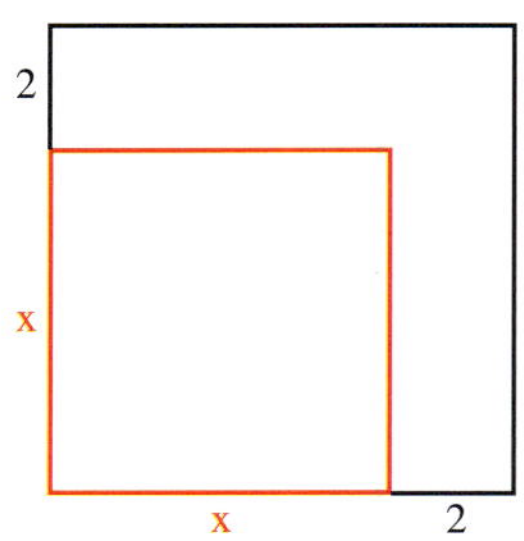

16. Verdoppelt man die eine Seitenlänge eines Quadrates und verkürzt die andere um 2 cm, so ist der Flächeninhalt 12 cm^2 kleiner als das Doppelte des ursprünglichen Quadrates. Wie lang sind die Seiten des Quadrates?

BIST DU FIT?

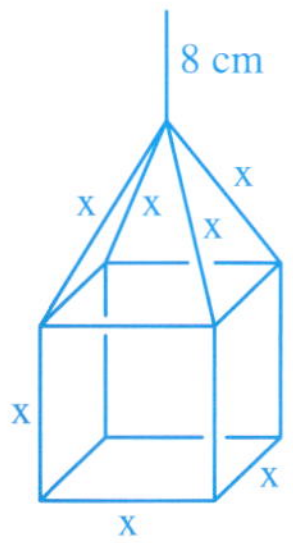

1. Für den Lampionumzug des Kindergartens „Zwergenland" wollen die Schüler der Klasse 8b Laternen basteln. Für das Gerüst jeder Laterne stehen ihnen 200 cm Draht zur Verfügung.

2. Löse die Klammer auf.

a) $3a(7b - 5c)$ **b)** $8x(9y - 12z)$ **c)** $34(2x^2 + 12y^2)$

3. Löse die Klammer auf. Fasse dann zusammen.

a) $14(x^2 + y^2) + 6(x^2 - y^2)$
b) $a(b^2 - c) + b^2(c - a)$
c) $x - (y - z)$
d) $7x - 2(-4y + 3x)$
e) $(6x^2 - 5) \cdot 12 - (10 - 2x^2) \cdot 6y$
f) $7x(8 - 5y^2) - 3x(4y^2 + 6)$

4. Klammere so aus, dass der Term in der Klammer möglichst einfach wird.

a) $24xy + 7xz$ **b)** $80ab - 50bc$ **c)** $27xy + 72x^2$ **d)** $48ac - 36ab$

5. Klammere einen negativen Faktor aus.

a) $-2a - 2b$ **b)** $-7p - 7q$ **c)** $-24ab - 24ac - 24bc$

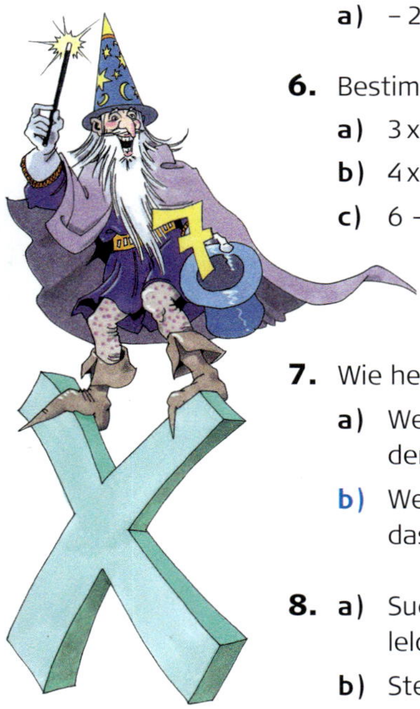

6. Bestimme die Lösungsmenge. Mache auch die Probe.

a) $3x + 7 = -2x - 18$
b) $4x + 7 = -3x - 28$
c) $6 - 4y = -6y - 2$
d) $\frac{x}{9} = \frac{6}{-3}$
e) $9(a - 4) = 6(3 + 2a)$
f) $8x - (x - 3) = -4$
g) $(9x - 1) - (1 - 4x) = (2x + 8) + (9x + 10)$
h) $6(2x + 3) - 4(5x + 1) = -2(x - 3)$
i) $\frac{1}{3}x + 2 = 3 - \frac{1}{6}x$

7. Wie heißt die Zahl?

a) Wenn ich zum Doppelten der Zahl 5 addiere, erhalte ich dasselbe, wie wenn ich zu der Zahl 16 addiere.

b) Wenn ich von der Zahl 8 subtrahiere und das Ergebnis mit 3 multipliziere, erhalte ich dasselbe, wie wenn ich vom Doppelten der Zahl 14 subtrahiere.

8. a) Suche in deinem Tafelwerk die Formel zur Berechnung des Flächeninhalts von Parallelogrammen.

b) Stelle die Formel nach allen darin vorkommenden Variablen um.

9. Annika hat im Supermarkt für einen Tetrapak Saft und 3 Tafeln ihrer Lieblingsschokolade 2,26 € bezahlt. Sie weiß noch, dass der Saft 49 Cent gekostet hat und fragt sich, wie teuer eine Tafel Schokolade war.

10. a) Zwei Personen teilen sich einen Gewinn von 2500 € im Verhältnis 2 : 3.
Wie viel Euro erhält jede Person?

b) In einem Zweifamilienhaus betrugen die Kosten für die Umgestaltung der gemeinsamen Gartenanlage 720 €. Die beiden Familien einigen sich darauf, die Kosten nach der Anzahl der jeweiligen Familienmitglieder zu berechnen (3 Personen bzw. 5 Personen).

Bleib fit im ...

Umgang mit dem Dreisatz

Zum Aufwärmen

1. Zuckerrüben werden zur Herstellung von Zucker verwendet. Aus 100 kg Zuckerrüben erhält man 18 kg Zucker.

a) Wie viel kg Zucker kann man aus 200 kg, 300 kg, 150 kg, 650 kg Zuckerrüben erzeugen?

b) Es sollen 180 kg, 90 kg, 900 kg, 45 kg Zucker hergestellt werden. Wie viel kg Zuckerrüben werden dafür benötigt?

2. Ein Rechteck ist 72 mm lang und 36 mm breit.
Wie breit ist ein Rechteck mit gleichem Flächeninhalt, wenn es 36 mm, 24 mm, 18 mm, 144 mm, 108 mm lang ist?

Zum Erinnern

Eine Größe heißt **direkt proportional** zu einer zweiten Größe, wenn die folgende Regel gilt:

Verdoppelt (verdreifacht, vervierfacht, ...) man einen Wert der ersten Größe, so *verdoppelt* (verdreifacht, vervierfacht, ...) sich auch der zugehörige Wert der zweiten Größe.

Eine Größe heißt **indirekt proportional** zu einer zweiten Größe, wenn die folgende Regel gilt:

Verdoppelt (verdreifacht, vervierfacht, ...) man einen Wert der ersten Größe, so *halbiert* (drittelt, viertelt, ...) sich auch der zugehörige Wert der zweiten Größe.

Lösungsverfahren für Dreisatzaufgaben

Prüfe zunächst, ob die Größen direkt proportional oder indirekt proportional zueinander sind.

Löse die Aufgabe dann mithilfe einer Tabelle:
(1) Trage das gegebene Wertepaar und den dritten bekannten Wert ein.
(2) Finde einen geeigneten Hilfswert.
(3) Fülle die Lücken entsprechend den Regeln für direkt proportionale bzw. indirekt proportionale Zuordnungen aus.

Ist die Zuordnung der ersten Größe zur zweiten weder direkt proportional noch indirekt proportional, so kann man die Aufgabe nicht mit dem Dreisatz lösen.

Beispiele:

Benzinkauf an einer Tankstelle

	Benzin-Volumen (in *l*)	Preis (in €)	
	40	56,80	
: 8	5	□	: 8
· 9	45	□	· 9

Frühjahrspflege eines Parks

	Anzahl der Gärtner	Benötigte Arbeitstage	
	18	12	
: 18	1	□	· 18
· 24	24	□	: 24

Zum Trainieren

3. Bei einer Tankstelle betrug die Rechnung für 10 Liter Superbenzin 14,40 €. Fülle die Tabelle aus.

Volumen (in *l*)	10	50	40	26	36
Preis (in €)	14,40				

4. In einem alten Rezept für eine Fleischfüllung werden neben anderen Zutaten 150 g Fleisch, 30 g Speck und 2 geriebene Kartoffeln empfohlen.
Wie viel Speck und Kartoffeln sollte man zu 250 g Fleisch hinzufügen?

5. Eine überschwemmte Tiefgarage könnte durch vier gleich starke Pumpen in 10 Stunden leergepumpt werden.

a) Wie lange dauert der Vorgang, wenn nur zwei solcher Pumpen zur Verfügung stehen?

b) Wie viele solcher Pumpen benötigt man, um die Tiefgarage in 8 Stunden leerzupumpen?

6. Bei der Montage von Deckenbrettern rechnet man, dass ein Paket mit 100 Schraubkrallen für eine Fläche von 5,5 m^2 reicht.

a) Wie viele Schraubkrallen sollte man für das Montieren bei einer Deckenfläche von 22 m^2 bereitstellen?

b) Für welche Fläche reichen 3 Pakete mit je 250 Krallen?

7. Beim Füllen eines Öltanks sind nach 6 min erst 1 500 *l* Heizöl in den Tank gepumpt worden. Wie lange dauert es noch, bis die restlichen 3 500 *l* Heizöl im Tank sind?

8. Erik und Jan besteigen einen Aussichtsturm. Vom Eingang führen 50 gleich hohe Stufen bis zum ersten Aussichtspunkt. Beim Hinaufsteigen stellt Jan fest, dass der 1,62 m große Erik so hoch wie 9 Stufen ist.

a) Wie hoch liegt der erste Aussichtspunkt über dem Eingang?

b) Der zweite Aussichtspunkt liegt 35 Stufen über dem ersten Aussichtspunkt. Wie hoch liegt der zweite Aussichtspunkt über dem Eingang?

PET
Abkürzung für Polyethylenterephthalat hochbeständiger, fester Kunststoff

9. Ein Getränkebetrieb füllte bisher Mineralwasser in Glasflaschen mit 0,7 *l* Inhalt ab. In jedem Kasten waren 12 Flaschen. Die Produktion wird jetzt auf PET-Flaschen mit 1,25 *l* Inhalt umgestellt. Die neuen Kästen enthalten jeweils 8 Flaschen.

a) Wie viele Glasflaschen bzw. alte Kästen benötigte man bisher für 21 000 *l* Mineralwasser?

b) Wie viele PET-Flaschen bzw. neue Kästen benötigt man jetzt für 21 000 *l* Mineralwasser?

c) Welche Menge (in Liter) an Mineralwasser enthalten 1 000 alte bzw. 1 000 neue Kästen?

10. Bei einer durchschnittlichen Geschwindigkeit von 80 $\frac{km}{h}$ legt Frau Berger mit dem Auto in 3 h 15 min eine Strecke von 260 km zurück.

a) Wie weit fährt sie bei 80 $\frac{km}{h}$ in 4 Stunden?

b) Wie lange würde Frau Berger für 260 km mit einer Geschwindigkeit von 90 $\frac{km}{h}$ brauchen?

11. Norman benötigte für einen 42 km langen Lauf 2 h 20 min. Warum kann man nicht mit einem Dreisatz-Verfahren berechnen, wie lange Norman für einen Halbmarathon-Lauf von 21 km brauchen wird?

2 Funktionen – Lineare Funktionen

Abhängigkeiten zwischen Größen werden häufig durch Diagramme oder Tabellen veranschaulicht. Hier findest du einige Beispiele aus dem Automobilbereich:

- Aus einer Auto-Test-Zeitschrift:
  Gute Werte für das Modell *Rasanti*

Geschwindigkeit (in $\frac{km}{h}$)	50	70	90	100	120	130	150
Benzinverbrauch (in l pro 100 km)	5,3	5,7	6,1	6,6	7,4	8,3	10

- Der Benzinverbrauch für das Modell *Luna*.

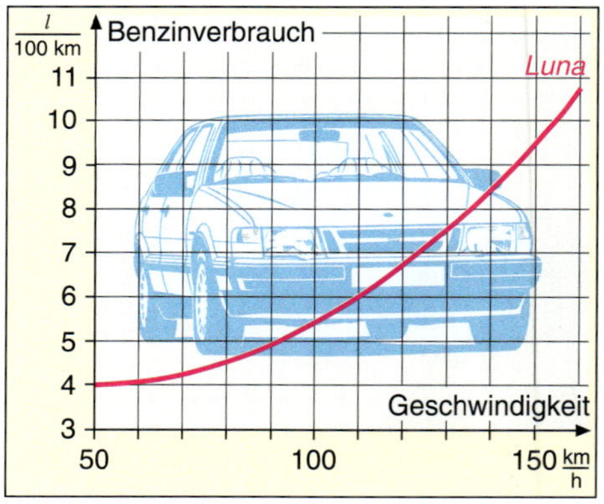

Die Höchstgeschwindigkeit beträgt 140 $\frac{km}{h}$.
Für Geschwindigkeiten v (in $\frac{km}{h}$) zwischen 50 $\frac{km}{h}$ und 140 $\frac{km}{h}$ lässt sich der Benzinverbrauch B (in l pro 100 km) beschreiben durch:
$B = 0{,}001\ v^2 - 0{,}1\ v + 6{,}3$.

- Aus der technischen Anleitung des Modells *Cargo* (links):
  Eine Formel für den Benzinverbrauch.

→ Vergleiche den Benzinverbrauch der drei Automodelle.

→ Beschreibe die Vor- und Nachteile der drei Darstellungsformen.

In diesem Kapitel lernst du ...

... spezielle Zuordnungen kennen, die man *Funktionen* nennt. Damit kann man Abhängigkeiten zwischen Größen beschreiben und Werte berechnen.

FUNKTIONEN ALS EINDEUTIGE ZUORDNUNGEN

Eindeutige Zuordnungen — Wertetabelle, Graph

Einstieg

Beim Aufstieg eines Wetterballons wird mit zunehmender Höhe jeweils die Temperatur gemessen.
Die Abbildung rechts zeigt den Zusammenhang zwischen der Höhe über dem Erdboden und der durchschnittlichen Temperatur.

→ Welche Auskunft gibt dir die Abbildung?

→ Wie verändert sich die Temperatur mit zunehmender Höhe?

→ Lies für verschiedene Höhen die Temperaturen ab.
Lies für verschiedene Temperaturen die Höhe ab.

→ Lassen sich die Größen jeweils eindeutig zuordnen?

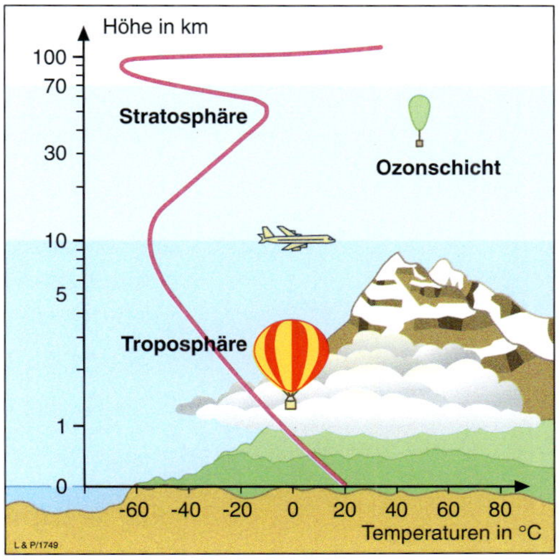

Aufgabe

1. Die Deutsche Bahn benutzt neben dem Kursbuch auch grafische Fahrpläne.
Die Abbildung zeigt einen vereinfachten Ausschnitt. Von links nach rechts ist die Länge der Fahrstrecke in km, von unten nach oben sind die Uhrzeiten abgetragen.
Aus diesem Plan kannst du ablesen, wann sich ein Zug an einem bestimmten Ort befinden soll, z. B. in Oschatz oder bei Streckenkilometer 50.

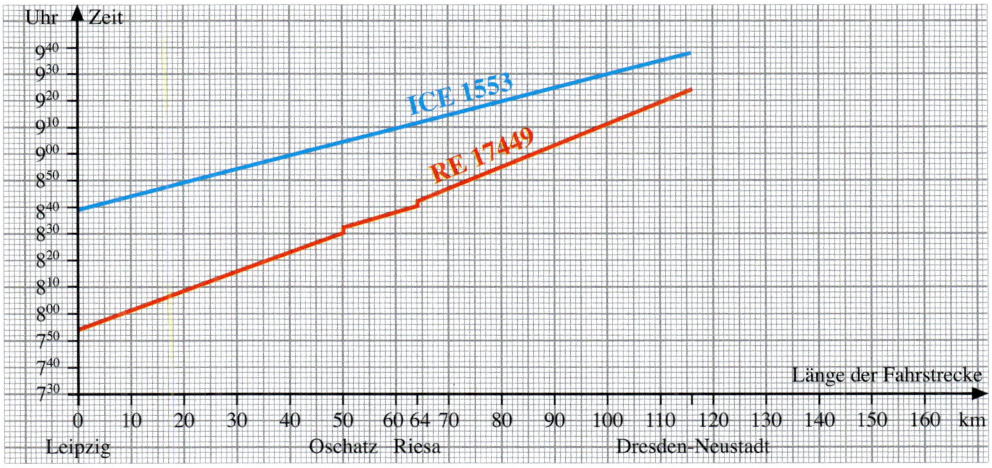

a) Beschreibe die Fahrt des RE 17449 und des Intercity-Express 1553 aufgrund der grafischen Darstellung.

b) Wann ist der Regional-Express 10 km; 20 km; 30 km; 40 km; 50 km von Leipzig entfernt? Lege eine Wertetabelle an. Was fällt auf?

c) Beantworte die Frage in Teilaufgabe b für den Intercity-Express.
Lege ebenfalls eine Wertetabelle an.

Lösung

a) Der RE 17449 startet um 7.54 Uhr in Leipzig und erreicht um 8.30 Uhr Oschatz. Von dort fährt er um 8.32 Uhr weiter, bis er 8.40 Uhr Riesa erreicht. Um 8.42 Uhr startet er dort wieder und kommt um 9.24 Uhr in Dresden-Neustadt an.
Der ICE 1553 fährt um 8.39 Uhr in Leipzig los und erreicht ohne Zwischenstopp um 9.38 Uhr Dresden-Neustadt.

b) Für den RE 17449 erhalten wir folgende Wertetabelle:

Entfernung von Leipzig	10 km	20 km	30 km	40 km	50 km
Uhrzeit	8.01	8.08	8.16	8.23	???

Für die Entfernung 50 km von Leipzig (also für Oschatz) lässt sich *nicht nur eine* Uhrzeit angeben. Sowohl um 8.30 Uhr als auch um 8.31 Uhr oder um 8.32 Uhr befindet sich der Zug 50 km von Leipzig entfernt.

c) Für den ICE 1553 erhalten wir folgende Wertetabelle:

Entfernung von Leipzig	10 km	20 km	30 km	40 km	50 km
Uhrzeit	8.44	8.49	8.54	8.59	9.04

Für die Entfernung 50 km von Leipzig lässt sich hier *nur* eine Uhrzeit angeben.

Information

Die Aufgabe 1 zeigt: Für den ICE 1553 kann man zu jeder Entfernung von Leipzig *genau eine* Uhrzeit angeben, zu welcher der Zug diesen Streckenpunkt erreicht hat.
Die Zuordnung *Entfernung von Leipzig (in km) → Uhrzeit* ist für den ICE 1553 *eindeutig*.

Beim RE 17449 kann man für den Streckenkilometer 50 *mehrere* Uhrzeiten angeben, da der Zug in Oschatz hält.
Für diesen Regional-Express ist die Zuordnung *Entfernung von Leipzig (in km) → Uhrzeit* nicht *eindeutig*. In der Mathematik sind eindeutige Zuordnungen besonders wichtig.

Bei einer *eindeutigen* Zuordnung wird *jeder* Ausgangsgröße (Ausgangszahl) *genau eine* Größe (Zahl) zugeordnet. Eine solche eindeutige Zuordnung heißt **Funktion.**

Beispiele: *Zeitpunkt → Lufttemperatur*
Seitenlänge eines Quadrats → Flächeninhalt des Quadrats
Seitenlänge eines Quadrats → Umfang des Quadrats
Masse einer bestimmten Ware → Preis dieser Ware

Man kann eine Funktion auch in einer *Wertetabelle* (auch Zuordnungstabelle genannt) oder im Koordinatensystem als Graph darstellen.

Wertetabellen sind hilfreich für das Zeichnen von Graphen.

Zum Festigen und Weiterarbeiten

2. Um Überholvorgänge planen zu können, muss die Deutsche Bahn wissen, wo sich ein Zug zu einer bestimmten Uhrzeit auf seiner Fahrstrecke befindet.
Stelle für den IEC 1650 (rechts) eine Wertetabelle für die Zuordnung *Uhrzeit → Entfernung von Dresden (in km)* auf.
Zeichne den Graphen der Zuordnung.
Ist diese Zuordnung eine Funktion?

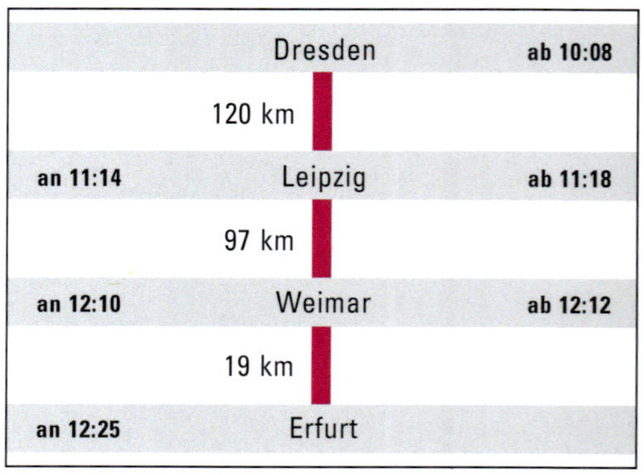

3. An dem Graphen rechts kann man die Gebühren für Zustellungen durch einen Paketdienst ablesen.

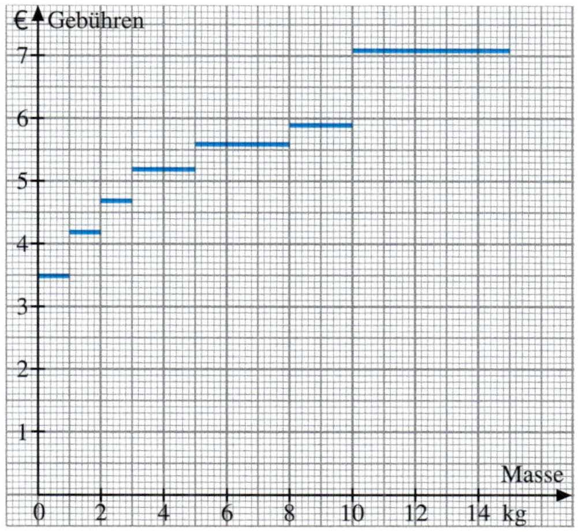

a) Übertrage ins Heft und ergänze die Wertetabelle.

Masse	Gebühren
bis 1 kg	3,50 €
über 1 kg bis 2 kg	€
über 2 kg bis 3 kg	€
über 3 kg bis 5 kg	€

b) Ist die Zuordnung
(1) *Masse des Pakets → Gebühr*,
(2) *Gebühr → Masse des Pakets*
eine Funktion?

4. a) Beschreibe anhand des grafischen Fahrplans die Fahrt des Zuges.

b) Ist die Zuordnung *Fahrstrecke → Uhrzeit* eine Funktion? Begründe.

c) Wie kannst du am Graphen einer Zuordnung erkennen, dass diese Zuordnung nicht eindeutig ist?

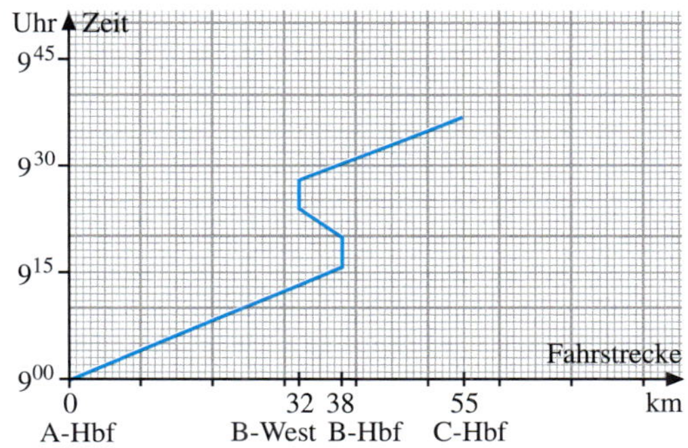

Übungen

5. Durch Ebbe und Flut an der Nordsee ändert sich der Wasserstand in einem Seehafen ständig. Für den Verlauf eines Tages wurde der Wasserstand bezüglich des Normalpegels in Form eines Graphen aufgezeichnet.

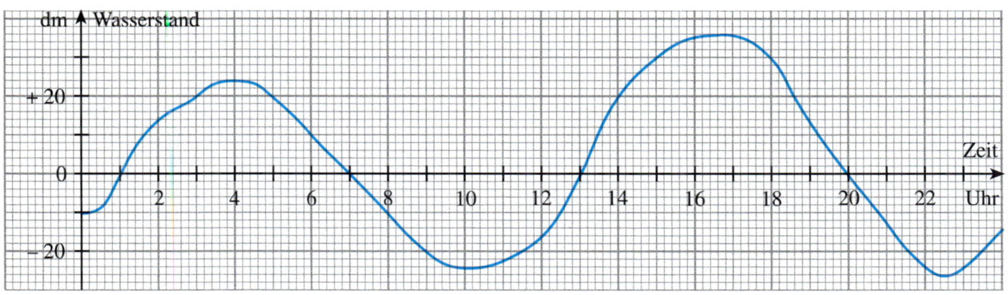

a) Was kannst du dem Diagramm entnehmen? Beschreibe die Veränderungen des Wasserstandes. Achte auch auf starke und weniger starke Änderungen.
Zu welchen Zeiten werden die höchsten bzw. niedrigsten Werte erreicht?

b) Wie hoch ist der Wasserstand um 3.00 Uhr; 5.00 Uhr; 8.00 Uhr; 10.00 Uhr; 14.00 Uhr; 18.00 Uhr; 20.00 Uhr; 24.00 Uhr?
Notiere in Form einer Wertetabelle.

c) Zu welchen Zeitpunkten beträgt der Wasserstand +20 dm; 0 dm; –20 dm?

d) (1) Ist die Zuordnung *Zeitpunkt → Wasserstand* eindeutig, also eine Funktion?
(2) Ist die Zuordnung *Wasserstand → Zeitpunkt* eindeutig, also eine Funktion?
Begründe deine Antwort.

6. Eine *Fieberkurve* enthält für den Arzt Informationen über den Verlauf der Erkrankung.

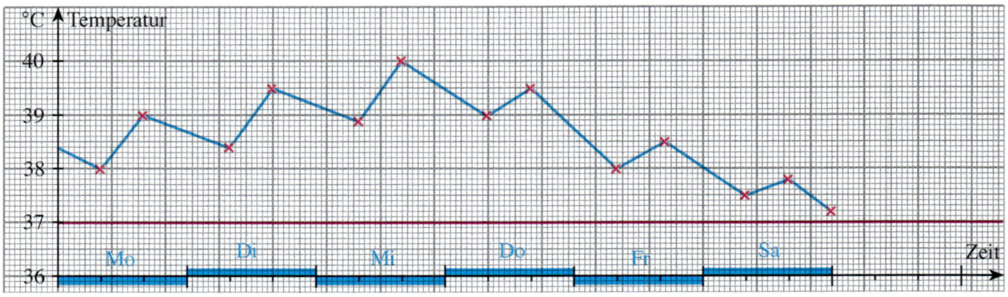

a) Lies aus der Fieberkurve die Temperaturen ab und trage sie in eine Wertetabelle ein.

b) (1) Ist die Zuordnung *Zeitpunkt der Messung* → *Temperatur* eine Funktion?
(2) Ist die Zuordnung *Temperatur* → *Zeitpunkt der Messung* eine Funktion?
Begründe deine Antwort.

c) Welche Informationen lassen sich aus den durchgezogenen Linien zwischen den Messpunkten entnehmen? Erkläre.

7. Um den Verlauf eines Graphen wie rechts abgebildet zu beschreiben, ist es sinnvoll, die x-Achse in einzelne *Abschnitte* einzuteilen. Wir sprechen von **Intervallen** und schreiben zum Beispiel [2;4] (*gelesen:* Das Intervall von 2 bis 4).

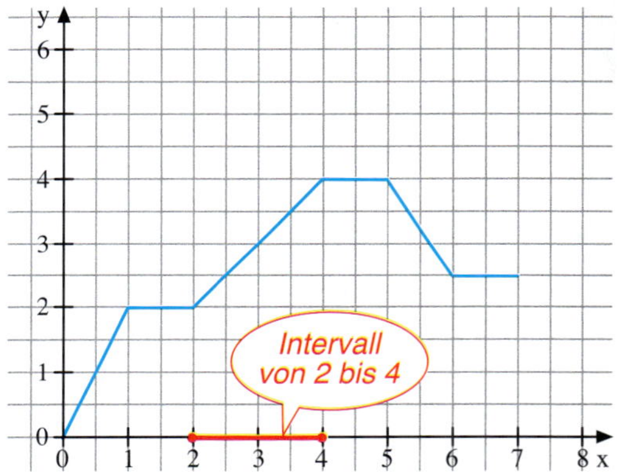

a) Beschreibe den Verlauf des Graphen im Intervall (1) [0;1]; (2) [5;6].

b) Zeichne den Graphen ab. Markiere auf der x-Achse Intervalle, in denen der Graph parallel zur x-Achse verläuft. Schreibe diese Intervalle auf.

c) Denke an Wasserstände. In welchen Intervallen nimmt der Wasserstand zu, in welchen ab? Markiere verschiedenfarbig.

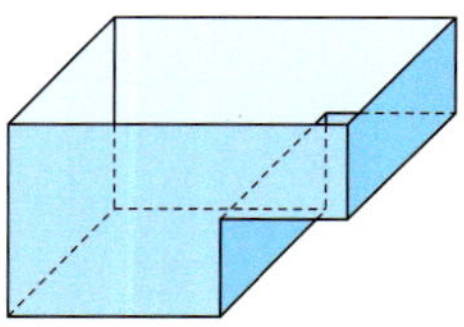

8. Links siehst du die Skizze eines Schwimmbeckens. In dieses Becken wird gleichmäßig Wasser eingelassen. Welcher Graph (1) bis (4) kann dazu passen?

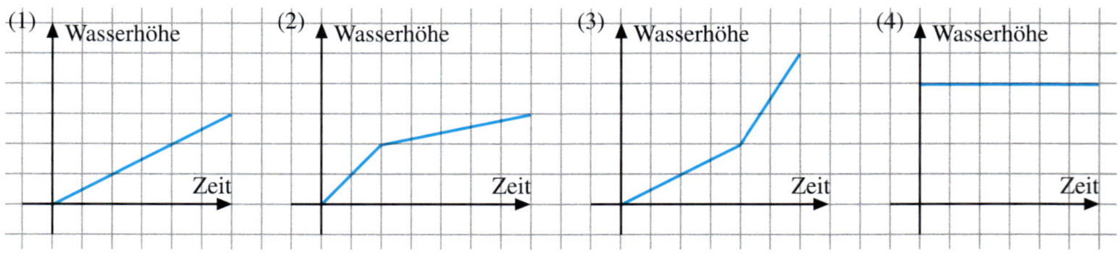

9. Liegt der Graph einer Funktion vor? Begründe.

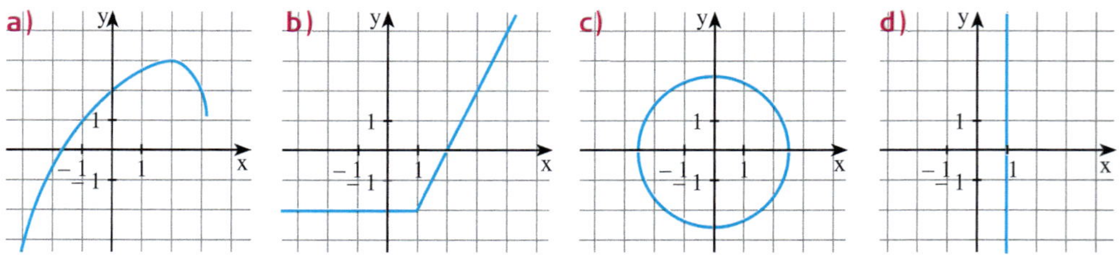

10. Für das Projekt *Wetterbeobachtung* hat Anke an einem Tag alle zwei Stunden die Lufttemperatur gemessen und notiert.

Zeitpunkt	6.00 Uhr	8.00 Uhr	10.00 Uhr	12.00 Uhr	14.00 Uhr	16.00 Uhr	18.00 Uhr	20.00 Uhr
Temperatur	14,0 °C	15,5 °C	18,0 °C	20,5 °C	23,5 °C	26,5 °C	22,5 °C	20,5 °C

a) Zeichne den Graphen der Zuordnung *Zeitpunkt* → *Temperatur*.

b) Ist die Zuordnung *Zeitpunkt* → *Temperatur* [*Temperatur* → *Zeitpunkt*] eine Funktion?

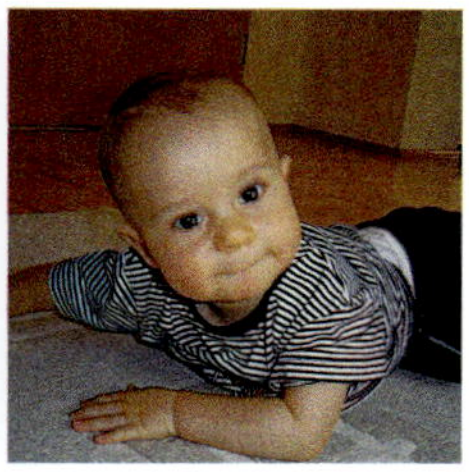

11. Das nebenstehende Diagramm zeigt die Entwicklung der (durchschnittlichen) Körpergröße in den ersten vier Lebensjahren eines Kindes.

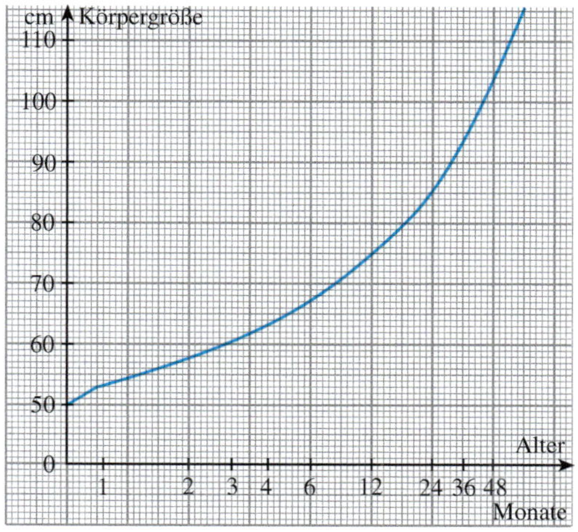

a) Welche Körpergröße hat ein Kind nach 4, 8, 12, …, 48 Lebensmonaten erreicht?
Stelle eine Wertetabelle auf.

b) Ein Neugeborenes ist 50 cm groß. In der Tabelle wird der Zuwachs (in cm) des Kindes im ersten, im zweiten, im dritten und im vierten Lebensjahr notiert.
Fülle die Tabelle aus und vergleiche.

Lebensjahr	1. Jahr	2. Jahr	3. Jahr	4. Jahr
Größenzuwachs in cm	25			

c) Auf den ersten Blick sieht es so aus, dass ein Kind immer stärker wächst, da der Graph immer stärker ansteigt. Finde den Grund für diesen Trugschluss.
Zeichne den Graphen optisch korrekt.

Angabe einer Funktion durch Funktionsgleichung und Definitionsbereich

Einstieg

Eine rechteckige Schafweide soll 360 m^2 groß sein. Für die Länge x in m und die Breite y in m gibt es mehrere Möglichkeiten. Betrachte die Zuordnung
Länge x (in m) → Breite y (in m).

→ Erstelle eine Formel, mit der man zu jeder Länge die zugeordnete Breite berechnen kann.

→ Erstelle mithilfe der Formel eine Wertetabelle.
Zeichne dann den Graphen der Zuordnung.
Wie verhalten sich Länge und Breite zueinander?

→ Welche Längen und Breiten sind sinnvoll, welche nicht? Begründe.

→ Stelle eine Formel für die Zaunlänge auf. In welchem Fall ist die Zaunlänge am kleinsten?

Aufgabe

1. a)

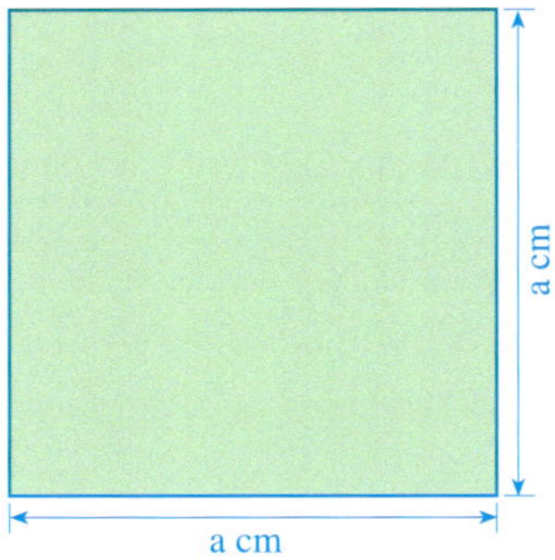

Berechne den Flächeninhalt für ein Quadrat mit den Seitenlängen
0,5 cm; 1 cm; 1,5 cm; 2 cm; allgemein a cm.
Notiere eine Gleichung, mit der du den Flächeninhalt A (in cm^2) aus der Seitenlänge a (in cm) berechnen kannst.
Stelle die Ergebnisse in einer Wertetabelle zusammen. Zeichne mithilfe der Tabelle den Graphen der Funktion
Seitenlänge a (in cm) → Flächeninhalt A (in cm^2).
Welche Zahlen darfst du hier für a einsetzen?

b) Jeder Zahl x wird das Quadrat y dieser Zahl zugeordnet.
Es gilt: $y = x^2$.
Setze für x auch negative Zahlen ein.
Stelle eine Wertetabelle auf und zeichne den Graphen.

Lösung

a) Für den Flächeninhalt A (in cm^2) eines Quadrates mit der Seitenlänge a (in cm) gilt: $A = a^2$

Wertetabelle

Seitenlänge a (in cm)	Flächeninhalt A (in cm^2)
0,5	0,25
1	1
1,5	2,25
2	4
a	a^2

Für die Länge a sind nur *positive rationale* Zahlen sinnvoll, d. h. Zahlen aus $\mathbb{Q}_+$ ohne null.
Man nennt $\mathbb{Q}_+$ den *Definitionsbereich* der Funktion.

Graph

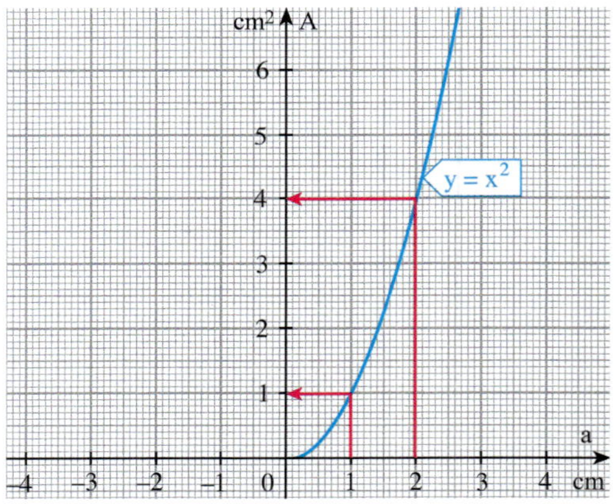

b) Jeder Zahl x wird das Quadrat y dieser Zahl zugeordnet: $y = x^2$

Wertetabelle

Stelle x	Funktionswert y
−2	4
−1	1
0	0
1	1
2	4

Für x sind alle *rationalen* Zahlen zugelassen.
Hier ist die gesamte Menge $\mathbb{Q}$ der *Definitionsbereich* der Funktion.

Graph

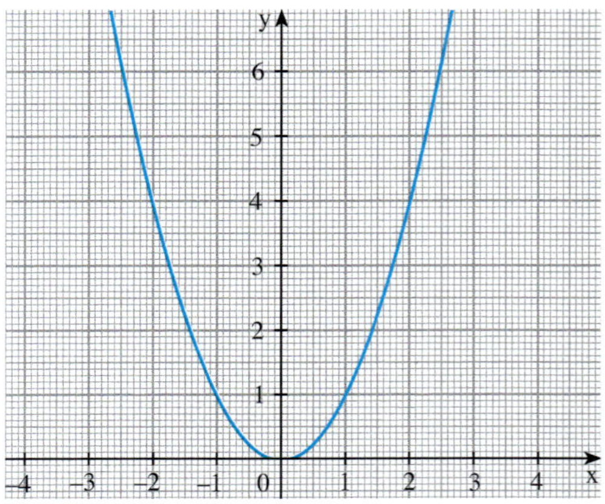

Information

Eine Funktion kann man angeben durch eine **Funktionsgleichung,** wie z. B. $y = x^2$.
Durch die Gleichung wird jeder Zahl x eine Zahl y *eindeutig* zugeordnet.
Die Menge der für x zugelassenen Zahlen heißt **Definitionsbereich.**
Die Zahlen für x heißen **Argumente** (Stellen) der Funktion.
Die Zahlen für y heißen **Funktionswerte**.
Die Menge aller Funktionswerte heißt **Wertebereich**.
Man schreibt bei der Angabe der Funktion z. B. $y = x^2$ mit $x \in \mathbb{Q}$.

Wir vereinbaren:

(1) Wenn für eine Funktion kein Definitionsbereich angegeben ist, soll der für die Funktionsgleichung größtmögliche Definitionsbereich genommen werden.

(2) Achsenbezeichnungen: Bei Funktionsgleichungen benutzt man üblicherweise die Variablen x und y. Daher nennt man im Koordinatensystem die Achse nach rechts *x-Achse* und die Achse nach oben *y-Achse*.

Zum Festigen und Weiterarbeiten

2. a) Welchen Wert hat die Funktion mit $y = x^2$ für die Argumente 0,5; 1,2; −1,2; 3; −3,5?

b) Für welche Argumente x hat die Funktion mit $y = x^2$ den Wert 4; 2,25; 0,64; 1,96?

3. Eine Funktion hat die Funktionsgleichung $y = 4 - x$.

a) Wähle als Definitionsbereich die Menge $\mathbb{Q}_+$ der positiven rationalen Zahlen einschließlich 0. Lege eine Wertetabelle an. Setze dazu für x selbstgewählte Zahlen ein. Zeichne den Graphen.

b) Wähle nun den größtmöglichen Definitionsbereich $\mathbb{Q}$. Wie ändert sich der Graph?

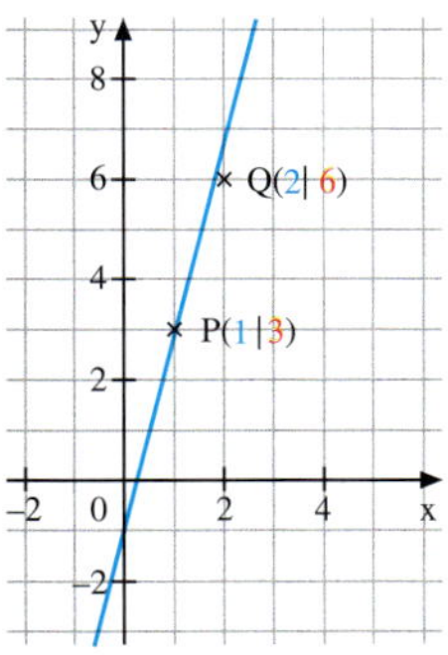

4. Eine Funktion ist gegeben durch:

a) $y = 8x$

b) $y = 5 - \frac{1}{x}$

c) $y = 7x^3$

d) $y = \frac{x+1}{4}$

Stelle fest, welche der Punkte
$P_1(1|4)$, $P_2(0|0)$, $P_3(\frac{1}{2}|4)$, $P_4(-1|0)$, $P_5(-1|-7)$, $P_6(0{,}2|0)$, $P_7(\frac{1}{2}|3)$, $P_8(1|0{,}5)$
auf dem Graphen der Funktion liegen (*Punktprobe*).

Punktprobe

Funktionsgleichung: $y = 4x - 1$

Wir setzen die Koordinaten des Punktes P(1|3) in die Funktionsgleichung ein:
$3 = 4 \cdot 1 - 1$ ist eine wahre Aussage.
P gehört zum Funktionsgraphen.

Wir setzen die Koordinaten des Punktes Q(2|6) in die Funktionsgleichung ein:
$6 = 4 \cdot 2 - 1$ ist eine falsche Aussage.
Q gehört *nicht* zum Funktionsgraphen.

$P(\square|-2)$
$-2 = 5 - x$
$-7 = -x$
$x = 7$

5. a) Die Punkte liegen auf dem Graphen der Funktion mit $y = 5 - x$.
Gib jeweils eine passende Zahl für die fehlende Koordinate an.
$P_1(3|\square)$; $P_2(-2|\square)$; $P_3(7|\square)$; $P_4(\square|5)$; $P_5(\square|0)$; $P_6(\square|-1)$

b) Die folgenden Punkte liegen auf dem Graphen der Funktion mit $y = x^2$.
Gib jeweils alle passenden Zahlen für die fehlende Koordinate an.
$P_1(4|\square)$; $P_2(-4|\square)$; $P_3(\frac{1}{3}|\square)$; $P_4(\square|0{,}81)$; $P_5(\square|\frac{1}{4})$; $P_6(\square|2\frac{7}{9})$

Information

Punktprobe

Mithilfe der Funktionsgleichung kann man überprüfen, ob ein gegebener Punkt zum Graphen einer Funktion gehört.
Man setzt beide Koordinaten in die Funktionsgleichung ein.
Erhält man eine wahre Aussage, so gehört der Punkt zum Graphen, sonst nicht.

6. a) *Funktionen und Funktionsterme*

Gegeben sei eine Funktion mit der Gleichung $y = x \cdot (4 - x)$ und dem Definitionsbereich $\mathbb{Q}$. Wir wollen diese Funktion kurz mit einem Buchstaben, z.B. f, bezeichnen. f ist also Name der gegebenen Funktion. Die Funktion f hat für das Argument 1 den Funktionswert 3.
Dafür schreibt man kurz:
$f(1) = 3$, gelesen: *f von 1 gleich 3*.

Funktion: $f(x) = \frac{4x}{x+1}$

$f(1) = \frac{4 \cdot 1}{1+1} = \frac{4}{2} = 2$

$f(2) = \frac{4 \cdot 2}{2+1} = \frac{8}{3} = 2\frac{2}{3}$

Entsprechend schreibt man auch für den Funktionsterm einer Funktion f kurz: $f(x)$, gelesen: *f von x*.

Hier ist $x \cdot (4 - x)$ der Funktionsterm, d.h.: $f(x) = x \cdot (4 - x)$.

Bestimme die Funktionswerte $f(0)$, $f(3)$, $f(4)$, $f(4{,}5)$, $f(-7)$, $f(0{,}5)$, $f(4{,}5)$, $f\left(-\frac{3}{7}\right)$.

b) g sei Name der Funktion mit der Gleichung $y = \frac{z}{z-1}$ und dem Definitionsbereich $\mathbb{Q}$ ohne 1.
Gib die Kurzbezeichnung für den Funktionsterm $\frac{z}{z-1}$ an.
Bestimme dann die Funktionswerte $g(2)$, $g(-1)$, $g(0)$, $g\left(\frac{1}{2}\right)$, $g\left(-\frac{1}{2}\right)$, $g(1{,}1)$.

7. Eine Funktion kann man auch in der *Wortvorschrift* angeben, z.B. beschreibt „Jeder Zahl wird ihr Dreifaches zugeordnet" die Funktion mit der Gleichung $y = 3x$.

a) Notiere die Funktionsgleichung zu: Jeder Zahl wird das Quadrat der Zahl zugeordnet.

b) Eine Packung Bonbons kostet 1,05 Euro. Stelle die Funktionsgleichung auf für die Zuordnung *Anzahl der Bonbonpackungen → Preis (in Euro)*.

c) Beschreibe durch die Wortvorschrift: (1) $y = 5x$; (2) $y = 3x + 4$; (3) $y = x^2 - 1$

Information

Eine Funktion kann zusammen mit dem Definitionsbereich angegeben werden durch
(1) eine **Funktionsgleichung** wie z.B. $y = x^2$;
(2) einen **Funktionsterm** wie z.B. x^2
(3) eine **Wertetabelle** (Menge *geordneter* Paare) wie z.B. $(-2|4)$, $(-1|1)$, $(0|0)$, $(1|1)$, $(2|4)$;
(4) eine **Wortvorschrift** wie z.B. „Ordne jeder Zahl x das Quadrat der Zahl zu."
(5) einen **Graphen** im Koordinatensystem.

x	x^2
−2	4
−1	1
0	0
1	1
2	4

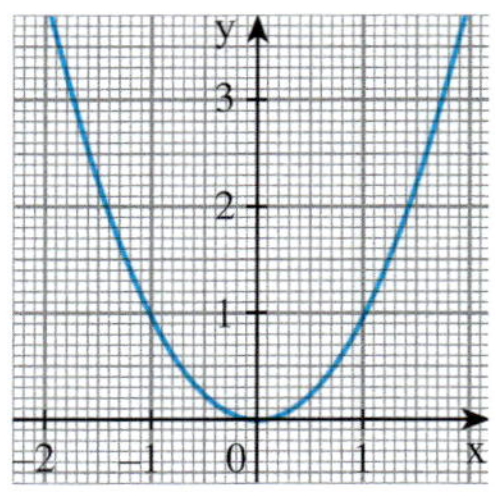

Übungen

8. a) Jedes Quadrat hat einen ganz bestimmten Umfang.

Seitenlänge s (in cm)	0,5	1	1,5	2	2,5	3
Umfang u (in cm)						

Fülle die Wertetabelle aus. Notiere für die Funktion *Seitenlänge s (in cm) → Umfang u (in cm)* die entsprechende Funktionsgleichung. Zeichne den Graphen dieser Funktion mithilfe der Wertetabelle.

b) Welchen Graphen erhältst du, wenn du für s auch negative Zahlen einsetzt?

c) Für welche Argumente nimmt die Funktion den Funktionswert 24; 2; 1; 0; 6 an?

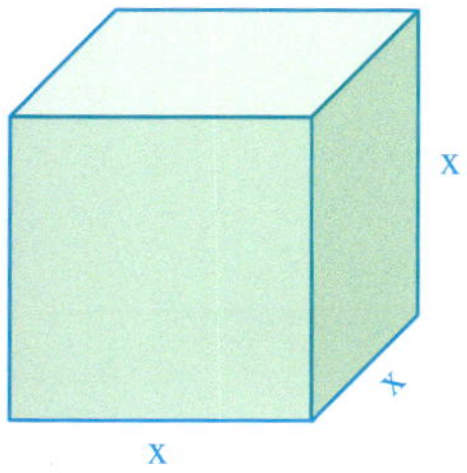

9. **a)** Jeder Würfel hat ein ganz bestimmtes Volumen und einen ganz bestimmten Oberflächeninhalt. Notiere die Gleichung für die Funktion
(1) *Kantenlänge (in cm) → Volumen (in cm³)*;
(2) *Kantenlänge (in cm) → Oberflächeninhalt (in cm²)*.

b) Wähle für dieselbe Funktionsgleichung wie in (1) [wie in (2)] rationale Zahlen für x (auch negative). Zeichne mithilfe einer Wertetabelle den Graphen dieser Funktion.

c) Bestimme den Funktionswert zu jedem Argument: 5; −4; 0,5; −5; 0,2.

10. Zeichne mithilfe einer Wertetabelle den Graphen der Funktion zu:
a) $y = 2x - 1$ **b)** $y = 1 - 2x$ **c)** $y = -\frac{2}{5}x$ **d)** $y = x^2 + 1$
Welche der folgenden Punkte liegen auf dem Graphen?
$P_1(8|0)$, $P_2(0|0)$, $P_3(-5|11)$, $P_4(-2|5)$, $P_5(0|1)$, $P_6(2|3)$ und $P_7(-1|-3)$

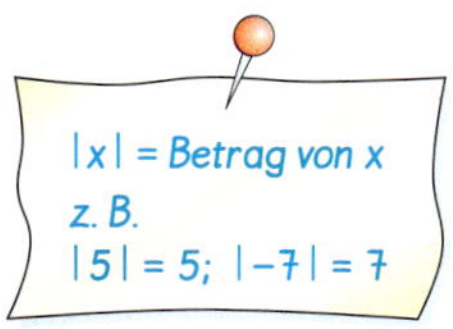

11. Die Funktion hat den größtmöglichen Definitionsbereich. Zeichne den Graphen.
a) $y = x - 3$ **c)** $y = -x + 5$ **e)** $y = -\frac{1}{4}x$ **g)** $y = \frac{1}{2}x - 3$ **i)** $y = (x - 2)^2$
b) $y = x + 5$ **d)** $y = -2x + 1$ **f)** $y = \frac{1}{4}x + 2$ **h)** $y = x^2 - 2$ **j)** $y = |x|$
Die Punkte $P_1(3|\square)$, $P_2(0{,}5|\square)$, $P_3(1{,}5|\square)$, $P_4(-1|\square)$ und $P_5(-7|\square)$ gehören zum Graphen. Berechne jeweils die fehlende Koordinate.

12. Gegeben sind:
(1) $y = x - 2$ (3) $y = -x + 2$
(2) $y = -x - 2$ (4) $y = x + 2$
Gib bei jeder Funktionsgleichung an, zu welchem Graphen die Gleichung gehört. Begründe.

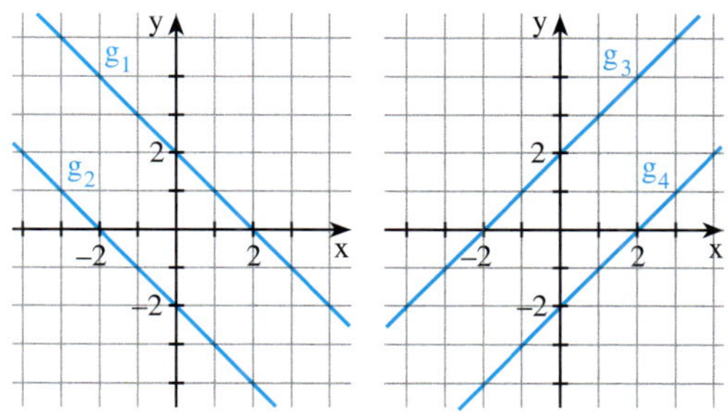

13. Löse die Gleichung nach y auf. Zeichne dann den Graphen der Funktion.
a) $y - 4 = x$ **c)** $2y + 4 = 8x$ **e)** $7x + 2y = 14$ **g)** $\frac{6 - y}{3} = 1 + x$
b) $3 \cdot y = 24x$ **d)** $x + y = 0$ **f)** $6x + 9y + 18 = 0$ **h)** $0{,}3x - 0{,}4y - 1{,}2 = 0$

14. Eine Funktion hat die Gleichung: **a)** $y = \frac{1}{2}x + 1$ **b)** $y = \frac{1}{2}x^2$ **c)** $y = 1 + |x|$
(1) Zeichne den Graphen. Nimm als Definitionsbereich die Menge $\mathbb{Q}$ der rationalen Zahlen.
(2) Wähle als Definitionsbereich anstelle der Menge $\mathbb{Q}$ die Menge $\mathbb{Z}$ der ganzen Zahlen. Wie ändert sich der Graph?

15. **a)** Gib zu der Funktion die Funktionsgleichung an.
Jeder Zahl wird das Vierfache der Zahl vermehrt um 3 zugeordnet.
b) Gib die Wortvorschrift an für: (1) $y = 2x - 2$ (2) $y = \frac{x}{3}$ (3) $y = \frac{1}{x}$

16. Herr Beier kauft auf dem Wochenmarkt Eier. Ein Ei kostet 28 ct. Stelle für die Zuordnung *Anzahl der Eier → Preis (in ct)* eine Funktionsgleichung auf.

17. Die Funktion ist gegeben durch den Funktionsterm f(x).
a) $f(x) = 7x - 6$ **b)** $f(x) = 9x^2 - 3$ **c)** $f(x) = 8 - 2x^2$ **d)** $f(x) = x \cdot (1 - 2x)$
(1) Gib zu der Funktion f die Funktionsgleichung an.
(2) Berechne $f(4)$; $f\left(\frac{1}{2}\right)$; $f(0)$; $f(-3)$; $f(-1{,}5)$.
(3) Für welche Argumente nimmt die Funktion den Wert 6 an?

LINEARE FUNKTIONEN MIT DER GLEICHUNG y = m · x

Gleichung und Graph einer Funktion mit y = m · x

Einstieg

Auf einer Teststrecke fährt ein Auto mit der konstanten Geschwindigkeit 120 $\frac{km}{h}$.

→ Notiere die Funktionsgleichung für die Zuordnung *Zeit t (in h) → Entfernung s (in km)*.

→ Erstelle eine Wertetabelle und zeichne den Graphen der Funktion.

→ Wie kann man die Zuordnung rechnerisch beschreiben?

Aufgabe

1. Mit einer Preistabelle oder einem Graphen kann man schnell überblicken, was Kartoffeln in Abhängigkeit von der Masse kosten.

a) Lege für die Funktion *Masse x (in kg) von Kartoffeln → Preis y (in €)* eine Wertetabelle an.
Zeichne auch den Graphen. Wie verläuft der Graph?
Stelle eine Gleichung auf, mit der du die Preise für verschiedene Massen der Kartoffeln berechnen kannst.
Wie ändert sich der Preis, wenn man die Masse verdoppelt, verdreifacht, vervierfacht, ...?
Um was für eine Zuordnung handelt es sich?

b) Verwende dieselbe Funktionsgleichung wie bei Teilaufgabe a).
Wie ändert sich der Graph, wenn man $\mathbb{Q}$ als Definitionsbereich wählt?
Wie ändert sich der Funktionswert, wenn man die Zahl für x verdoppelt, verdreifacht, vervierfacht, ...?

Lösung

a) *Wertetabelle*

	Masse x (in kg)	Preis y (in €)	
	1	0,65	
· 3	2	1,30	· 3
	3	1,95	
	4	2,60	
· 2	⋮	⋮	· 2
	8	5,20	
	⋮	⋮	
	x	0,65 · x	

Funktionsgleichung: y = 0,65 · x
Setzt man für x die Masse (in kg) ein, so erhält man den Preis y (in €).

Graph

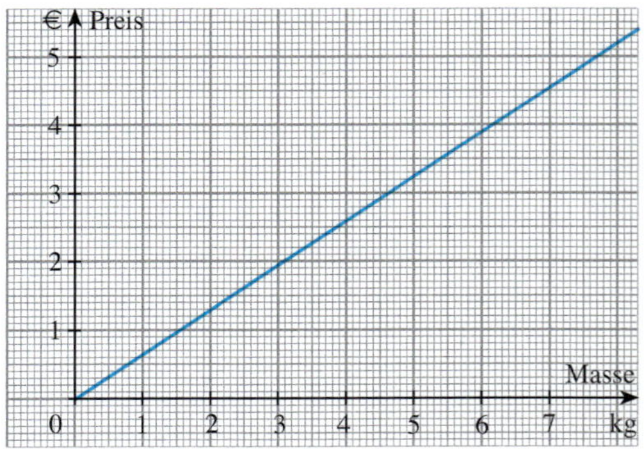

Der Graph ist *geradlinig* und nach einer Seite begrenzt. Es ist ein Strahl, der im Koordinatenursprung beginnt.

Wenn man die Masse verdoppelt, verdreifacht, vervierfacht, ... wird auch der Preis verdoppelt, verdreifacht, vervierfacht, ... Es handelt sich also um eine *proportionale Zuordnung*.

b) *Wertetabelle*

x	0,65 · x
⋮	⋮
3	1,95
2	1,30
1	0,65
0	0
– 1	– 0,65
– 2	– 1,30
– 3	– 1,95
⋮	⋮

(· 2 from 1 to 2 and from 0,65 to 1,30; · 3 from – 1 to – 3 and from – 0,65 to – 1,95)

Graph

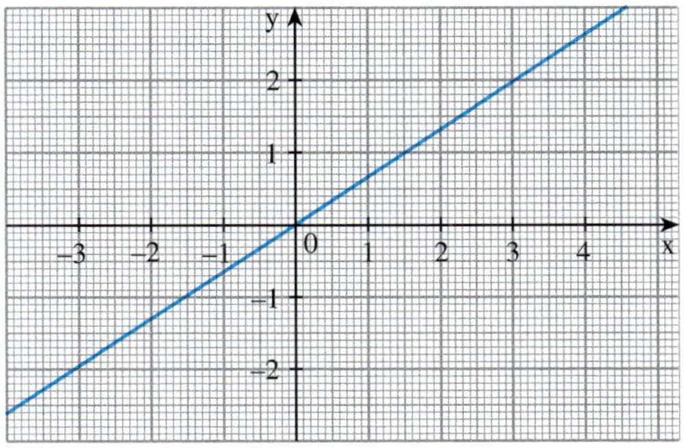

Der Graph ist beidseitig unbegrenzt; er ist eine *Gerade durch den Koordinatenursprung*.

Auch hier gilt: Wenn man die Zahl für x verdoppelt, verdreifacht, vervierfacht, …, wird auch der Funktionswert verdoppelt, verdreifacht, vervierfacht, … .

Zum Festigen und Weiterarbeiten

2. Zeichne den Graphen der Funktion mit der angegebenen Funktionsgleichung und mit $\mathbb{Q}$ als Definitionsbereich. Überlege, wie viele Punkte du dazu mindestens benötigst.

a) $y = 3x$ **b)** $y = 2{,}5x$ **c)** $y = m \cdot x$ mit $m = \frac{3}{4}$

3. *Lineare Funktionen $y = m \cdot x$ mit negativen Werten für m.*

a) $y = -3x$ **b)** $y = -1{,}25x$ **c)** $y = m \cdot x$ mit $m = -\frac{1}{2}$

Gilt auch hier: Verdoppelt man x, so verdoppelt sich auch der Funktionswert y? Prüfe.

Information

Eine Funktion mit der Funktionsgleichung $y = m \cdot x$ ist eine besondere **lineare Funktion** (*direkt proportionale Funktion*).
Ihr Definitionsbereich ist die Menge $\mathbb{Q}$.
Der Graph einer solchen linearen Funktion ist eine Gerade durch den Ursprung des Koordinatensystems.

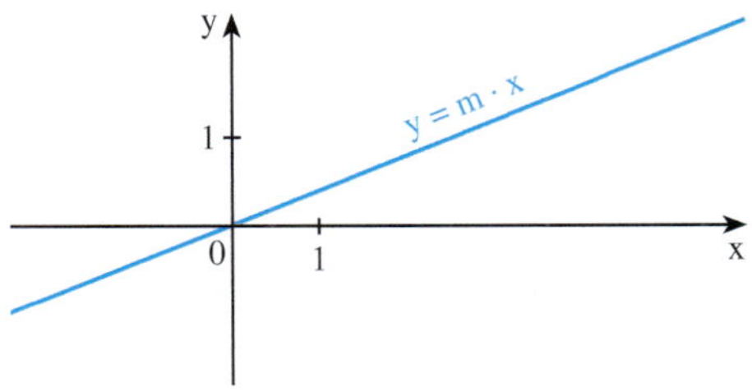

Übungen

4. Gemüsebauer Sasse bietet im Straßenverkauf Weißkohl für 1,45 € pro kg an.

a) Stelle für die Funktion *Masse (in kg) → Preis (in €)* eine Wertetabelle auf und zeichne den Graphen der Funktion. Notiere die Funktionsgleichung.

b) Wähle für die Funktion aus Teilaufgabe a) als Definitionsbereich $\mathbb{Q}$. Zeichne den Graphen.

5. Die lineare Funktion hat die Gleichung:

a) $y = 2{,}5x$ **b)** $y = -4x$ **c)** $y = \frac{2}{5}x$ **d)** $y = -0{,}6x$ **e)** $y = \frac{x}{10}$

(1) Zeichne die zugehörige Gerade.
(2) Welcher der Punkte $P_1(-1 \mid \frac{3}{5})$, $P_2(10 \mid 4)$, $P_3(-2 \mid -5)$, $P_4(10 \mid 1)$, $P_5(-\frac{1}{2} \mid 2)$ liegt auf der Geraden?
(3) Die Punkte $P_1(2 \mid \square)$; $P_2(-1 \mid \square)$; $P_3(\square \mid 6)$; $P_4(\square \mid -3)$ liegen auf der Geraden. Bestimme die fehlende Koordinate.
(4) Für welche Argumente nimmt die Funktion den Funktionswert 100; – 10; 0,1; $-\frac{1}{2}$ an?

6. Ein leeres Becken wird mit Wasser gefüllt. In jeder Minute fließen
(1) 3 Liter, (2) 1,2 Liter Wasser in das Becken.

a) Lege für die Funktion *Zeit t (in min)* → *Wasservolumen V (in l)* eine Wertetabelle an und zeichne den Graphen.
Gib die Funktionsgleichung an; benutze die Variablen t und V.

b) Das Wasserbecken ist quaderförmig. Die Grundfläche ist 3 dm lang und 2 dm breit. Lege entsprechend für die Funktion *Zeit t (in min)* → *Wasserhöhe h (in dm)* eine Wertetabelle an. Zeichne den Graphen und gib die Funktionsgleichung an.

7. An einem Küchenmessbecher findest du Markierungen für das Volumen V (in cm^3) und die Masse m (in g) verschiedener Zutaten.

a) Ein Volumen von 400 cm^3 entspricht ungefähr
(1) 240 g Mehl, (2) 140 g Haferflocken. Stelle die Funktionsgleichung für die Funktion *Volumen V (in cm^3)* → *Masse m (in g)* auf. Zeichne den Graphen.

b) Welches Volumen V besitzen
(1) 100 g, 150 g, 200 g Mehl; (2) 100 g, 150 g, 200 g Haferflocken?

TAB

c) Stelle die Funktionsgleichung für die Funktion *Masse m (in g)* → *Volumen V (in cm^3)* auf. Erstelle mit einem Kalkulationsprogramm eine Wertetabelle der Funktion.

Anstieg, Steigungsdreieck

Das Verkehrsschild informiert über den Anstieg (die Steigung) einer Straße. Auf dem Bild kannst du erkennen, was ein Anstieg von 8% bedeutet:
Auf einer horizontalen Entfernung von 100 m steigt die gerade Straße um 8 m an.
Der Anstieg beträgt $\frac{8}{100} = 8\%$.
Ebenso wie bei der geraden Straße wollen wir den Anstieg einer Geraden im Koordinatensystem beschreiben.

Statt Anstieg sagt man auch Steigung.

Einstieg

Aus den Planungsunterlagen einer neu gebauten Straße:

> Auf einem geraden Teilstück steigt die Straße auf einer horizontalen Entfernung von 250 m um 15 m an.
> Im weiteren Verlauf fällt sie auf einer horizontalen Entfernung von 300 m um 27 m ab.

→ Welche Verkehrsschilder müssen aufgestellt werden?

Aufgabe

1. Zeichne die Gerade zu der linearen Funktion mit:

a) (1) $y = 2x$ (2) $y = \frac{1}{2}x$ **b)** (1) $y = -2x$ (2) $y = -\frac{1}{2}x$

Wie ändert sich jeweils der Funktionswert, wenn man x um 1 erhöht?
Zeichne bei jeder Geraden zwei Steigungsdreiecke mit der waagerechten Seitenlänge 1.

Lösung

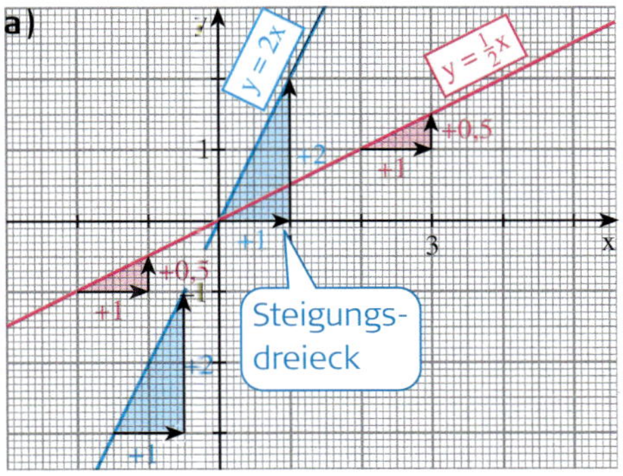

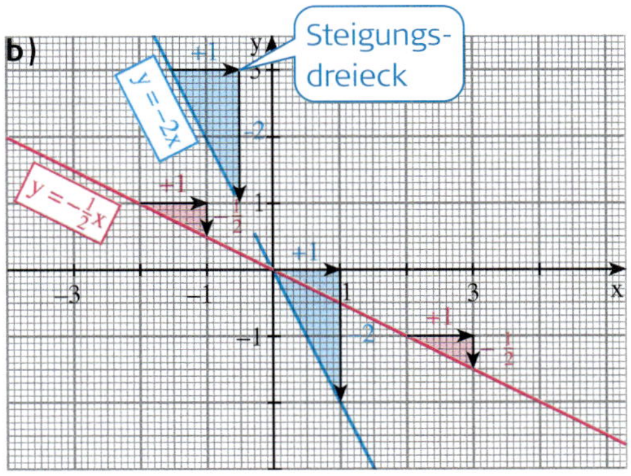

Du erkennst an jedem Steigungsdreieck:

(1) Wenn man x um 1 erhöht, ändert sich der Funktionswert y um +2.
Anstieg $m = \frac{+2}{+1} = +2$

(2) Wenn man x um 1 erhöht, ändert sich der Funktionswert y um +0,5.
Anstieg $m = \frac{+0{,}5}{+1} = +\frac{1}{2}$

Der Anstieg m ist positiv, die Gerade steigt (von links nach rechts).

Wir sagen: Die Gerade ist monoton steigend.

(1) Wenn man x um 1 erhöht, ändert sich der Funktionswert y um – 2.
Anstieg $m = \frac{-2}{+1} = -2$

(2) Wenn man x um 1 erhöht, ändert sich der Funktionswert y um – 0,5.
Anstieg $m = \frac{-0{,}5}{+1} = -\frac{1}{2}$

Der Anstieg m ist negativ, die Gerade fällt (von links nach rechts).

Wir sagen: Die Gerade ist monoton fallend.

Zum Festigen und Weiterarbeiten

2. Zeichne die Gerade zu der linearen Funktion. Gehe dabei vom Ursprung

a) um 1 nach rechts, um 1,5 nach oben; **b)** um 1 nach rechts, um 2 nach unten.

Notiere den Anstieg m der Geraden und die Funktionsgleichung.

3. Zeichne in ein gemeinsames Koordinatensystem (Einheit 1 cm) mithilfe von Steigungsdreiecken die Geraden zu den linearen Funktionen mit den Anstiegen
(1) m = 5; (2) m = 2,5; (3) m = – 4; (4) m = – 1,5.
Notiere die Funktionsgleichung. Ist die Gerade monoton steigend oder fallend.

Information

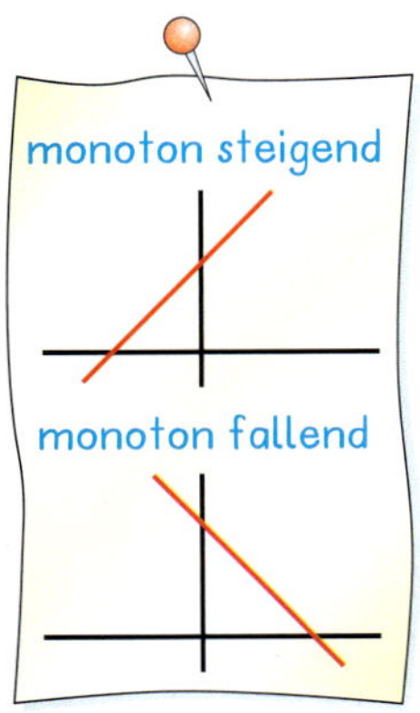

Für eine lineare Funktion mit der Gleichung $y = m \cdot x$ gilt:
Wenn man x um 1 erhöht, erhöht sich der Funktionswert um m.
Der Faktor m gibt den **Anstieg** (die Steigung) der Geraden an.

Ist der Anstieg m positiv, so steigt die Gerade an (von links nach rechts).

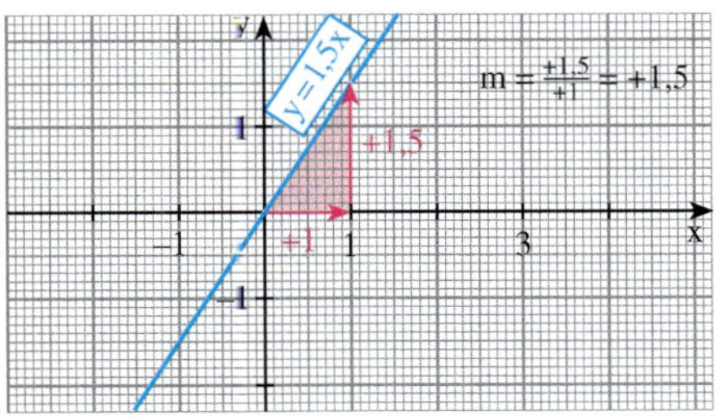

Ist der Anstieg m negativ, so fällt die Gerade (von links nach rechts).

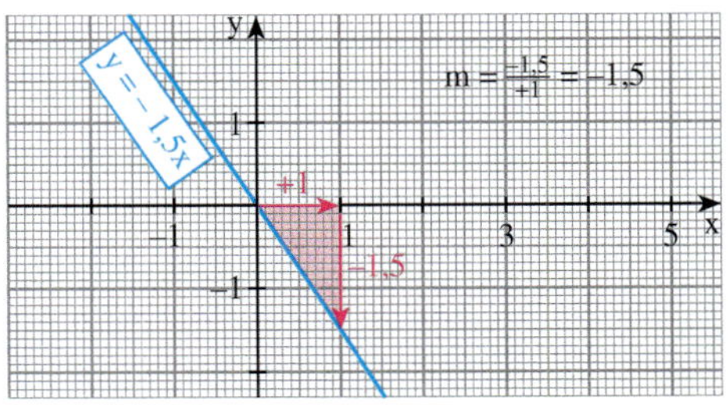

Übungen

4. Wie ändert sich y, wenn man x um 1 erhöht? Gib die Gleichung der Funktion an.

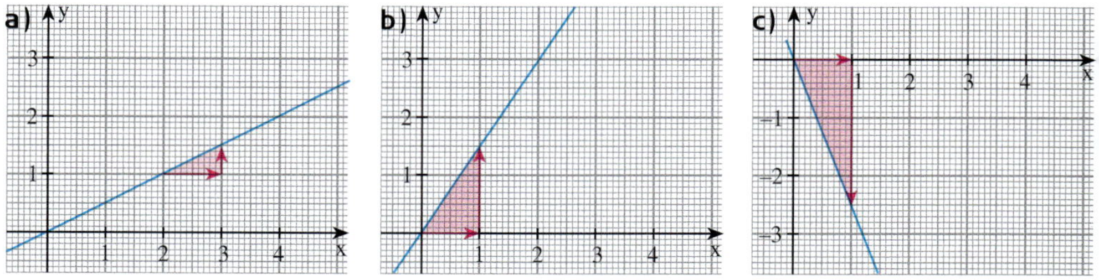

5. Zeichne die Gerade zu der linearen Funktion. Gehe dabei vom Ursprung

a) um 1 nach rechts, um 1,5 nach unten;
b) um 1 nach rechts, um 3,5 nach oben;
c) um 1 nach rechts, um 3,5 nach unten;
d) um 1 nach rechts, um 3 nach oben.

Gib den Anstieg m der Geraden und die Funktionsgleichung an.

6. Zeichne mithilfe eines Steigungsdreiecks die Gerade zu der linearen Funktion, ohne eine Wertetabelle anzulegen. Gib an, ob die Gerade monoton steigt oder fällt.

a) $y = 5x$ **b)** $y = -4x$ **c)** $y = 1{,}5x$ **d)** $y = 2{,}5x$ **e)** $y = 3{,}5x$ **f)** $y = -0{,}5x$ **g)** $y = -3{,}5x$ **h)** $y = 4{,}5x$

7. Die Gerade zu einer linearen Funktion mit $y = mx$ geht durch

a) $P(1|5)$; **b)** $P(1|-3)$; **c)** $P(1|-0{,}5)$; **d)** $P(1|3{,}5)$; **e)** $P(1|-1)$.

Notiere den Anstieg m der Geraden und die Funktionsgleichung.

Anstieg als Proportionalitätsfaktor – Zeichnen eines geeigneten Steigungsdreiecks

Einstieg

Käse-Kiste

kg	€/kg	€
0,240	Tilsiter 14,50	**3,48**
0,185	Emmentaler 12,90	**2,39**

Lukas hat im Supermarkt Käse eingekauft.

→ Welche Bedeutung haben die einzelnen Angaben auf dem Kassenbon?

→ Sind die Angaben korrekt?

Aufgabe

1. Julias Vater ist Stammkunde bei einer Tankstelle. Er hat in letzter Zeit seine Ausgaben für Benzin in einer Tabelle notiert.

Volumen	Kosten
11 *l*	15,40 €
5 *l*	7,00 €
8 *l*	11,20 €

a) Zeichne zu den Wertepaaren in der Tabelle die Punkte in ein Koordinatensystem und verbinde sie mit dem Lineal.
Was stellst du fest?

b) Woran erkennst du, dass eine proportionale Zuordnung vorliegt?
Berechne den Proportionalitätsfaktor. Was gibt er an?
Fällt dir etwas auf?

Lösung

a) Die Punkte liegen auf einer Geraden, die durch den Ursprung geht.
Der Anstieg m der Geraden ergibt sich aus den Steigungsdreiecken:

$m = \frac{15{,}40}{11} = \frac{11{,}20}{8} = \frac{7{,}00}{5} = 1{,}40$

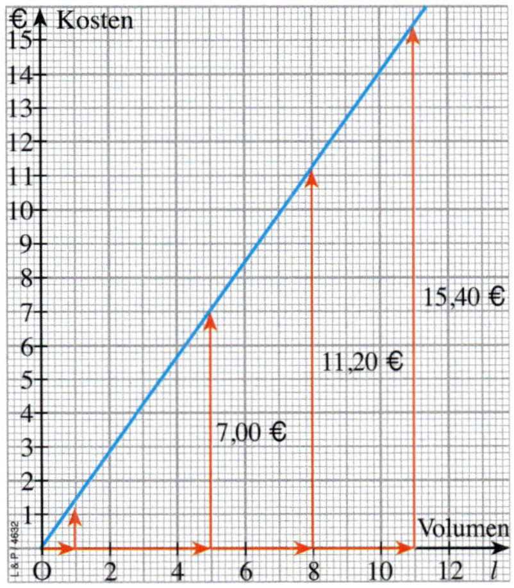

b)

Volumen	Kosten	Kosten : Volumen
11 *l*	15,40 €	$\frac{15{,}40\,€}{11\,l} = \frac{1{,}40\,€}{1\,l} = 1{,}40\,\frac{€}{l}$
5 *l*	7,00 €	$\frac{7{,}00\,€}{5\,l} = \frac{1{,}40\,€}{1\,l} = 1{,}40\,\frac{€}{l}$
8 *l*	11,20 €	$\frac{11{,}20\,€}{8\,l} = \frac{1{,}40\,€}{1\,l} = 1{,}40\,\frac{€}{l}$

Aus der Tabelle erkennen wir:
Alle Wertepaare aus Kosten und Volumen sind *quotientengleich*.
Der *feste Quotient* ist $1{,}40\,\frac{€}{l}$. Er gibt den Preis in Euro für 1 *l* Benzin an.
Der Graph ist ein Strahl, der im Ursprung O (0 | 0) beginnt.
Der Anstieg des Graphen ist die Maßzahl des Proportionalitätsfaktors der Funktion *Volumen (in l) → Kosten (in Euro)*.

Information

Bei einer linearen Funktion mit der Gleichung $y = m \cdot x$ liegt für die Wertepaare **Quotientengleichheit** vor (mit Ausnahme des Wertepaares (0 | 0)).
Der Quotient $\frac{y}{x} = m$ ist der **Proportionalitätsfaktor**.
Er gibt den Anstieg m der zugehörigen Geraden im Koordinatensystem an.

Zum Festigen und Weiterarbeiten

2. **a)** Wenn man bei der linearen Funktion mit $y = 0{,}5\,x$ ein Argument x um 1 erhöht, ändert sich der Funktionswert y um +0,5.
Lies aus der Zeichnung ab:
Wie ändert sich der Funktionswert y, wenn man x um 2, um 3, um $\frac{1}{2}$ erhöht?

b) Bilde den Quotienten für jedes Steigungsdreieck. Was stellst du fest?

3. *Geeignete Steigungsdreiecke*
Zeichne die Gerade der linearen Funktion mit $y = \frac{4}{3}\,x$, ohne eine Wertetabelle anzulegen.
Gehe dazu vom Ursprung O (0 | 0) aus. Gehe zunächst einen Schritt nach rechts.
Wie viele Schritte musst du nach oben gehen?
Gehe nun vom Ursprung O zwei Schritte und schließlich drei Schritte nach rechts.
Wie viele Schritte musst du jeweils nach oben gehen?

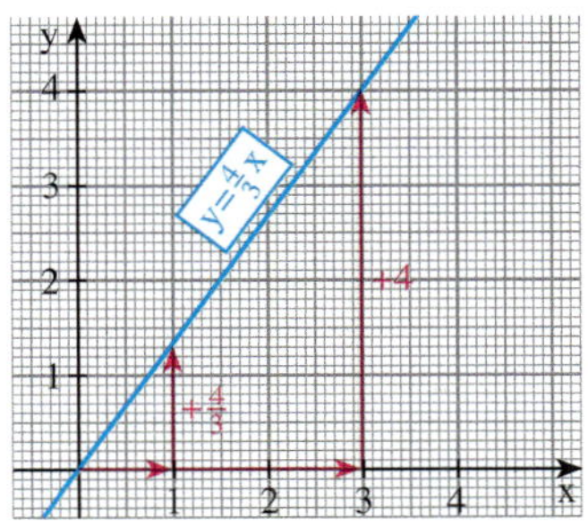

Information

$m = \frac{3}{4}$
4 nach rechts,
3 nach oben

$m = -1{,}5 = -\frac{3}{2}$
2 nach rechts,
3 nach unten

Wenn man die Gerade zu einer linearen Funktion mit $y = m \cdot x$ ohne Wertetabelle zeichnen will, so sucht man sich dafür ein *geeignetes* Steigungsdreieck.

Beispiel: $y = \frac{3}{4}x$

Gehe bei einem positiven Anstieg vom Ursprung O(0|0) aus zunächst 4 Schritte nach rechts und wegen $4 \cdot \frac{3}{4} = 3$ dann 3 Schritte nach *oben*.
Du erhältst den Punkt P(4|3).
Zeichne die Gerade durch P und den Ursprung O(0|0).
Auf diese Weise erhältst du den Graphen der Funktion.

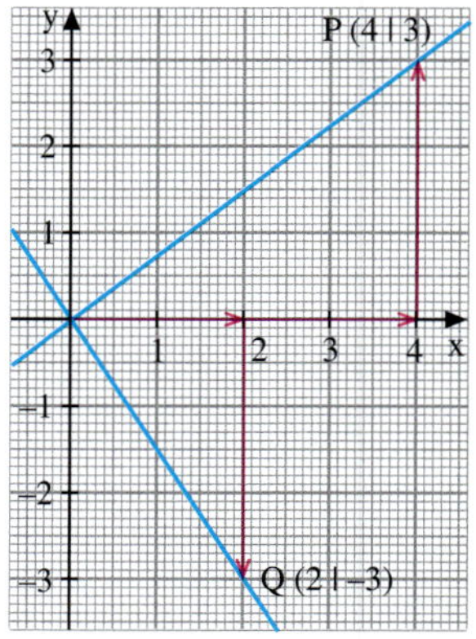

Beispiel: $y = -1{,}5x$

Bei einem negativen Anstieg kannst du entsprechend verfahren. Gehe vom Ursprung O(0|0) aus zunächst 2 Schritte nach rechts und wegen $2 \cdot (-1{,}5) = -3$ dann 3 Schritte nach *unten*. Du erhältst den Punkt Q(2|−3).

Übungen

4. Zeichne mithilfe der Anleitung im Kasten die Gerade zu der linearen Funktion.

a) $y = \frac{1}{5}x$ **c)** $y = -\frac{1}{3}x$ **e)** $y = 0{,}7x$ **g)** $y = \frac{3}{2}x$ **i)** $y = -\frac{1}{7}x$
b) $y = \frac{5}{6}x$ **d)** $y = -\frac{3}{4}x$ **f)** $y = 0{,}2x$ **h)** $y = -1{,}4x$ **j)** $y = -0{,}3x$

5. Zeichne die Gerade zu der linearen Funktion. Gehe dabei vom Ursprung

a) um 3 nach rechts, um 5 nach oben; **c)** um 2 nach rechts, um 4,6 nach oben;
b) um 5 nach rechts, um 6 nach unten; **d)** um 4 nach rechts, um 7,2 nach unten.

Notiere den Anstieg m und die Funktionsgleichung. Steigt oder fällt die Gerade?

6. Notiere zu jeder Geraden den Anstieg. Lege dazu ein günstiges Steigungsdreieck fest. Gib dann die Gleichung der linearen Funktion an.

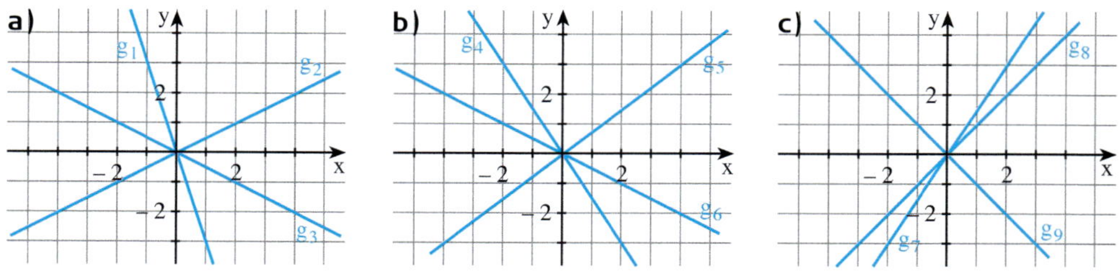

7. Rechts siehst du Fabians Hausaufgaben. Kontrolliere sie.

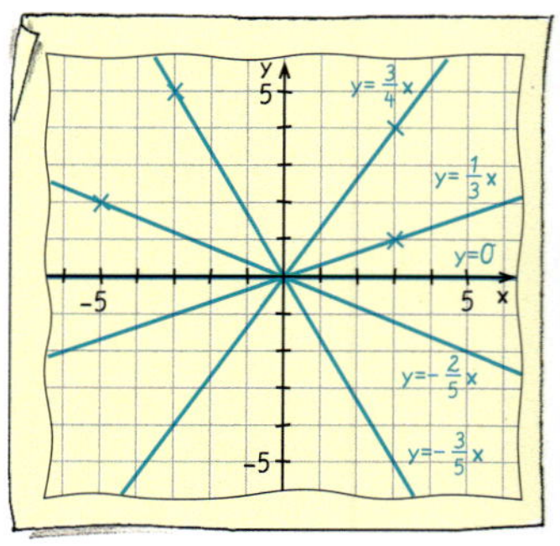

8. Ein Baumarkt bietet Gartenschläuche als „Meterware“ an. Herr Grün bezahlt für 12 m Schlauch 10,80 €.

a) Berechne jeweils den Preis für einen Schlauch der Länge 3 m; 5 m; 9 m; 10 m.

b) Stelle für die Funktion *Länge (in m) → Preis (in €)* eine Funktionsgleichung auf.
Was gibt der Proportionalitätsfaktor an?

c) Erstelle je ein Tabellenblatt für die Zuordnungen:
(1) *Schlauchlänge → Preis* (2) *Preis → Schlauchlänge*

LINEARE FUNKTIONEN MIT DER GLEICHUNG $y = m \cdot x + n$

Gleichung und Graph einer linearen Funktion

Einstieg

Eine Schraubenfeder hat (unbelastet) eine Länge von 6 cm. Die Länge ändert sich, wenn man die Feder mit Wägestücken belastet, und zwar um 0,5 cm je kg Belastung.

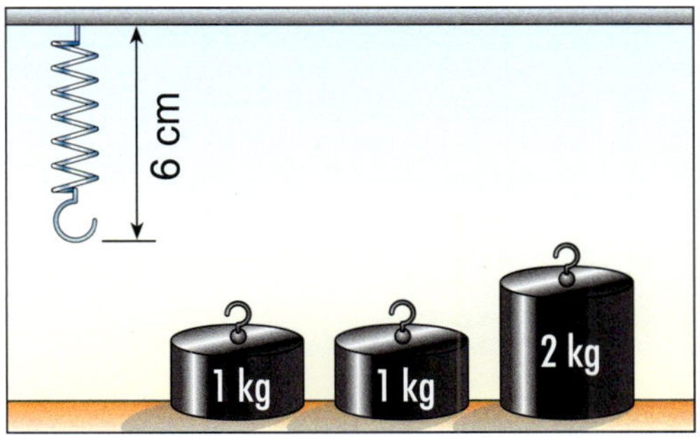

➜ Notiere die Funktionsgleichung für folgende Zuordnungen:
(1) *Belastung (in kg) → Verlängerung der Feder (in cm)*
(2) *Belastung (in kg) → Federlänge (in cm)*

➜ Lege eine Wertetabelle an und zeichne die Graphen. Vergleiche.

Aufgabe

1. a) Ein Lastwagen soll mit Kies beladen werden. 1 m^3 Kies wiegt 2 Tonnen.
(1) Notiere die Funktionsgleichung für die Funktion
Kiesvolumen (in m^3) → Kiesmasse (in t).
Zeichne den Graphen.

(2) Ein Lastwagenanhänger wiegt leer 3 Tonnen und wird mit Kies beladen.
Zeichne in dasselbe Koordinatensystem den Graphen für die Funktion
Kiesvolumen (in m^3) → Gesamtmasse des Anhängers (in t).
Notiere die Funktionsgleichung.

Wie kommt man vom ersten Graphen zum zweiten?

b) Wähle als Definitionsbereich $\mathbb{Q}$ und als Gleichung:
(1) $y = 2x$ (2) $y = 2x + 3$ (3) $y = 2x - 4$
Zeichne alle drei Graphen in dasselbe Koordinatensystem.
Wie kommt man vom ersten Graphen zu den beiden anderen?
Wie kann man das an der Gleichung erkennen?

Lösung

a) (1) 1 m^3 Kies wiegt 2 Tonnen. x m^3 Kies wiegen 2x Tonnen.
Funktionsgleichung: $y = 2x$

(2) Die Gesamtmasse setzt sich zusammen aus der Masse der Kiesladung 2x Tonnen und der Leermasse des Anhängers 3 Tonnen. Also:

$x \xrightarrow{\cdot 2} 2x \xrightarrow{+3} 2x + 3$

Funktionsgleichung: $y = 2x + 3$

Die Gesamtmasse ist immer um 3 t größer als die Kiesmasse. Du kommst also vom ersten Graphen (Kiesmasse), zum zweiten Graphen (Gesamtmasse), indem du überall um 3 Einheiten nach oben gehst. Das bedeutet: Wenn du den ersten Graphen *um 3 Einheiten nach oben verschiebst*, erhältst du den zweiten.

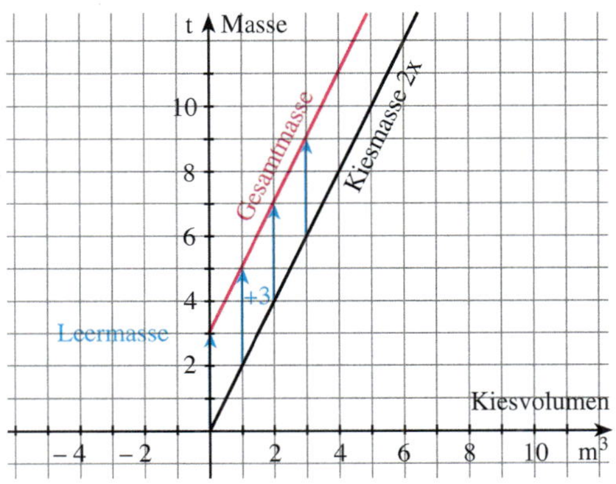

b) Jetzt dürfen auch negative Zahlen für x eingesetzt werden, da hier die gesamte Menge $\mathbb{Q}$ der rationalen Zahlen Definitionsbereich ist. Die Graphen sind daher nach beiden Seiten unbegrenzt.
Wenn man den Graphen zu $y = 2x$
- *um 3 Einheiten nach oben verschiebt*, erhält man den Graphen zu $y = 2x + 3$;
- *um 4 Einheiten nach unten verschiebt*, erhält man den Graphen zu $y = 2x - 4$.

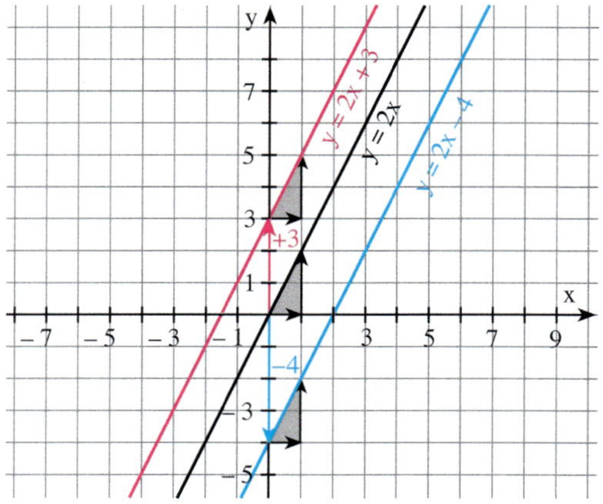

Zum Festigen und Weiterarbeiten

2. Gib für jede Funktion in Aufgabe 1 b) an:
(1) Ist die Funktion eine direkt proportionale Zuordnung? Begründe deine Antwort.
(2) Welchen Anstieg hat die Gerade?
Vergleiche mit den Anstiegen der zwei anderen Geraden.
(3) In welchem Punkt schneidet die Gerade die y-Achse?

3. Zeichne in dasselbe Koordinatensystem die Graphen der drei gegebenen Funktionen. Welche der drei Funktionen ist eine direkt proportionale Zuordnung? Wie kommt man vom Graphen dieser besonderen Funktion zu den Graphen der beiden anderen?

a) (1) $y = 0{,}5x + 4$ (2) $y = 0{,}5x$ (3) $y = 0{,}5x - 2$

b) (1) $y = -1{,}5x + 5$ (2) $y = -1{,}5x - 4$ (3) $y = -1{,}5x$

Information

Direkt proportionale Funktionen sind besondere lineare Funktionen.

Eine Funktion mit der Funktionsgleichung $y = m \cdot x + n$ heißt ebenfalls **lineare Funktion**.
Der Definitionsbereich ist $\mathbb{Q}$.
Für $n = 0$ erhält man die lineare Funktion mit der Gleichung $y = m \cdot x$.
Diese Funktion ist also eine *besondere* lineare Funktion.
Der Graph einer linearen Funktion ist eine Gerade. Sie erhält man, indem man den Graphen zu $y = m \cdot x$ um n Einheiten in Richtung der y-Achse verschiebt, und zwar

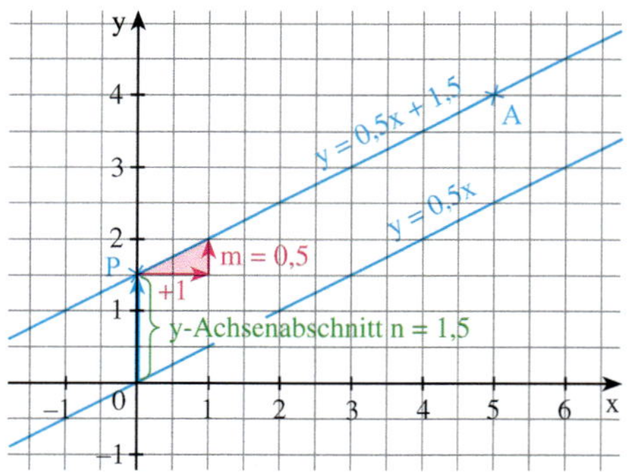

- nach oben, falls $n > 0$,
- nach unten, falls $n < 0$.

Die Gerade schneidet die y-Achse im Punkt $P(0|n)$. Deshalb nennt man n den **y-Achsenabschnitt** (im Beispiel $n = 1{,}5$). Dieses so genannte *absolute Glied* n gibt an, an welcher Stelle der Graph die y-Achse schneidet.
Um die Gerade zu zeichnen, braucht man neben dem y-Achsenabschnitt nur noch einen weiteren Punkt (im Beispiel $A(5|4)$).
Der Faktor m gibt die Änderung pro Einheit an.

Übungen

$\frac{x}{3} = \frac{1}{3}x$

4. a) $y = 2x$ b) $y = x$ c) $y = -1{,}8x$ d) $y = -\frac{2}{3}x$ e) $y = \frac{x}{5}$

Zeichne den Graphen der linearen Funktion.
Verschiebe den Graphen (1) um 1,5 Einheiten nach oben; (2) um 3 Einheiten nach unten.
Gib zu dem neuen Graphen die Funktionsgleichung an.

5. a) $y = 2{,}5x + 1$ b) $y = -3x + 7$ c) $y = -x - 2{,}4$ d) $y = -\frac{x}{2} - \frac{3}{4}$

Zeichne die Gerade zu der linearen Funktion. Zeichne zunächst den Graphen der direkt proportionalen Zuordnung, die denselben Anstieg hat.
In welchem Punkt schneidet die Gerade die (1) y-Achse; (2) x-Achse?

6. Gib jeweils die Funktionsgleichung für die Gerade an. Begründe.

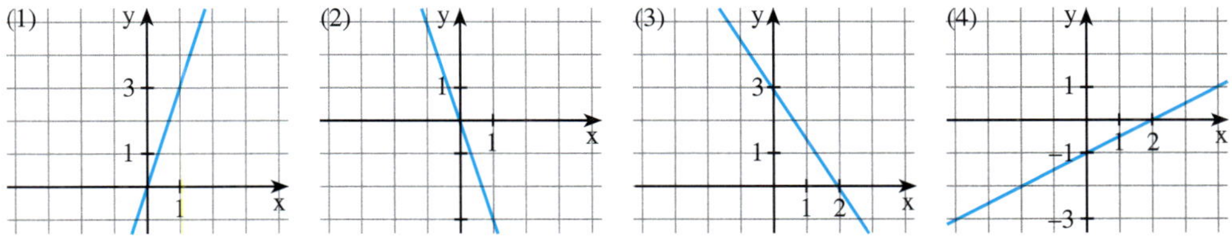

7. (1) Gib die Funktionsgleichungen der fünf Geraden an. Vergleiche diese.
(2) Was haben die Funktionsgleichungen gemeinsam, worin unterscheiden sie sich?

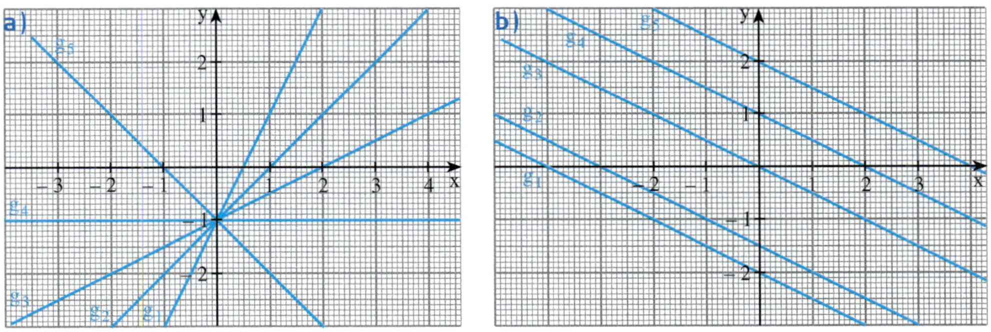

8. Die lineare Funktion hat die Gleichung:

a) $y = 1{,}5x - 6$ b) $y = 0{,}4x + 3{,}6$ c) $y = 7 - \frac{x}{3}$ d) $y = \frac{2}{3}x - 2$

Für welche Argumente nimmt die Funktion den Funktionswert 0, den Funktionswert 6, den Funktionswert −3 an? Stelle jeweils eine entsprechende Gleichung auf und löse sie.

9.

In einer Saline wird aus Meerwasser Salz gewonnen. Für 280 kg Salz werden 8 m^3 Salzwasser benötigt.

a) Wie viel Salz gewinnt man, wenn man (1) 4 m^3, (2) 20 m^3, (3) 5 m^3 Meerwasser verdunsten lässt?

b) Zeichne den Graphen der Funktion *Volumen → Masse*. Stelle für die Maßzahlen eine Funktionsgleichung auf. Was gibt der Proportionalitätsfaktor an?

c) Wie viel m^3 Meerwasser benötigt man, um (1) 140 kg, (2) 700 kg, (3) 644 kg Salz zu gewinnen?

Nullstelle linearer Funktionen

Einstieg

Nico hat sein Aquarium mit 40 *l* Wasser gefüllt. Mithilfe einer kleinen Pumpe kann er 1,6 *l* Wasser pro Minute abpumpen.

- ➔ Stelle eine Funktionsgleichung auf und zeichne den Graphen.
- ➔ Wie kannst du am Graphen ablesen, wann das Aquarium leer ist?
- ➔ Berechne mithilfe einer linearen Gleichung, wie lange das Auspumpen dauert.

Aufgabe

1. Der Schaufelbagger eines Kieswerks verbraucht pro Betriebsstunde 24 *l* Dieselkraftstoff. Sein Tankinhalt beträgt 180 *l* Diesel.

a) Stelle eine Funktionsgleichung für die Zuordnung *Betriebszeit (in h) → Restvolumen im Tank (in l)* auf. Zeichne den Graphen der Funktion.

b) Lies aus dem Graphen ab, nach wie vielen Betriebstunden sich noch 60 *l* Kraftstoff im Tank befinden. Nach wie vielen Stunden ist der Tank leer?

c) Stelle eine Gleichung auf, mit der du berechnen kannst, wann der Tank leer ist. Löse diese Gleichung.

Lösung

a) In x Betriebsstunden verbraucht der Bagger x · 24 *l* Kraftstoff. Nach x Stunden sind im Tank noch 180 *l* – x · 24 *l* Kraftstoff. Für das Restvolumen y im Tank erhalten wir die Funktionsgleichung $y = 180 - x \cdot 24$.
Dies ist die Gleichung einer linearen Funktion. Umgeformt erhalten wir: $y = -24 \cdot x + 180$.

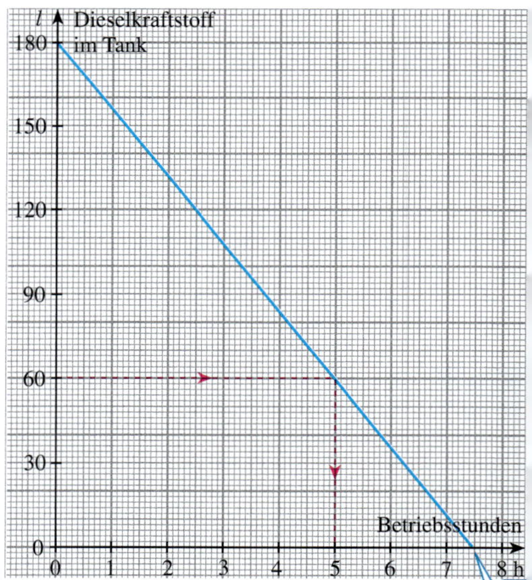

b) Aus dem Graphen der Funktion liest du ab: Nach 5 Betriebsstunden befinden sich noch 60 *l* Kraftstoff im Tank. Nach 7,5 Betriebsstunden ist der Tank leer. Der Graph der Funktion schneidet an dieser Stelle die x-Achse. Diese Stelle nennen wir *Nullstelle* der Funktion.

c) Wenn der Tank leer ist, so befinden sich 0 *l* Kraftstoff im Tank.
In der Funktionsgleichung musst du 0 für y einsetzen.

$$0 = -24x + 180 \quad | +24x$$
$$24x = 180 \quad | :24$$
$$x = \frac{180}{24} = 7{,}5$$

Ergebnis: Nach 7,5 Betriebsstunden ist der Tank vollständig geleert.

Information

Das Argument (den x-Wert), für das eine Funktion den Funktionswert 0 annimmt, nennen wir **Nullstelle** der Funktion.
An der Nullstelle hat der Graph einer linearen Funktion einen gemeinsamen Punkt mit der x-Achse.
Die Nullstelle einer linearen Funktion mit der Gleichung $y = m\,x + n$ ist die Lösung der Gleichung $0 = m\,x + n$.

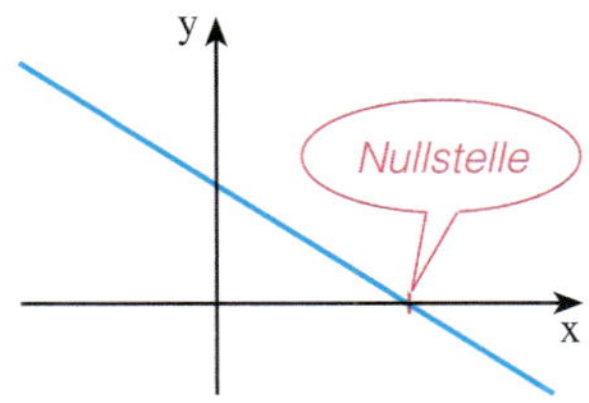

Beispiel: $y = -\frac{2}{3}x + 2$

Nullstelle: $x = 3$, denn $-\frac{2}{3} \cdot 3 + 2 = 0$; gemeinsamer Punkt mit der x-Achse: $P\,(3\,|\,0)$

Zum Festigen und Weiterarbeiten

2. Zeichne den Graphen. Bestimme den Schnittpunkt mit der x-Achse. Gib die Nullstelle an.

a) $y = 2x - 4$ **b)** $y = 3x - 4{,}5$ **c)** $y = 1{,}5x + 6$ **d)** $y = 0{,}5x + 1{,}5$

3. Eine lineare Funktion hat die Gleichung:

a) $y = x + 3$ **b)** $y = 2x - 3$ **c)** $y = 2{,}5x + 10$ **d)** $y = -0{,}4x + 0{,}1$

Berechne die Nullstelle. Für welches Argument x nimmt die Funktion den Wert 5 an? Stelle eine entsprechende Gleichung auf und löse sie.

Übungen

4. Berechne die Nullstelle.

a) $y = 5x$ **c)** $y = 3x - 27$ **e)** $y = -2x - 7$ **g)** $y = 0{,}4x + 3$

b) $y = 4x - 2$ **d)** $y = -x + 4{,}5$ **f)** $y = -\frac{1}{2}x - 6$ **h)** $y = -\frac{1}{3} + \frac{1}{2}x$

5. Eine Kerze ist anfangs 21 cm lang. Sie brennt gleichmäßig ab und wird stündlich um 1,2 cm kürzer.

a) Wie lang ist die Kerze noch nach 5 Stunden, 7,5 Stunden, 12,5 Stunden?

b) Zeichne den Graphen der Funktion *Brenndauer t (in Stunden) → Länge l (in cm)*.

c) Notiere die Funktionsgleichung. Benutze die Variablen t und *l*.

d) Nach wie viel Stunden ist die Kerze nur noch 3,8 cm lang?

e) Nach wie viel Stunden ist die Kerze abgebrannt?

6. Beim Tauchen in großer Tiefe ist man einem hohen Wasserdruck ausgesetzt. Das Auftauchen an die Wasseroberfläche darf nur langsam geschehen, damit ein Druckausgleich im Körper des Tauchers stattfinden kann.
Ein Taucher befindet sich in 22 m Tiefe. Pro Minute kann er um 5 m auftauchen.

a) Zeichne den Graphen der Funktion *Auftauchdauer (in min) → Tauchtiefe (in m)*.

b) Notiere die Funktionsgleichung.

c) In welcher Tiefe befindet sich der Taucher nach $2\frac{1}{2}$ Minuten Auftauchdauer?

d) Nach welcher Zeit befindet er sich in 3 m Tiefe?

e) Wie lange dauert das Auftauchen?

7. Ein Heißluftballon befindet sich in 300 m Höhe. Er setzt zur Landung an und sinkt in jeder Sekunde gleichmäßig um 1,2 m.

a) Gib die Gleichung der Funktion *Zeit (in s) → Höhe (in m)* an.

b) Berechne, wann der Ballon landet. Kontrolliere zeichnerisch.

Zeichnen der Geraden mithilfe von Anstieg m und y-Achsenabschnitt n

Einstieg

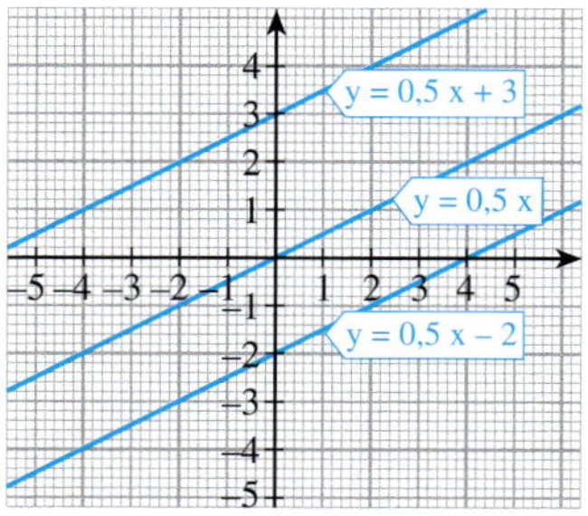

Sarah und Kevin haben die Graphen mehrerer linearer Funktionen gezeichnet.

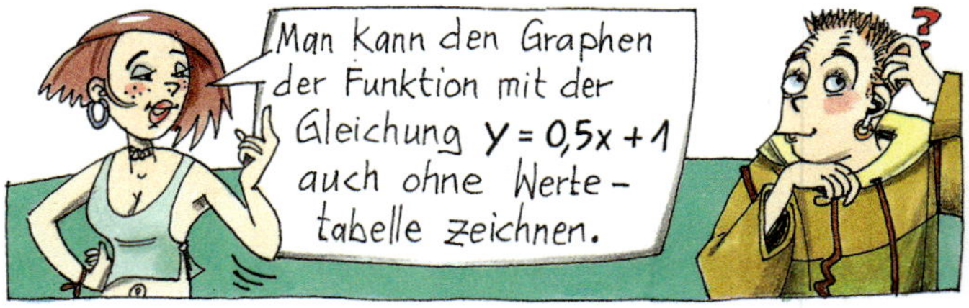

Aufgabe

1. Gegeben ist die lineare Funktion durch die Gleichung $y = \frac{3}{4}x - 1$.
Zeichne die Gerade mithilfe von y-Achsenabschnitt n und Anstieg m.

Lösung

Durch den y-Achsenabschnitt n = –1 ist ein Punkt schon gegeben: P(0 | –1).
Zeichne von diesem Punkt P aus ein geeignetes Steigungsdreieck mit dem Anstieg $m = \frac{3}{4}$.
Du gelangst zu dem Punkt Q(4 | 2).

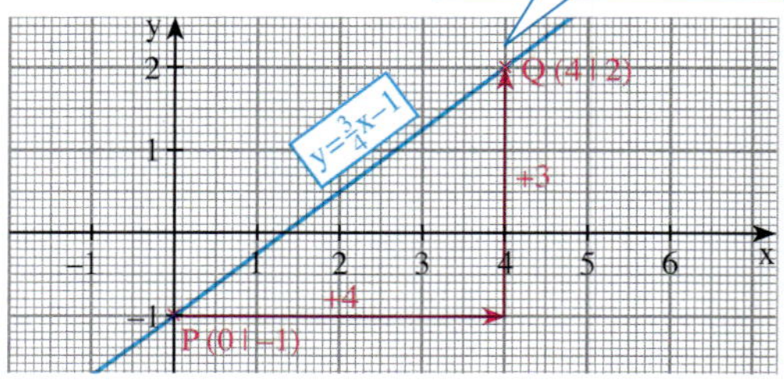

Zum Festigen und Weiterarbeiten

2. Die Gerade zu einer linearen Funktion geht durch den Punkt P und hat den Anstieg m. Zeichne die Gerade; notiere die zugehörige Funktionsgleichung.

a) P(0|1); m = 2 **d)** P(0|1,5); m = 0,5 **g)** P(0|3,2); $m = -\frac{3}{5}$
b) P(0|3); m = –2 **e)** P(0|2); m = 1,5 **h)** P(0|–0,5); m = 0,8
c) P(0|–4); m = 3 **f)** P(0|–1); $m = \frac{4}{3}$ **i)** P(0|2,4); m = –0,6

3. Zeichne die Gerade zu der linearen Funktion mit der Gleichung $y = m \cdot x + n$.

a) m = 2; n = –1,5 **b)** $m = -\frac{1}{2}$; n = 1,5 **c)** m = –1; n = –5

4. Zeichne den Graphen der linearen Funktion. Gib auch die Kurzform der Funktionsgleichung an.

Verkürze $y = -2 \cdot x + 0$ zu $y = -2x$
Verkürze $y = 0 \cdot x + 7$ zu $y = 7$

a) m = 0; n = –2 **b)** m = 1; n = 0 **c)** m = 0; n = 0

Information

Ein Sonderfall liegt vor, wenn der Anstieg m = 0 ist. Jedem x wird dann derselbe Wert zugeordnet.
Man spricht von einer **konstanten Funktion**.

Beispiel: $y = 0 \cdot x + 1,5$
kurz: $y = 1,5$

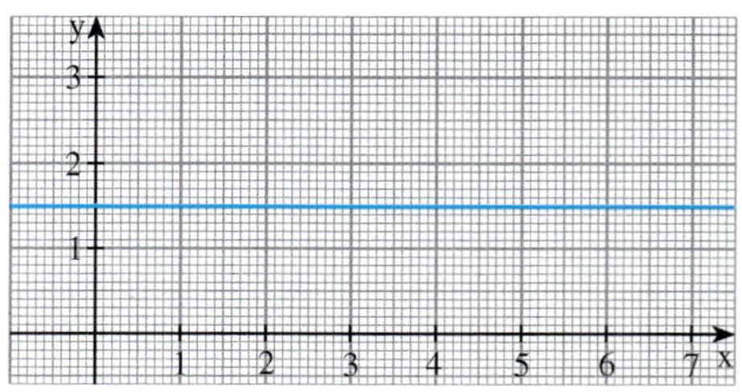

5. Stelle die Funktionsgleichung auf. Lies dazu aus dem Graphen den Anstieg m und den y-Achsenabschnitt n ab.

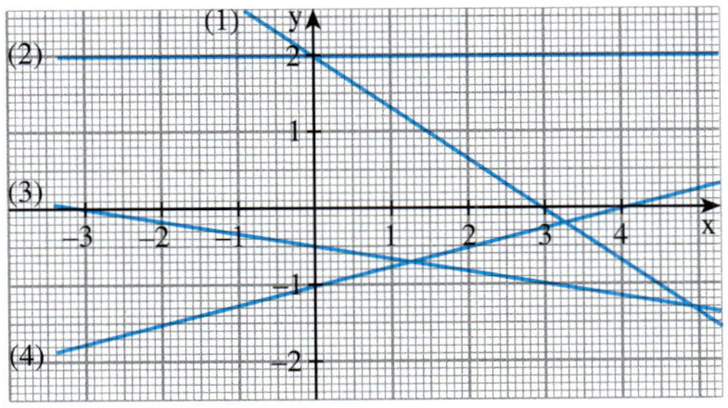

6. Zeichne durch die Punkte P_1 und P_2 eine Gerade.
Bestimme aus der Zeichnung den Anstieg m und den y-Achsenabschnitt n. Notiere die Funktionsgleichung der zugehörigen linearen Funktion.

a) $P_1(0|3)$, $P_2(1|5)$
b) $P_1(0|7)$, $P_2(1|3)$
c) $P_1(0|-4)$, $P_2(-1|-2)$
d) $P_1(0|-2)$, $P_2(4|4)$

7. Ein Unternehmen der Energieversorgung bietet verschiedene Tarife für Gaslieferungen an.

Gas *Energie aus der Region* **basisbar**

Tarif 1: Servicepauschale 4 € pro Monat, Arbeitspreis 0,07 € pro kWh
Tarif 2: Servicepauschale 10 € pro Monat, Arbeitspreis 0,04 € pro kWh

a) Gib jeweils eine Funktionsgleichung an.

b) Berechne die monatlichen Kosten.

Verbrauch (in kWh)	50	100	150	250	400	600
Tarif 1						
Tarif 2						

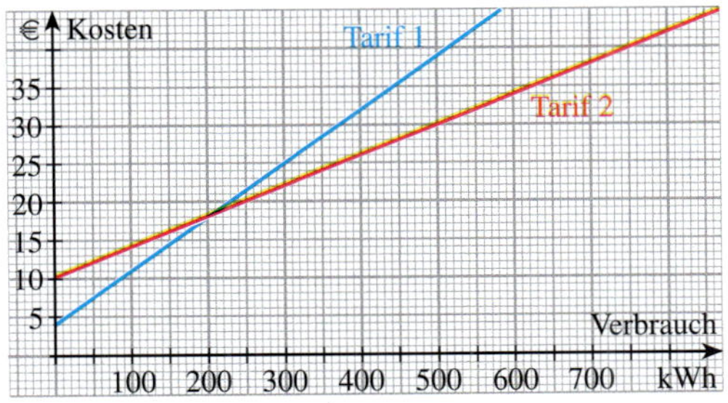

c) Was gibt der Schnittpunkt der beiden Graphen an?

d) Frau Klime möchte einen Vertrag mit einem Versorgungsunternehmen abschließen. Wie würdest du sie beraten?

Übungen

8. Zeichne die Gerade zu der linearen Funktion mithilfe von y-Achsenabschnitt und Anstieg.

a) $y = 2x + 1$
b) $y = 2x - 1$
c) $y = -2x + 1$
d) $y = -2x - 1$
e) $y = 0{,}5x + 3$
f) $y = 0{,}8x - 3$
g) $y = 4 - 0{,}5x$
h) $y = 0{,}2x + 3{,}5$
i) $y = 3{,}2x - 2$
j) $y = 2{,}2x - 3{,}6$
k) $y = x - 3{,}8$
l) $y = 5 - x$
m) $y = \frac{3}{4}x + \frac{1}{4}$
n) $y = -\frac{x}{3} - 2$
o) $y = -\frac{5}{6}x + \frac{1}{2}$
p) $y = \frac{7}{4}x - \frac{3}{2}$

9. Bestimme jeweils die Funktionsgleichung. Wähle dazu ein günstiges Steigungsdreieck.

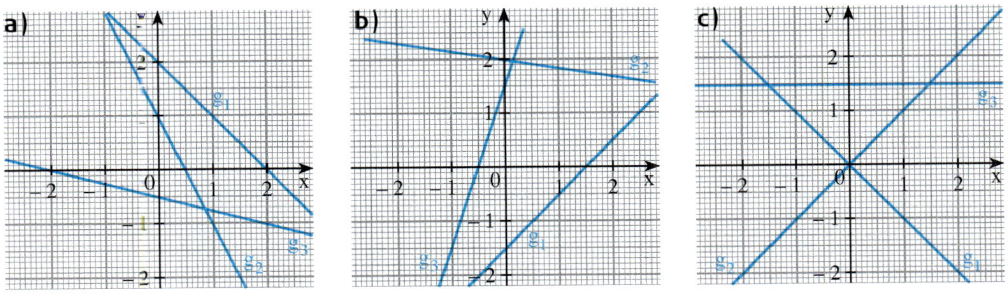

10. Die Gerade zu einer linearen Funktion geht durch den Punkt P und hat den Anstieg m. Zeichne die Gerade und notiere die Funktionsgleichung.

a) P(0|4); $m = \frac{1}{2}$ **b)** P(0|1); m = –2,4 **c)** P(0|2); m = 0 **d)** P(0|–1); m = 1,2

11. Rechts siehst du Sophies Hausaufgaben. Kontrolliere sie.

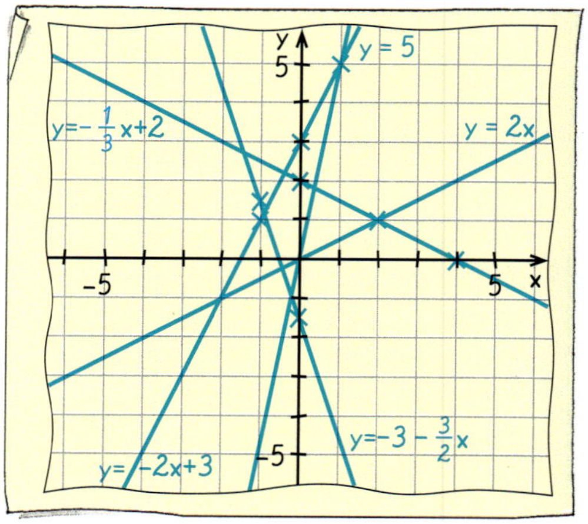

12. Zeichne durch P_1 und P_2 eine Gerade. Notiere die Funktionsgleichung der zugehörigen linearen Funktion.

a) $P_1(0|4)$, $P_2(1|2)$

b) $P_1(0|7)$, $P_2(1|2)$

c) $P_1(0|2{,}5)$, $P_2(-1|5{,}5)$

d) $P_1(0|1)$, $P_2(5|3{,}5)$

e) $P_1(2|-2)$, $P_2(3|-5)$

f) $P_1(4|3)$, $P_2(-2|0)$

13. **a)** $y = 0 \cdot x + 4$ **b)** $y = 0 \cdot x - 1$ **c)** $y = 3$ **d)** $y = -3$ **e)** $y = 0$

Zeichne die Gerade. Wie ändert sich der Funktionswert y, wenn man das Argument x um 1 vergrößert?
Welchen Anstieg hat die Gerade?

14. Ein quaderförmiges Becken ist mit Wasser gefüllt, die Wasserhöhe beträgt 2,5 m. Das Becken wird leergepumpt. Dabei sinkt der Wasserspiegel in jeder Stunde um 0,4 m.

a) Zeichne den Graphen der Funktion *Zeit x (in Stunden) → Wasserhöhe y (in m)* mithilfe einer Wertetabelle. Notiere auch die Funktionsgleichung.

b) Nach wie viel Stunden ist das Becken leergepumpt?

c) Stündlich werden 6 m^3 Wasser abgepumpt. Wie groß ist die Grundfläche des Beckens?

15. Zeichnet ein Koordinatensystem (x-Achse und y-Achse jeweils von –10 bis +10 Einheiten; 1 Einheit: 1 cm).

a) Legt abwechselnd eine Stricknadel oder Ähnliches so auf das Koordinatensystem, dass der Graph die y-Achse schneidet.
Dein Partner soll jeweils die Funktionsgleichung notieren.

b) Du gibst die Funktionsgleichung vor und dein Partner muss die Stricknadel entsprechend auf das Koordinatensystem legen.

16. Welche Funktionsgleichungen gehören zu den Graphen?
Begründe.

a) $y = -\frac{2}{3}x + 3$ **e)** $y = \frac{1}{3}x - 2$

b) $y = -\frac{4}{3}x + 3$ **f)** $y = -\frac{3}{2}x + 3$

c) $y = \frac{1}{4}x - 2$ **g)** $y = \frac{2}{3}x - 2$

d) $y = -\frac{3}{4}x + 3$ **h)** $y = \frac{3}{4}x - 2$

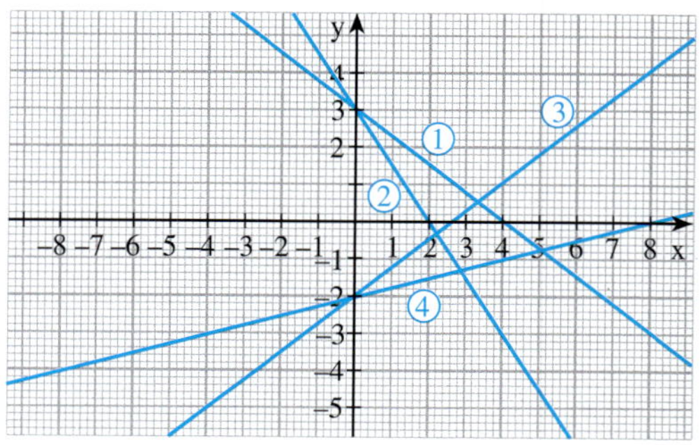

Gleichung einer Geraden durch zwei vorgegebene Punkte

Einstieg

Herr Sabowski und Frau Neumann unterhalten sich über die Kosten für ihren Wasserverbrauch. Herr Sabowski hat im vergangenen Monat 14 m^3 Wasser verbraucht und musste dafür 63,30 € zahlen. Frau Neumann hat im gleichen Zeitraum 11 m^3 verbraucht und dafür 50,70 € gezahlt.

→ Bestimme aus den Angaben die Grundgebühr pro Monat und die Kosten für 1 m^3 Wasser.

→ Bestimme die lineare Funktion, die die monatlichen Kosten beschreibt.

→ Welche Bedeutung haben y-Achsenabschnitt n und der Anstieg m?

Aufgabe

1. Robert hat sein Aquarium gereinigt und es dafür teilweise geleert. Mithilfe einer kleinen Pumpe füllt er es wieder auf. Nach 4 Minuten steht das Wasser 13 cm hoch. 7 Minuten nach dem Einschalten der Pumpe beträgt der Wasserstand bereits 19 cm.

a) Beschreibe den Füllvorgang mithilfe einer Funktion. Gib die Funktionsgleichung an.

b) Lies aus der Funktionsgleichung den Wasserstand beim Einschalten der Pumpe ab.

c) Die maximale Füllhöhe beträgt 38 cm.
Nach wie viel Minuten ist das Aquarium vollständig gefüllt?

Lösung

a) Wir veranschaulichen den Füllvorgang grafisch. Dabei gehen wir davon aus, dass das Aquarium gleichmäßig gefüllt wird.
Der Graph der Funktion *Zeit x (in min) → Wasserhöhe y (in cm)* ist eine Gerade durch die Punkte $P_1(4|13)$ und $P_2(7|19)$.
Die zugehörige lineare Funktion hat die Form $y = m \cdot x + n$.

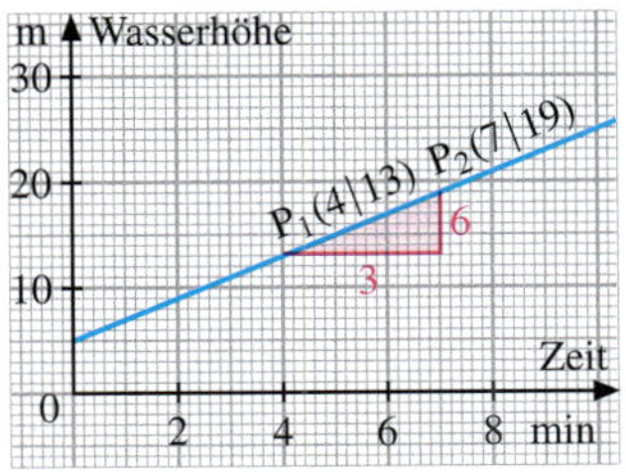

Wir zeichnen ein Steigungsdreieck mit den Punkten P_1 und P_2. Damit ermitteln wir den Anstieg m:

$$m = \frac{19 - 13}{7 - 4} = \frac{6}{3} = 2$$

Wir setzen die Koordinaten eines Punktes, z.B. $P_2(7|19)$, und den Anstieg m in die Funktionsgleichung ein und berechnen den y-Achsenabschnitt n:
$19 = 2 \cdot 7 + n$, also $n = 5$
Ergebnis: Die gesuchte Funktionsgleichung lautet: $y = 2x + 5$.

b) Die Füllhöhe beim Einschalten der Pumpe ergibt sich aus dem Achsenabschnitt n.
Ergebnis: Beim Einschalten der Pumpe stand das Wasser im Aquarium 5 cm hoch.

c) Das Aquarium ist vollständig gefüllt, wenn die Wasserhöhe y = 38 cm beträgt:
$38 = 2 \cdot x + 5$, also $x = 16{,}5$
Ergebnis: Nach $16\frac{1}{2}$ Minuten ist das Aquarium vollständig gefüllt.

Information

Bestimmen der Gleichung einer linearen Funktion, deren Graph durch zwei gegebene Punkte verläuft

(1) Berechne den Anstieg m mithilfe des Quotienten

$$m = \frac{y_2 - y_1}{x_2 - x_1}.$$

(2) Setze den Wert für den Anstieg m und die Koordinaten eines Punktes in die Funktionsgleichung ein und berechne dann den y-Achsenabschnitt n.

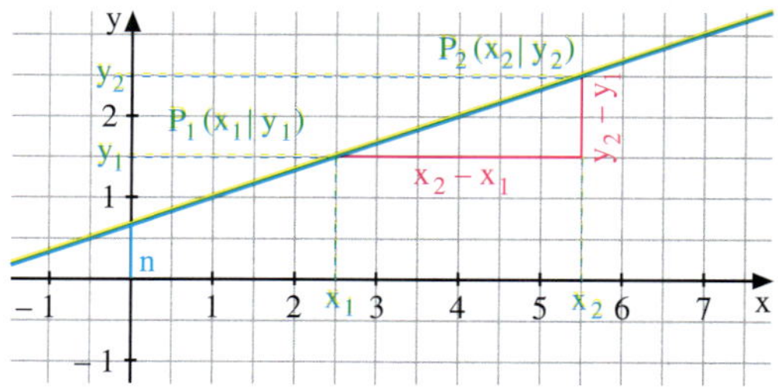

Übungen

2. Die monatlichen Kosten für einen Internetzugang setzen sich zusammen aus einer Grundgebühr und den Gebühren für jede Nutzungsminute. Jonas muss für 234 Minuten 6,91 € zahlen. Im Monat zuvor musste er 8,08 € für 312 Onlineminuten zahlen.
Die monatlichen Kosten lassen sich mithilfe einer linearen Funktion beschreiben. Bestimme die Gleichung dieser Funktion. Welche Bedeutung haben Anstieg m und y-Achsenabschnitt n?

3. Die Gerade g verläuft durch die Punkte P_1 und P_2. Ermittle die Gleichung der Geraden.

a) $P_1(1|2)$, $P_2(2|4)$ **b)** $P_1(2|4)$, $P_2(7|4)$ **c)** $P_1(-2|3)$, $P_2(8|8)$ **d)** $P_1(3|2)$, $P_2(-6|3)$

4. Eine Gerade verläuft durch die Punkte P und Q. Bestimme die Funktionsgleichung durch systematisches Probieren. Beschreibe dein Vorgehen.

a) $P(0|4)$, $Q(1|2)$ **b)** $P(0|2{,}5)$, $Q(-1|5{,}5)$ **c)** $P(0|3)$, $Q(-2|0)$ **d)** $P(-3|0)$, $Q(1|2)$

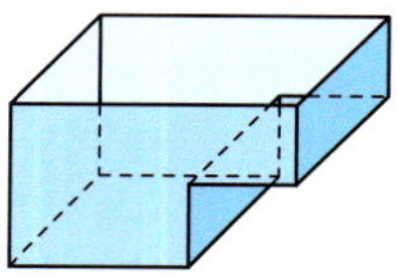

5. Links siehst du die Skizze eines Schwimmbeckens. In das Becken wird gleichmäßig Wasser eingelassen und der Wasserstand regelmäßig notiert. Der Graph veranschaulicht das Ansteigen des Wassers.
Der Graph setzt sich aus zwei geradlinigen Stücken zusammen.

a) Bestimme anhand des Graphen die Funktionsgleichungen der beiden linearen Funktionen, die das Ansteigen des Wassers beschreiben.

b) Notiere zu jeder Funktion die Zeitspannen (Intervalle), in denen sie den Füllvorgang beschreiben.

*[1 ; 3]
Intervall (Abschnitt auf der x-Achse) von 1 bis 3*

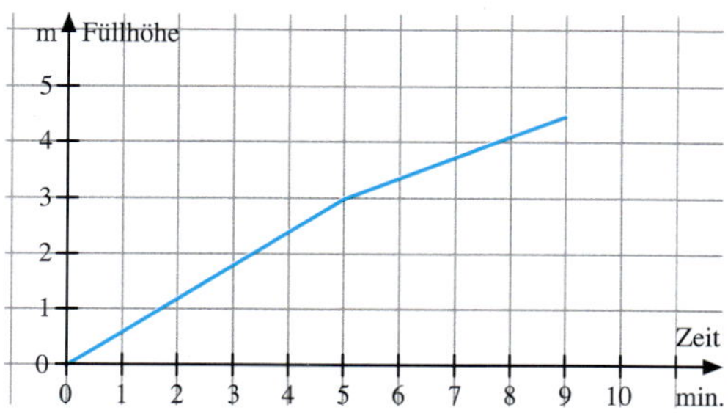

6. Eine Brennstoff-Firma bietet Heizöl zu nebenstehenden Preisen an.

a) Zeichne den Graphen der Funktion *Menge (in l) → Preis (in €)* in ein Koordinatensystem.

b) Erstelle für die Funktion *Menge (in l) → Preis (in €)* die Funktionsgleichungen.

Unsere aktuellen Heizölpreise

Menge (in *l*)	Preis pro *l* (in €)
bis 1 000	0,75
über 1 000 bis 3 000	0,73
über 3 000 bis 5 000	0,71
über 5 000	0,70

TAB

IM BLICKPUNKT: GRAPHEN LINEARER FUNKTIONEN – VERANSCHAULICHUNG MIT TABELLENKALKULATION

Den Graphen einer linearen Funktion kannst du dir mithilfe eines Tabellenkalkulationsprogramms zeichnen lassen. Falls du die Möglichkeit hast, kannst du mithilfe eines Beamers auch eine kleine Präsentation vorbereiten.
Gib in dein Tabellenblatt den Anstieg m und den y-Achsenabschnitt n ein. Erstelle zunächst eine Wertetabelle und lass anschließend mithilfe des Diagrammassistenten den Funktionsgraphen zeichnen.
Die Abbildung kann dir als Vorlage dienen.

	A	B	C	D	E	F	G
1	Graph einer linearer Funktionen y = m·x + n						
2							
3	Wertetabelle			Steigung m =	1,5		
4	x	y		Achsenabschnitt n =	-2,5		
5	-5,00	-10,00					
6	-4,50	-9,25					
7	-4,00	-8,50					
8	-3,50	-7,75					
9	-3,00	-7,00					
10	-2,50	-6,25					
11	-2,00	-5,50					
12	-1,50	-4,75					
13	-1,00	-4,00					
14	-0,50	-3,25					
15	0,00	-2,50					
16	0,50	-1,75					
17	1,00	-1,00					
18	1,50	-0,25					
19	2,00	0,50					
20	2,50	1,25					
21	3,00	2,00					
22	3,50	2,75					
23	4,00	3,50					
24	4,50	4,25					
25	5,00	5,00					

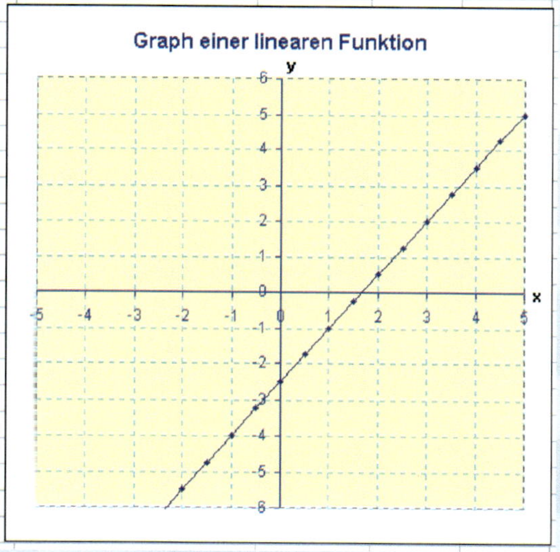

Hinweise:

Gib in der Zelle A5 die Zahl –5 ein und in Zelle A6 die Formel

=A5+0,5.

Verwende in der Zelle B5 folgende Formel:

= E3 * A5 + E4

Die mit einem $-Zeichen markierten Bezüge werden beim Kopieren der Formel nicht verändert. Um die Wertetabelle zu vervollständigen, kannst du die beiden Formeln nach unten kopieren.

Wähle als Diagrammtyp *Punkte mit interpolierten Linien*. Das Diagramm kannst du anschließend wie in der Abbildung formatieren.

Immer wenn du die Werte für m und n veränderst, wird der Graph automatisch neu gezeichnet.

1. a) Wähle für den Anstieg m = 2,5. Verändere die Werte für den y-Achsenabschnitt n. Beschreibe die Auswirkungen auf den Verlauf des Graphen.

b) Wähle den y-Achsenabschnitt n = –3,5. Verändere die Werte für den Anstieg m. Wie wirken sich die Veränderungen auf den Graphen aus?

2. Der Graph einer linearen Funktion soll die x-Achse an der Stelle x = 4 schneiden. Bestimme mehrere geeignete Werte für den Anstieg m und den y-Achsenabschnitt n. Untersuche den Zusammenhang zwischen n und m. Wähle andere Stellen auf der x-Achse und überprüfe dein Ergebnis.

3. Der Graph einer linearen Funktion soll durch den Punkt P(1|5) verlaufen. Bestimme mehrere geeignete Werte für den Anstieg m und den y-Achsenabschnitt n. Untersuche den Zusammenhang zwischen n und m. Untersuche diesen Zusammenhang auch für andere Punkte.

VERMISCHTE UND KOMPLEXE ÜBUNGEN

1. Zeichne den Graphen der linearen Funktion. Löse die Gleichung zunächst nach y auf.

a) $4x + y = -2$ c) $\frac{x-2}{2} = 0{,}6y$ e) $2{,}4y - 4{,}2x = 0$ g) $0{,}8x - 5y = \frac{4}{5}x + 10$

b) $1 = 3(x + y)$ d) $\frac{x}{5} = 1 + \frac{y}{3}$ f) $\frac{4}{5}x + \frac{2}{3}y + 1 = 0$ h) $3{,}6x + y = 1{,}5 - \frac{y}{2}$

2. Gegeben ist eine lineare Funktion. Bestimme die Schnittpunkte der zugehörigen Geraden mit den Koordinatenachsen.

a) $y = -3x + 4{,}5$ b) $y = -3x - 4{,}5$ c) $y = 0{,}3x + 0{,}8$ d) $y = 0{,}3x - 0{,}8$

3. Die lineare Funktion hat die Gleichung (1) $y = m \cdot x + 3$; (2) $y = \frac{3}{2}x + n$.
Welche Zahl muss man für m bzw. für n einsetzen, damit die Gerade durch den Punkt

a) $P(4|7)$, b) $P(-1|0)$, c) $P(\frac{1}{6}|2)$, d) $P(2|3)$ verläuft?

4. Eine Gerade schneidet die Koordinatenachsen in den Punkten:

a) $P_1(4|0)$, $P_2(0|2)$ b) $P_1(0|-3)$, $P_2(-5|0)$ c) $P_1(-4|0)$, $P_2(0|4)$

Bestimme die Gleichung der zugehörigen linearen Funktion.
Welche der folgenden Punkte gehören zum Graphen?

$A(2|6)$; $B(2|1)$; $C(5|-6)$; $D(-\frac{4}{3}|\frac{8}{3})$; $E(-5|-3)$; $F(-4|0)$

5. Gib die Funktionsgleichung der linearen Funktion an, deren Gerade durch die zwei angegebenen Punkte verläuft.

a) $P(0|2)$; $Q(4|6)$ b) $P(1|2)$; $Q(2|4)$ c) $P(-2|-3)$; $Q(3|1)$

6. Anne findet in einem älteren Fotoalbum die Preisangebote von zwei Fotogeschäften.

Foto-Fix
20 Cent
pro Bild
1,80 € Entwicklung

Schnell-Foto
19 Cent
pro Bild
2,15 € Entwicklung

a) Stelle für die Funktion *Anzahl der Bilder → Preis (in €)* jeweils die Gleichung auf.

b) Zeichne die Graphen in ein gemeinsames Koordinatensystem.
Für welche Anzahl von Bildern ist Foto-Fix günstiger als Schnell-Foto?

c) Was gibt der Anstieg der Graphen jeweils an?

7.

AUTOVERMIETUNG

Transporter

Tarif 1
Grundpreis: 51 €
zusätzlich 0,42 € für jeden gefahrenen Kilometer

Tarif 2
Grundpreis: 78 €
zusätzlich 0,28 € für die Mehrkilometer
50 km frei

a) Notiere jeweils für die Funktion *Länge der Fahrstrecke (in km) → Mietkosten (in €)* die entsprechende Funktionsgleichung.

b) Zeichne beide Graphen in dasselbe Koordinatensystem. Du kannst auch ein Tabellenkalkulationsprogramm verwenden.

TAB

c) Für welche Länge der Fahrstrecke sind die Mietkosten bei Tarif 1 günstiger als bei Tarif 2?

8. Wenn man einen Wasserkocher mit 1 800 Watt Leistung hat, kann man einen Liter Wasser von Zimmertemperatur in 3 Minuten zum Kochen bringen.

a) Wie lange benötigt ein Wasserkocher von (1) 1 000 Watt, (2) 2 200 Watt Leistung, um die gleiche Menge Wasser zum Kochen zu bringen?

b) Welche Leistung muss ein Wasserkocher haben, um einen Liter Wasser (von Zimmertemperatur) in (1) 4 Minuten, (2) 5 Minuten zum Kochen zu bringen?

c) Zeichne den Graphen der entsprechenden Funktion.

9. a) Zeichne die Graphen der linearen Funktionen $y = -2x + 2$ und $y = \frac{1}{2}x + 2$ in ein gemeinsames Koordinatensystem.
Untersuche die Lage der beiden Graphen zueinander. Zeichne auch geeignete Steigungsdreiecke ein. Stelle eine Vermutung auf.

b) Zeichne den Graphen der Funktion $y = -\frac{1}{3}x - 1$. Überprüfe deine Vermutung aus Teilaufgabe a).

c) Welche der Geraden sind parallel zueinander, welche sind senkrecht zueinander?
(1) g_1: $y = \frac{x}{3} + 7$ (2) g_2: $y = 8x - 1$ (3) g_3: $y = -3x + 1$ (4) g_4: $y = 8x + 3$

10. In manchen Dienstwagen ist ein Fahrtenschreiber eingebaut. Dieses Gerät zeichnet den Graphen der Funktion *Zeitpunkt → gefahrene Geschwindigkeit* auf ein rundes Stück Papier.
Zeichne den Graphen in ein gewöhnliches Koordinatensystem und entnimm ihm Informationen über die Autofahrt.

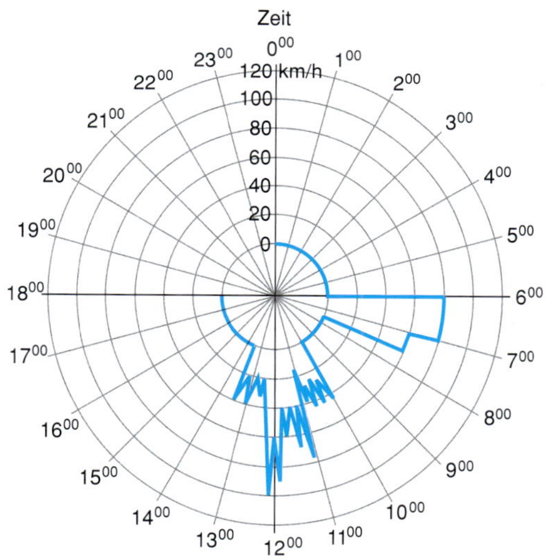

11. Jonas behauptet: „Der Graph jeder linearen Funktion ist eine Gerade. Also gibt es zu jeder Geraden im Koordinatensystem eine lineare Funktion, die diese Gerade als Graph hat."
Hat Jonas Recht?
Begründe.

12. Die verschiedenen Gefäße werden von einem gleichmäßig laufenden Wasserhahn gefüllt. Dabei wird jeweils der Graph der Funktion *Zeitpunkt → Wasserstand* betrachtet.
Entscheide, welcher Graph zu welchem Gefäß gehört. Erläutere deine Entscheidung.

a)

b)

c)

d)

e)

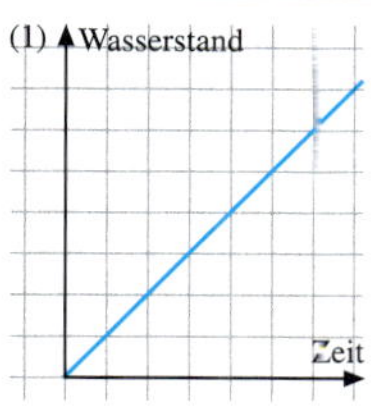

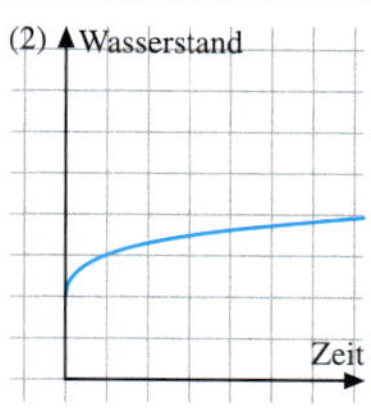

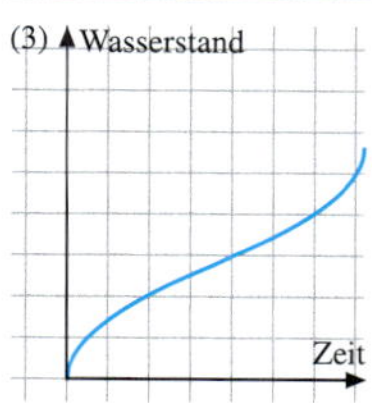

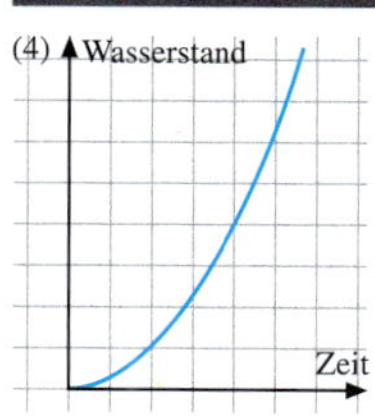

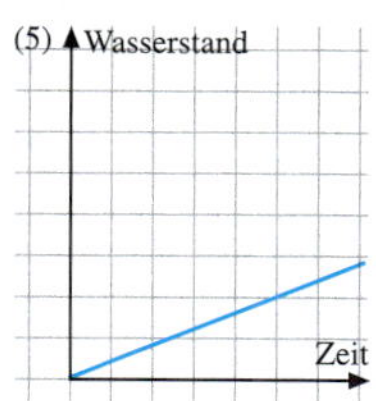

13. 

Eisen dehnt sich bei Erwärmung aus. Daher müssen bei Stahlbrücken Dehnungsfugen eingebaut werden.
Die Zuordnung
Temperatur t → Breite der Dehnungsfuge b
ist im Bereich unserer Temperaturschwankungen eine lineare Funktion.
An einer Stahlbrücke wurde die Dehnungsfuge bei unterschiedlichen Temperaturen gemessen:

Temperatur t (in °C)	Fugenbreite b (in mm)
0	48
25	28

a) Wie lautet die Gleichung der Funktion? Zeichne den Graphen.

b) Erstelle mit einem Kalkulationsprogramm ein Tabellenblatt. Nach Eingabe der Temperatur t (in °C) wird die Breite b der Dehnungsfuge (in mm) angezeigt.

c) Gib jeweils die Breite b der Dehnungsfuge an für die Temperatur:
30 °C; 10 °C; – 10 °C; – 15 °C.

d) Bei welcher Temperatur ist die Dehnungsfuge 54 mm breit?

e) Für welche Temperatur ist die Breite b der Dehnungsfuge gleich 0?
Welche Höchsttemperatur hat man bei der Konstruktion der Brücke angenommen?

f) Gestalte ein Tabellenblatt. Nach Eingabe der Breite b der Dehnungsfuge (in mm) soll die Temperatur t (in °C) angezeigt werden.

14. Ein Wasserversorgungsunternehmen berechnet für den Verbrauch von 1 m^3 Wasser 4,20 € (Verbrauchskosten). Zusätzlich verlangt das Unternehmen monatlich eine Grundgebühr von 3 €. Die monatlichen Gesamtkosten setzen sich aus den Verbrauchskosten und der Grundgebühr zusammen.

a) Erstelle mit einem Tabellenkalkulationsprogramm eine Wertetabelle für die monatlichen Gesamtkosten bei einem Wasserverbrauch von 0 m^3; 1 m^3; 2 m^3; …; 10 m^3.

b) Zeichne den Graphen der Funktion *Wasserverbrauch x (in m^3) → monatliche Gesamtkosten y (in €)*. Gib die Funktionsgleichung an.

c) Ein anderes Unternehmen verlangt eine monatliche Grundgebühr von 4,20 €. Die Verbrauchskosten betragen jedoch nur 4,05 € für 1 m^3 Wasser. Gib die Gleichung der Funktion *Wasserverbrauch x (in m^3) → monatliche Gesamtkosten y (in €)* für das zweite Angebot an. Zeichne den Graphen dieser Funktion. Vergleiche beide Angebote.

Teamarbeit

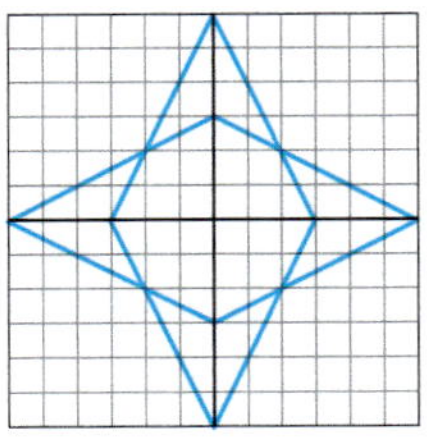

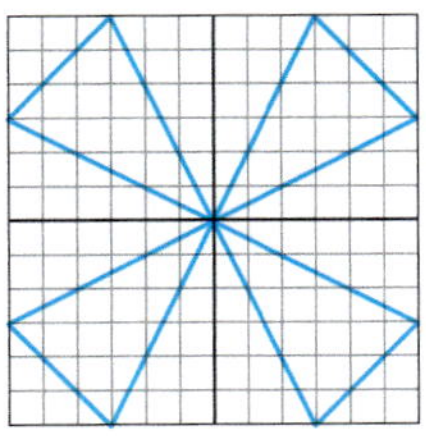

15. *Funktions-Graphen-Muster*
Mithilfe von Graphen linearer Funktionen könnt ihr interessante Muster im Koordinatensystem erstellen.
Beispiel: Zeichnet in ein Quadrat mit der Seitenlänge 12 cm ein Koordinatensystem
(x-Achse und y-Achse jeweils von –6 bis +6).
Zeichnet die Graphen zu folgenden Funktionen ein:

$y = 2x + 3$ $y = 2x - 6$ $y = \frac{1}{2}x + 3$ $y = \frac{1}{2}x - 3$

$y = -2x + 3$ $y = -2x - 6$ $y = -\frac{1}{2}x + 3$ $y = -\frac{1}{2}x - 3$

Versucht, andere Muster, Zahlen oder Buchstaben durch Funktionsgraphen zu erstellen.
Einige Beispiele findet ihr abgebildet.

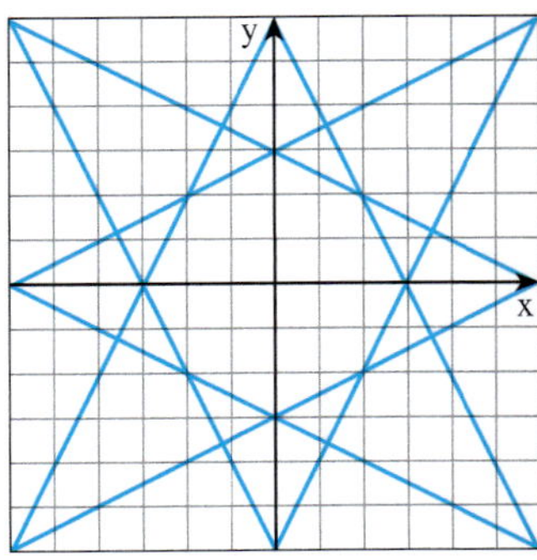

BIST DU FIT?

1. Lege eine Wertetabelle an. Zeichne dann den Graphen: **a)** $y = x^2 + 1$ **b)** $y = 9 - x^2$

2. Zeichne den Graphen der Funktion, ohne eine Wertetabelle anzulegen.

a) $y = 1{,}5x$ **b)** $y = \frac{3}{4}x - 2$ **c)** $y = -\frac{2}{3}x + 1$ **d)** $y = 1{,}2x - 4{,}5$

3. Welche der Punkte $P_1(1|-1)$; $P_2(9|-3)$; $P_3(-1|-5)$; $P_4(2{,}5|4)$ gehören zum Graphen der Funktion mit der angegebenen Gleichung?

a) $y = x - 2$ **b)** $y = 2x - 1$ **c)** $y = \frac{1}{3}x - 6$ **d)** $y = \frac{3}{x} - 2$

4. a) Berechne den Funktionswert zu dem Argument 10; – 10; 0; 1; – 0,5; 0,25; – 0,4.

(1) $y = 6x$ (2) $y = -x + \frac{1}{2}$ (3) $y = \frac{3}{4}x - 0{,}1$ (4) $y = 1 - \frac{x}{5}$

b) Für welches Argument nimmt die Funktion den Wert 1; – 1; 0; 2; – 2; 2,5; – 0,75 an?

(1) $y = 2x - 5$ (2) $y = -2x + 5$ (3) $y = 0{,}8x + 0{,}2$

5. Gib zu jeder Geraden aus der Zeichnung die Funktionsgleichung an.

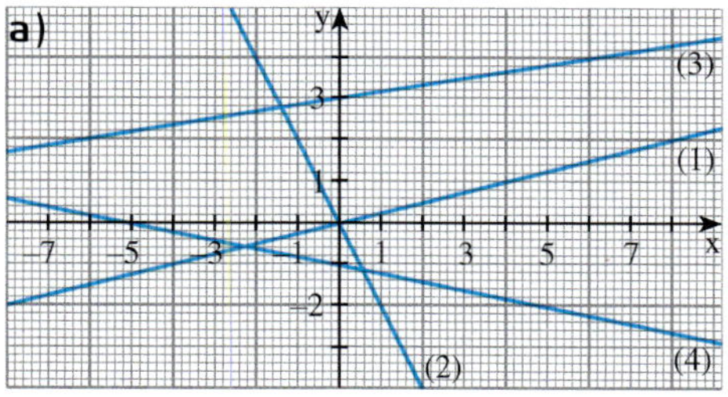

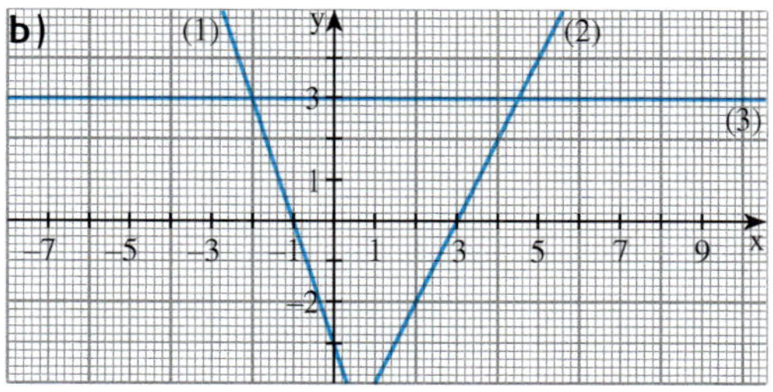

6. 3 kg Äpfel kosten 4,20 €.

a) Stelle für die Funktion *Masse (in kg) → Preis (in €)* eine Funktionsgleichung auf und zeichne den Graphen. Was gibt der Anstieg des Graphen an?

b) Lies am Graphen ab, wie viel 4 kg; 3,5 kg; 1,5 kg; 4,5 kg; 2 kg Äpfel kosten.

7. Der Tank eines Autos fasst 50 Liter Benzin. Der Verbrauch beträgt durchschnittlich 7,5 *l* pro 100 km Fahrstrecke.

a) Der Tank ist zu Beginn der Fahrt vollständig gefüllt. Notiere die Gleichung für die Funktion *Fahrstrecke (in km) → Tankinhalt (in l)*. Zeichne den Graphen.

b) Welche Bedeutung hat der Anstieg des Graphen?

c) Wie viel *l* Benzin befinden sich nach 200 km; 350 km; 550 km noch im Tank?

d) Nach wie viel km befinden sich noch 20 *l*; 10 *l*; 0 *l* Benzin im Tank?

8. Ist der Graph ein Funktionsgraph? Begründe deine Antwort.

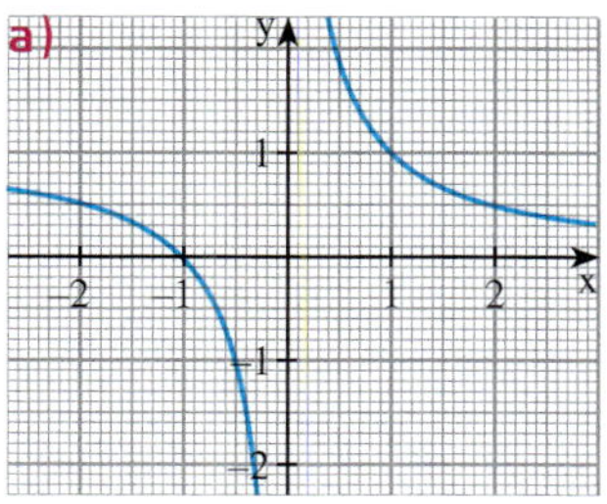

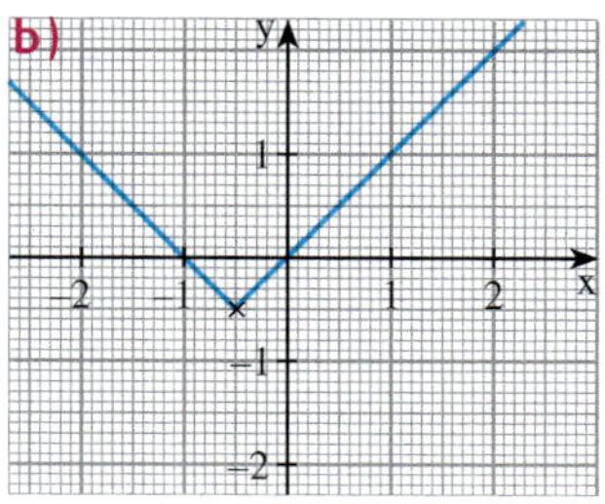

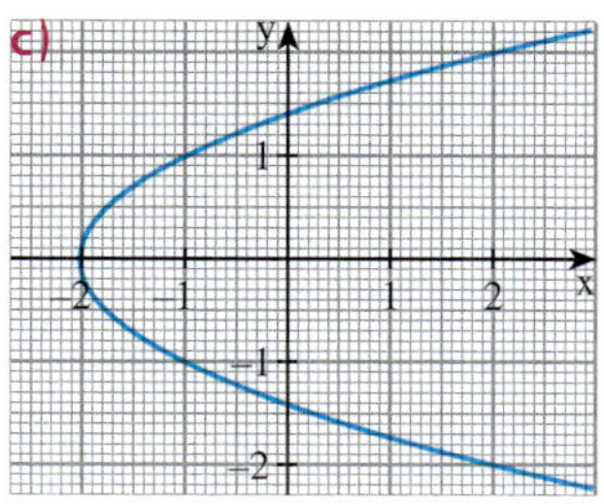

PROJEKT: FUNKTIONEN – MESSEN UND DARSTELLEN

Vorschlag 1: Schraubenfeder

Wisst ihr, was eine Schraubenfeder ist? Was passiert, wenn ihr an diese Schraubenfeder ein Massestück hängt? Was passiert, wenn ihr die Masse verdoppelt?
Legt eine Messtabelle an und übertragt das Ergebnis in ein Diagramm. Könnt ihr den Zusammenhang mathematisch beschreiben? Wiederholt den Versuch mit anderen dehnbaren Materialien.

Vorschlag 2: Lottogewinn und Spielplatzwippe

Könnt ihr euch vorstellen, was die Aufteilung des Gewinns bei einem Sechser im Lotto und das Spiel mit der Wippe auf dem Spielplatz gemeinsam haben? Vielleicht hilft euch die indirekte Proportionalität. Findet noch weitere Zuordnungen aus eurer Umgebung, die indirekt proportional sind, und stellt sie grafisch dar.

Vorschlag 3: Schaut euch um in eurer Umwelt!

Findet interessante Zuordnungen in eurer Umwelt. Was wird alles wem zugeordnet? Kann man alle Zuordnungen und Funktionen mathematisch beschreiben? Vielleicht findet ihr neue Zusammenhänge und ihr könnt diese mit einer Formel beschreiben. Ein einfaches Beispiel wären die Parkplatzpreise in einem Parkhaus. Oder Ihr bestimmt den Zusammenhang zwischen Fallzeit und Fallhöhe eines Gegenstandes.

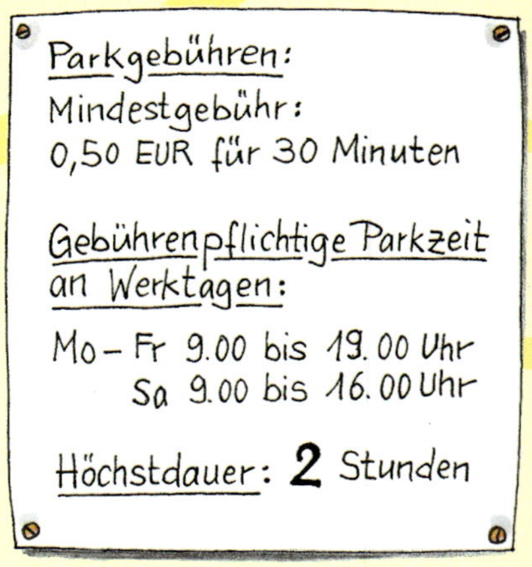

Funktion und Zuordnung sind zwar mathematische Fachbegriffe, aber Zuordnungen gibt es auch im täglichen Leben. Ihr wurdet zum Beispiel einer bestimmten Klasse zugeordnet. Die Telefongesellschaft hat jedem Telefonanschluss eine oder mehrere Telefonnummern zugeordnet. Wenn ihr den Tisch deckt, ordnet ihr jedem Gast einen Teller und ein Glas zu. Es ist jedem Auto genau ein Kennzeichen durch die Zulassungsbehörde zugeordnet. Man kann aber viele Zuordnungen auch mathematisch fassen und durch Funktionen beschreiben. So lässt sich leicht der Preis für einige Kugeln Eis bestimmen, wenn man den Preis für eine Kugel weiß. Oder es ist möglich, durch eine Zuordnungsvorschrift die Preisaufteilung bei einem Lottogewinn für die Tippgemeinschaft zu regeln.
Auch in den Naturwissenschaften und in der Technik werden Funktionen gebraucht, z.B. um Naturgesetze zu

beschreiben. Ihr seht, Funktionen und Zuordnungen können in eurem Leben eine große Rolle spielen. Es wäre schön, wenn ihr eure Funktions- und Messideen in einer kleinen Ausstellung im Schulgebäude den Mitschülern zeigt. Wenn ihr dazu ein kleines Quiz entwerft, habt ihr viele Zuschauer in eurer Ausstellung. Ihr könnt natürlich auch die Ergebnisse im Rahmen einer kleinen Vortragsrunde vor der Klasse präsentieren. Auch ein kleiner Artikel in der Lokalzeitung über besonders interessante Zuordnungen wie Vergleiche von Telefon- und Stromtarifen oder Parkplatzkosten ist denkbar. Hier hilft vielleicht eure Deutschlehrerin oder euer Deutschlehrer.
Wir haben hier für euch ein paar Ideen und Fragen rund um das Funktionenprojekt vorbereitet, die ihr aufgreifen könnt.
Im Internet findet ihr das Projekt unter: **www.mathematik-heute.de**

Vorschlag 4:
Flächenmessung mit der Waage

Wisst ihr, wie man die Fläche von Grundstücken, Landkreisen, ja sogar von Bundesländern bestimmen kann? Wenn ihr eine genaue Karte von den Ländereien auftreiben könnt, sind dazu gar keine komplizierten mathematischen Formeln mehr nötig. Ihr braucht nur noch Papier, Schere und eine genaue Waage. Bestimmt z. B. die Masse von 10 cm^2 der Fläche und wiegt anschließend die gesamte Fläche. Habt ihr jetzt eine Idee, wie es weiter gehen könnte? Überprüft eure Ergebnisse durch offizielle Daten.

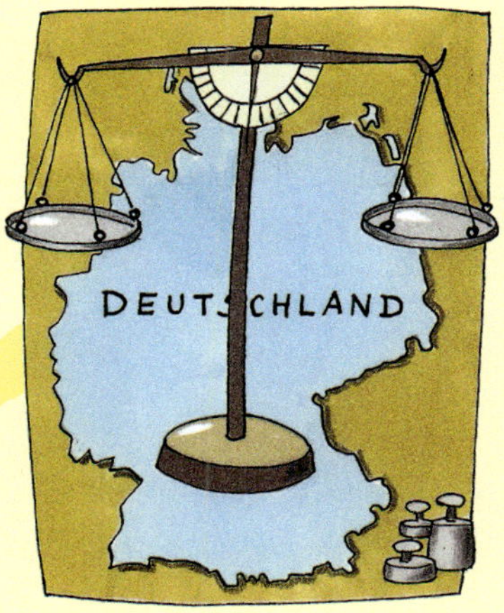

Vorschlag 5:
Wisst ihr, wie viel Sternlein stehen?

Wie viele Sterne könnte man am Himmel sehen? Was wiegt eigentlich ein Reiskorn oder eine Fliege oder ein Sandkorn? Wie kann man ganz leichte Sachen mit einer großen Waage wiegen? Welches Zuordnungsprinzip steckt hinter all diesen Ideen? Könnt ihr noch andere ganz leichte Sachen wiegen?

Vorschlag 6:
Tarife

Auch Preise gehorchen Zuordnungen. Untersucht doch einmal Telefonkosten bei Mobilfunkanbietern oder Stromtarife verschiedener Gesellschaften. Lassen sich die Preise grafisch darstellen? Welche Zuordnungsvorschriften gelten hier?

3 Kreis

Betrachte die Bilder. Was für Flächen bzw. Figuren kannst du erkennen?
Suche weitere Beispiele.

Mosaik in Delos, Griechenland

Pergamon Museum, Berlin

Astronomische Uhr, Heilbronn

Straßburger Münster, Frankreich

In diesem Kapitel lernst du ...

... mehr über Kreise und deren Eigenschaften, außerdem wie man Umfang und Flächeninhalt eines Kreises berechnet.

KREISE

Zum Wiederholen

Auf dem linken Bild siehst du, wie auf einem Fußballfeld der Mittelkreis markiert wird.

- ➜ Beschreibe, wie das geschieht und worauf geachtet werden muss.
- ➜ Zeichne mit einem Bindfaden, einem Gummiring, einer Heftklammer einen Kreis.
  Welche dieser Gegenstände eignen sich dazu gut, welche weniger gut?
- ➜ Nenne weitere Gegenstände aus dem Alltag, mit denen du Kreise zeichnen kannst.

Wiederholung

Alle Punkte auf einem **Kreis** haben von dem festen Punkt M denselben Abstand r.

Der Punkt M heißt **Mittelpunkt des Kreises**; den Abstand r nennt man den **Radius des Kreises.**

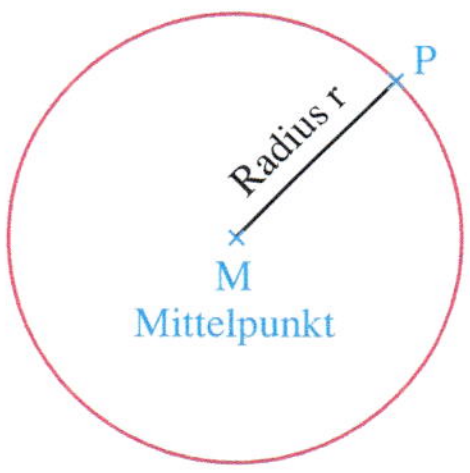

Zum Festigen und Weiterarbeiten

1. **a)** Wie kann ein Gärtner ein kreisförmiges Beet anlegen? Beschreibt.

b) *Geht auf Entdeckungsreise:* Wo findet ihr Kreise oder Teile von Kreisen in eurer Umwelt?
Ihr könnt auch fotografieren und im Klassenraum präsentieren.

2. **a)** Rechts seht ihr einen Scherenschnitt. Stellt ihn selbst her und beschreibt euer Vorgehen.

b) Erfindet selbst solche Scherenschnitte. Ihr könnt sie dann im Klassenraum präsentieren.

3. **a)** Wie muss man einen Zylinder, einen Kegel, eine Kugel durchschneiden, damit als Schnittflächen Kreisflächen entstehen? Beschreibe.

b) Wo findest du Kreise auf einem Globus? Vergleiche sie.
Wie heißen sie?

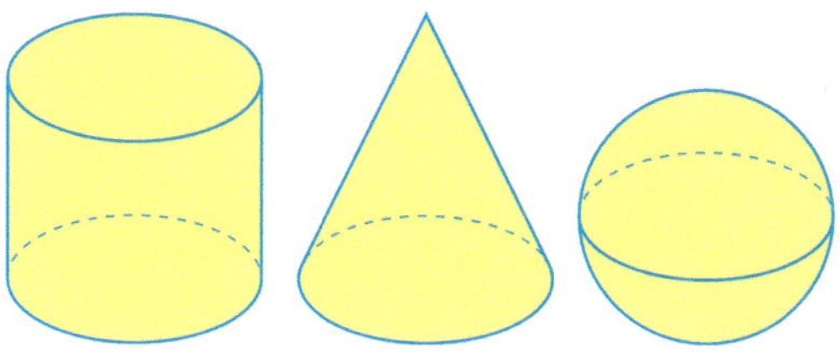

4. a) Zeichne mit einem möglichst großen Geldstück einen Kreis auf ein Blatt Papier. Versuche den Radius zu bestimmen. Es gibt mehrere Möglichkeiten. Beschreibe dein Vorgehen.

b) Zeichne einen Kreis mit dem Radius r = 3,5 cm.
Die Länge einer Strecke, die zwei Punkte des Kreises verbindet und durch den Mittelpunkt geht, heißt *Durchmesser.*
Zeichne nun mehrere solche Strecken ein.
Welche Beziehung besteht zwischen dem Radius r und dem Durchmesser d eines Kreises?

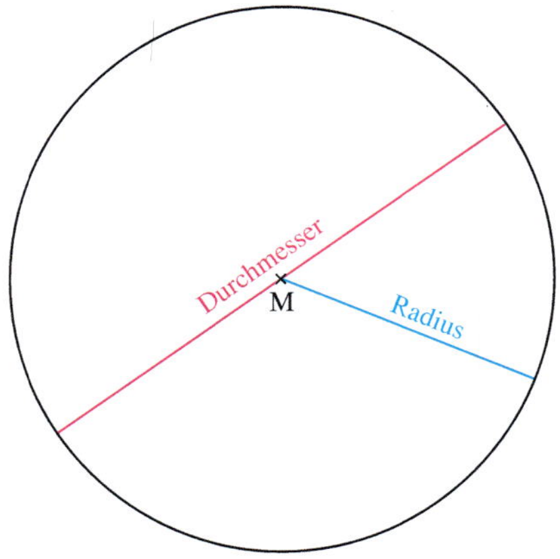

c)

Durchmesser	6 cm		12 cm	18 mm		
Radius		5 cm			16 mm	2,5 km

Information

Der **Durchmesser** eines Kreises ist die Länge einer Strecke, die zwei Kreispunkte verbindet und die durch den Mittelpunkt des Kreises geht.
Der Durchmesser eines Kreises ist doppelt so groß wie der Radius: **d = 2 · r**

Übungen

5. Übertrage die Figur in dein Heft. Du kannst sie auch färben.

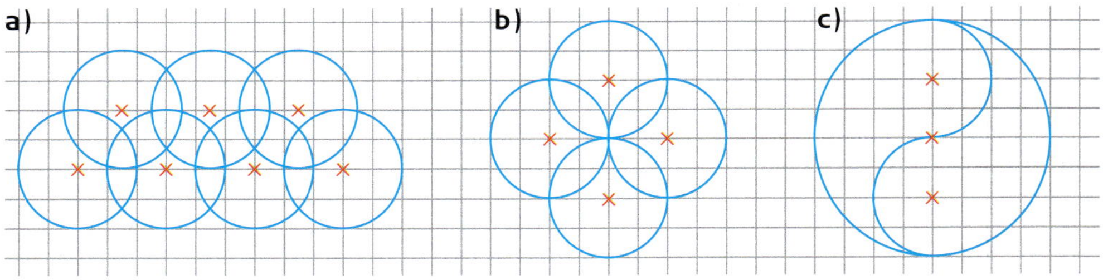

6. Zeichne mit dem Zirkel einen Kreis mit dem angegebenen Radius r. Markiere zuerst den Mittelpunkt M. Gib den Durchmesser d des Kreises an.

a) r = 3 cm **b)** r = 36 mm **c)** r = 2 cm 3 mm **d)** r = 4,5 cm

7. Zeichne mit dem Zirkel einen Kreis mit dem angegebenen Durchmesser d. Markiere zuerst den Mittelpunkt M. Gib den Radius r des Kreises an.

a) d = 6 cm **b)** d = 64 mm **c)** d = 8 cm 4 mm **d)** d = 7,8 cm

8. Zeichne Kreise mit demselben Mittelpunkt M. Die Durchmesser sollen 4 cm, 6 cm, 8 cm, 10 cm und 12 cm betragen.
Du kannst die Ringe verschieden färben.

9. a) Zeichne eine Mondsichel. Beschreibe dein Vorgehen.

b) Zeichne die olympischen Ringe. Informiere dich, wie sie angeordnet sind, welche Farben du brauchst und welche Bedeutung sie haben.

10. a) Zeichne ein Quadrat mit der Seitenlänge 10 cm. Zeichne in das Quadrat einen Kreis, der die Quadratseiten berührt.
Wie groß ist sein Radius?
Wie findest du seinen Mittelpunkt?

b) Setze diese Figur weiter nach innen fort.
Färbe die Figur.

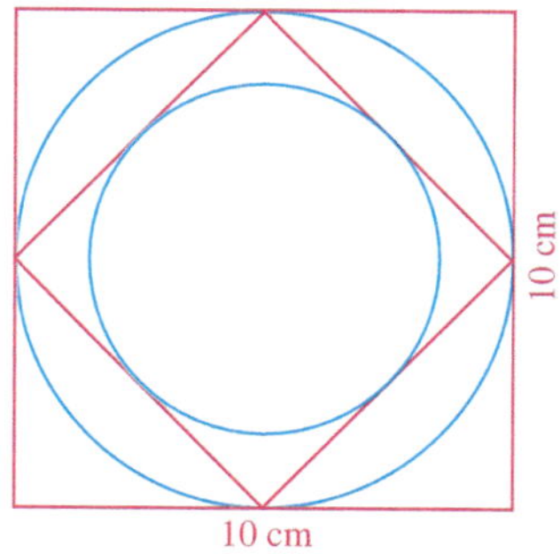

11. In Magdeburg, Nordhausen und Leipzig steht je ein Rettungshubschrauber bereit. Sie können Orte bis zu einer Entfernung von 70 km anfliegen (Einsatzradius).

a) Übertrage die Standorte der drei Rettungshubschrauber auf Transparentpapier und bestimme mit dem Zirkel die Einsatzgebiete.

b) Lege das Transparentpapier auf die Karte. Welche Städte können von keinem, welche von einem, welche nur von einem dieser Rettungshubschrauber erreicht werden?

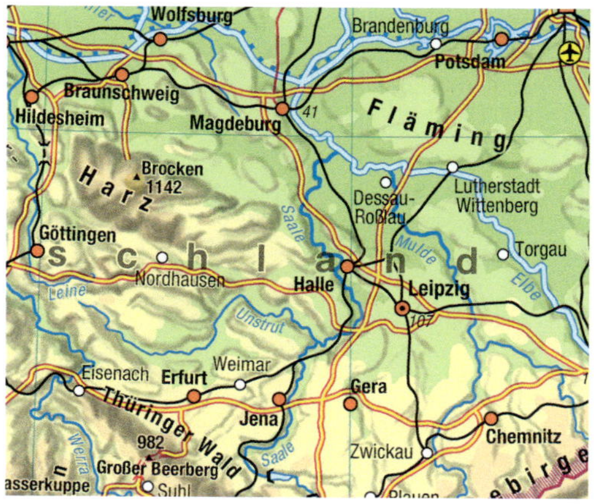

Maßstab 1 : 4 000 000

c) Welche Städte können von zwei dieser Rettungshubschrauber erreicht werden?

12. Sicher kennst du Mandalas (altindisch: Kreis) als Ausmalvorlagen. Die Geschichte dieser Bilder ist sehr alt. Mönche des Buddhismus meditieren seit über 500 Jahren mithilfe von Mandalas. In einem heiligen Buch des Buddhismus beginnt jedes Kapitel mit einem Mandala. Vermutlich soll dadurch größere Konzentration und tiefere Versenkung in den Text gelingen. Mandalas wird eine beruhigende und konzentrationsfördernde Wirkung zugesprochen.
Es gibt einfache Formen.
Zeichne das Mandala (1) vergrößert auf ein Zeichenblatt.
Färbe es mit deinen Lieblingsfarben ähnlich wie in Bild (2).

(1)

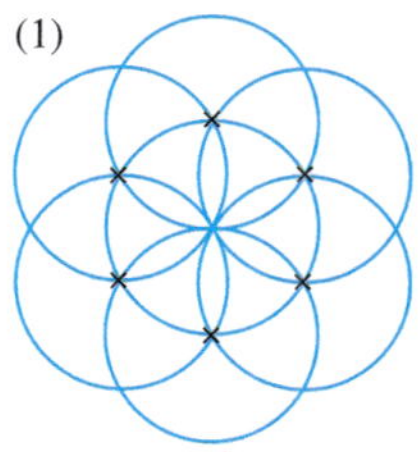

(2)

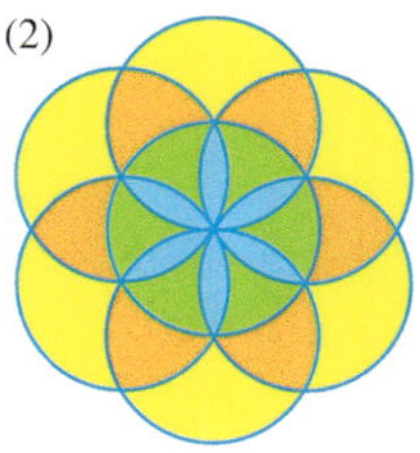

13. a) Zeichne die Mandalas ab und färbe sie.

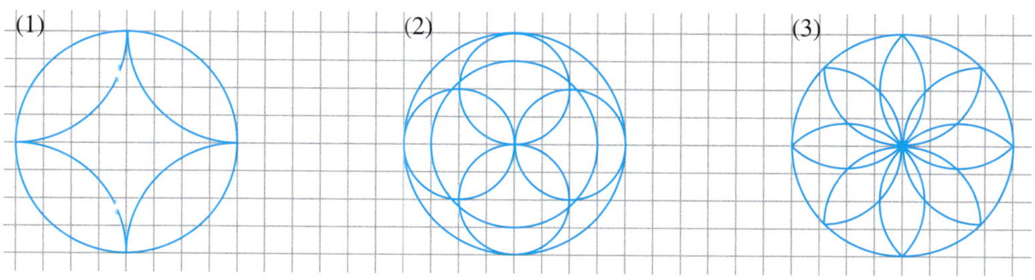

b) Erfinde selbst schöne Mandalas.

KREIS UND GERADE – KREISTANGENTE

Einstieg

Zeichne einen Kreis mit dem Mittelpunkt M und dem Radius r = 3 cm.
Konstruiere nun eine Gerade g so, dass der Mittelpunkt M von g
(1) den Abstand 2 cm, (2) den Abstand 3 cm, (3) den Abstand 5 cm hat.

→ Beschreibe dein Vorgehen.

→ Beschreibe die Lage von Kreis und Gerade.

Information

Tangente ⟨lat.⟩ Berührende
Sekante ⟨lat.⟩ Schneidende
Passante ⟨lat.⟩ Vorübergehende

(1) Eine **Tangente** des Kreises ist eine Gerade, die genau einen Punkt mit dem Kreis gemeinsam hat. Dieser Punkt heißt **Berührungspunkt** der Tangente.

(2) Eine **Sekante** (Schneidende) des Kreises ist eine Gerade, die den Kreis in zwei Punkten schneidet.

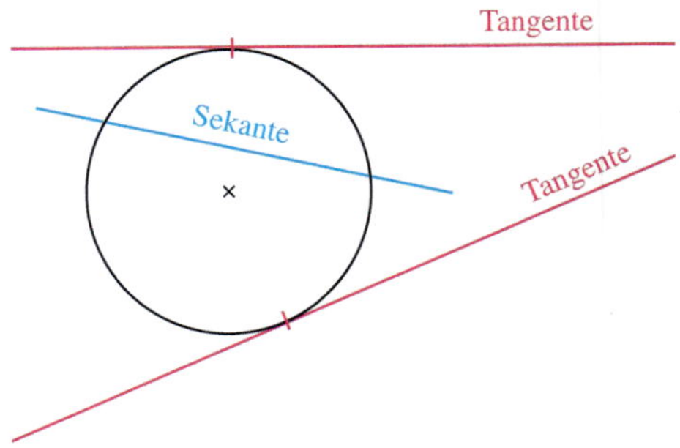

Eine Gerade, die keinen gemeinsamen Punkt mit dem Kreis hat, nennt man *Passante*.

Aufgabe

1. Michaela hat mit einer kleinen Dose einen Kreis gezeichnet. Konstruiere den Mittelpunkt M des Kreises.

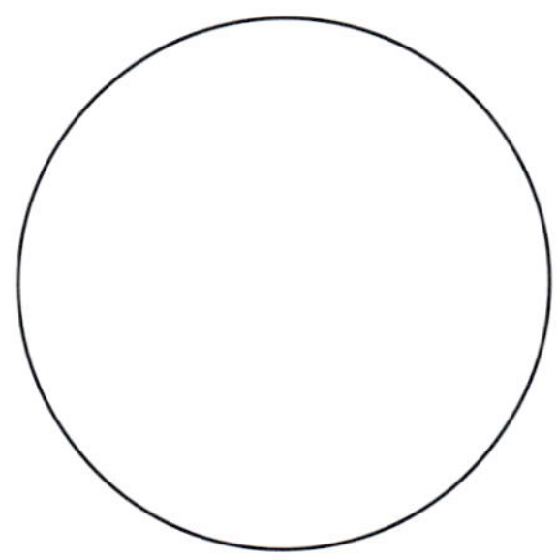

Lösung

Du kannst mit dem Lineal versuchen, einen Durchmesser zu finden. Wenn du ihn halbierst, erhältst du den Mittelpunkt M. Dabei verlässt du dich auf dein Augenmaß. Deshalb suchen wir nach einer anderen Lösung.

Die Lage des Mittelpunktes M kennen wir noch nicht. Wir wissen aber:
Jeder Punkt des Kreises ist vom Mittelpunkt M gleich weit entfernt.

Wählen wir zwei Punkte A und B auf dem Kreis, dann ist das Dreieck ABM gleichschenklig. Die Symmetrieachse dieses Dreiecks steht senkrecht zur Basis $\overline{AB}$ und halbiert sie. Auf dieser Mittelsenkrechten von $\overline{AB}$ muss M liegen.

Wir zeichnen nun noch eine zweite Strecke $\overline{CD}$ mit den Endpunkten auf dem Kreis ein. Dann liegt M auch auf der Mittelsenkrechten der Strecke $\overline{CD}$.

Den Mittelpunkt M des Kreises erhalten wir also als Schnittpunkt der Mittelsenkrechten der Strecken $\overline{AB}$ und $\overline{CD}$.

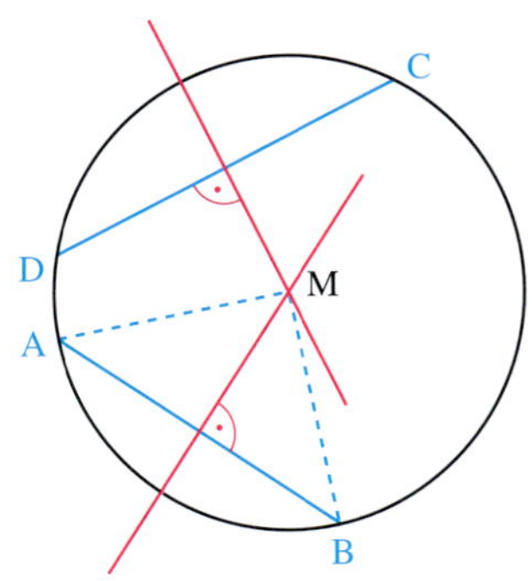

Information

(1) Sehne eines Kreises

In der Lösung der Aufgabe 1 haben wir zwei Punkte des Kreises durch eine Strecke verbunden. Eine solche Verbindungsstrecke heißt *Sehne*.

Jede Verbindungsstrecke zweier Kreispunkte heißt **Sehne** des Kreises.
Eine Sehne durch den Kreismittelpunkt ist ein **Durchmesser** des Kreises.
Jeder Durchmesser ist länger als jede andere Sehne des Kreises.

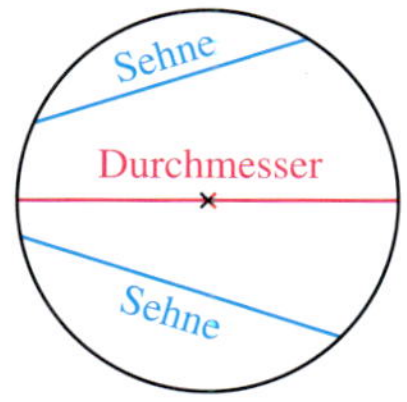

(2) Mittelsenkrechte einer Kreissehne

Die Lösung der Aufgabe 1 führt uns zu folgender Aussage:

Die Mittelsenkrechte einer Sehne geht durch den Kreismittelpunkt.

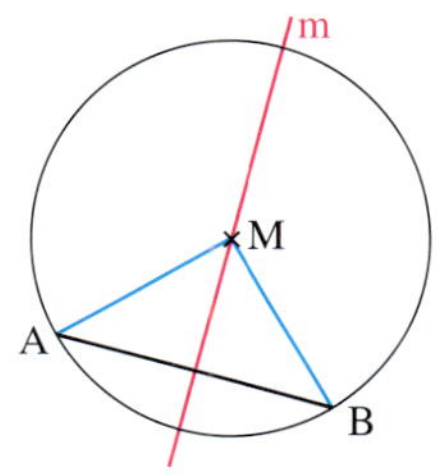

(3) Kreistangente

Die Sehne $\overline{AB}$ des Kreises denken wir uns zur Geraden AB erweitert; sie ist *Sekante* des Kreises.
Diese Sekante verschieben wir (mit Lineal und Geodreieck) parallel; dabei bleibt sie senkrecht zur Mittelsenkrechten m der Sehne $\overline{AB}$.
Die beiden Schnittpunkte der Sekante mit dem Kreis wandern aufeinander zu; schließlich fallen sie im Punkt P zusammen.
Die verschobene Sekante wird zu einer Geraden, die den Kreis im Punkt P berührt; sie heißt *Tangente*.
Auch die Tangente ist senkrecht zur Mittelsenkrechten m bzw. zu dem Radius $\overline{MP}$.
Den Radius $\overline{MP}$ nennt man den *Berührungsradius*.

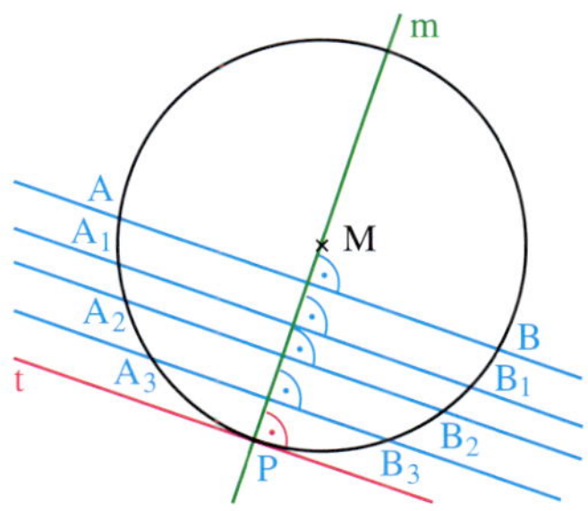

Die obigen Überlegungen zeigen uns:

Die Tangente t an einen Kreis mit dem Mittelpunkt M in einem Kreispunkt P steht senkrecht auf dem Berührungsradius $\overline{MP}$.

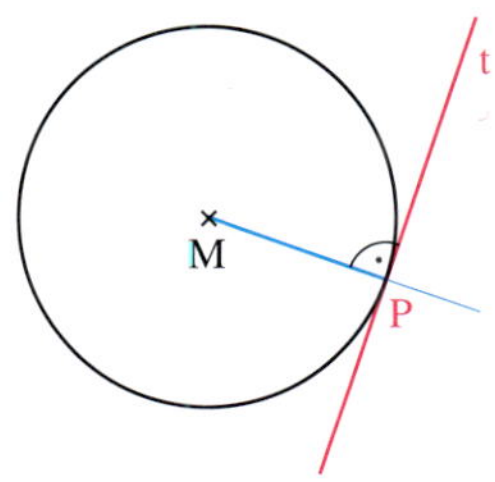

Zum Festigen und Weiterarbeiten

2.

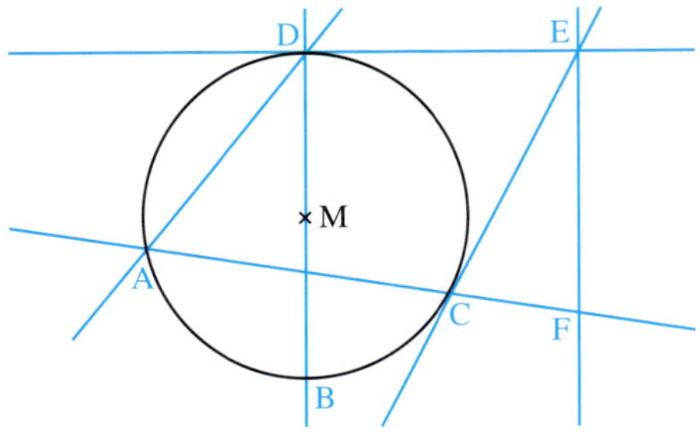

a) Notiere alle Sekanten, Tangenten, Passanten, Sehnen und Durchmesser in der nebenstehenden Figur.

b) Welche Sekanten sind Symmetrieachsen eines Kreises?

3. *Konstruktion der Tangente in einem Kreispunkt*
Gegeben sind ein Kreis mit dem Mittelpunkt M und dem Radius r sowie ein Punkt P des Kreises. Konstruiere die Tangente an den Kreis im Punkt P. Beschreibe dein Vorgehen.

Übungen

4. Zeichne in ein Koordinatensystem (Einheit 1 cm) den Kreis um M(6|5) mit dem Radius r = 2,5 cm. Wie heißt die Gerade PQ in Bezug auf den Kreis?
Bestimme den Abstand des Mittelpunktes M von der Geraden.

a) P(3|1), Q(7|4) **b)** P(0|6), Q(8|0) **c)** P(2|5), Q(7|9)

5. Konstruiere einen Kreis durch A(1|3) und B(5|2)

a) mit dem Radius r = 3 cm;

b) mit dem Mittelpunkt auf der Geraden PQ mit P(1|7) und Q(7|1).

DGS

6. Konstruiere mit einem dynamischen Geometrie-System einen Kreis sowie zwei Punkte auf dem Kreis. Zeichne eine Gerade durch diese beiden Punkte. Zeichne von einem der beiden Punkte den Radius zum Kreismittelpunkt. Lasse das Programm den Winkel zwischen der Geraden und dem Kreisradius messen. Verändere nun die Lage des anderen Punktes auf dem Kreis. Was beobachtest du?

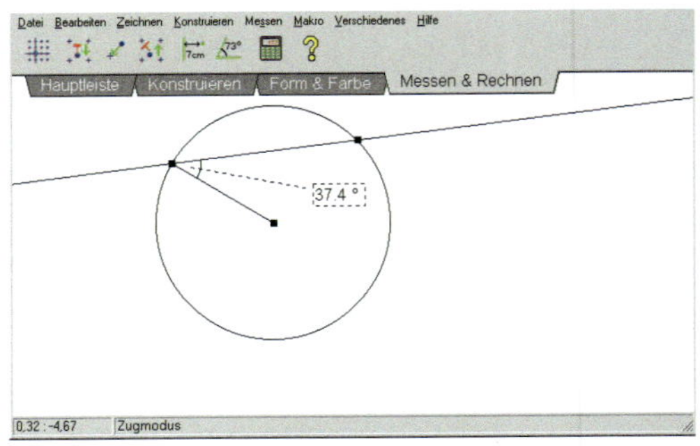

7. Zeichne in einem Koordinatensystem mit der Einheit 1 cm einen Kreis um M(5|3) mit dem Radius r = 5 cm. Die Punkte A(8|▢), B(9|▢), C(▢|8), D(▢|3) liegen auf dem Kreis. Bestimme die fehlenden Koordinaten.
Konstruiere die Tangenten in A, B, C und D an den Kreis.

8. Gegeben ist eine 3,4 cm lange Strecke $\overline{AB}$. Konstruiere zwei Kreise mit dem Radius

a) 2 cm, **b)** 1,7 cm, die $\overline{AB}$ als Sehne besitzen.

Konstruiere die Tangenten der Kreise in den Punkten A und B.

9. a) Zeichne eine Gerade g und markiere einen Punkt P auf g. Konstruiere einen Kreis, der die Gerade g im Punkt P berührt. Wo liegen die Mittelpunkte aller Kreise, die eine gegebene Gerade in einem gegebenen Punkt berühren?

b) Zeichne zwei zueinander parallele Geraden g und h. Konstruiere einen Kreis, der beide Geraden berührt. Wo liegen die Mittelpunkte aller Kreise, die zwei gegebene zueinander parallele Geraden berühren?

SATZ DES THALES

Einstieg

Zeichnet einen Kreis mit zwei Durchmessern, die einen Winkel von 100° bilden. Zeichnet nun ein Viereck, das die beiden Durchmesser als Diagonalen hat.

→ Um was für ein Viereck handelt es sich? Begründet.

→ Prüft eure Vermutung bei anderen Lagen der Durchmesser. Dazu wählt jeder in der Gruppe einen anderen Winkel zwischen den Durchmessern.

Aufgabe

1. Rechts seht ihr eine Zirkusarena mit zwei Zugängen A und B, die genau gegenüber liegen.
Julia sitzt an der Stelle C und will den Auftritt des Clowns filmen. Sie erwartet ihn am Eingang A. Doch der Clown betritt die Arena bei B.
Um wie viel Grad muss Julia ihre Filmkamera drehen?
Untersucht das auch für andere Stellen am Rand der Arena. Formuliert eure Vermutung.

Lösung

Zeichnet zunächst einen Halbkreis über der Strecke $\overline{AB}$. Wählt – jeder einen anderen – Punkt C auf dem Halbkreis und verbindet ihn mit den Endpunkten der Strecke $\overline{AB}$. Ihr erhaltet jeweils ein Dreieck ABC. Messt den Winkel γ.
Wenn ihr genau gezeichnet und genau gemessen habt, findet ihr stets einen rechten Winkel bei C.

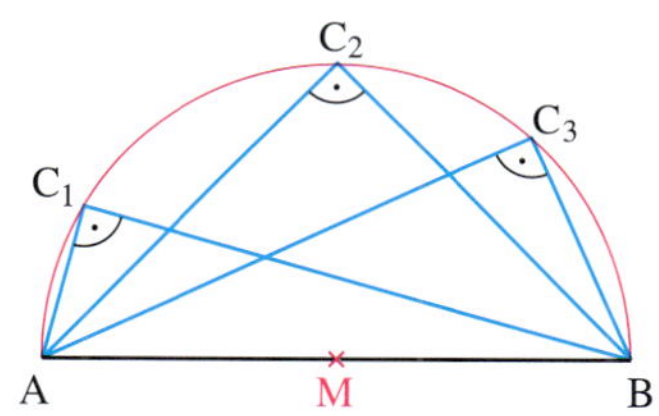

Man kann vermuten:
Zeichnet man einen Halbkreis über einer Strecke $\overline{AB}$ und verbindet man irgendeinen Punkt C dieses Halbkreises mit den Endpunkten A und B, so erhält man stets ein rechtwinkliges Dreieck ABC.

Information

(1) Satz des Thales

Die Lösung der Aufgabe 1 führt zu dem folgenden Satz:

Satz des Thales

Für jedes Dreieck ABC, bei dem der Punkt C auf dem Halbkreis über der Strecke $\overline{AB}$ liegt, gilt:
Das Dreieck ABC ist rechtwinklig mit $\gamma = 90°$.
Einen solchen Halbkreis über einer Strecke (Durchmesser) nennt man auch **Thaleskreis**.

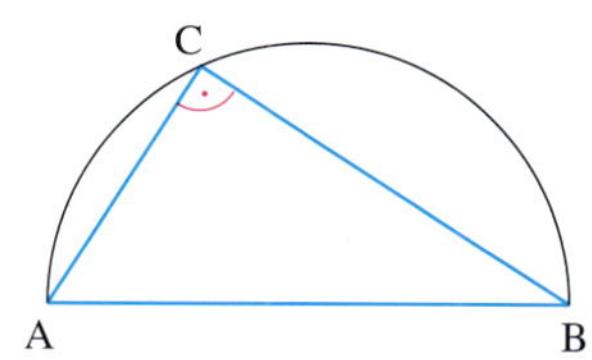

Thales

(2) Geschichtliches

Der erste namentlich bekannte griechische Mathematiker ist THALES (ca. 624 – 547 v. Chr.). Er stammte aus einer Kaufmannsfamilie in der ionischen Handelsstadt Milet und verfügte über Zeit und Mittel, Reisen nach Babylonien, Persien, Ägypten zu unternehmen, um sich das Wissen der damaligen Zeit anzueignen.
Er soll viele Sätze der Geometrie entdeckt und bewiesen haben.

(3) Beweis des Satzes von Thales

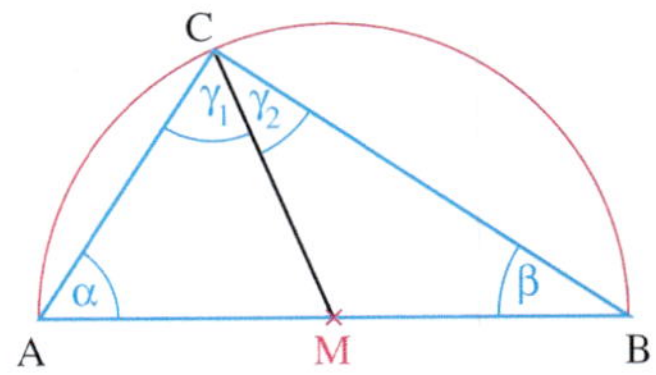

Wir verbinden den Mittelpunkt M der Strecke $\overline{AB}$ mit einem Punkt C auf dem Halbkreis über $\overline{AB}$. Die Strecken $\overline{MA}$, $\overline{MB}$ und $\overline{MC}$ sind Radien des Kreises um M und daher gleich lang.
Folglich sind die Dreiecke AMC und BCM gleichschenklig.

Mithilfe des Basiswinkelsatzes folgt: $\alpha = \gamma_1$; $\beta = \gamma_2$.

Da $\gamma_1 + \gamma_2 = \gamma$, gilt auch $\alpha + \beta = \gamma$.

Nach dem Innenwinkelsatz für Dreiecke gilt: $\alpha + \beta + \gamma = 180°$

Wegen $\alpha + \beta = \gamma$ folgt: $\gamma + \gamma = 180°$, also: $\gamma = 90°$

(4) Wenn-dann-Formulierung

Beim Beweis des Satzes von Thales sind wir als *Voraussetzung* davon ausgegangen, dass der Punkt C des Dreiecks ABC auf dem Halbkreis über der Strecke $\overline{AB}$ liegt. Daraus haben wir mithilfe des Basiswinkelsatzes für gleichschenklige Dreiecke und des Innenwinkelsatzes für Dreiecke gefolgert, dass der Winkel γ ein rechter ist, also 90° beträgt (*Behauptung*).
Das bringt man deutlicher zum Ausdruck, wenn man den Satz des Thales wie folgt formuliert:

> Wenn der Punkt C eines Dreiecks ABC auf dem Halbkreis über der Strecke $\overline{AB}$ liegt, dann ist das Dreieck ABC rechtwinklig mit $\gamma = 90°$.

In der Wenn-dann-Formulierung eines Satzes steht hinter dem „Wenn" die *Voraussetzung* und hinter dem „Dann" die *Behauptung*.
Jeden mathematischen Satz, der mit *Für jedes … gilt; …* beginnt, kann man mit *Wenn …, dann …* formulieren.

Beispiele:

(1) Du kennst den Basiswinkelsatz für gleichschenklige Dreiecke:

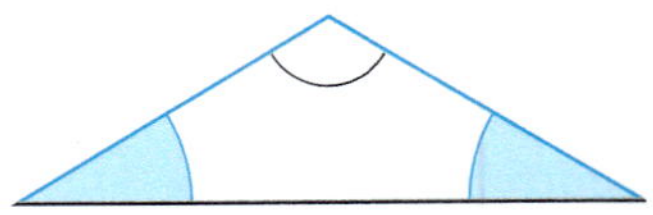

Für jedes gleichschenklige Dreieck gilt:
Die Winkel an der Basis sind gleich groß.
Dieser Satz lautet in der Wenn-dann-Formulierung:
Wenn ein Dreieck gleichschenklig ist, dann sind die Winkel an der Basis gleich groß.

(2) Du kennst außerdem den folgenden Satz über Parallelogramme:

Für jedes Parallelogramm gilt:
Die gegenüberliegenden Seiten sind gleich lang.
Dieser Satz lautet in der Wenn-dann-Formulierung:
Wenn bei einem Viereck die gegenüberliegenden Seiten parallel zueinander sind (also es sich um ein Parallelogramm handelt), *dann sind die gegenüberliegenden Seiten gleich lang.*

Zum Festigen und Weiterarbeiten

DGS

2. Zeichne eine Strecke $\overline{AB}$ und markiere auf ihr den Mittelpunkt M.
Erzeuge einen Kreis um M, der durch die Punkte A und B verläuft.
Lege auf dem Kreis einen Punkt C fest und zeichne das Dreieck ABC.

a) Miss den Winkel bei C.
Was stellst du fest?

b) Bewege den Punkt C auf der Kreislinie.
Bewege auch die Punkte A und B.
Überprüfe deine Aussage aus Teilaufgabe a).

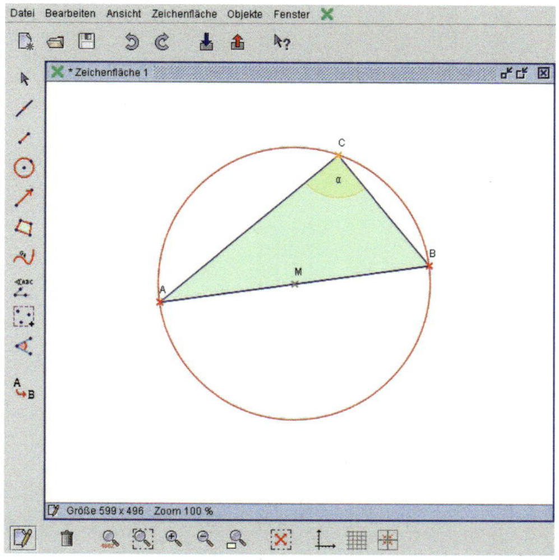

3. *Konstruktion eines rechtwinkligen Dreiecks*
Konstruiere ein rechtwinkliges Dreieck. Beginne mit der Seite, die dem rechten Winkel gegenüberliegt. Verwende den Thalessatz. Beschreibe dein Vorgehen.

a) $c = 3{,}5$ cm, $\alpha = 44°$, $\gamma = 90°$

b) $b = 5{,}2$ cm, $\beta = 90°$, $\alpha = 52°$

c) $c = 6$ cm, $h_c = 2{,}5$ cm, $\gamma = 90°$

d) $a = 4{,}9$ cm, $h_a = 1{,}9$ cm, $\alpha = 90°$

Planfigur zu a)

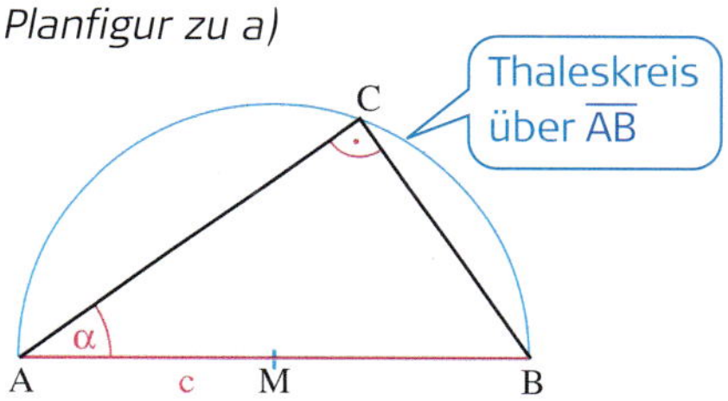

4. **a)** Führe folgende Konstruktion aus:
(1) Zeichne einen Kreis mit dem Mittelpunkt M und dem Radius $r = 2{,}4$ cm.
(2) Markiere einen Punkt P außerhalb des Kreises im Abstand von 8,4 cm vom Punkt M.
(3) Markiere den Mittelpunkt N von $\overline{PM}$ und zeichne den Kreis um N mit dem Radius $\overline{MN}$. Bezeichne die Schnittpunkte dieses Kreises mit dem Kreis um M mit B_1 und B_2.
(4) Zeichne die Geraden PB_1 und PB_2; es sind die Tangenten von P an den Kreis.

b) Begründe: Die Geraden PB_1 und PB_2 von Teilaufgabe a) sind die *Tangenten vom Punkt P an den Kreis* um M.

Übungen

5. Konstruiere ein rechtwinkliges Dreieck aus den angegebenen Stücken.
Beginne mit der Seite, die dem rechten Winkel gegenüberliegt.

a) $c = 4{,}8$ cm, $\beta = 62°$, $\gamma = 90°$

b) $a = 7{,}2$ cm, $\beta = 37°$, $\alpha = 90°$

c) $b = 6{,}3$ cm, $\gamma = 37°$, $\beta = 90°$

d) $c = 8$ cm, $h_c = 3$ cm, $\gamma = 90°$

e) $b = 6{,}4$ cm, $h_b = 2{,}3$ cm, $\beta = 90°$

6. Konstruiere ein rechtwinklig-gleichschenkliges Dreieck ABC mit der Basis:

a) $c = 4{,}7$ cm **b)** $a = 5{,}1$ cm **c)** $b = 6{,}4$ cm

7. Gegeben ist ein Kreis mit dem Radius $r = 3{,}4$ cm. Konstruiere ein Rechteck, dessen Ecken auf dem Kreis liegen; eine Seite des Rechtecks soll 2,1 cm lang sein.

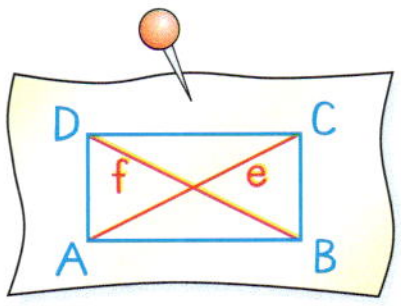

8. **a)** Konstruiere ein Rechteck ABCD aus e = 5 cm; b = 1,8 cm.

b) Konstruiere ein Rechteck ABCD aus f = 6,4 cm; c = 5,1 cm.

c) Konstruiere ein Quadrat ABCD aus e = 4,6 cm.

9. Zeichne in ein Koordinatensystem (Einheit 1 cm) einen Kreis um den Ursprung mit dem Radius r = 3 cm. Konstruiere von P aus die Tangenten an den Kreis.

a) P(−4|7) **b)** P(5|−2) **c)** P(−7|−1) **d)** P(6|8)

10. Gegeben sind ein Kreis um den Punkt M mit dem Radius r sowie ein Punkt mit dem angegebenen Abstand von M. Konstruiere die Tangenten von P an den Kreis.

a) r = 3,3 cm; $\overline{MP}$ = 4,9 cm **b)** r = 4,6 cm; $\overline{MP}$ = 6,1 cm

11. Gegeben ist ein Punkt P und der Mittelpunkt M eines Kreises. Die Strecke $\overline{MP}$ soll 7 cm lang sein. Die beiden Tangenten von P an den Kreis sollen einen Winkel von 44° einschließen. Konstruiere den Kreis. Begründe dein Vorgehen.

12. Berechne jeweils die markierten Winkel. Begründe dein Vorgehen.

a)

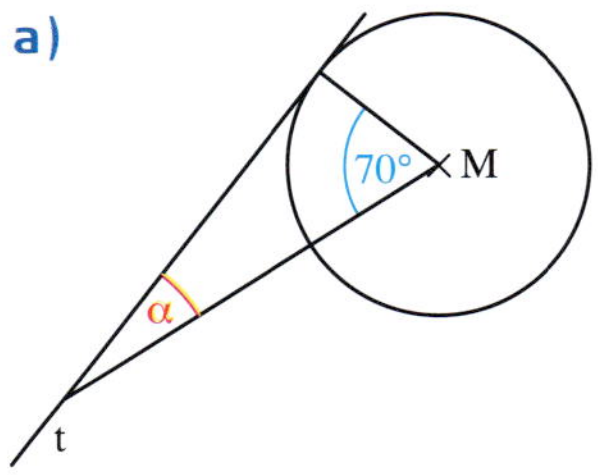

b)

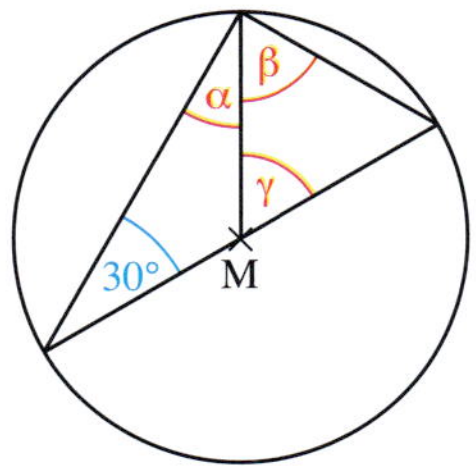

c)

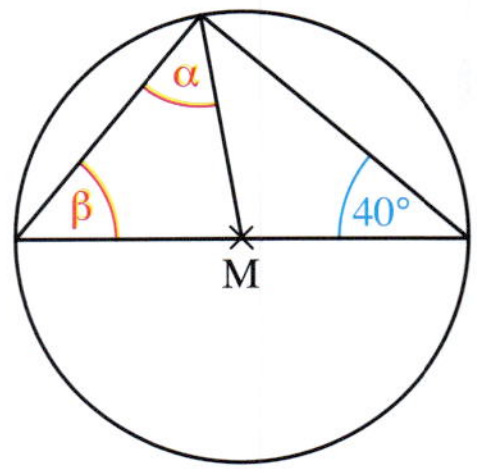

13. Zeichne zwei Kreise mit den Mittelpunkten M_1 und M_2 und den Radien r_1 = 3 cm und r_2 = 2 cm. Der Abstand der Mittelpunkte soll 9 cm betragen.
Zeichne durch M_1 die Tangenten an den Kreis um M_2 und durch M_2 die Tangenten an den Kreis um M_1.

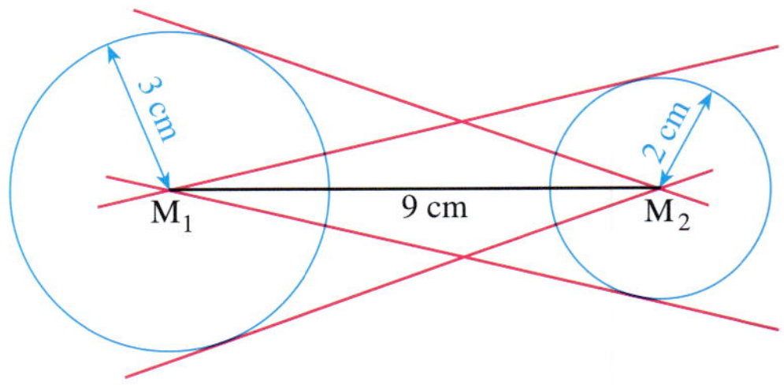

▲ **14.** Zeichne mit einem dynamischen Geometrie-System eine Strecke $\overline{AB}$ sowie einen Strahl $\overrightarrow{AD}$. Zeichne dann das Lot von B auf den Strahl $\overrightarrow{AD}$; der Schnittpunkt mit $\overrightarrow{AD}$ soll C heißen. Bewege nun den Punkt D und somit den Strahl $\overrightarrow{AD}$.

a) Was kannst du über die Spur des Punktes C aussagen?

b) Formuliere deine Vermutung als Wenn-dann-Aussage und vergleiche sie mit dem Satz von Thales.

15. Gib jeden Satz in der Wenn-dann-Formulierung an. Notiere jeweils zunächst Voraussetzung und Behauptung.

(1) Für jeden Rhombus gilt: Gegenüber liegende Winkel sind gleich groß.
(2) Für jeden Rhombus gilt: Die Diagonalen halbieren die Innenwinkel.
(3) Für jeden Rhombus gilt: Die Diagonalen sind gleich lang und halbieren einander.
(4) Für jedes Parallelogramm gilt: Die Diagonalen halbieren einander.

PERIPHERIEWINKEL

Einstieg

Rechts seht ihr eine kreisförmige Zirkusarena mit den Eingängen A und B. Marc sitzt an der Stelle C und will den Auftritt des Clowns filmen. Er erwartet ihn am Gang A, doch der Clown kommt durch B.

→ Um wie viel Grad muss Marc seine Filmkamera drehen?
Untersucht dies zum Beispiel mit einem dynamischen Geometrie-System auch für andere Stellen am Rand der Arena.
Stellt eine Vermutung auf.

Aufgabe

Bogen $\overset{\frown}{BA}$
Bogen von B nach A entgegen dem Uhrzeigersinn

1. Betrachte die Figur rechts.

a) Die Scheitelpunkte der Winkel γ_1, γ_2 und γ_3 liegen auf dem Bogen $\overset{\frown}{BA}$; die Schenkel dieser Winkel gehen durch die Endpunkte A und B der Sehne $\overline{AB}$.
Miss die Winkel und vergleiche.

b) Ebenso liegen die Scheitelpunkte der Winkel δ_1 und δ_2 auf dem Bogen $\overset{\frown}{AB}$ (Bogen von A nach B entgegen dem Uhrzeigersinn); die Schenkel auch dieser Winkel gehen durch A und B.
Vergleiche auch diese Winkel.

c) Vergleiche die Winkel γ_1 und δ_1. Was stellst du fest? Begründe deine Aussage.

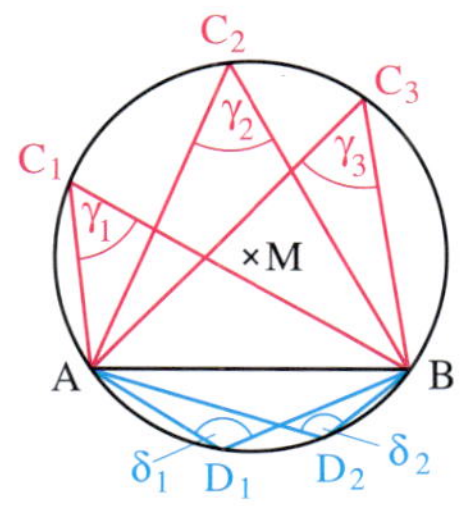

Lösung

a) Wir messen und stellen fest: $\gamma_1 = \gamma_2 = \gamma_3 = 56°$.
Die Winkel mit den Scheitelpunkten auf demselben Bogen $\overset{\frown}{BA}$ sind gleich groß.

b) Wir messen und stellen fest: $\delta_1 = \delta_2 = 124°$.
Auch diese Winkel mit den Scheitelpunkten auf demselben Bogen $\overset{\frown}{AB}$ sind gleich groß.

c) $\gamma_1 + \delta_1 = 56° + 124° = 180°$, denn das Viereck ABCD ist ein Sehnenviereck.

Information

(1) Peripheriewinkel zu einem Kreisbogen

In Aufgabe 1 haben wir Winkel betrachtet, deren Scheitel auf dem Kreis liegen und deren Schenkel durch zwei Kreispunkte A und B gehen. Diese Winkel schneiden aus dem Kreis einen Kreisbogen aus. Solche Winkel heißen *Peripheriewinkel* über dem Bogen $\overset{\frown}{AB}$.

Peripherie
Umfangslinie; Rand

Definition

Ein Winkel, dessen Scheitelpunkt auf dem Kreis liegt und dessen Schenkel durch die Kreispunkte A und B geht, heißt **Peripheriewinkel** (auch *Umfangswinkel* genannt) über dem Bogen $\overset{\frown}{AB}$.

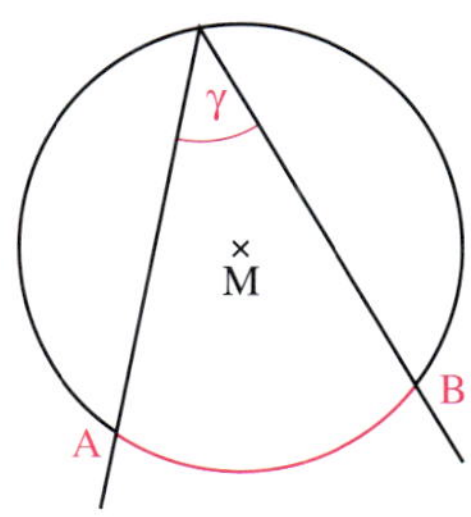

(2) Peripheriewinkelsatz

Die Lösung der Aufgabe 1 lässt folgenden Satz vermuten.

Peripheriewinkelsatz

Peripheriewinkel über *demselben* Bogen sind gleich groß.

$\gamma_1 = \gamma_2$

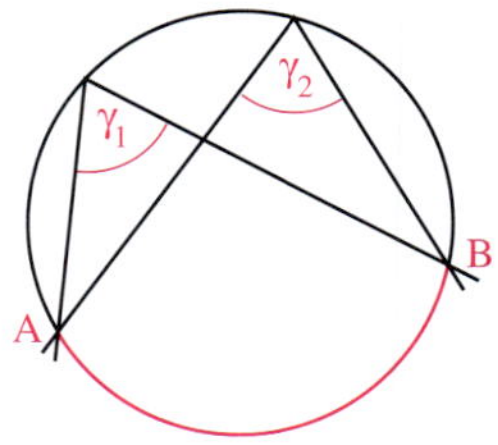

Beweis: Wie beim Beweis des Thalessatzes verbinden wir den Punkt C mit dem Kreismittelpunkt M sowie M mit den Endpunkten A und B der Sehne. Wir zeigen nun, dass für jede beliebige Lage des Punktes C die Winkelgröße von γ bzw. $\gamma_1 + \gamma_2$ gleich bleibt.
Es entstehen wegen $\overline{MA} = \overline{MB} = \overline{MC}$ die beiden gleichschenkligen Dreiecke AMC und MBC.
Deshalb gilt nach dem Basiswinkelsatz: $\alpha_1 = \gamma_1$ und $\beta_2 = \gamma_2$.
Lässt man nun den Punkt C auf dem Kreis zwischen A und B „wandern", dann ändert sich zwar die Größe der Winkel γ_1, α_1, φ_1 bzw. γ_2, β_2, φ_2 in den beiden Dreiecken, jedoch bleibt die Summe $\varphi_1 + \varphi_2$ immer gleich groß, da das Dreieck ABM und damit auch der Winkel $\sphericalangle AMB$ unverändert bleibt.
Wegen $\varphi_1 = 180° - 2 \cdot \gamma_1$ und $\varphi_2 = 180° - 2 \cdot \gamma_2$ und somit $\gamma_1 = 90° - \frac{1}{2} \cdot \varphi_1$ und $\gamma_2 = 90° - \frac{1}{2} \cdot \varphi_2$ gilt:

$$\gamma = \gamma_1 + \gamma_2 = \left(90° - \tfrac{1}{2} \cdot \varphi_1\right) + \left(90° - \tfrac{1}{2} \cdot \varphi_2\right)$$

$$\gamma = 180° - \tfrac{1}{2} \cdot (\varphi_1 + \varphi_2)$$

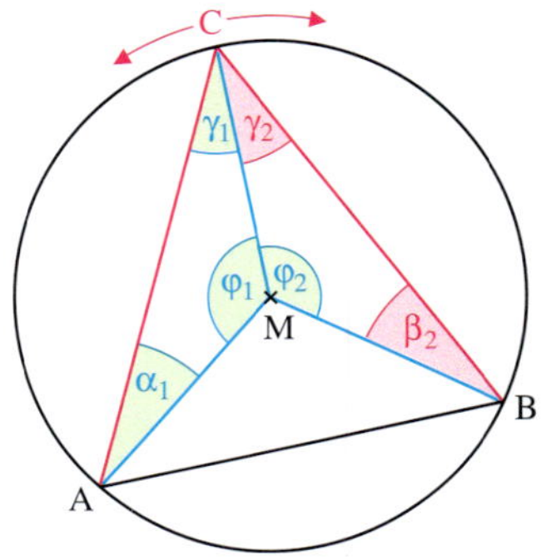

Da $\varphi_1 + \varphi_2$ immer gleich groß bleibt, gilt dies auch für den Winkel γ.

Zum Festigen und Weiterarbeiten

2. Gegeben ist ein Kreis mit dem Radius 2,5 cm. Konstruiere eine Sehne $\overline{AB}$, zu der ein Peripheriewinkel über dem Bogen $\widehat{AB}$ von **a)** 70°, **b)** 110° gehört. Beschreibe.

3. a) Überprüfe an Beispielen den folgenden Satz. Zeichne dazu mehrmals einen Kreis mit dem Radius r = 2,5 cm mit jeweils einer anderen Sehne $\overline{AB}$. Zeichne dazu jeweils den Zentriwinkel über $\widehat{AB}$ und den Peripheriewinkel über $\widehat{AB}$; miss und vergleiche.

Zentriwinkel-Peripheriewinkel-Satz

Der Zentriwinkel über dem Bogen $\widehat{AB}$ ist doppelt so groß wie jeder Peripheriewinkel über $\widehat{AB}$.

$\varepsilon = 2\gamma$

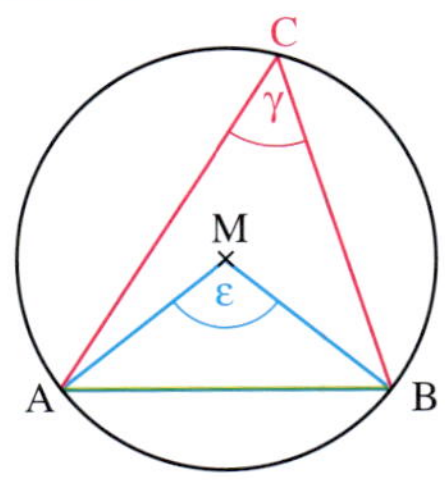

b) Begründe den Satz. Gehe in folgenden Schritten vor.
(1) Das Dreieck ABC in der Figur rechts ist in besonderer Lage gewählt. Warum genügt es, für diesen Fall den Satz zu begründen?
(2) Wähle $\gamma = 25°$. Berechne dann α und schließlich den Zentriwinkel ε. Begründe jeden Schritt.
(3) Führe die Begründung jetzt allgemein durch.

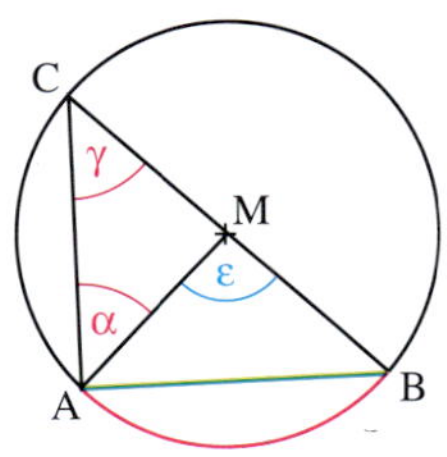

4. Gegeben ist eine 2,8 cm lange Strecke $\overline{AB}$. Konstruiere den Bogen $\overset{\frown}{BA}$, auf dem die Scheitelpunkte aller Peripheriewinkel über $\overset{\frown}{AB}$ mit **a)** $\gamma = 65°$, **b)** $\gamma = 128°$ liegen. Fertige zunächst eine Skizze an.

Information

Wählt man den Zentriwinkel $\varepsilon = 180°$ über dem Halbkreis, so sind alle Peripheriewinkel über dem Halbkreis 90° groß. Dies ist die Aussage des Satzes von Thales, den wir auch wie folgt formulieren können:

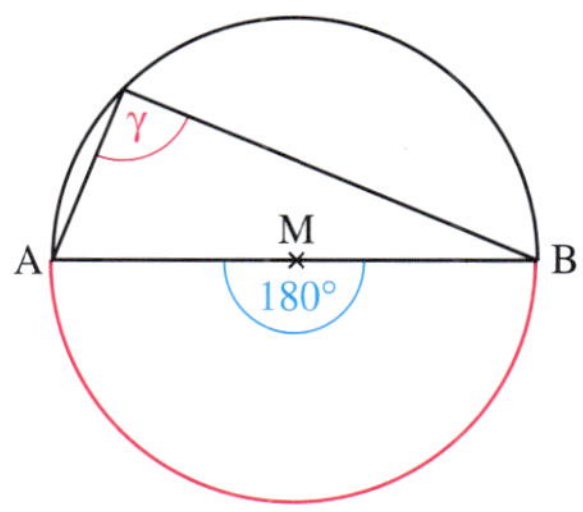

Satz von Thales
Jeder Peripheriewinkel über dem Halbkreis ist ein rechter Winkel.

Übungen

5. Zeichne einen Kreis mit r = 3 cm. Konstruiere eine Sehne $\overline{AB}$ des Kreises, sodass für den Peripheriewinkel γ über dem Bogen $\overset{\frown}{AB}$ gilt:
a) $\gamma = 25°$ **b)** $\gamma = 70°$ **c)** $\gamma = 90°$ **d)** $\gamma = 100°$

6. Der Zentriwinkel über dem Bogen $\overset{\frown}{AB}$ hat die Größe **a)** $\varepsilon = 110°$, **b)** $\varepsilon = 58°$.
Wie groß ist ein Peripheriewinkel über demselben Bogen?

7. Zeichne eine Strecke $\overline{AB}$ der angegebenen Länge. Konstruiere dann einen Kreis mit $\overline{AB}$ als Sehne so, dass die Peripheriewinkel über dem Bogen $\overset{\frown}{AB}$ die Größe γ besitzen.
a) $\overline{AB} = 3{,}6$ cm; $\gamma = 35°$ **c)** $\overline{AB} = 2{,}9$ cm; $\gamma = 110°$ **e)** $\overline{AB} = 7{,}3$ cm; $\gamma = 90°$
b) $\overline{AB} = 4{,}8$ cm; $\gamma = 70°$ **d)** $\overline{AB} = 5{,}8$ cm; $\gamma = 135°$ **f)** $\overline{AB} = 6{,}1$ cm; $\gamma = 60°$

8. Die Wandtafel ist 4 m lang. Ermittle durch Konstruktion alle Punkte, von denen aus man die Tafel unter einem Sehwinkel von 30° sieht.

9. a) Ein Haus ist 25 m lang. Im Abstand von 20 m verläuft eine Straße.
Von welchen Punkten der Straße aus sieht man die Hausfront unter einem Sehwinkel von 50°?

b) Ein Haus ist 25 m lang und 15 m breit.
Von welchem Punkt aus sieht man die Hausfront und die Giebelfront unter einem Winkel von 30°?

10. a) Gegeben ist (1) $\alpha = 35°$; (2) $\beta = 78°$; (3) $\gamma = 126°$.
Berechne jeweils die übrigen Winkel.

b) Gegeben ist
(1) $\alpha = 42°$; (3) $\beta = 78°$;
(2) $\gamma = 134°$; (4) $\delta = 248°$.
Berechne jeweils die übrigen Winkel.

zu **a)**

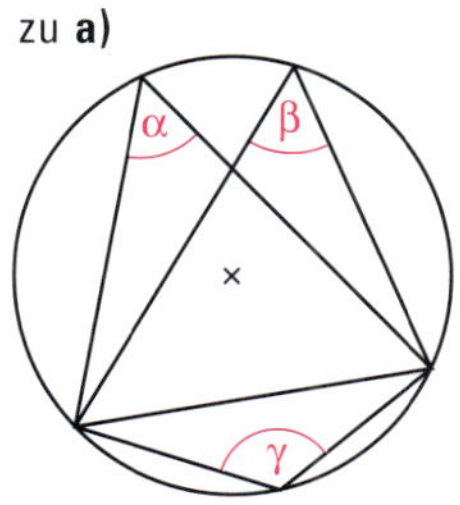

zu **b)**

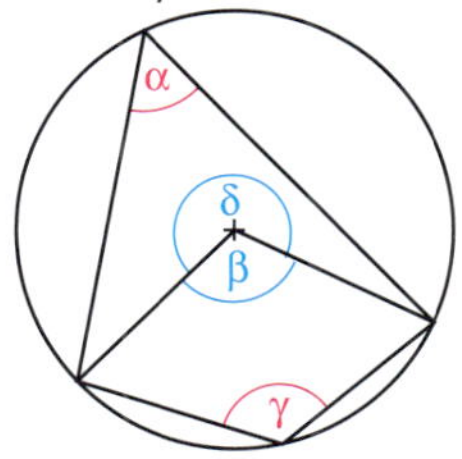

KREISUMFANG – EIN VIELFACHES DES DURCHMESSERS

Einstieg

Unter dem Umfang des Kreises versteht man die Länge der Kreislinie.

→ Wie viel mal kann man den Durchmesser d auf dem Umfang u eines Kreises abtragen?
Schätzt zunächst.
Rollt dann eine CD oder eine große Münze auf einer geraden Linie ab.

→ Messt bei verschiedenen kreisförmigen Gegenständen (Tassen, Tellern, Kochtöpfen usw.) den Durchmesser d und den Umfang u möglichst genau. Beschreibt, wie ihr vorgeht.
Tragt die Ergebnisse in eine Tabelle ein und zeichnet den Graphen der Zuordnung
Durchmesser d des Kreises → Umfang u.
Um was für eine Zuordnung handelt es sich?
Das Wievielfache des Durchmessers d ist der Umfang u?
Berechnet dazu den Quotienten $\frac{u}{d}$.

→ Berichtet über eure Ergebnisse.

Aufgabe

1. a) Die Fahrstrecken der Modelleisenbahn in einem Geschenkpaket sind Kreise unterschiedlicher Größe. Es gibt Geschenkpakete mit folgenden Fahrstrecken:

$s_1 = 1{,}20$ m; $s_2 = 140$ cm;
$s_3 = 2{,}5$ m; $s_4 = 270$ cm.

Im Katalog sind die Kreisradien angegeben mit:

$r_1 = 192$ mm; $r_2 = 225{,}6$ mm;
$r_3 = 396{,}4$ mm; $r_4 = 430$ mm.

Untersuche, wie die Fahrstrecke vom Kurvenradius abhängt.
Berechne jeweils auch den Quotienten aus der Fahrstrecke und dem Kreisdurchmesser.

b) Entwickle eine Formel für die Berechnung des Kreisumfanges u aus dem Durchmesser d bzw. dem Radius r.

c) (1)

Ein kreisrunder Holzbottich mit dem äußeren Durchmesser d = 85 cm soll mit Metallbändern „verstärkt" werden.
Wie lang ist jedes Metallband?

(2)

Ein Satellit umkreist die Erde auf einer Kreisbahn mit dem Radius r = 42 157 km.
Wie viel km legt er bei einer Erdumrundung zurück?

Lösung

a) Die Fahrstrecke ist der Umfang des Kreises.
Wir berechnen:

$\frac{s_1}{r_1} = \frac{1\,200 \text{ mm}}{192 \text{ mm}} \approx 6{,}25$ $\qquad$ $\frac{u}{d} = \frac{1\,200 \text{ mm}}{384 \text{ mm}} \approx 3{,}125$

$\frac{s_2}{r_2} = \frac{1\,400 \text{ mm}}{225{,}6 \text{ mm}} \approx 6{,}206$ $\qquad$ $\frac{u}{d} = \frac{1\,400 \text{ mm}}{451{,}2 \text{ mm}} \approx 3{,}103$

$\frac{s_3}{r_3} = \frac{2\,500 \text{ mm}}{396{,}4 \text{ mm}} \approx 6{,}307$ $\qquad$ $\frac{u}{d} = \frac{2\,500 \text{ mm}}{792{,}8 \text{ mm}} \approx 3{,}153$

$\frac{s_4}{r_4} = \frac{2\,700 \text{ mm}}{430 \text{ mm}} \approx 6{,}279$ $\qquad$ $\frac{u}{d} = \frac{2\,700 \text{ mm}}{860 \text{ mm}} \approx 3{,}139$

Wir stellen fest: Die Quotienten aus Fahrstrecke und Radius bzw. aus Umfang und Durchmesser sind ungefähr gleich.

konstant: fest; unveränderlich

Wir gehen davon aus, dass der Quotient $\frac{\text{Kreisumfang } u}{\text{Durchmesser } d}$ konstant ist.
Diese Konstante bezeichnet man mit π, gelesen: *pi*. Ein Näherungswert für π ist 3,14.

b) Als Formel für die Berechnung des Kreisumfangs erhalten wir:
$\frac{u}{d} = \pi$, also $u = \pi \cdot d$ bzw. $u = \pi \cdot 2r$

c) Wir berechnen den Umfang mit dem Näherungswert 3,14 für π.
(1) Holzbottich: $u \approx 3{,}14 \cdot d \approx 3{,}14 \cdot 85 \text{ cm} \approx 266{,}94 \text{ cm} \approx 2{,}67 \text{ m}$
(2) Satellitenbahn: $u \approx 3{,}14 \cdot 2 \cdot r \approx 3{,}14 \cdot 84\,314 \text{ km} \approx 264\,746 \text{ km}$

Information

Die meisten Taschenrechner haben eine Taste für π. Drückt man diese Taste, so erscheint 3,141592654. Dies ist auch nur ein Näherungswert für π.
Man kann zeigen, dass π eine nichtrationale Zahl ist, d. h. π ist nicht als endlicher und auch nicht als periodischer Dezimalbruch darstellbar.
Weitere Informationen zu π findest du auf Seite 110.

Vereinbarung:
Bei schriftlichen Rechnungen verwenden wir den Näherungswert 3,14 für π, für Abschätzungen und Überschläge den Näherungswert 3. Beim Rechnen mit dem Taschenrechner benutzen wir *immer* die Taste [π].

Für den **Umfang u des Kreises** mit dem Durchmesser d bzw. dem Radius r gilt:
$\mathbf{u = \pi \cdot d}$ bzw. $\mathbf{u = 2\pi \cdot r}$

Beispiel (1):	*Beispiel (2):*
d = 4,5 cm	r = 5,0 cm
Überschlag:	*Überschlag:*
u ≈ 3 · 4,5 cm = 13,5 cm	u ≈ 2 · 3 · 5 cm = 30 cm
Rechnung:	*Rechnung:*
u = π · d	u = 2π · r
u = π · 4,5 cm	u = 2π · 5,0 cm
u ≈ 14,1 cm	u ≈ 31,4 cm

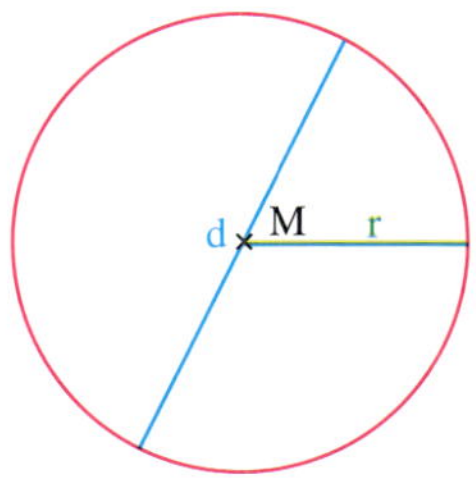

Kreisumfang etwa das Dreifache des Durchmessers.

Zum Festigen und Weiterarbeiten

2. Überschlage den Umfang des Kreises. Berechne dann den Umfang mit der π-Taste deines Taschenrechners. Runde zweckmäßig. Vergleiche.

a) d = 4 cm **b)** d = 15,4 cm **c)** r = 2,35 m **d)** r = 350 km

3. *Berechnen des Radius bei vorgegebenem Umfang*

a) Wie groß ist der Radius r [Durchmesser d] eines Kreises mit dem angegebenen Umfang u?
Erkläre das Beispiel rechts.

b) Wie groß ist der Radius r [der Durchmesser d] eines Kreises mit dem angegebenen Umfang u?
Überschlage zunächst.

(1) u = 45 dm (3) u = 261 m
(2) u = 12 km (4) u = 69 cm

Gegeben: u = 10,0 cm
Gesucht: r

$2\pi \cdot r = u$

$r = \frac{u}{2\pi}$

$r = \frac{10\text{ cm}}{2\pi}$

$r \approx 1{,}6\text{ cm}$

4. a) Zu jedem Durchmesser d gehört genau ein Umfang u. Stelle die Zuordnungen *Durchmesser d → Umfang u* und *Umfang u → Durchmesser d* in einem Koordinatensystem grafisch dar. Um was für Zuordnungen handelt es sich?

b) Der Radius eines Kreises wird vergrößert
(1) auf das Doppelte; (2) auf das Fünffache; (3) um 15%.
Wie verändert sich dann der Umfang des Kreises?

c) Der Umfang eines Kreises wird verkleinert
(1) auf die Hälfte; (2) auf ein Fünftel; (3) um 23%.
Wie verändert sich dann der Radius des Kreises?

Übungen

5. Berechne den Umfang des Kreises.

a) r = 3 cm **d)** r = 4,5 km **g)** d = 8 cm **j)** d = 13,5 m
b) r = 8 dm **e)** r = 7,4 m **h)** d = 17 dm **k)** d = 31,4 cm
c) r = 11 m **f)** r = 12,3 cm **i)** d = 21 km **l)** d = 122 mm

6. Berechne jeweils den Umfang des Gegenstandes. Schätze zunächst.

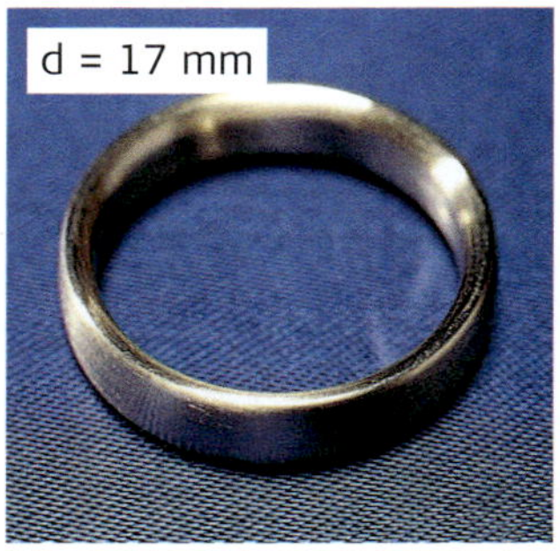

7. In der folgenden Tabelle ist der äußere Durchmesser eines Rades für verschiedene Fahrräder angegeben.

Fahrradtyp	Außendurchmesser
Kinderfahrrad	500 mm
Jugendfahrrad	614 mm
Tourenrad	716 mm

a) Wie lang ist der Weg, den man mit einer Radumdrehung zurücklegt?

b) Wie oft dreht sich das Rad auf einer 1 km langen Strecke?

8. Berechne Radius und Durchmesser aus dem angegebenen Kreisumfang.

a) u = 7 cm **c)** u = 2,5 km **e)** u = 31,42 m

b) u = 89 mm **d)** u = 1 m **f)** u = 95 km

9. Ein Laufrad dient zum Messen von Entfernungen, z. B. bei Verkehrsunfällen.

a) Beschreibe das Messverfahren.

b) Der Durchmesser des Laufrades beträgt 32 cm.
(1) Wie lang ist die Strecke bei 17 Umdrehungen?
(2) Wie viele Umdrehungen macht das Rad bei einer Weglänge von 25 m?

10. Eine Firma produziert kreisrunde Tischdecken mit dem Durchmesser

a) 150 cm; **c)** 185 cm;

b) 170 cm; **d)** 210 cm.

Jede Tischdecke wird mit einer Spitzenborte umsäumt.
Berechne die Länge der Borte.

11. Das Rad eines Förderturms hat einen Radius von 2,80 m. Bei einer Radumdrehung wird der Förderkorb um eine Strecke angehoben, die dem Umfang des Rades entspricht.
Wie viele Umdrehungen muss das Rad machen, damit der Förderkorb 500 m gehoben wird?

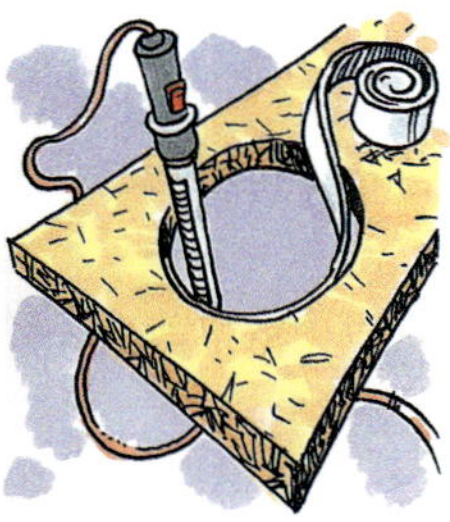

12. Aus einer Spanplatte werden Rundungen ausgeschnitten. Die Kanten werden mit Kunststoffstreifen (so genannten Umleimern) verkleidet.
Berechne jeweils die Länge der Streifen.

a)

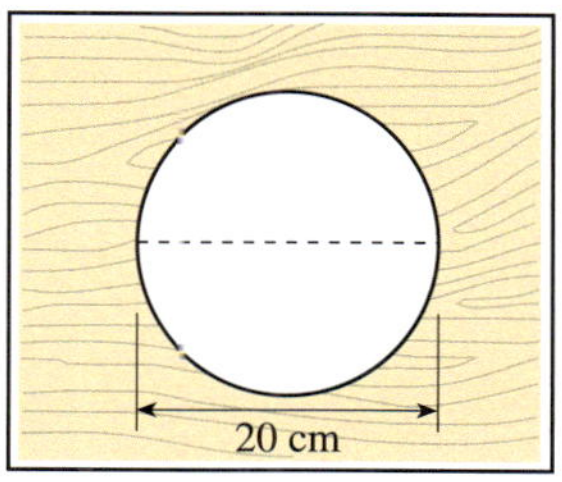

b)

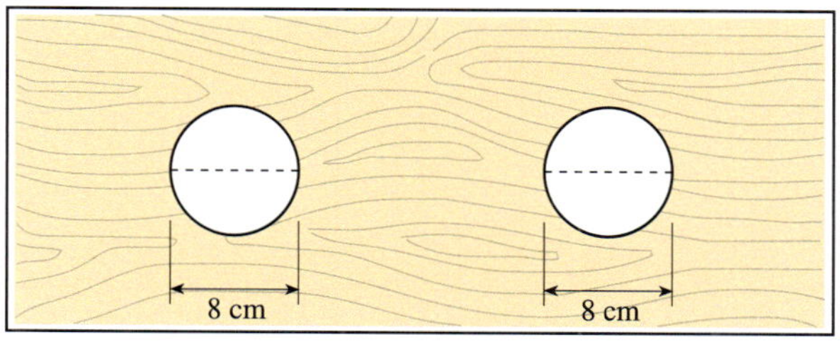

13.

Das *London Eye* an der Themse in London wurde 1999 errichtet und ist das größte Riesenrad Europas. Es hat einen Außendurchmesser von 122 m.

a) Wie viel m legt ein Tourist in einer Gondel bei einer Umdrehung des Riesenrades zurück? Überschlage zunächst.

b) Angabe in einem Prospekt:

> Das Riesenrad dreht sich mit einer Geschwindigkeit von 0,26 m pro Sekunde.

Wie lange braucht das Riesenrad für eine Umdrehung (ohne Halt)?

14. Die Baumsatzung einer Stadt schreibt vor: Bäume (außer Obstbäume) mit einem Durchmesser von mehr als 19 cm (in 1 m Höhe) dürfen nur mit Genehmigung der Unteren Naturschutzbehörde oder des Bauaufsichtsamtes gefällt werden.

a) Auf einem Grundstück stehen verschiedene Bäume, deren Umfang mit einem Meterband festgestellt wurde:
(1) Eiche: u = 151 cm
(2) Buche: u = 65 cm
(3) Birke: u = 56 cm
(4) Pappel: u = 61 cm
Welche dieser Bäume dürfen nur mit Genehmigung gefällt werden?

b) *Erkundigt euch:* Gibt es für euren Wohnort auch eine entsprechende Satzung? Berichtet.

15. Beim Basteln werden aus 12 cm langen Silberdrähten kreisförmige Ohrringe hergestellt. Welchen Durchmesser haben die Ringe?

16. Ein Rad mit einem Radius von 15 cm dreht sich 35-mal.
Wie oft dreht sich ein Rad mit einem Durchmesser von 25 cm, um den gleichen Weg abzurollen?

17. **a)** Die Länge des Äquators beträgt 40 000 km. Berechne den Erdradius.

b) Denke dir längs des Äquators ein Seil um die Erde gespannt. Seine Länge betrage genau 40 000 km. Denke dir nun das Seil um 1 m verlängert.
Ist jetzt genügend „Luft" vorhanden, dass eine Maus zwischen Seil und Erdboden durchschlüpfen kann?

c) Wie verändert sich der Radius r eines Kreises, wenn man den Umfang um 1 Längeneinheit (z. B. 1 m) verlängert?

18. Ein Ball hat einen Umfang von 1 m.
Passt er durch einen Ring mit 35 cm Innendurchmesser?

19. Der Querschnitt durch ein Wellblech ist eine Linie aus aneinandergesetzten Halbkreisen (Durchmesser 5 cm).

a) Vergleiche den Masseunterschied von glattem Blech und Wellblech der gleichen Stärke, das jeweils eine Fläche von 1 m^2 bedeckt. 1 cm^2 Blech wiegt 2,5 g.

b) Gib den Masseunterschied in Prozent an.

FLÄCHENINHALT DES KREISES

Einstieg

→ Vergleicht in den Abbildungen (1) und (2) rechts die Größe A der Kreisfläche mit der Größe eines Radiusquadrates. Welchen Zusammenhang vermutet ihr zwischen A und r^2?

(1)

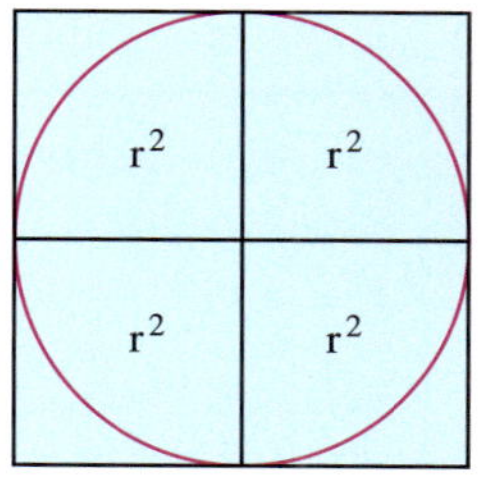

(2)

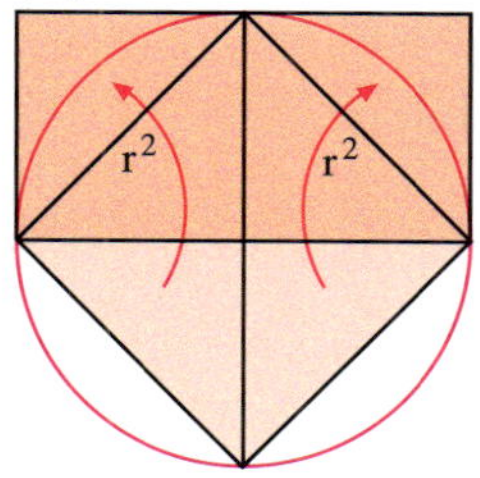

→ Zeichnet Kreise mit beliebigem Radius auf Millimeterpapier. Bestimmt das Verhältnis $\frac{A}{r^2}$ durch geschicktes Auszählen der Millimeterquadrate. Quadrate, die nur teilweise im Kreis liegen, werden als halbe Quadrate gezählt.
Vergleicht eure Ergebnisse mit der Kreiszahl π.

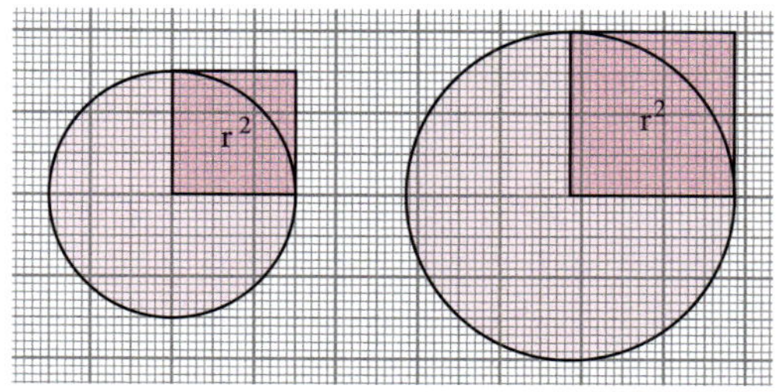

→ Versucht, eine Formel für die Berechnung des Flächeninhaltes eines Kreises aufzustellen.

Aufgabe

1. a) Die Kreisfläche kann man in 8, 16, 32, 64, 128, ... gleich große Teile zerschneiden und wie im Bild rechts zu einer geschlossenen Fläche zusammenlegen.
Je größer die Anzahl der Kreisteile ist, um so genauer nähert sich die geschlossene Figur einem Rechteck an.
Vergleiche die Länge und die Breite des Rechtecks mit dem Umfang bzw. dem Radius des Kreises. Entwickle eine Formel für die Berechnung des Flächeninhaltes des Kreises.

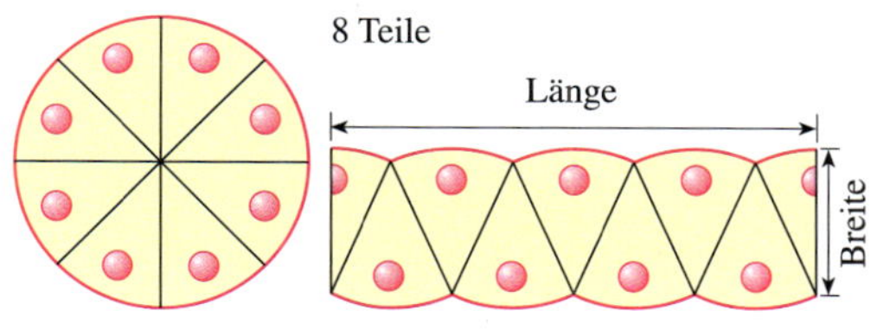

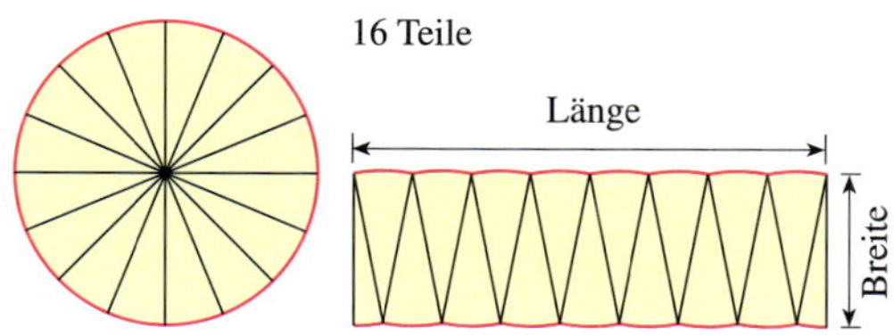

b) In einer Empfangshalle eines Hotels soll eine kreisrunde Fläche (r = 4,5 m) mit Mosaiksteinen ausgelegt werden. Wie viel m^2 Mosaiksteine werden benötigt?
Löse diese Aufgabe mithilfe der Formel aus Teilaufgabe a).

Lösung

a) Die Breite des Rechtecks entspricht genau dem Radius des Kreises.
Die Länge des Rechtecks entspricht ungefähr dem halben Umfang des Kreises.

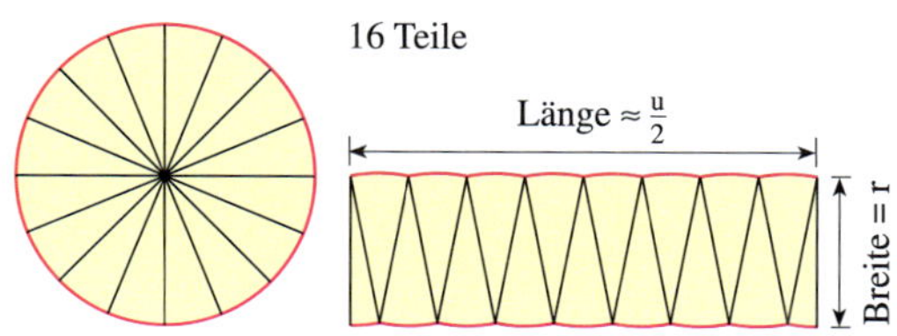

Je größer die Anzahl der Kreisteile ist, umso genauer nähert sich die Länge des Rechtecks dem halben Umfang an.
Für den Flächeninhalt des Rechtecks und des Kreises gilt: $A = \text{Länge} \cdot \text{Breite} \approx \frac{u}{2} \cdot r$.
Durch Einsetzen von $2\pi \cdot r$ für u erhalten wir: $A = \pi \cdot r^2$

b) Wir berechnen den Flächeninhalt mit dem Näherungswert 3,14 für π.
$A = \pi \cdot r^2 = \pi \cdot (4{,}5\ m)^2 \approx 63{,}58\ m^2 \approx 64\ m^2$
Ergebnis: Man braucht ungefähr 64 m^2 Mosaiksteine.

Information

Kreisfläche ungefähr dreimal so groß wie Radiusquadrat.

Für den **Flächeninhalt A eines Kreises** mit dem Radius r gilt:

$$\mathbf{A = \pi \cdot r^2}$$

Beispiel: r = 5,0 cm
Überschlag: $A \approx 3 \cdot 5^2\ cm^2 = 75\ cm^2$
$A = \pi \cdot (5{,}0\ cm)^2$
$A = \pi \cdot 25\ cm^2 \approx 78{,}5\ cm^2$

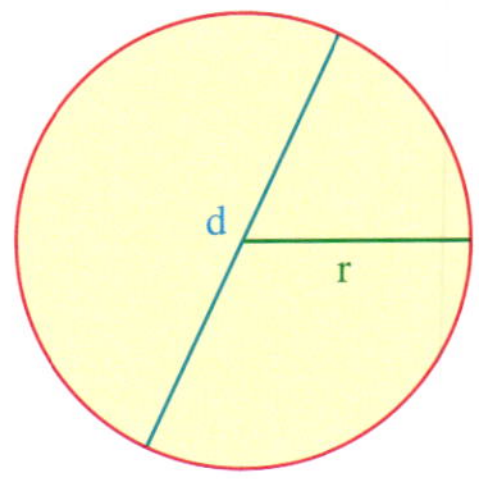

Zum Festigen und Weiterarbeiten

2. Zeige ausgehend von der Formel $A = \pi \cdot r^2$: Den Flächeninhalt des Kreises kann man auch mit der Formel $A = \frac{\pi}{4} \cdot d^2$ berechnen.

3. Überschlage zunächst den Flächeninhalt der Kreisfläche. Berechne ihn dann mit dem Taschenrechner. Runde das Ergebnis sinnvoll.

a) r = 4 cm **b)** r = 7,9 cm **c)** d = 1,3 m **d)** d = 10,4 m **e)** d = 15 km

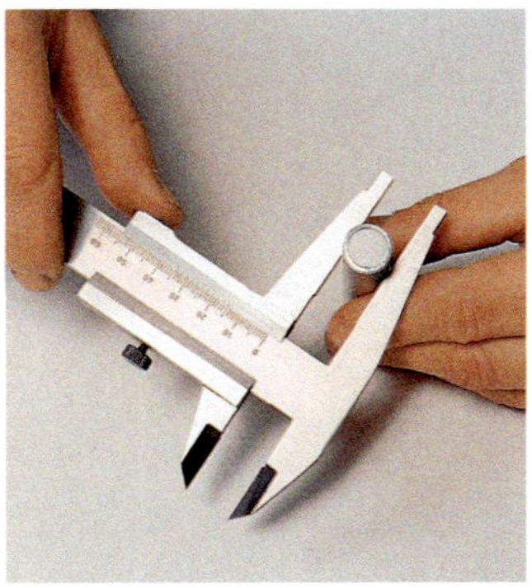

4. Der Durchmesser eines Bolzens wurde mit einer Schieblehre (Messschieber) gemessen: d = 8,2 mm.
Wie groß ist die Querschnittsfläche des Bolzens?

5. a) Zu jedem Radius r gehört genau ein Flächeninhalt A. Stelle die Zuordnung *Radius r* → *Flächeninhalt A* grafisch dar.

b) Der Radius eines Kreises wird vergrößert
(1) auf das Doppelte; (2) auf das Dreifache;
(3) um 20%.
Wie verändert sich dann der Flächeninhalt des Kreises?

6. *Flächeninhalt eines Kreisringes*
Die gelbe Fläche ist ein **Kreisring**; sie wird begrenzt durch zwei *konzentrische* Kreise; das sind Kreise mit demselben Mittelpunkt.
Gegeben sind zwei konzentrische Kreise mit den Radien $r_a = 5{,}3$ cm und $r_i = 2{,}8$ cm.

a) Berechne den Flächeninhalt des Kreisringes.

b) Stelle eine Formel für den Flächeninhalt eines Kreisringes mit den Radien r_a und r_i auf.

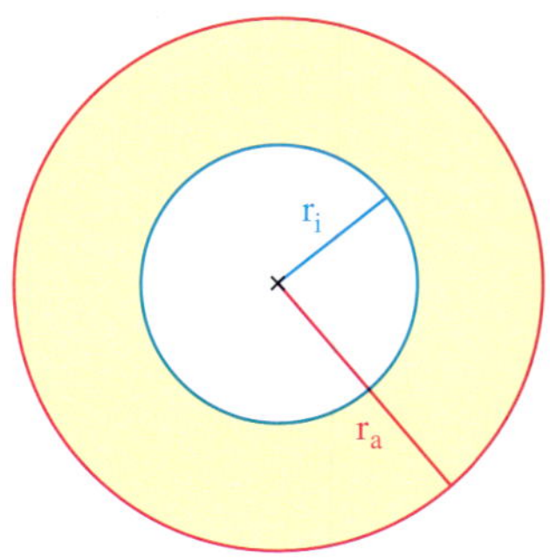

Übungen

7. Berechne den Flächeninhalt der Kreisfläche aus dem Radius r bzw. dem Durchmesser d.

a) r = 5,3 cm **b)** r = 1,18 km **c)** r = 2,06 m **d)** d = 28,5 cm **e)** d = 10,35 m

8. Ein kreisrunder Tisch hat den Durchmesser 1,40 m. Wie groß ist die Tischfläche?

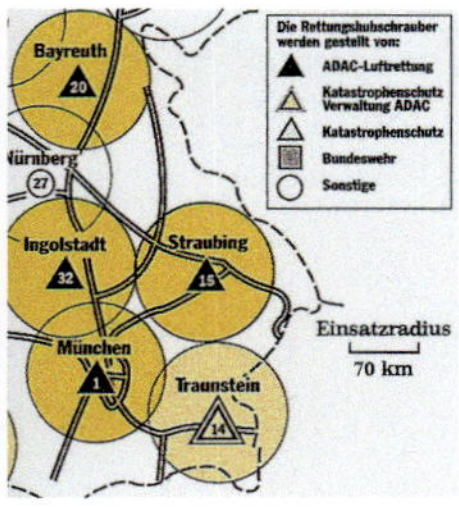

9. **a)** Der Einsatzradius eines Rettungshubschraubers beträgt 70 km.
Wie groß ist das Gebiet, in dem der Hubschrauber eingesetzt werden kann? Überschlage zunächst.

b) Drei verschiedene Standorte von Rettungshubschraubern liegen auf den Eckpunkten eines gleichseitigen Dreiecks mit der Seitenlänge 140 km.
Lege eine Zeichnung an. Färbe das Gebiet (in der Mitte), das von keinem der drei Hubschrauber erreicht werden kann.
Wie groß muss die Entfernung zwischen den Standorten höchstens gewählt werden, damit keine „Lücke" entsteht?

10. **a)** Gegeben ist der Umfang u eines Kreises. Berechne seinen Flächeninhalt A.
(1) u = 1 m (2) u = 3 m (3) u = 4,25 km (4) u = 9,4 cm

b) Stelle eine Formel auf, mit der man aus dem Umfang den Flächeninhalt des Kreises berechnen kann.

11. Ein Dichtungsring hat einen äußeren Durchmesser von 27 mm und ist 7 mm breit. Seine Querschnittsfläche ist ein Kreisring.
Berechne den Flächeninhalt des Ringes.

12. Berechne den Flächeninhalt eines Kreisringes mit den Radien r_i und r_a.
a) $r_i = 5{,}5$ cm; $r_a = 7$ cm **b)** $r_i = 3{,}50$ m; $r_a = 3{,}75$ m **c)** $r_i = 11$ cm; $r_a = 14$ cm

13. Einem Quadrat mit der Seitenlänge a ist der größtmögliche Kreis einbeschrieben.
Gib (1) den Flächeninhalt; (2) den Umfang des Kreises in Abhängigkeit von a an.

14.

Maare sind (fast) kreisrunde Wasserflächen, die sich in ehemaligen Vulkankratern gebildet haben. In der folgenden Tabelle findest du Angaben über Maare der Vulkaneifel.

	Gmündner Maar	Weinfelder Maar	Schalkenmehrener Maar
Durchmesser, gr.	325,0 m	525,0 m	575,0 m
Durchmesser, kl.	300,0 m	375,0 m	500,0 m
Umfang	975,0 m	1 525,0 m	1 775,0 m
Flächeninhalt	7,2 ha	16,8 ha	21,6 ha

a) Warum wird jeweils ein großer und ein kleiner Durchmesser angegeben?

b) Berechne jeweils den großen und den kleinen Flächeninhalt. Vergleiche mit den Angaben der Tabelle.

c) Berechne jeweils den großen und den kleinen Umfang. Vergleiche mit den Angaben der Tabelle.

SINNVOLLE GENAUIGKEIT BEIM RECHNEN MIT π

Die Zahl π in der Geschichte der Menschheit

Die Berechnung der Kreiszahl π hat die Menschen schon jahrtausendelang beschäftigt. Als Näherungswert für π gaben

die BABYLONIER (um 2000 v. Chr.) die Zahl **3**,

die ÄGYPTER (um 2000 v. Chr.) die Zahl $\left(\frac{16}{9}\right)^2$ an.

Der griechische Mathematiker ARCHIMEDES (287 – 212 v. Chr.) verwendete zur Berechnung des Kreisumfanges neben den einbeschriebenen regelmäßigen Vielecken auch umbeschriebene. Er zeigte am regelmäßigen 96-Eck:

$3\frac{10}{120} < \pi < 3\frac{1}{7}$

Als Näherungswert für π wurde dann häufig $\frac{22}{7}$ verwendet.

Der ägyptische Geograph, Astronom und Mathematiker Claudius PTOLEMÄUS (um 150 n. Chr.) fand für π den Näherungswert $3\frac{17}{120}$,

die CHINESEN (5. Jahrh. n. Chr.) $3\frac{16}{113}$,

die INDER (600 n. Chr.) ≈ **3,162**,

der Mathematiker VIETA (1540 – 1603) ≈ **3,142**.

Heute hat man die Zahl π mit Computern auf über 2 000 Milliarden Stellen nach dem Komma berechnet.

1. Gebt die verschiedenen Näherungswerte für π jeweils mit Taschenrechnergenauigkeit als Dezimalbruch an. Vergleicht mit den Näherungswerten, die ihr bisher benutzt habt. Schreibt alle diese Näherungswerte untereinander und färbt von links die Ziffern, die mit eurer Taschenrechneranzeige für π übereinstimmen.

2. Der Radius eines Kreises beträgt *genau* (1) 7 cm; (2) 3,7 cm; (3) 4,673 cm.

a) Berechnet arbeitsteilig den Umfang und den Flächeninhalt des Kreises
- mit Taschenrechnergenauigkeit und mit 3,14 für π
- mit den obigen blaugedruckten Näherungswerten (Taschenrechnergenauigkeit).

Schreibt die Ergebnisse untereinander und färbt von links wie in Aufgabe 1.

b) Bis auf welchen Bruchteil der Einheit cm bzw. cm^2 wird in Teilaufgabe a) (1) der Umfang, (2) der Flächeninhalt jeweils genau angegeben?

3. Ihr wisst: Größen kann man nur bis zu einer bestimmten Genauigkeit messen. Die Maßzahl in der Größenangabe „3,7 cm" kann man deshalb als gerundete Zahl betrachten. In der Technik findet man oft folgende Schreibweise „3,7 cm ± 0,05 cm", d. h. der genaue Wert ist höchstens 3,75 cm und mindestens 3,65 cm.

a) Gegeben sei ein Kreis mit dem Radius:
(1) r = 7 cm ± 0,5 cm (2) r = 3,7 cm ± 0,05 cm (3) r = 4,673 cm ± 0,0005 cm
Berechnet mithilfe des Taschenrechners den möglichen Höchstwert und den möglichen Mindestwert für den Umfang und den Flächeninhalt des Kreises.
Rundet die Taschenrechneranzeige nicht.

b) Welche der Ergebnisse aus Aufgabe 2 a) liegen zwischen den ermittelten Höchst- und Mindestwerten?

c) Entscheidet selbst: Welche der Ergebnisse in Aufgabe 2 a) sind zu ungenau, welche sind angemessen, welche sind übertrieben genau?

FLÄCHENINHALT UND UMFANG VON ZUSAMMENGESETZTEN FLÄCHEN

Einstieg

Der Giebel eines Hauses soll neu gestrichen werden.
Pro Quadratmeter muss mit einem Preis von 15,35 € gerechnet werden.
Die Fenster und die Tür bleiben unberücksichtigt.

→ Wie teuer ist der Anstrich?

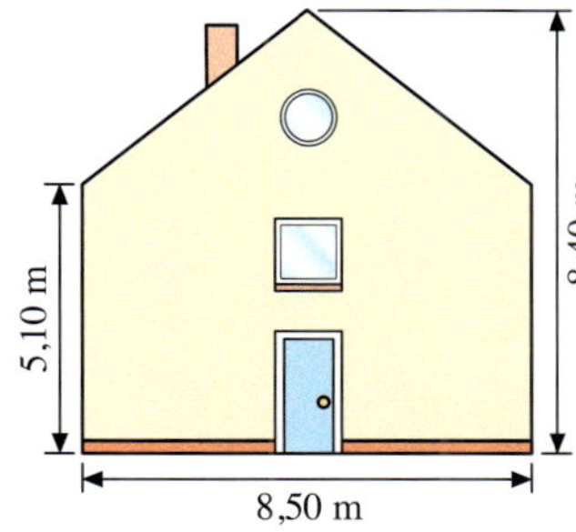

Aufgabe

1. Lauras Eltern besitzen einen runden Esstisch, den man durch Einlegen einer rechteckigen Platte erweitern kann.

a) Wie groß ist dann die Tischfläche?

b) Gib auch den Umfang des Tisches an.

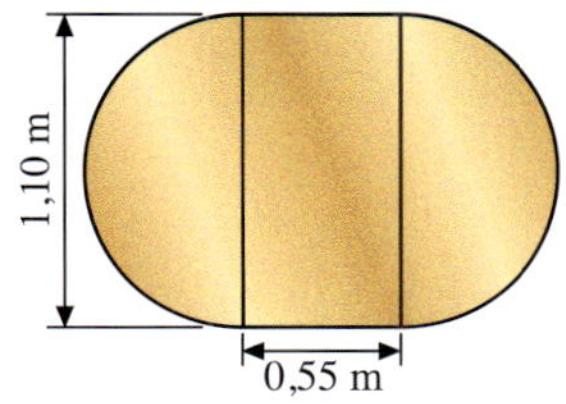

Lösung

a) Die Tischfläche besteht aus einem Rechteck mit den Maßen $a = 0{,}55\ \text{m}$ und $b = 1{,}10\ \text{m}$ sowie aus zwei Halbkreisflächen, die zusammen eine Kreisfläche mit dem Durchmesser $d = 110\ \text{cm}$ ergeben.

Flächeninhalt A_R des Rechtecks:	*Flächeninhalt A_K des Kreises:*
$A_R = a \cdot b$	$A_K = \pi \cdot r^2$
$A_R = 0{,}55\ \text{m} \cdot 1{,}10\ \text{m}$	$A_K = \pi \cdot (0{,}55\ \text{m})^2$
$A_R = 0{,}605\ \text{m}^2$	$A_K \approx 0{,}950\ \text{m}^2$

Der Gesamtflächeninhalt ergibt sich aus der Summe der beiden Teilflächeninhalte:

$A = A_R + A_K$

$A = 0{,}605\ \text{m}^2 + 0{,}950\ \text{m}^2$

$A \approx 1{,}555\ \text{m}^2$

Ergebnis: Die Tischfläche ist ungefähr $1\frac{1}{2}\ \text{m}^2$ groß.

b) Der Rand des Tisches setzt sich aus den beiden kürzeren Seiten des Rechtecks und dem Kreis zusammen:

$u = 2 \cdot a + u_K$

$u = 2 \cdot 0{,}55\ \text{m} + 2\pi \cdot 0{,}55\ \text{m}$

$u \approx 4{,}56\ \text{m}$

Ergebnis: Der Umfang des Tisches beträgt ungefähr $4\frac{1}{2}\ \text{m}$.

Zum Festigen und Weiterarbeiten

2. a) Berechne den Flächeninhalt des Blechstücks. Beschreibe dein Vorgehen.

b) Gib auch den Umfang des Blechstücks an.

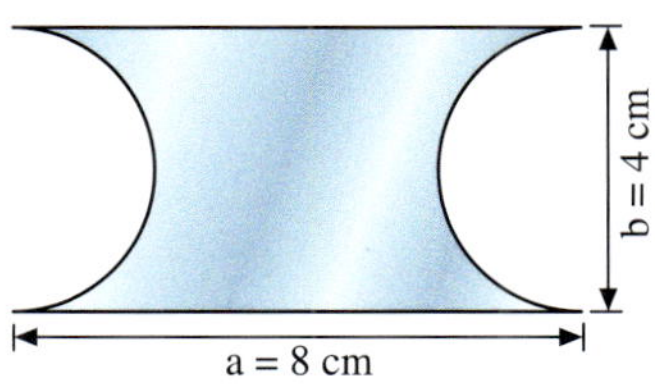

Information

Strategie zur Berechnung von zusammengesetzten Flächen

Um den Flächeninhalt von zusammengesetzten Flächen zu berechnen, zerlegt man die Fläche in geeignete Teilflächen, wie z. B. Rechtecke, Dreiecke oder Kreise. Manchmal kann man die Figur auch geeignet ergänzen.

Übungen

3. Bei der Anlage von Blumenbeeten werden oft Kreise und Halbkreise zur Gestaltung verwendet. Berechne Flächeninhalt und Umfang der skizzierten Flächen (Maße in m).

a)

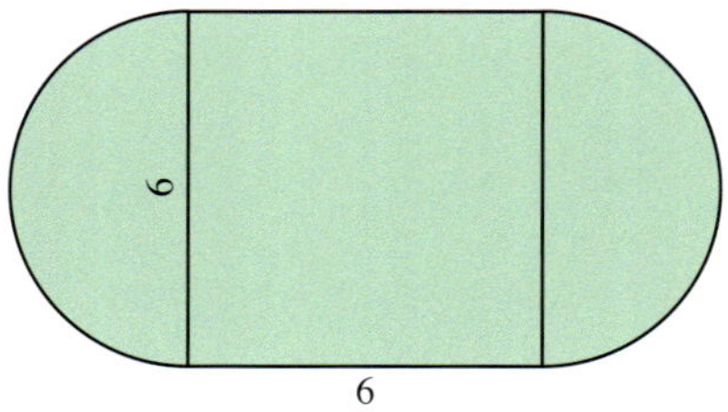

b)

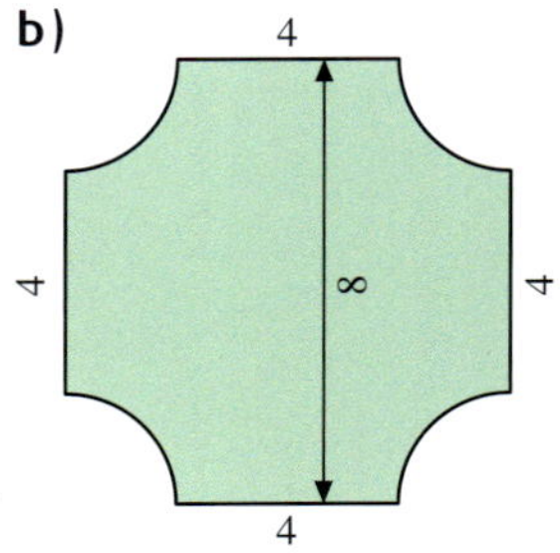

c)

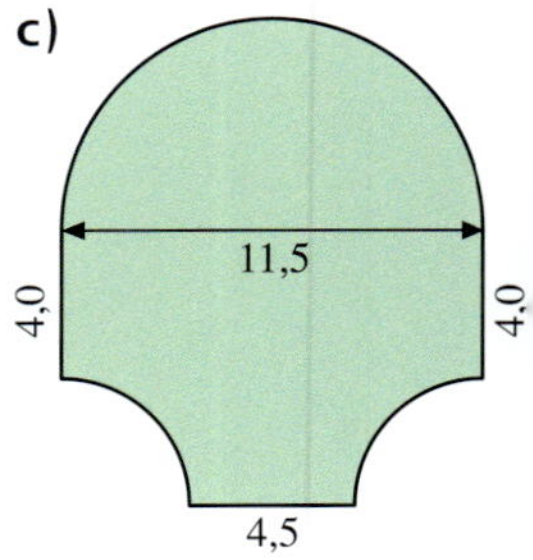

4. Berechne den Flächeninhalt und den Umfang der Ornamente.

a)

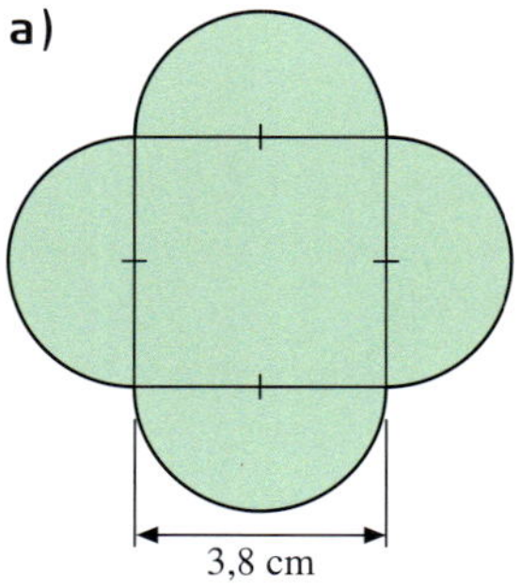

b)

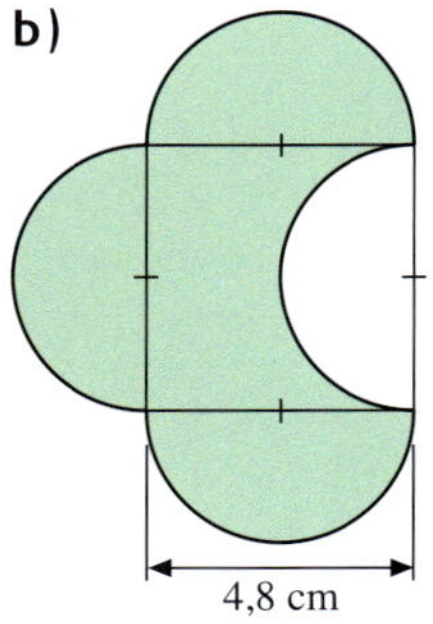

c)

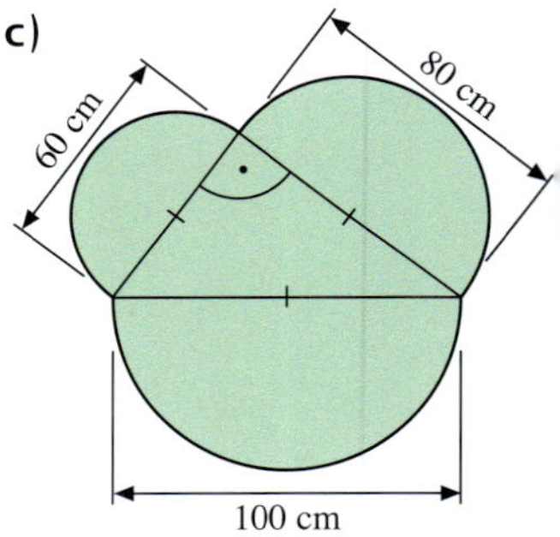

5. Berechne den Flächeninhalt und den Umfang der rot gekennzeichneten Figur.

a)

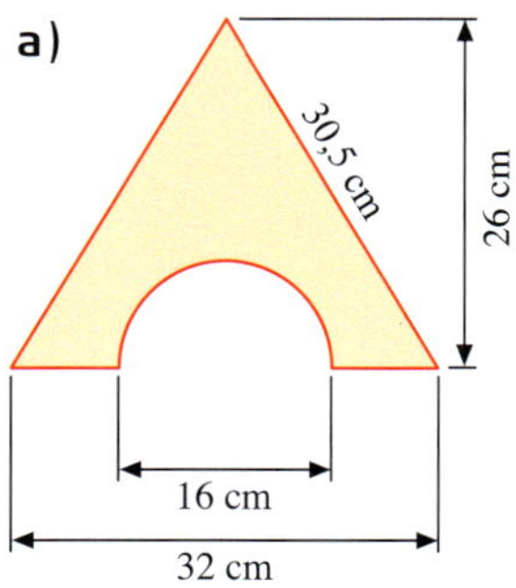

b)

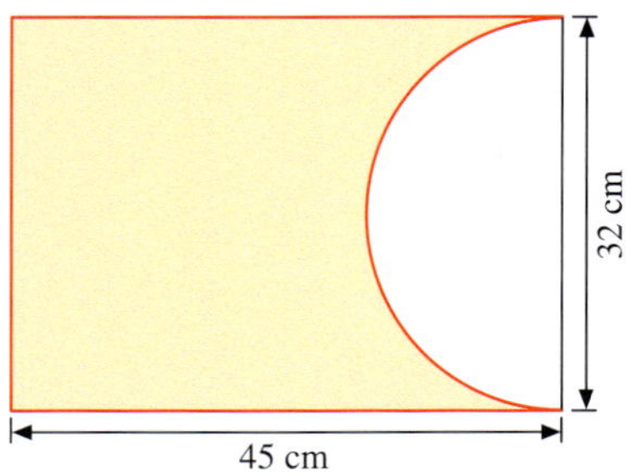

c)

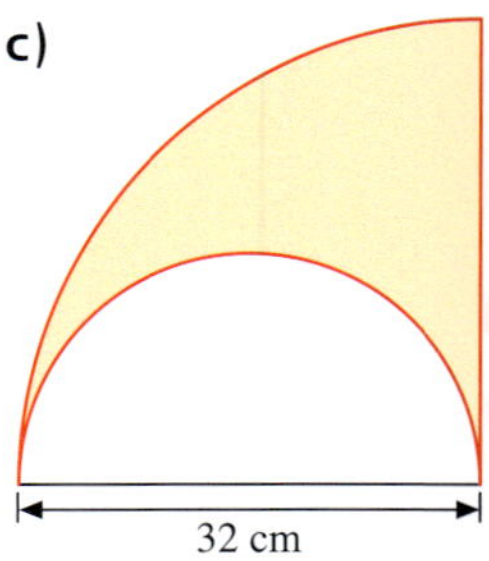

6. a) Stelle eine Formel für den Flächeninhalt A und den Umfang u der Figur auf.

b) Berechne den Flächeninhalt A und den Umfang u für s = 3,6 cm.

c) Der Flächeninhalt A der Figur beträgt 55 cm². Berechne den Umfang u.

d) Die Figur hat einen Umfang von 64,5 cm. Berechne den Flächeninhalt A.

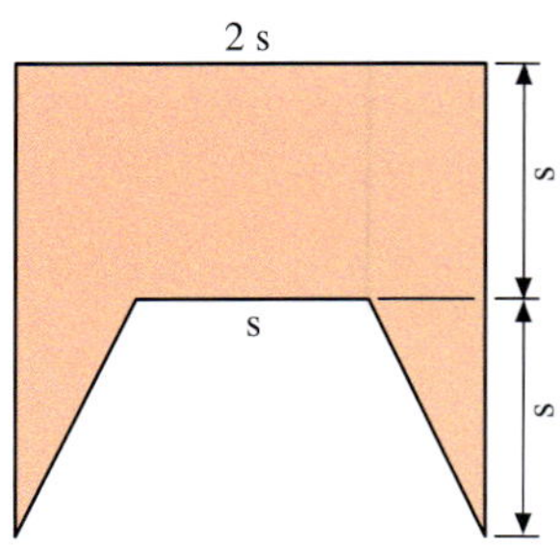

QUADRATWURZELN UND IHRE ANWENDUNG

Berechnen von Quadratwurzeln

Einstieg

Der USA-Staat Wyoming hat eine Größe von ca. 250000 km^2. Seine Fläche kann näherungsweise als Quadrat betrachtet werden.

→ Wie lang ist die Grenze von Wyoming ungefähr?

Aufgabe

1. In manchen Gemeinden werden die Straßenreinigungsgebühren danach abgerechnet, wie lang die Seite des Grundstücks ist, das an die Straße grenzt. Dieses Verfahren, das Straßenfront-Maßstab genannt wird, führt z. B. dazu, dass Familie Müller weniger bezahlen muss als Familie Jess, obwohl ihr Grundstück größer ist.
Andere Gemeinden verwenden daher ein anderes Verfahren: Man denkt sich jedes Grundstück in ein Quadrat verwandelt, wobei der Flächeninhalt unverändert bleiben soll. Die Höhe der Straßenreinigungsgebühren richtet sich dann nach der Seitenlänge dieses Quadrats (so genannter Quadratwurzel-Maßstab).
Berechne die Seitenlänge der Quadrate für die Grundstücke der Familien Müller und Jess.

Lösung

Wir rechnen nur mit den Maßzahlen. Man erhält den Flächeninhalt eines Quadrates, indem man die Seitenlänge quadriert, d. h. mit sich selbst multipliziert:

$A = a \cdot a = a^2$

Hier ist jeweils der Flächeninhalt A gegeben und die dazu gehörige Seitenlänge a gesucht.

Familie Müller: $400 = a^2$
Wir finden: $a = 20$, denn $20 \cdot 20 = 400$

Familie Jess: $289 = a^2$
Wir finden: $a = 17$, denn $17 \cdot 17 = 289$

Ergebnis: Das Quadrat, das so groß ist wie das Grundstück der Familie Müller hat eine Seitenlänge von 20 m; das entsprechende Quadrat für das Grundstück der Familie Jess hat eine Seitenlänge von 17 m.

Information

(1) Erklärung der Quadratwurzel

In der Lösung der Aufgabe 1 haben wir zu positiven Zahlen A *positive* Zahlen x gesucht, für die gilt: $x \cdot x = x^2 = A$.
Bei $x^2 = 900$ war $x = 30$. Die Zahl 30 nennt man *Quadratwurzel* aus 900.
Bei $x^2 = 729$ war $x = 27$. Die Zahl 27 nennt man *Quadratwurzel* aus 729.

Radix ⟨lat.⟩
Wurzel, Basis

Unter der **Quadratwurzel** aus einer positiven Zahl a versteht man diejenige *positive* Zahl, die mit sich selbst multipliziert a ergibt.

Für die Quadratwurzel aus a schreibt man kurz:
$\sqrt{a}$, gelesen: *Quadratwurzel aus a*, kurz: *Wurzel aus a*.

Beispiel: $\sqrt{900} = 30$, denn $30 \cdot 30 = 900$

Für den Sonderfall a = 0 gilt: $\sqrt{0} = 0$, denn $0 \cdot 0 = 0$

Die Zahl a unter dem Wurzelzeichen heißt *Radikand.* Das Bestimmen der Quadratwurzel heißt Wurzelziehen (*Radizieren*).

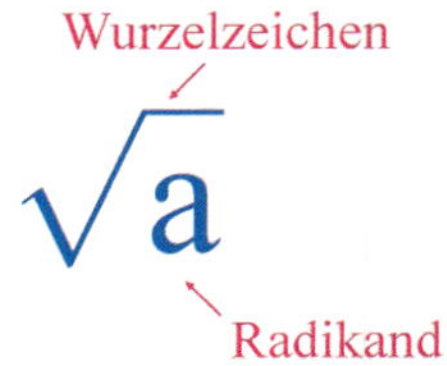

(2) Weitere Beispiele für Quadratwurzeln

$\sqrt{625} = 25$, denn $25^2 = 25 \cdot 25 = 625$; $\sqrt{0{,}64} = 0{,}8$, denn $0{,}8^2 = 0{,}8 \cdot 0{,}8 = 0{,}64$;

$\sqrt{\frac{1}{100}} = \frac{1}{10}$, denn $\left(\frac{1}{10}\right)^2 = \frac{1}{10} \cdot \frac{1}{10} = \frac{1}{100}$; $\sqrt{\frac{49}{9}} = \frac{7}{3}$, denn $\left(\frac{7}{3}\right)^2 = \frac{7}{3} \cdot \frac{7}{3} = \frac{49}{9}$;

$\sqrt{1} = 1$, denn $1^2 = 1 \cdot 1 = 1$.

Zum Bestimmen von Quadratwurzeln ist es nützlich, gewisse Quadratzahlen zu kennen. Präge dir die folgenden Quadratzahlen ein: $1^2 = 1$; $2^2 = 4$; $3^2 = 9$; ...; $20^2 = 400$

Zum Festigen und Weiterarbeiten

$\sqrt{289}$? Welche positive Zahl ergibt mit sich selbst multipliziert 289?

2. Bestimme die zugehörige Quadratzahl: 7; 15; 25; 40; $\frac{1}{2}$; $\frac{2}{3}$; 0,5; 2,1.

3. Bestimme die Quadratwurzel im Kopf: $\sqrt{25}$; $\sqrt{36}$; $\sqrt{121}$; $\sqrt{144}$; $\sqrt{324}$; $\sqrt{400}$.

4. a) Bestimme im Kopf: (1) $\sqrt{3600}$ (2) $\sqrt{2{,}89}$ (3) $\sqrt{0{,}04}$ (4) $\sqrt{\frac{4}{25}}$ (5) $\sqrt{\frac{169}{361}}$

b) Schreibe als Quadratwurzel aus einer Zahl:
(1) 7 (2) 23 (3) 0,3 (4) 0,16 (5) $\frac{16}{9}$

$9 = \sqrt{9 \cdot 9} = \sqrt{81}$

Übungen

5. Bestimme die zugehörige Quadratzahl.
a) 13 **b)** 21 **c)** 800 **d)** $\frac{1}{3}$ **e)** $\frac{9}{10}$ **f)** 0,1 **g)** 0,05 **h)** 1,5

6. Ziehe die Quadratwurzeln im Kopf.
a) $\sqrt{225}$ **b)** $\sqrt{324}$ **c)** $\sqrt{196}$ **d)** $\sqrt{169}$ **e)** $\sqrt{1600}$ **f)** $\sqrt{14400}$ **g)** $\sqrt{1000000}$

7. a) $\sqrt{\frac{1}{9}}$ **b)** $\sqrt{\frac{16}{100}}$ **c)** $\sqrt{\frac{25}{144}}$ **d)** $\sqrt{\frac{169}{196}}$ **e)** $\sqrt{\frac{361}{324}}$ **f)** $\sqrt{\frac{324}{121}}$ **g)** $\sqrt{\frac{256}{64}}$

8. a) $\sqrt{0{,}16}$ **b)** $\sqrt{0{,}01}$ **c)** $\sqrt{1{,}96}$ **d)** $\sqrt{3{,}24}$ **e)** $\sqrt{0{,}0049}$ **f)** $\sqrt{0{,}0289}$

9. a) $\sqrt{144}$; $\sqrt{14400}$; $\sqrt{1{,}44}$; $\sqrt{0{,}0144}$ **b)** $\sqrt{324}$; $\sqrt{3{,}24}$; $\sqrt{32400}$; $\sqrt{0{,}0324}$

10. Schreibe wie in Aufgabe 4 b) als Quadratwurzel aus einer Zahl.
a) 12 **b)** 17 **c)** 32 **d)** 300 **e)** 0,7 **f)** 3,5 **g)** 0,17 **h)** $\frac{5}{7}$ **i)** $\frac{13}{25}$ **j)** $\frac{1}{18}$

11. Kontrolliere die Lösung der Hausaufgaben:

1+1=3

a) $\sqrt{256} = 16$ *b)* $\sqrt{-1024} = 32$ *c)* $\sqrt{1024} = 32$ *d)* $\sqrt{10} = 3{,}3$ *e)* $\sqrt{0{,}04} = -0{,}2$

Näherungsweises Ermitteln von Quadratwurzeln

Einstieg

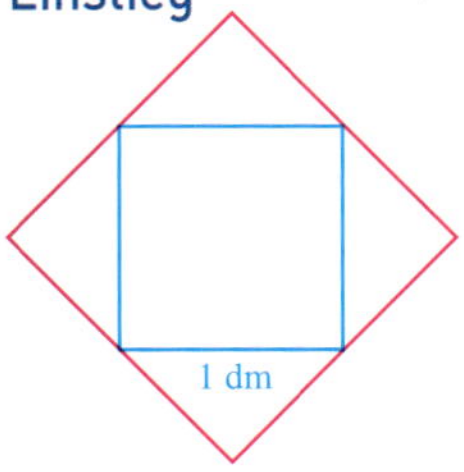

Markus hat ein Quadrat mit der Seitenlänge 1 dm gezeichnet und um dieses Quadrat ein zweites Quadrat wie in der Abbildung links.

→ Markus behauptete, dass der Flächeninhalt des großen Quadrates doppelt so groß ist wie der Flächeninhalt des kleinen Quadrates.

→ Was kann er dann über die Seitenlänge des großen Quadrates sagen?

→ Wie kann Markus diese Länge möglichst genau bestimmen?

Aufgabe

1.

Die Straßenreinigungsgebühren eines 660 m² großen Grundstücks sollen nach dem Quadratwurzelmaßstab berechnet werden (vgl. Seite 113). Welche Seitenlänge hat ein 660 m² großes Quadrat?

Lösung

Wir suchen die Zahl $a = \sqrt{660}$, es muss also gelten: $a \cdot a = 660$.
Durch Probieren finden wir: Die gesuchte Länge a muss zwischen 25 m und 26 m liegen, denn $25^2 = 625 < 660$ und $26^2 = 676 > 660$.
Wir probieren es nun mit den Maßzahlen 25,1; 25,2; 25,3; 25,4; 25,5; 25,6 usw.:

$25{,}1^2 = 630\ 01$; $25{,}2^2 = 635{,}04$; $25{,}3^2 = 640{,}09$; $25{,}4^2 = 645{,}16$; $25{,}5^2 = 650{,}25$; $25{,}6^2 = 655\ 36$; $25{,}7^2 = 660{,}49$.

Also liegt die gesuchte Seitenlänge zwischen 25,6 m und 25,7 m.
Dies notieren wir in einer Tabelle und rechnen eine weitere Stelle aus.

Anzahl der Stellen nach dem Komma	untere Näherungszahl	hoch 2 →	Probe	← hoch 2	obere Näherungszahl
0	25	625	< 660	< 676	26
1	25,6	655,36	< 660	< 660,49	25,7
2	25,69	659,9761	< 660	< 660,4900	25,70

Die untere Näherungszahl wählen wir so groß wie möglich, die obere so klein wie möglich. Das als quadratisch angenommene Grundstück würde eine Straßenfront zwischen 25,69 m und 25,70 m besitzen.

Ergebnis: Das quadratische Grundstück hat eine Seitenlänge von ca. 25,70 m.

Zum Festigen und Weiterarbeiten

2. Fülle die nächste Zeile der Tabelle von Aufgabe 1 aus (3 Stellen nach dem Komma).
Überlege vorher: Womit beginnt man am besten beim Ausprobieren?
Beachte: 660 liegt näher an $25{,}69^2$ als an $25{,}70^2$.

3. Zwischen welchen natürlichen Zahlen liegt:

a) $\sqrt{10}$ **c)** $\sqrt{60}$ **e)** $\sqrt{200}$
b) $\sqrt{40}$ **d)** $\sqrt{80}$ **f)** $\sqrt{1000}$

$4 < \sqrt{20} < 5$, denn
$4^2 < 20 < 5^2$

4. Bestimme wie in Aufgabe 1 durch Probieren auf zwei Stellen nach dem Komma.

a) $\sqrt{30}$ b) $\sqrt{5}$ c) $\sqrt{50}$ d) $\sqrt{500}$ e) $\sqrt{0{,}8}$

Information

(1) Bestimmen von Quadratwurzeln mit dem Taschenrechner

Es ist mühsam, durch Probieren eine Quadratwurzel zu bestimmen. Mit dem Taschenrechner kannst du Wurzeln schnell und recht genau bestimmen. Dies funktioniert von Taschenrechner zu Taschenrechner unterschiedlich. Erkundige dich, mit welcher Tastenfolge man auf deinem Taschenrechner die Quadratwurzel bestimmt oder schlage in der Gebrauchsanweisung nach.

(2) Genauer Wert oder Näherungswert?

Bei $\sqrt{289} = 17$ erhalten wir mit dem Taschenrechner einen genauen Wert.
Bei $\sqrt{3}$ erhalten wir nur einen Näherungswert nämlich 1,732050808. Dies kann man nachprüfen, indem man 1,732050808 mit sich selbst multipliziert. Dabei reicht es, die letzte Stelle zu betrachten:

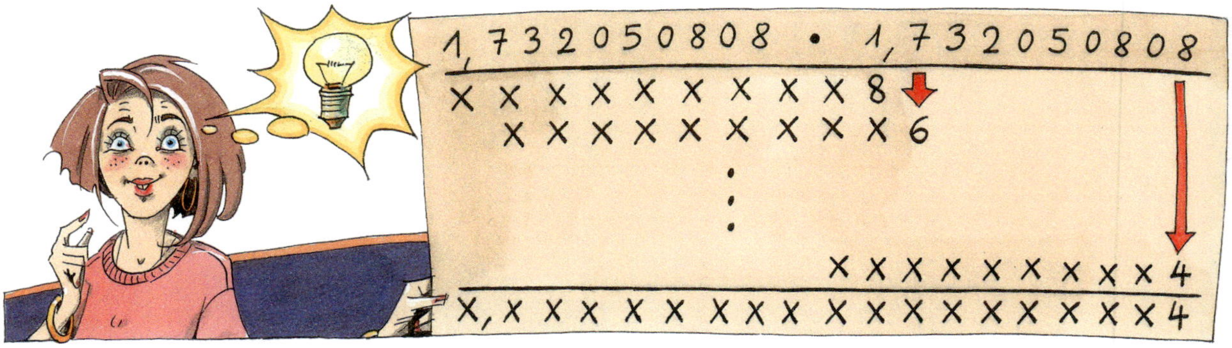

Man erhält einen Dezimalbruch mit 18 Stellen nach dem Komma, der als letzte Stelle eine 4 hat. Daher gilt: $1{,}732050808 \cdot 1{,}732050808 \neq 3$
Die Zahl 1,732050808 ist somit nur ein Näherungswert für $\sqrt{3}$.

Übungen

5. Welche der Wurzeln $\sqrt{100}$, $\sqrt{200}$, $\sqrt{300}$, ..., $\sqrt{1200}$ kannst du sofort angeben?
Grenze die anderen Wurzeln wie im Beispiel zwischen zwei aufeinanderfolgenden natürlichen Zahlen ein.

$\sqrt{100} = 10$
$14 < \sqrt{200} < 15$

6. Bestimme durch Probieren auf Hundertstel genau.

a) $\sqrt{6}$ b) $\sqrt{11}$ c) $\sqrt{17}$ d) $\sqrt{21}$ e) $\sqrt{71}$ f) $\sqrt{99}$

7. Bestimme mit dem Taschenrechner.

a) $\sqrt{1561}$ b) $\sqrt{10526}$ c) $\sqrt{85184}$ d) $\sqrt{1{,}525}$ e) $\sqrt{0{,}0938}$ f) $\sqrt{0{,}00195}$

8. Bestimme mit dem Taschenrechner und runde auf vier Stellen nach dem Komma.

a) $\sqrt{13}$ b) $\sqrt{741}$ c) $\sqrt{1025}$ d) $\sqrt{20000}$ e) $\sqrt{0{,}176}$ f) $\sqrt{0{,}00153}$

Anwendungen der Quadratwurzel

Einstieg

Ein quadratischer Bauplatz ist 961 m^2 groß. Er soll mit einem Bauzaun umgeben werden. Für die Einfahrt sollen 4 m frei bleiben.

→ Wie viel m Zaun benötigt man?

Aufgabe

1. Der Oberflächeninhalt eines Würfels ist 294 cm^2 groß. Wie lang sind seine Kanten?

Lösung

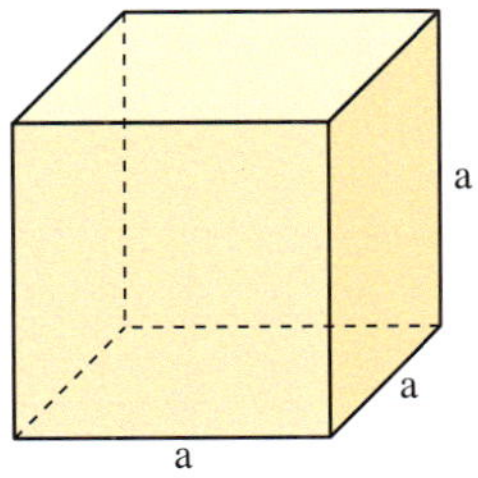

Der Würfel wird von 6 Quadraten mit der Seitenlänge a begrenzt.
Für den Oberflächeninhalt gilt also die Formel:

$A_O = 6 \cdot a^2$

Der Oberflächeninhalt ist bekannt: $A_O = 294\ cm^2$
Wir setzen in die Formel ein (ohne Einheit):

$294 = 6 \cdot a^2 \quad | : 6$
$49 = a^2$
$a = \sqrt{49} = 7$

Ergebnis: Die Kantenlänge des Würfels beträgt 7 cm.

Zum Festigen und Weiterarbeiten

2. *Berechnen des Radius bei gegebenem Flächeninhalt*
Gegeben ist der Flächeninhalt A eines Kreises. Berechne den Radius. Entwickle zunächst eine Formel für die Berechnung von r. Rechne dann mit der Formel.
Runde das Ergebnis sinnvoll.

a) $A = 40{,}7\ cm^2$ **b)** $A = 25\ m^2$ **c)** $A = 58\ km^2$ **d)** $A = 25\ mm^2$

Übungen

3. Bestimme die Seitenlänge eines Quadrates mit dem Flächeninhalt:

a) 144 cm^2 **b)** 2,25 m^2 **c)** 1,96 dm^2 **d)** 0,16 km^2 **e)** 25 600 mm^2

4. Der Oberflächeninhalt eines Würfels ist (1) 486 cm^2, (2) 744 cm^2 groß. Berechne die Kantenlänge des Würfels.

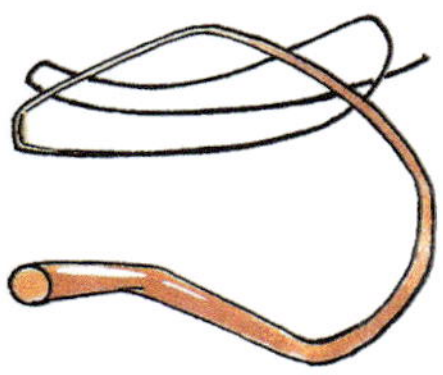

5. Berechne Radius und Durchmesser aus dem gegebenen Kreisflächeninhalt A.

a) 56,8 cm^2 **b)** 4,06 km^2 **c)** 0,84 mm^2 **d)** 3,88 cm^2 **e)** 0,053 m^2

6. Der kreisförmige Querschnitt eines Kupferdrahtes für eine elektrische Leitung beträgt (1) 1,13 mm^2; (2) 9,62 mm^2; (3) 0,5 mm^2. Bestimme den Durchmesser.

… Bei einem Tankerunfall hatte sich nach allen Seiten schnell ein Ölteppich ausgebreitet. Der Ölteppich hatte am ersten Tag die Größe von 4 km^2, am zweiten Tag war er bereits auf 6 km^2 angewachsen.

7. Lies den nebenstehenden Ausschnitt aus einem Zeitungsbericht über einen Tankerunfall.
Angenommen, die Ölfläche ist kreisförmig.
Wie groß ist dann der Durchmesser des Ölteppichs am ersten Tag, am zweiten Tag?

IM BLICKPUNKT: DAS HERONVERFAHREN – WURZELBERECHNUNG MIT DEM COMPUTER

Um Näherungswerte für Wurzeln zu bestimmen verwenden Taschenrechner und Computer spezielle Rechenverfahren. Ein solches Rechenverfahren lernen wir jetzt kennen:
das Heron-Verfahren.

Es stammt aus der Zeit, als es noch keine Taschenrechner und Computer gab, und geht auf den griechischen Mathematiker *Heron von Alexandria* (ca. 60 n.Chr.) zurück.
Wir machen uns das Verfahren an einem Beispiel klar:

	rechnerisch	**geometrisch**
Problem	Gesucht ist ein Näherungswert für $\sqrt{6}$, also ein Dezimalbruch x, für den gilt: $x \cdot x = 6$	Wir suchen ein Quadrat mit dem Flächeninhalt 6 und der Seitenlänge x. 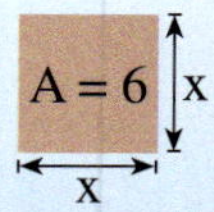
Idee	Wir nehmen zunächst zwei verschiedene Zahlen, deren Produkt 6 ergibt. Diese lassen sich leicht finden, z. B.: $3 \cdot 2 = 6$	Wir nehmen zunächst ein Rechteck mit dem Flächeninhalt 6, z. B. mit den Seitenlängen 3 und 2. 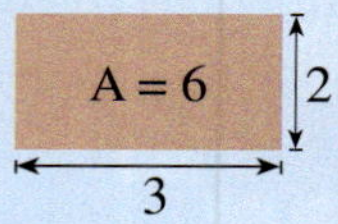
	Dann nähern wir die beiden Faktoren einander immer mehr an, bis sie fast gleich groß sind.	Wir verwandeln das Rechteck schrittweise immer mehr in ein Quadrat.

Systematische Durchführung des Verfahrens:

1. Schritt: (a) Wähle einen Startwert als ersten Faktor, z. B. $a_0 = 3$

(b) Berechne den zweiten Faktor: $b_0 = \frac{6}{a_0} = 2$

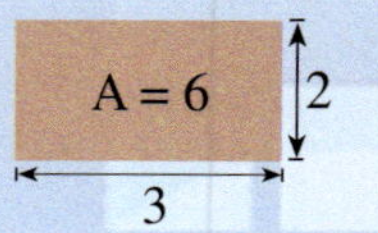

2. Schritt: (a) Wähle a_1 als Mittelwert von a_0 und b_0:

$$a_1 = \frac{(a_0 + b_0)}{2} = \frac{(3 + 2)}{2} = 2{,}5$$

(b) Berechne den zweiten Faktor: $b_1 = \frac{6}{a_1} = 2{,}4$

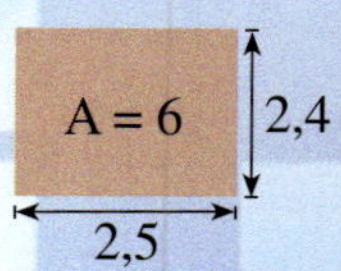

3. Schritt: (a) Wähle a_2 als Mittelwert von a_1 und b_1:

$$a_2 = \frac{(a_1 + b_1)}{2} = 2{,}45$$

(b) Berechne den zweiten Faktor: $b_2 = \frac{6}{a_2}$, 2,448

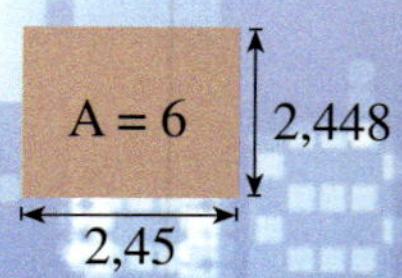

Mit jedem Schritt nähern sich die beiden Faktoren immer mehr einander an, ihre Differenz wird immer kleiner. Setzen wir das Verfahren fort, so erhalten wir immer bessere Näherungswerte für $\sqrt{6}$.

Die Ergebnisse unserer Rechnung fassen wir in einer Tabelle zusammen.

Faktor a	Faktor b = $\frac{6}{a}$	Mittelwert m = $\frac{a+b}{2}$	Kontrolle ($m^2 = 6$?)
3	2	2,5	6,25
2,5	2,4	2,45	6,0025
2,45	2,448979591 ...	2,449489795	6,00000026
2,449489795	2,449489689 ...	2,449489742 ...	6,00000000 ...

1. Führe die ersten drei Schritte des *Heron-Verfahrens* durch.
Prüfe den Näherungswert durch Quadrieren.

a) $\sqrt{30}$ (Startwert 5) **b)** $\sqrt{13}$ (Startwert 3).

Das *Heron-Verfahren* lässt sich leicht in ein Kalkulationsprogramm umsetzen.
Die Abbildung zeigt ein solches Programm am Beispiel der Berechnung von $\sqrt{10}$.

	A	B	C	D
1	Heron-Verfahren zur Wurzelberechnung			
2				
3		Radikand	10	
4		Startwert	3	
5	Faktor a	Faktor b	Mittelwert m	Kontrolle m²
6	=C4	=C3/A6	=(A6+B6)/2	=C6*C6
7	=C6	=C3/A7	=(A7+B7)/2	=C7*C7
8	=C7	=C3/A8	=(A8+B8)/2	=C8*C8
9	=C8	=C3/A9	=(A9+B9)/2	=C9*C9
10	=C9	=C3/A10	=(A10+B10)/2	=C10*C10
11	=C10	=C3/A11	=(A11+B11)/2	=C11*C11

Zelle D8

In wenigen Schritten liefert das Verfahren einen sehr guten Näherungswert für $\sqrt{10}$.

Die Abbildung unten zeigt die Formeln, die in das Tabellenblatt eingegeben wurden. Vergleiche mit der Berechnung in der Abbildung links.

	A	B	C	D
1	Heron-Verfahren zur Wurzelberechnung			
2				
3		Radikand	10	
4		Startwert	3	
5	Faktor a	Faktor b	Mittelwert m	Kontrolle m²
6	3,0000000	3,3333333	3,1666667	10,0277778
7	3,1666667	3,1578947	3,1622807	10,0000192
8	3,1622807	3,1622746	3,1622777	10,0000000
9	3,1622777	3,1622777	3,1622777	10,0000000
10	3,1622777	3,1622777	3,1622777	10,0000000
11	3,1622777	3,1622777	3,1622777	10,0000000

Dividiere die Zahl aus Zelle C3 durch die Zahl aus Zelle A11

Berechne den Mittelwert der Zahlen aus den Zellen A11 und B11

2. a) Erstelle mit dem Kalkulationsprogramm ein Rechenblatt zur Berechnung von $\sqrt{10}$ mit dem Startwert 3.

b) Wähle weitere Startwerte (auch die Zahl 1 und die Zahl 2). Vergleiche.

3. Gib als Radikand 60 ein. Wähle als Startwert 6, dann 7, dann 8. Nach wie vielen Schritten stimmen die Faktoren a und b jeweils bis zur fünften Stelle nach dem Komma überein?

4. Gib verschiedene Radikanden ein. Untersuche, wie sich der Startwert auf die Schnelligkeit des Verfahrens auswirkt. Probiere verschiedene Startzahlen aus. Wähle auch einen ganzzahligen Wert, der dicht am Wurzelwert liegt.

5. Vergleiche das *Heron-Verfahren* mit dem Näherungsverfahren auf Seite 115. Erstelle hierzu ein entsprechendes Tabellenblatt. Vergleiche beide Verfahren unter denselben Bedingungen.

VERMISCHTE UND KOMPLEXE ÜBUNGEN

1. Zeichne die Figur auf Karopapier in ein Quadrat mit der Seitenlänge 6 cm.
Ist die Figur
(1) achsensymmetrisch; (2) punktsymmetrisch, △ (3) drehsymmetrisch?

a)
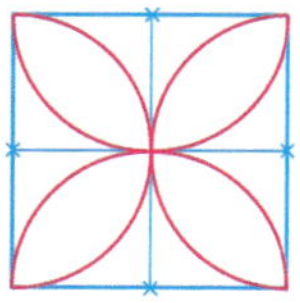

b)
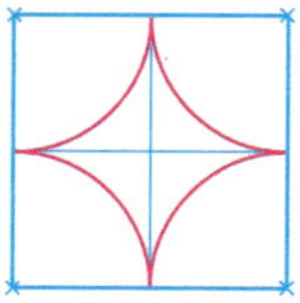

c)
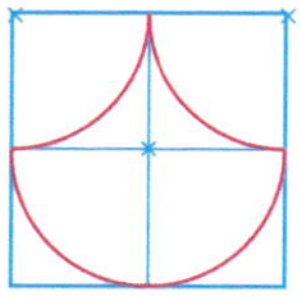

d)
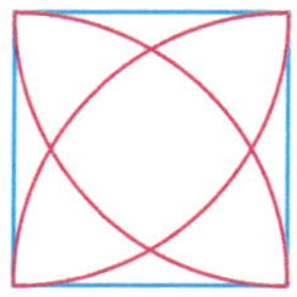

e)
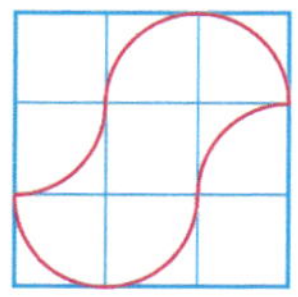

f)
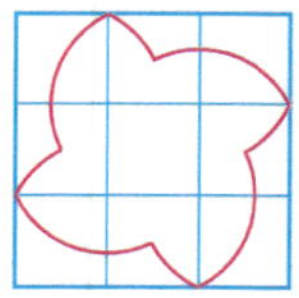

2. Gegeben ist im Koordinatensystem (Einheit 1 cm) ein Kreis um M(5|4) mit dem Radius r = 2,5 cm.

a) Konstruiere die Tangente an den Kreis im Punkt P(7|5,5).

b) Konstruiere die Tangenten an den Kreis, die zu der Geraden AB mit A(0|2) und B(7|0) parallel sind.

c) Konstruiere die Tangenten an den Kreis, die zu der Geraden AB mit A(0|2) und B(7|8) senkrecht sind.

3. Zeichne einen Kreis. Konstruiere in drei Punkten dieses Kreises die Tangenten. Wähle sie so, dass sie ein Dreieck bilden und der Kreis im Inneren des Dreiecks liegt.

4. Die Stieleiche im Pferdegrund hat einen Stammumfang von 4,20 m.

a) Berechne den Durchmesser des Baumstammes. Überschlage zunächst.

b) Welche Querschnittsfläche hat ihr kreisrunder Stamm?

5. Berechne den Umfang des Gegenstandes.

a) Armreif: d = 7 cm

b) Zwei-Euro-Münze: d = 26,5 mm

c) ICE-Rad: d = 1,04 m

d) Kupferdraht: d = 1,5 mm

6. Der Mond hat einen Durchmesser von 3470 km. Berechne die Länge seines Äquators.

7. Ein Drahtseil ist 4 cm dick. Wie groß ist die Querschnittsfläche?

8. Ein Kugelstoßkreis hat den Durchmesser 2,135 m.

a) Wie lang ist der Eisenring rings um den Kreis?

b) Berechne den Flächeninhalt des Kugelstoßkreises.

9. Von einem Stoffrest der Breite 1,40 m und der Länge 1,60 m soll eine möglichst große kreisrunde Tischdecke hergestellt werden. Wie viel Prozent Verschnitt entstehen?

10. Gib den Durchmesser des Kreises an. Überschlage zunächst.

a) u = 3,12 m **b)** u = 9,42 dm **c)** u = 19,32 m **d)** u = 396 cm

11. Die 8 Laufbahnen eines Stadions bestehen jeweils aus zwei Kurven (Halbkreisen) sowie aus Ziel- und Gegengerade. Die Laufbahnen werden so angelegt, dass ein Läufer auf der Innenbahn im Abstand von 30 cm von der Innenkante genau 400 m zurücklegt. Die einzelnen Laufbahnen sind 1,22 m breit.

a) Wie lang ist die Zielgerade?

b) Wie lang ist die Innenkante jeder Laufbahn?

c) Welchen Vorsprung muss eine Läuferin auf der 2. Bahn erhalten, wenn man annimmt, dass sie 30 cm von der inneren Linie entfernt läuft?

d) Der Innenraum ist eine Rasenfläche. Wie groß ist sie?

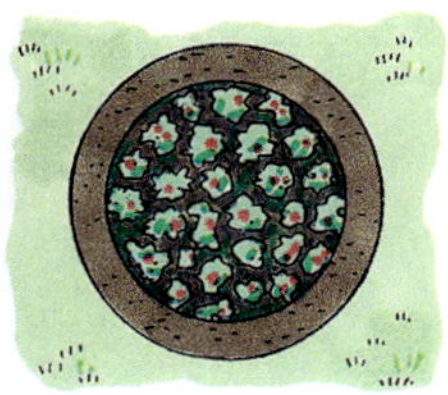

12. Im Stadtpark befindet sich ein kreisförmiges Rosenbeet (r = 3,50 m). Auf einem 0,80 m breiten Ring soll Gärtnerlehrling Staude das Beet mit Bodendeckern umgeben.
Wie groß ist der Flächeninhalt des ringförmigen Beetes?

13. Der Durchmesser eines Kupferdrahtes beträgt

a) 0,7 mm; **b)** 1,6 mm; **c)** 2,7 mm.

Berechne den Querschnitt (Flächeninhalt der kreisförmigen Schnittfläche).

14. Das kreisförmige Turmzimmer eines Schloßhotels hat einen Durchmesser von 6,75 m. Der Fußboden soll neu gefliest werden.
Wie viel m^2 Fliesen werden gebraucht? Runde das Ergebnis sinnvoll.

15. In einem Park werden kreisrunde Beete mit dem Durchmesser d = 4,90 m angelegt. Die Beete werden unterschiedlich gestaltet.
Ein Beet soll mit Buchsbaum eingefasst werden. Man rechnet 6 Pflanzen pro m.
Eine Pflanze (Pflanzhöhe 15 – 20 cm) kostet 2,55 € zuzüglich 19 % Mehrwertsteuer.
Um ein Beet wird ein 1,20 m breiter Weg angelegt. 1 m^2 kostet 18 € zuzüglich 19 % Mehrwertsteuer.
Stelle selbst geeignete Aufgaben und löse sie.

16. Zeichne eine Gerade g, markiere einen Punkt A auf g und einen Punkt B, der nicht auf g liegt. Konstruiere einen Kreis, der die Gerade g in A berührt und durch B geht.

17. Konstruiere einen Kreis um einen Punkt A mit dem Radius r = 2 cm und um einen Punkt B mit dem Radius 3 cm. Beide Kreise sollen sich in einem Punkt berühren. Beschreibe die Lage der gemeinsamen Tangente an beide Kreise. Gibt es verschiedene Fälle?

18. Zeichne eine Gerade g. Konstruiere einen Kreis mit dem Radius r = 3,4 cm, der die Gerade g berührt.
Wo liegen die Mittelpunkte der Kreise mit dem Radius r, die die Gerade g berühren?

19. Zeichne ein rechtwinkliges Dreieck ABC aus:

a) $b = 5{,}6$ cm; $\beta = 90°$; $\gamma = 41°$ **b)** $a = 6{,}4$ cm; $\alpha = 90°$; $h_a = 2{,}8$ cm

20. Berechne den Flächeninhalt des Kreisausschnittes (rot) mit dem Radius
(1) r = 2,4 cm; (2) r = 5,2 cm. Gib auch die Länge des Kreisbogens s an.

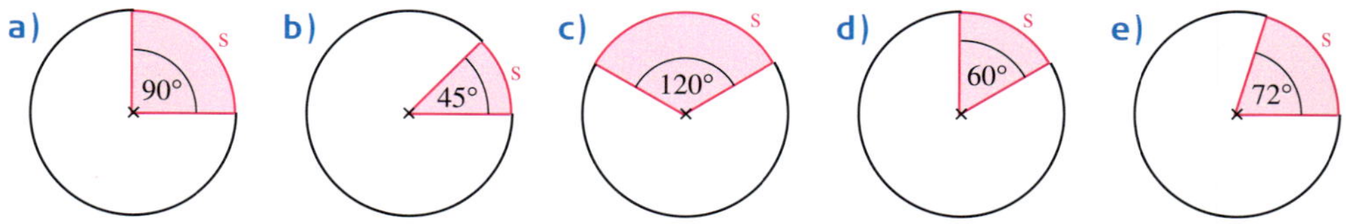

21. Der Minutenzeiger einer Bahnhofsuhr ist (von der Achse aus) 28 cm lang.
Wie groß ist die Fläche, die der Zeiger in
a) 5 Minuten, **b)** 12 Minuten, **c)** 1 Minute überstreicht?

22. Gegeben sind eine Gerade g und ein Punkt M, der nicht auf g liegt. Konstruiere einen Kreis, der M als Mittelpunkt und die Gerade g als Tangente hat.

23. Zeichne mit einer Münze oder einer Dose einen Kreis.
Finde mithilfe eines Geodreiecks (Geodreieck ohne Verwendung der Skalen) den Mittelpunkt des Kreises. Begründe dein Vorgehen.

24. Der Mond bewegt sich auf einer Bahn um die Erde, die man angenähert als Kreis betrachten kann. Der Radius der Mondlaufbahn beträgt $3{,}84 \cdot 10^5$ km.
Wie viel km legt der Mond bei einer Erdumkreisung zurück?

Medium	Speicher
CD	800 MB
DVD	4,7 GB
Blu-ray	25 GB

25. Die Speicherkapazität von Datenträgern wie CDs und DVDs wird in Byte (B), Megabyte (MB) oder Gigabyte (GB) angegeben (1 MB = 2^{20} B = 1 048 576 B ≈ 1 Mio. B, 1 GB = 2^{30} B = 1 073 741 824 B ≈ 1 Mrd. B).

a) Berechne die Größe der Speicherfläche einer CD bzw. DVD.

b) Berechne, wie viel Byte (1) auf 1 cm^2, (2) auf 1 mm^2 Fläche einer CD bzw. einer DVD gespeichert werden können.

c) Wie viele CDs kann eine DVD als Datenträger ersetzen?

d) Sehr große Datenmengen kann man auf Blu-ray Datenträgern speichern. Sie haben dieselben Abmessungen wie eine DVD, aber eine Kapazität von 25 GB.

26. Im fächerverbindenden Unterricht haben Schüler eine Torwand hergestellt.

a) Die Torwand ist 3,75 m breit und 2,25 m hoch. Bestimme ihren Flächeninhalt.

b) Die Torwand hat drei Löcher. Ihre Durchmesser betragen 25 cm, 30 cm bzw. 35 cm. Passt ein Ball mit dem Umfang von 1 m durch ein Loch dieser Torwand?

c) Gib den Anteil der drei Löcher am gesamten Flächeninhalt in Prozent an.

27. **a)** Gegeben ist der Umfang u eines Kreises. Berechne seinen Flächeninhalt A.
(1) u = 1 m (2) u = 3 m (3) u = 4,25 km (4) u = 9,4 cm

b) Gegeben ist der Flächeninhalt A eines Kreises. Berechne seinen Umfang u.
(1) $A = 1\ m^2$ (2) $A = 4\ m^2$ (3) $A = 56\ cm^2$ (4) $A = 26{,}4\ cm^2$

c) Stelle eine Formel auf, mit der man
(1) aus dem Umfang den Flächeninhalt des Kreises,
(2) aus dem Flächeninhalt den Umfang des Kreises
berechnen kann.

28. Berechne den Radius eines Kreises, der denselben Flächeninhalt hat wie ein Quadrat mit der Seitenlänge 5,7 cm.

29. Der Querschnitt eines Kupferdrahtes für elektrische Leitungen beträgt
a) $1{,}5\ mm^2$, **b)** $2{,}5\ mm^2$, **c)** $0{,}5\ mm^2$, **d)** $9{,}6\ mm^2$.
Berechne den Durchmesser des Drahtes.

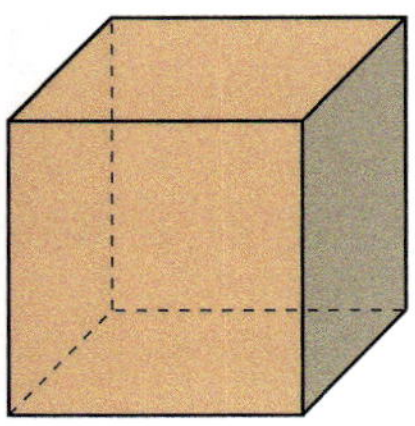

30. Der Oberflächeninhalt eines Würfels ist $922{,}56\ cm^2$ groß. Es sollen zwei weitere Würfel hergestellt werden. Der Oberflächeninhalt des ersten Würfels soll doppelt so groß, der Oberflächeninhalt des zweiten Würfels halb so groß sein.
Vergleiche die Kantenlängen der drei Würfel.

31. Ein quadratisches Grundstück ist $841\ m^2$ groß. Es soll eingezäunt werden. Dabei soll Platz für ein 3,50 m breites Tor bleiben.
Wie viel m Zaun werden benötigt?

32. In einem Neubaugebiet werden verschiedene Baugrundstücke zum Kauf angeboten. Ein rechteckiges Grundstück ist 33 m lang und 22 m breit. Daneben liegt ein quadratischer Bauplatz mit der Seitenlänge 26 m.
Vergleiche die Größe beider Bauplätze.

33. **a)** Stelle eine Formel für den Umfang u und den Flächeninhalt A der Figur auf.

b) Berechne den Umfang u und den Flächeninhalt A für a = 4,6 cm.

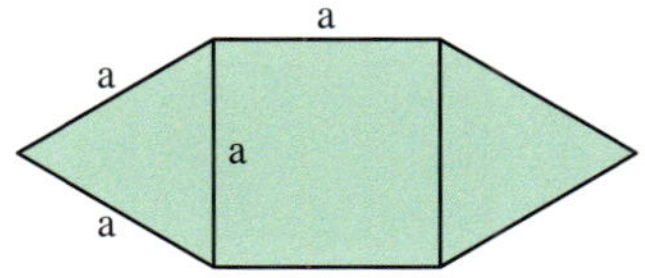

34. Stelle eine Formel für den Flächeninhalt der gefärbten Fläche auf.

a)

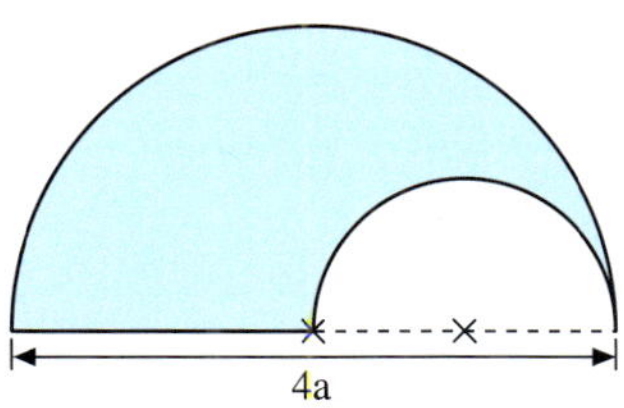

b)

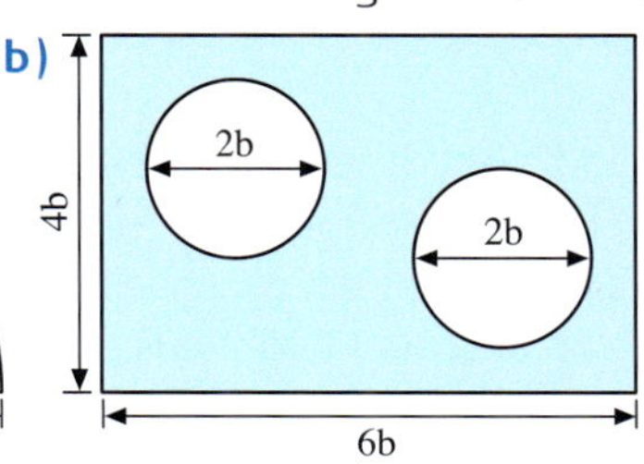

c)

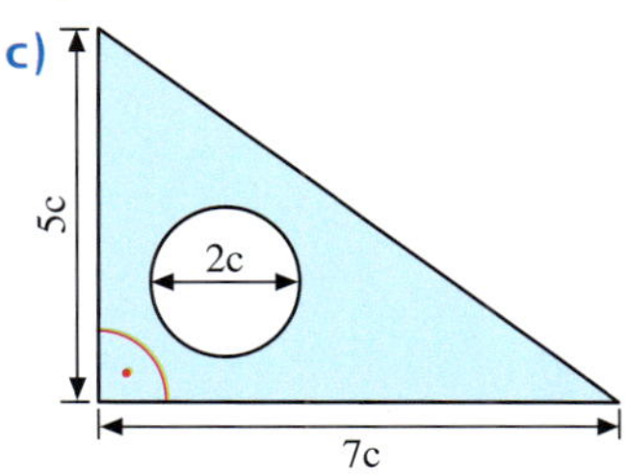

BIST DU FIT?

1. Zeichne Kreise mit demselben Mittelpunkt M. Die Durchmesser sollen 4 cm, 6 cm, 8 cm, 10 cm und 12 cm betragen. Du kannst die Ringe verschieden färben.

2. Zeichne einen Kreis k mit dem Radius r = 3,7 cm.

a) Wähle einen Punkt A auf k und zeichne eine Tangente an k in A.

b) Wähle einen Punkt P im Abstand 6 cm vom Kreismittelpunkt und konstruiere von P aus die Tangenten an k.

3. Zeichne einen Kreis mit dem Radius 4,1 cm. Konstruiere eine 5,3 cm lange Sehne $\overline{AB}$. Zeichne dann in den Endpunkten der Sehne die Tangenten an den Kreis.

4. Berechne den Umfang und den Flächeninhalt des Kreises. Runde auf Hundertstel.

a) r = 4,7 cm	**c)** r = 435 mm	**e)** d = 15 m	**g)** d = 428 mm
b) r = 4,5 m	**d)** r = 6,345 km	**f)** d = 72,5 cm	**h)** d = 22,75 m

5. a) Gegeben sind die Punkte A(2|4) und B(−1|−2). Ermittle den Mittelpunkt des Kreises mit dem Radius r = 4,5 cm durch A und B.

b) Gegeben sind die Punkte A(−2,5|1), B(3|−1), C(0,5|3). Konstruiere den Kreis durch A, B und C.

c) Gegeben sind A(−3|−1), B(2|−2,5), C(−2|2,5), D(3,5|3). Der Mittelpunkt M des Kreises soll auf der Geraden CD liegen und durch die Punkte A und B gehen.

6. a) Zeichne eine Gerade g und einen Punkt Q auf g. Konstruiere einen Kreis durch Q mit der Geraden g als Tangente.

b) Zeichne zwei zueinander parallele Geraden g und h. Wähle einen Punkt P auf g. Konstruiere einen Kreis, der g in P berührt und dessen Mittelpunkt auf h liegt.

7. Konstruiere ein rechtwinkliges Dreieck aus $\beta = 90°$, b = 5 cm und $\alpha = 37°$.

8. Eine Autobahn verläuft durch die Punkte A(5|−1,5) und B(6|4). Die beiden Ortschaften C(−2|−2) und D(3,5|1) sollen eine gemeinsame Anschlussstelle E an die Autobahn erhalten. Die beiden Zufahrtsstraßen von den Ortschaften sollen bei E senkrecht aufeinandertreffen.
Konstruiere die Anschlussstelle E und gib näherungsweise ihre Koordinaten an.

9. Gegeben ist eine 2,7 cm lange Strecke $\overline{AB}$. Konstruiere alle Punkte, von denen man diese Strecke unter einem Winkel von 45° sieht.

10. Zeichne einen Kreis mit dem Radius r = 3,2 cm und eine Passante g. Konstruiere Tangenten an den Kreis, die mit g einen Winkel von 30° bilden.

11. a) Gegeben sind in einem Koordinatensystem A(2|7), B(4|4), C(6|1), D(−4|3). Von welchen Punkten der Geraden CD sieht man die Strecke $\overline{AB}$ unter einem Winkel von 48°?

b) Gegeben ist ein gleichseitiges Dreieck.
Von welchem Punkt aus sieht man alle drei Seiten unter dem gleichen Winkel?

12. 

a) Der Rand eines kreisrunden Beetes (d = 3,2 m) soll mit Steinen eingefasst werden. Man rechnet 8 Steine auf 1 m. Wie viele Steine werden benötigt?

b) Das Beet soll mit Rosen bepflanzt werden. Man rechnet 4 Rosen auf 1 m^2. 1 Rose kostet 5,95 € (+ 7 % MwSt.). Berechne die Kosten für die Rosen.

13. Aus einem Blech werden 8 kreisrunde Scheiben hergestellt mit:

a) d = 7,5 cm **b)** d = 167 mm **c)** r = 74 mm **d)** r = 3,7 cm

Berechne den Flächeninhalt der 8 Kreisscheiben.

14. Aus einer quadratischen Steinplatte (a = 1,5 m) wird eine kreisrunde Tischplatte hergestellt.
Wie viel cm^2 Abfall entsteht bei der Herstellung?
Wie viel Prozent sind das?

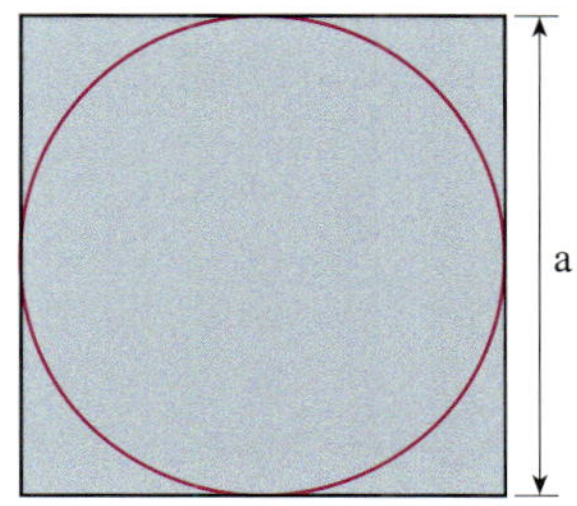

15. Bestimme Durchmesser und Querschnittsfläche eines Baumstamms mit einem Umfang von

a) 55 cm; **b)** 1,45 m; **c)** 2,90 m; **d)** 3,56 m

16. Berechne den Flächeninhalt des Kreisringes sowie den inneren und äußeren Umfang.

a) r_i = 4,5 cm, r_a = 5,8 cm **b)** r_i = 4,27 m, r_a = 6,75 m **c)** r_i = 65 mm, r_a = 98 mm **d)** d_i = 124,8 m, d_a = 135,9 m

17. **a)** Jonas schneidet aus einer Pappe eine kreisförmige Scheibe mit d = 60 cm heraus. Er will sie auf einer Seite mit Folie bekleben. Welchen Flächeninhalt hat die Scheibe?

b) Die Folie schneidet er aus einem rechteckigen Stück (70 cm × 1 m) heraus. Gib den Abfall in Prozent an.

18. Berechne mit dem Taschenrechner und runde auf Tausendstel.

a) $\sqrt{5}$ **b)** $\sqrt{751}$ **c)** $\sqrt{2501}$ **d)** $\sqrt{1,21}$ **e)** $\sqrt{0,135}$ **f)** $\sqrt{84}$

19. Familie Wagner besitzt ein 39 m langes und 24 m breites Baugrundstück. Es soll gegen ein gleich großes quadratisches Grundstück getauscht werden.
Berechne die Seitenlänge des quadratischen Grundstücks.

20. Ein Kreis hat einen Flächeninhalt von: (1) 48 cm^2; (2) 219,4 cm^2; (3) 1 m^2; (4) 25 π cm^2.
Berechne den Radius und den Durchmesser gerundet auf Hundertstel.

21. Berechne den Flächeninhalt und den Umfang der gefärbten Fläche.

a) 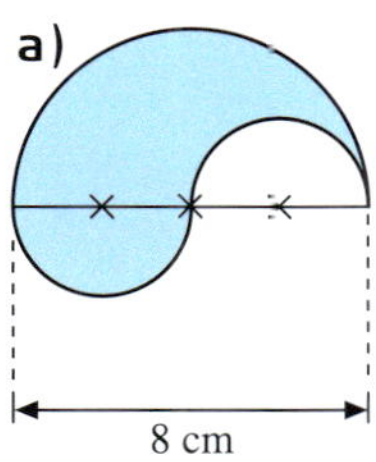

b) 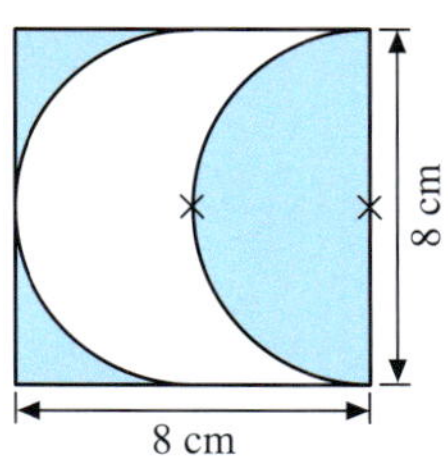

c) 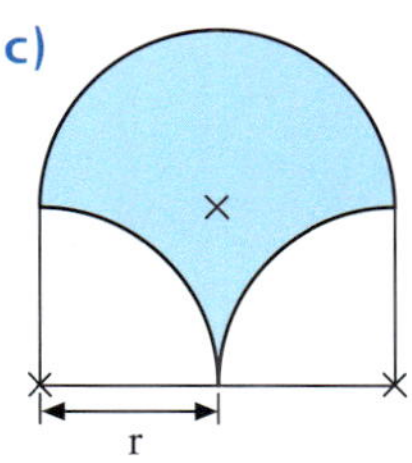

d) 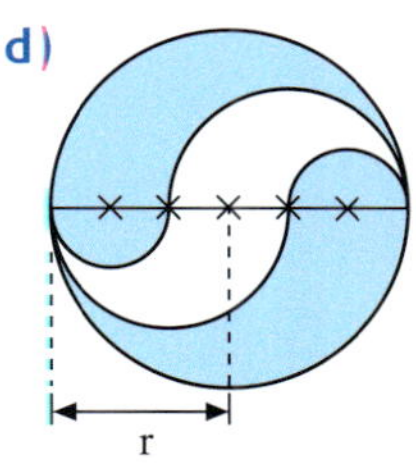

IM BLICKPUNKT: DAS FAHRRAD

Kenndaten

1. Vor einer Fahrradtour der 8. Klasse sprechen vier Schüler über ihre Fahrräder.
Aljona: „Das Hinterrad bremse ich mit dem Rücktritt, das Vorderrad mit einer Scheibenbremse."
Bea: „Durch den Alurahmen ist mein Rad leichter."
Conny: „Das Rad von Aljona ist kleiner als meins."
Doris: „Mein Fahrrad hat 21 Gänge."
Schreibe entsprechende Sätze über dein Fahrrad.

2.

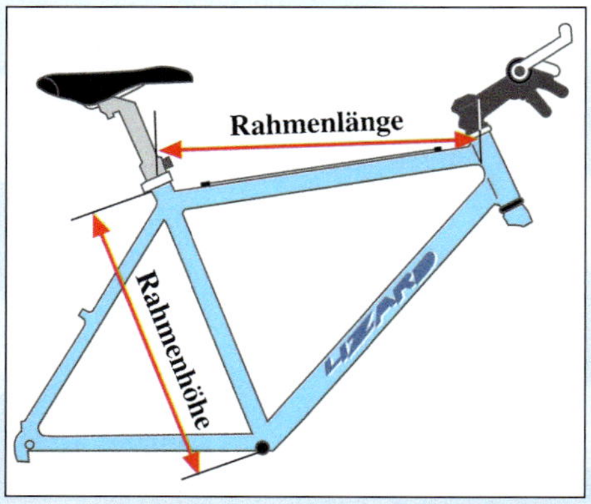

Beim Fahrradkauf solltest du auch auf einige Maße achten. Beachte z. B. die *Rahmenhöhe* und deine Schrittlänge (Innenlänge der Beine).
Bestimme deine Schrittlänge und die Rahmenhöhe deines Fahrrades.
Welche Einheit ist dafür sinnvoll?

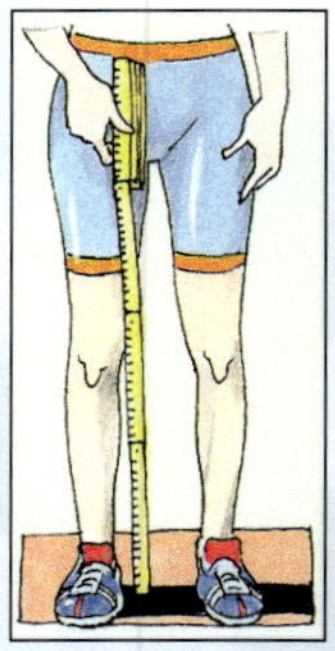

Schrittlänge

3. In einem Werbeprospekt ist das Diagramm rechts abgebildet. Daraus können die Rahmenhöhen eines Trekkingrades abgelesen werden, die zur Schrittlänge des Fahrers passen.

a) Ermittle für eine Schrittlänge von 90 cm die kleinste passende Rahmenhöhe.

b) Gib für 80 cm Schrittlänge alle passenden Rahmenhöhen an.

c) Welche Schrittlänge sollte ein Fahrer für ein Trekkingrad mit 56 cm Rahmenhöhe haben?

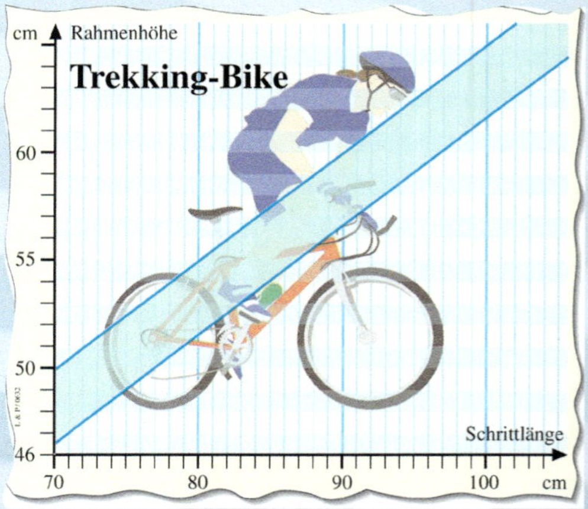

4. Frau Winkler hat an ihrem Trekkingrad eine Tretkurbel mit drei Kettenblättern. Hinten ist ein Zahnkranz mit sechs Ritzeln. Wie viele Gänge kann sie damit schalten?

Wenn du bei einer Kettenschaltung die Anzahl der Zähne am Kettenblatt und am Ritzel kennst, dann kannst du das **Übersetzungsverhältnis** eines Ganges berechnen:

Merke

$$\textbf{Übersetzungsverhältnis} = \frac{\textbf{Anzahl der Zähne am Kettenblatt}}{\textbf{Anzahl der Zähne am Ritzel}}$$

Läuft z. B. die Kette über ein Kettenblatt mit 36 Zähnen und ein Ritzel mit 18 Zähnen, dann rechnen wir: 36 : 18 = 2. Dieses Übersetzungsverhältnis von 2 bedeutet: Wenn sich bei einer Kurbelumdrehung das Kettenblatt einmal dreht, dann dreht sich das Ritzel zweimal.

5. Das Rennrad von Mathelehrer Radel hat zwei Kettenblätter mit 52 und 42 Zähnen. Die sechs Ritzel haben 13, 15, 17, 20, 24 und 28 Zähne.

a) Berechne die Übersetzungsverhältnisse dieser Gangschaltung.

b) Hat dein Rad ein kleineres oder größeres Übersetzungsverhältnis?

6. Die Tabelle zeigt die Übersetzungsverhältnisse des 42-er Kettenblattes eines Mountainbikes an. Übertrage die Tabelle in dein Heft.

	28	24	21	18	15	13	11
42	1,50	1,75	2,00	2,33	2,80	3,23	3,82
32							
22							

a) Wurden die Übersetzungsverhältnisse richtig berechnet?

b) Berechne die Übersetzungsverhältnisse für die beiden anderen Kettenblätter.

c) Überprüfe, ob das Mountainbike Gänge mit gleichem Übersetzungsverhältnis hat.

d) Wie würdest du schalten (1) bei Fahrt auf ebener Straße; (2) bei Fahrt bergauf? Begründe.

Fahrstrecke

1. Viele Schüler kommen mit dem Fahrrad zur Schule. Die Weglänge zwischen Wohnung und Schule lässt sich messen. Fahrräder haben dafür Messgeräte (z. B. Fahrradcomputer). Steckt eine Fahrstrecke von 100 m ab und prüft eure Messgeräte.
Bestimmt für eure Messwerte das arithmetische Mittel.

2. Bestimmt den Umfang eines Rades. Nutzt es dann als „Kilometerzähler" und messt die Länge eures Schulhofes sowie auch andere Strecken.

3. Felix fährt mit dem Crossrad (Radumfang 220 cm) zur Schule.

a) Wie weit rollt das Rad bei einer Radumdrehung?

b) Berechne, wie oft sich ein Rad auf 100 m dreht.

c) Von der Wohnung bis zur Schule sind es 4 km.
Stelle selbst eine Aufgabe und löse sie.

4. Von einem Rad ist der Durchmesser d bekannt. Wie viel m rollt das Rad bei einer Radumdrehung?

a) Hochrad mit d = 3 m

b) Trekkingrad mit d = 71 cm

c) Kinderrad mit d = 500 mm

1 Zoll = 25,4 mm

5. Saskia findet auf einem Reifen ihres Fahrrades die Bezeichnung **28 × 1,75**. Das heißt, das Rad hat einen Durchmesser von 28 Zoll und der Reifen eine Höhe von 1,75 Zoll.
Das Längenmaß Zoll stammt aus dem Mittelalter. Es bedeutete eine Daumenbreite.
Gib den Durchmesser und die Reifenhöhe in mm und in cm an.

6. Rennräder haben oft einen Raddurchmesser von 28 Zoll. Wie weit rollt solch ein Rad bei einer Radumdrehung?

7. Reifengrößen werden auch in DIN-Norm (in Millimeter) angegeben. So bedeutet die Angabe 37 – 622 an einem Trekkingreifen, dass der Reifen eine Höhe von 37 mm hat. Die dazugehörende Felge muss einen Durchmesser von 622 mm haben.

a) Fertige eine Skizze an. Markiere darin die gegebenen Werte.

b) Berechne den äußeren Durchmesser des Trekkingreifens in Zentimeter.

c) Wie viel Meter rollt der Reifen bei einer Umdrehung?

8. Tina hat sich von den Rädern ihrer Mitschüler einige Reifengrößen notiert.
Berechne für das Rad die Reifenhöhe, den Felgendurchmesser, den Raddurchmesser und den Reifenumfang des Rades (jeweils in cm).

a) 44 – 622 **c)** 30 – 622 **e)** 50 – 559 **g)** 28 – 622 **i)** 60 – 559

b) 35 – 622 **d)** 62 – 559 **f)** 28 – 559 **h)** 47 – 622

9. *Geht auf Entdeckungsreise:*
Informiert euch über die Reifengrößen der Räder eurer Mitschüler. Berechnet deren Durchmesser und Umfang.

10. Die zwei Freunde Marc und Sven haben bei einer dreiwöchigen Radtour von Sachsen-Anhalt nach Schweden 1 170 km zurückgelegt. Das Ziel ihrer Reise war die schwedische Hauptstadt Stockholm.
Marc fuhr mit Reifengröße 37 – 559,
Sven mit Größe 47 – 559.
Stelle dir dazu Aufgaben und löse sie.

11. Eric fährt mit Rennreifen (25 – 622). Für einen Sprint auf flacher Strecke schaltet er so, dass die Kette auf dem Kettenblatt mit 52 Zähnen und auf dem Ritzel mit 12 Zähnen liegt.

a) Ermittle den Durchmesser eines Rades.

b) Berechne den Umfang des Rades.

c) Gib das Übersetzungsverhältnis an.

d) Wie weit rollt das Rad bei einer Kurbelumdrehung?

12. Jan „klettert“ mit seinem Mountainbike einen steilen Waldweg hinauf. Dabei lässt er die Kette vorn über das kleinste Kettenblatt (28 Zähne) und hinten über das größte Ritzel (32 Zähne) laufen. Seine Räder haben die Reifengröße 47 – 559.

Geschwindigkeit

1. Fahrradcomputer können die Fahrstrecke (in km), die dafür benötigte Zeit (in h), die erreichte Durchschnittsgeschwindigkeit (in $\frac{km}{h}$) und die Höchstgeschwindigkeit (in $\frac{km}{h}$) anzeigen. Martin sieht nach einer Radtour an seinem Fahrradcomputer folgende Werte:

23,1	48,9	72,5	03:08:03

Worum handelt es sich jeweils?

2. Übertrage die Tabelle ins Heft und ergänze für eine Geschwindigkeit von 18 $\frac{km}{h}$.

	a)	b)	c)	d)	e)	f)
Zeitanzeige	07:20 min	15:45 min		01:01:01 h	02:33:20 h	
Zeit (in Sekunden)			1830 s			10000 s
Zurückgelegter Weg (in m)						

3. Auf der 20. Etappe der 92. Tour de France 2005 war ein Zeitfahren zu bewältigen. Der schnellste Radrennfahrer war Lance Armstrong aus Texas. Er fuhr die 55,5 km lange Strecke in 01:11:46 h.

$1 \frac{m}{s} = 3{,}6 \frac{km}{h}$

a) Gib die Fahrstrecke in m und die Fahrzeit in s an.

b) Berechne seine Geschwindigkeit in $\frac{m}{s}$ und in $\frac{km}{h}$.

c) Der zweitplatzierte Jan Ullrich war nur 32 Sekunden länger unterwegs.

4. Am 10. Fahrradfest der Märkischen Zeitung nahmen 2008 ca. 9700 Radfahrer teil. Von Potsdam aus radelten sie verschiedene Touren. Der Start für die 160-km-Tour erfolgte bereits 7.15 Uhr. Die ersten Fahrer der 160-km-Tour wurden dann ab 11.49 Uhr und die letzten gegen 15.45 Uhr im Ziel auf dem Platz der Einheit erwartet.
Welche Durchschnittsgeschwindigkeit war für die ersten bzw. letzten Fahrer geplant?

5. a) Oliver legte die 75-km-Tour in 02:37 h zurück.

b) Mathelehrer Radel wollte beim Fahrradfest die 160-km-Tour mit einem Durchschnitt von 20,5 $\frac{km}{h}$ fahren. Nach genau 7 Stunden und 40 Minuten erreichte er das Ziel.

6. Der radsportbegeisterte Herr Tille war beim „Triathlon für Jedermann" um den Brettmühlenteich mit seinem neuen Rennrad dabei. Diese Zeiten wurden für ihn notiert:
Schwimmen (700 m) 20:07 min; Rad (27 km) 0:50:39 h; Lauf (8 km) 0:40:01 h

7. Tina macht bei einem Übersetzungsverhältnis von 2,0 in 100 Sekunden genau 85 Kurbelumdrehungen. Die Räder haben einen Umfang von 2,20 m.

a) Wie oft dreht sich das Hinterrad in dieser Zeit?

b) Welchen Weg legt das Rad in diesen 100 Sekunden zurück?

c) Mit welcher Geschwindigkeit fährt Tina?

8. Josephin fährt zum Training mit dem Fahrrad. Sie schafft 55 Kurbelumdrehungen pro Minute bei einer Übersetzung von 2,75. Die Reifen haben einen Umfang von 2,05 m.

a) Ermittle die Anzahl der Radumdrehungen in einer Minute.

b) Wie weit rollt Josephin in einer Minute?

c) Berechne ihre Durchschnittsgeschwindigkeit in $\frac{m}{s}$ und $\frac{km}{h}$.

9. Jonas hat ein Rad mit Reifengröße 44–559. Er nutzt das Kettenblatt mit 32 Zähnen sowie das Ritzel mit 18 Zähnen. Pro Minute schafft Jonas 62 Kurbelumdrehungen.

a) Wie weit rollt das Rad bei einer Kurbelumdrehung mindestens?

b) Wie viel Kilometer könnte Jonas mit dieser Fahrweise in einer Stunde fahren?

10. Bei einem Übersetzungsverhältnis von 1,25 sprintet Michael 10 s lang mit 25 Kurbelumdrehungen. An seinen Rädern hat er Reifen der Größe 28–622.

Bleib fit im ...

Umgang mit Flächeninhalt und Volumen

Zum Aufwärmen

1. Berechne für die im Schrägbild dargestellten Körper das Volumen und den Oberflächeninhalt.

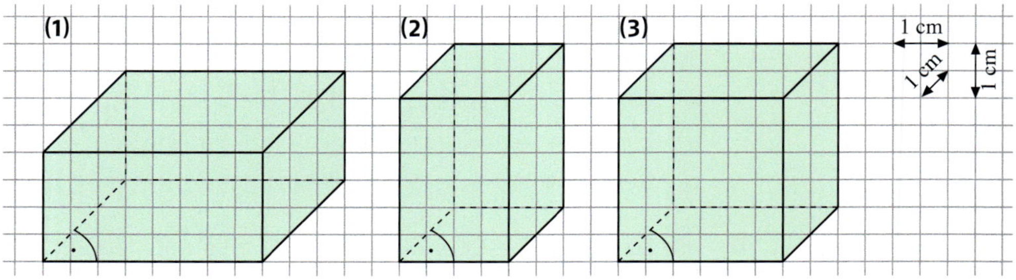

2. a) Erläutere am Quadrat rechts den Zusammenhang zwischen den Flächeneinheiten mm^2 und cm^2.

b) Erläutere ebenso am Würfel rechts den Zusammenhang zwischen den Volumeneinheiten mm^3 und cm^3.

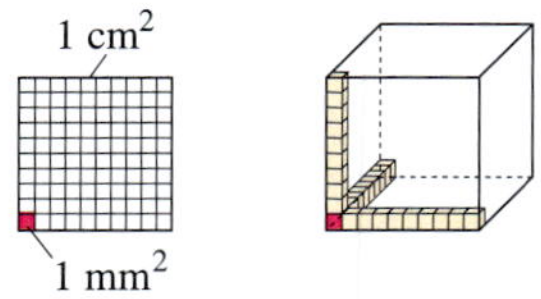

3. Im Flächennutzungsplan einer Gemeinde ist eine Fläche für die Aufforstung vorgesehen. Zur Bestimmung des Baumbedarfs muss die Größe der Fläche ermittelt werden.

a) Übertrage die Fläche in dein Heft und zerlege die Fläche in berechenbare Teilflächen.

b) Berechne den Inhalt der Gesamtfläche.

Zum Erinnern

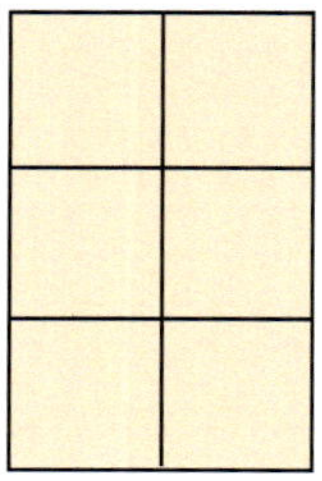

(1) Flächeninhalt und Umfang von Figuren

Der Flächeninhalt A einer Figur gibt an, wie viele Einheitsquadrate in der Figur enthalten sind. Das Rechteck links enthält 6 Quadrate der Seitenlänge 1 cm, sein Flächeninhalt beträgt also 6 cm^2. Will man andere Figuren lückenlos überdecken, muss man die Einheitsquadrate geeignet zerteilen.

Rechteck	Parallelogramm	Dreieck	Trapez

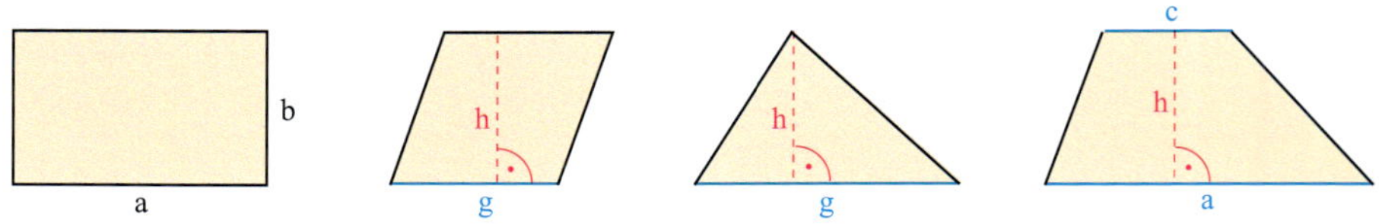

$A = ab$	$A = gh$	$A = \frac{1}{2}gh$	$A = \frac{1}{2}(a + c) \cdot h$

Der Umfang u eines Vielecks ist die Summe der Seitenlängen.

(2) Oberflächeninhalt und Volumen von Quadern

Die Seitenflächen eines Quaders bilden seine *Oberfläche*. Deren Flächeninhalt ist z. B. ein Maß dafür, wie viel Pappe man zur Herstellung benötigt.
Die Anzahl der Einheitswürfel, die in einen Quader lückenlos passen, gibt sein Volumen an. Wählt man Würfel mit der Kantenlänge 1 cm, dann erhält man das Volumen in der Einheit cm^3.

Sind a, b und c die Kantenlängen eines Quaders, dann gilt für das **Volumen** und den **Oberflächeninhalt des Quaders**:

$V = abc$

$A_O = 2ab + 2ac + 2bc$ bzw. **$A_O = 2 \cdot (ab + ac + bc)$**

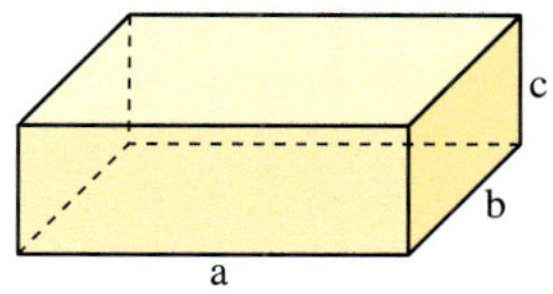

4. Wie berechnet man Oberflächeninhalt und Volumen eines Würfels mit der Kantenlänge a?

(3) Umwandeln von Flächen- und Volumeneinheiten

Die Umwandlungszahl der Längeneinheiten ist 10 (z. B. 10 mm = 1 cm; 10 dm = 1 m). Man benötigt daher z. B. $10 \cdot 10$ Quadrate der Größe 1 dm^2, um ein 1 m^2 großes Quadrat auszulegen. Entsprechend benötigt man $10 \cdot 10 \cdot 10$ Würfel der Größe 1 dm^3, um einen 1 m^3 großen Würfel damit zu füllen.

Bei Flächeninhaltseinheiten: Umwandlungszahl 100

$$1\,mm^2 \underset{:100}{\overset{\cdot 100}{\rightleftarrows}} 1\,cm^2 \underset{:100}{\overset{\cdot 100}{\rightleftarrows}} 1\,dm^2 \underset{:100}{\overset{\cdot 100}{\rightleftarrows}} 1\,m^2 \underset{:100}{\overset{\cdot 100}{\rightleftarrows}} 1\,a \underset{:100}{\overset{\cdot 100}{\rightleftarrows}} 1\,ha \underset{:100}{\overset{\cdot 100}{\rightleftarrows}} 1\,km^2$$

$100\,mm^2 = 1\,cm^2$
$100\,cm^2 = 1\,dm^2$
$100\,dm^2 = 1\,m^2$
$100\,m^2 = 1\,a$
$100\,a = 1\,ha$
$100\,ha = 1\,km^2$

Bei Volumeneinheiten: Umwandlungszahl 1000

$$1\,mm^3 \underset{:1000}{\overset{\cdot 1000}{\rightleftarrows}} 1\,cm^3 \underset{:1000}{\overset{\cdot 1000}{\rightleftarrows}} 1\,dm^3 \underset{:1000}{\overset{\cdot 1000}{\rightleftarrows}} 1\,m^3$$

$1000\,mm^3 = 1\,cm^3$
$1000\,cm^3 = 1\,dm^3$
$1000\,dm^3 = 1\,m^3$

1 *l* = 1 dm^3
1 ml = 1 cm^3
1 *l* = 1000 ml

Zum Trainieren

5. Rechts sind Grundstücke eines Neubaugebietes skizziert. 1 m^2 kostet 180 €. Berechne die Preise der vier Grundstücke.

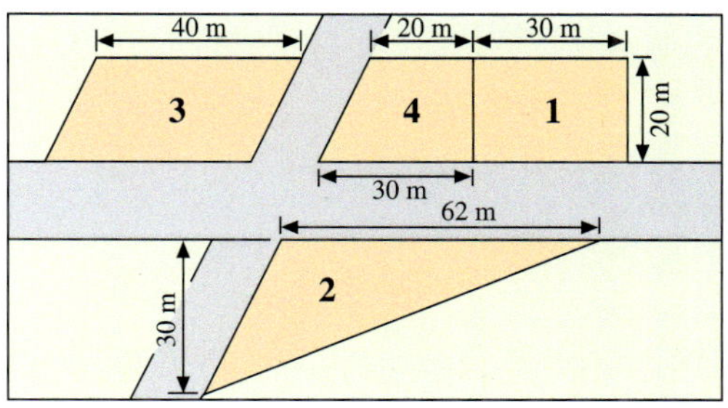

6. Rechne in die angegebene Einheit um.

a) 7 cm^2 (mm^2)
890 dm^2 (m^2)
5 m^2 (cm^2)
3,2 m^2 (dm^2)

b) 5 m^3 (dm^3)
750 cm^3 (dm^3)
3 *l* (mm^3)
2,9 cm^3 (mm^3)

7. Rechne in die angegebene Einheit um.

a) 25 025 m^2 (ha)
3 145 km^2 (ha)
630 ha (km^2)

b) $\frac{3}{4}$ ha (m^2)
$\frac{1}{2}$ km^2 (ha)
0,4 m^2 (dm^2)

c) 2 *l* (dm^3)
7 m^3 (*l*)
5 125 cm^3 (*l*)

d) 7,5 m^3 (*l*)
$2\frac{1}{2}$ *l* (ml)
625 cm^3 (*l*)

8. Berechne Umfang und Flächeninhalt der Figur.

a)

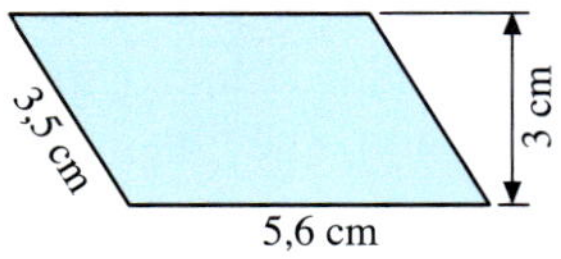

b)

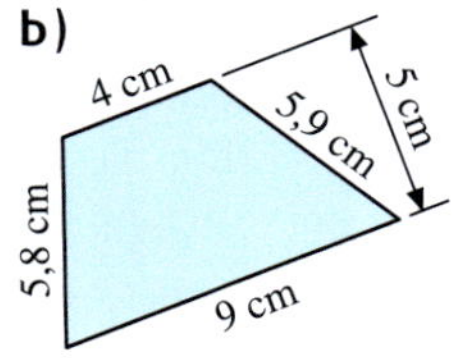

c)

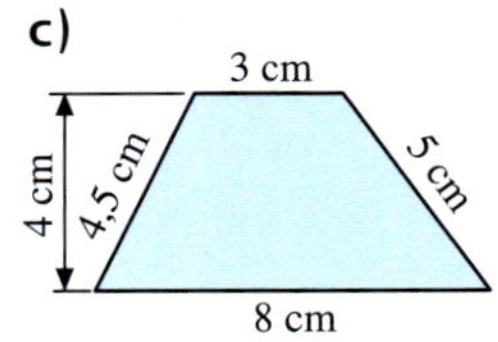

d)

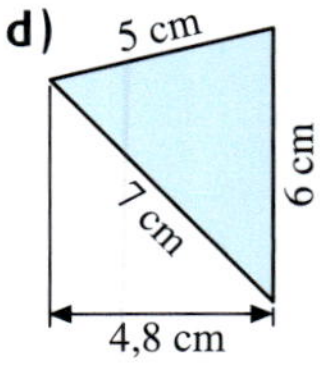

9. Von einem Rechteck sollen a und b die Seitenlängen, A der Flächeninhalt und u der Umfang sein.
Berechne die fehlenden Größen. Runde die Ergebnisse auf Zehntel.

a) a = 17,9 m; b = 6,8 m **b)** a = 6,5 cm; A = 26,8 cm^2 **c)** b = 3,2 m; u = 16,4 m

10. Ein Quadrat hat die Seitenlänge a, den Umfang u und den Flächeninhalt A.
Berechne die fehlenden Größen. Runde sinnvoll.

a) a = 24,5 m **b)** a = 10,9 dm **c)** u = 73,2 cm **d)** A = 6,76 m^2

11. Von einem Dreieck sollen g eine Seitenlänge, h_g die zugehörige Höhe und A der Flächeninhalt sein.
Berechne die fehlende Größe; runde sinnvoll.

a) g = 12,7 cm; h_g = 3,2 cm **b)** g = 57 cm; A = 284 cm^2 **c)** h_g = 87 mm; A = 84,24 cm^2

12. Von einem Parallelogramm sind g eine Seitenlänge, h die zugehörige Höhe und A der Flächeninhalt.
Berechne die fehlende Größe; runde sinnvoll.

a) g = 8,2 m; h = 4,8 m **b)** g = 7,5 cm; A = 32,25 cm^2 **c)** h = 5,1 km; A = 44,56 km^2

13. Von einem Trapez sind a und c die Längen der zueinander parallelen Seiten, h die Höhe und A der Flächeninhalt. Berechne die fehlenden Größen; runde sinnvoll.

a) a = 7,3 cm; c = 4,2 cm; h = 3,2 cm
b) a = 4,5 m; c = 1,7 m; A = 3,92 m^2
c) a = 16 cm; h = 6 cm; A = 178 cm^2
d) c = 23 dm; h = 19 dm; A = 5,2 m^2

14. Für das linke Fenster soll ein Fliegengitter angefertigt werden. 1 m^2 kostet 65 €. Für besondere Formen wird ein Aufschlag von 25 % erhoben.
Wie hoch sind die Kosten?

15. Die Giebelfläche soll verputzt werden. Berechne die Größe der Fläche.

a) Haus mit Satteldach

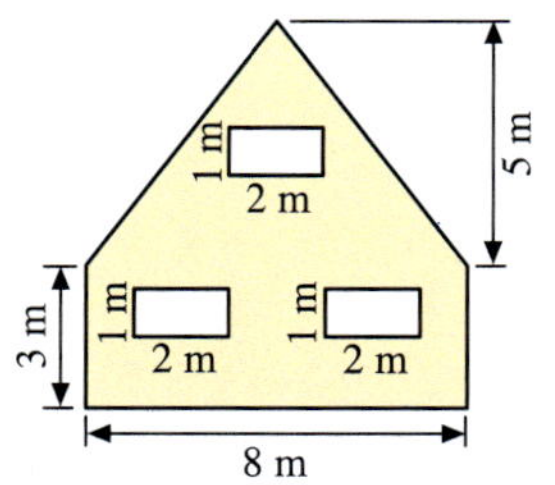

b) Gebäude mit Pultdach

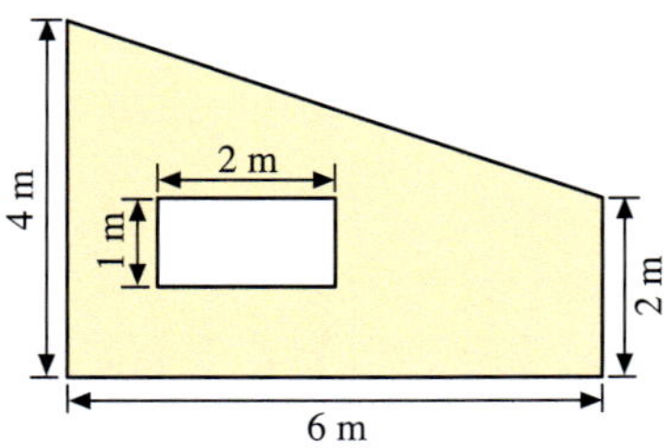

c) Halle mit Scheddach

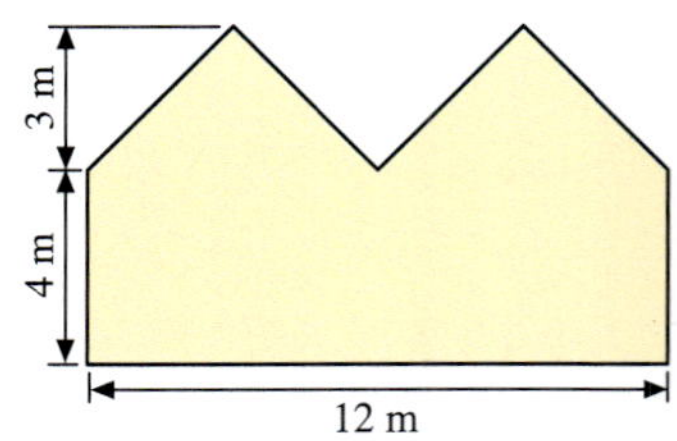

16. Ein 2,55 m langer Balken aus Fichtenholz besitzt einen quadratischen Querschnitt mit der Seitenlänge 15 cm.

a) Bestimme das Volumen des Balkens.

b) Fichtenholz hat eine Dichte von $0{,}5\,\frac{\text{g}}{\text{cm}^3}$. Bestimme die Masse des Balkens.

17. Der Tetrapak für 1 *l* Milch ist 9 cm lang und 6 cm breit. Wie viel Pappe wird zu seiner Herstellung mindestens benötigt?

18. Ein Quader mit einer 249 cm^2 großen Oberfläche ist 8 cm lang und 5 cm breit. Welches Volumen hat er?

19. Ein Quader hat die folgenden Maße: Länge 4,2 cm; Breite 3,5 cm und Höhe 5,3 cm.

a) Zeichne von dem Quader ein Schrägbild in zwei verschiedenen Lagen.

b) Zeichne zu beiden Schrägbildern das zugehörige Zweitafelbild.

20. Beim Bau der neuen Landebahn am Flughafen Leipzig-Halle wurden für die 3,6 km lange und 60 m breite Piste fünf Millionen Kubikmeter Erde bewegt und 200 000 Kubikmeter Beton angemischt.

a) Berechne die Höhe der Betonschicht der Start- und Landebahn.

b) Eine Betonmischanlage hat eine Leistung von 90 m^3 pro Stunde. Wie viele Tage müsste eine solche Anlage rund um die Uhr arbeiten, um die erforderliche Menge Beton herzustellen?

▲ **21.** Ein Waldstück soll aufgeforstet werden. Die Dreiecksfläche ABF soll mit Kiefern (Λ), die Dreiecksfläche BCF mit Buchen (Ω) bepflanzt werden. Die Parallelogrammfläche FCDE ist für Mischwald vorgesehen.
1 cm in der Zeichnung entspricht 500 m in der Wirklichkeit (d. h. Maßstab 1 : 50 000).
Die Kosten für die Aufforstung von Kiefernwald belaufen sich bei diesem Waldgrundstück pro ha auf 2 300 €, für Buchenwald auf 11 400 €, für Mischwald auf 6 300 €.
Berechne die Gesamtkosten.

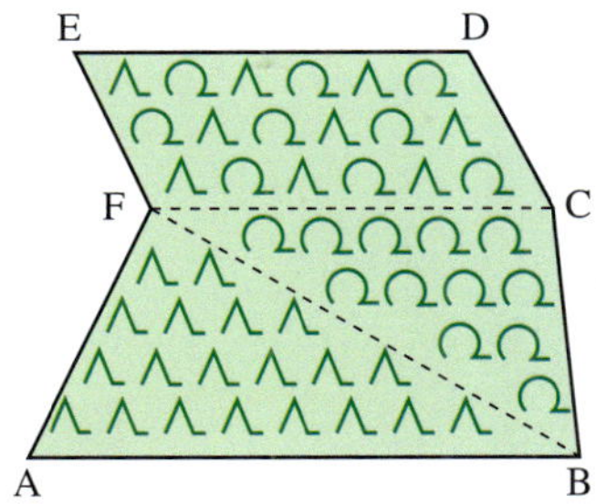

22. In ehemaligen Tagebauen Sachsen-Anhalts entstanden in den letzten Jahren riesige Seenlandschaften. Einer dieser Seen ist der Goitzschesee.

Wasseroberfläche	1 332 ha
Speicherinhalt	213 Mio. m^3
Maximale Seetiefe	48 m
Mittlere Seetiefe	14 m
Länge Uferlinie	66 km

a) Vergleiche die Wasseroberfläche mit der Fläche eines Fußballfeldes.

b) Stell dir ein quaderförmiges Becken vor, das den gleichen Speicherinhalt hat. Die Tiefe des Beckens soll der mittleren Seetiefe entsprechen.
Welche Abmessungen könnte ein solches Becken haben?
Vergleiche die Länge des Beckenrandes mit der Uferlänge.

4 Berechnen von Prismen und Zylindern

Deichtorcenter in Hamburg, Deutschland

Schiefer Turm in Pisa, Italien

Roter Turm in Alanya, Türkei

Bürogebäude in München, Deutschland

- ➜ Welche geometrischen Körper erkennst du auf den Bildern? Beschreibe den Aufbau und das Aussehen der Bauwerke.
- ➜ In welchen Fällen handelt es sich um Prismen, in welchen um Zylinder?
- ➜ Suche selbst Bauwerke oder Gebäudeteile, die die Form eines Prismas bzw. eines Zylinders haben.

In diesem Kapitel lernst du ...

... wie man das Volumen und den Oberflächeninhalt von Prismen und Zylindern berechnet.

EIGENSCHAFTEN UND DARSTELLUNG VON PRISMA UND ZYLINDER – WIEDERHOLUNG

Zum Wiederholen

1. Beschreibe die geometrischen Eigenschaften der abgebildeten Verpackungen.

2. **a)** Stelle das im Schrägbild dargestellte Prisma im Zweitafelbild dar.
b) Zeichne ein Netz des Körpers.

(1)

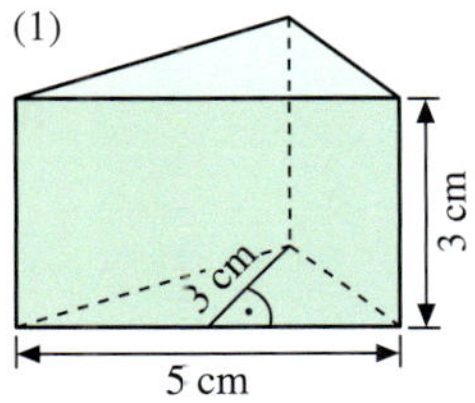

(2)

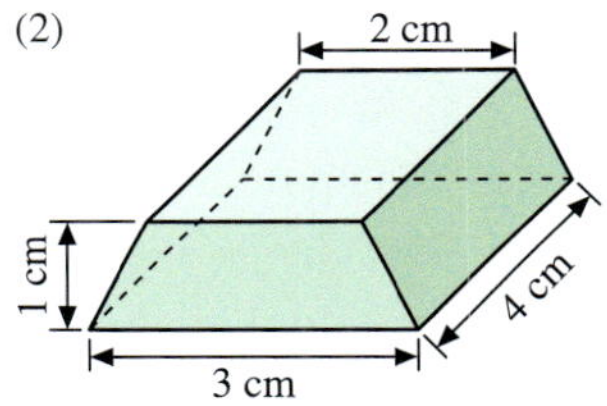

Wiederholung

(1) Zweitafelbild und Netz

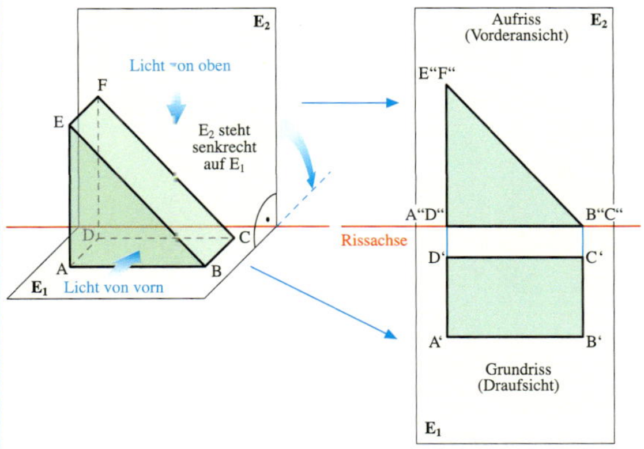

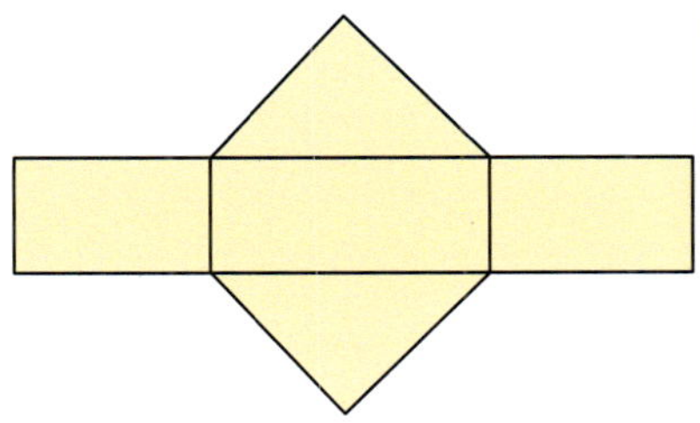

Grund- und Aufriss nennt man zusammen das **Zweitafelbild**.

Werden die Begrenzungsflächen eines Körpers in die Ebene geklappt, so spricht man von einem **Netz**.

Zum Wiederholen

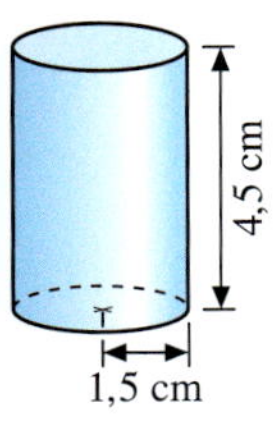

3. Bisher konntest du einen Zylinder nur darstellen, wenn neben dem Radius die Größe der Mantelfläche (Umfang und Höhe des Zylinders) gegeben war. Mit deinen Kenntnissen über Kreisberechnungen kannst du nun für die Darstellung fehlende Größen berechnen. Gegeben ist ein Zylinder mit einer Höhe von 4,5 cm und einem Radius von 1,5 cm.

a) Berechne den Umfang der Kreisfläche.

b) Zeichne ein Netz des Zylinders.

c) Stelle den Zylinder im Zweitafelbild dar.

Wiederholung

(2) Vergleich von Prisma und Kreiszylinder

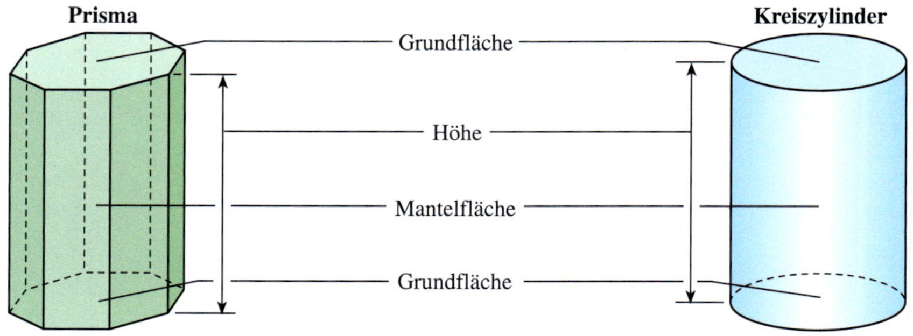

Jedes (gerade) Prisma besitzt zwei zueinander parallele und kongruente (deckungsgleiche) *Vielecke* als **Grundflächen**.
Die Seitenflächen sind Rechtecke und bilden zusammen die **Mantelfläche**.

Der Abstand der beiden Grundflächen ist die **Höhe**.

Jeder (gerade) Zylinder besitzt zwei zueinander parallele und kongruente (deckungsgleiche) *Kreisflächen* als **Grundflächen**.
Die gekrümmte Seitenfläche heißt **Mantelfläche**.

Beachte: Prismen und Zylinder können auf einer Grundfläche „stehen" oder auf einer Seitenfläche bzw. Mantelfläche „liegen".

Übungen

4. Zeichne ein Zweitafelbild des Prismas (Maße in cm).

a)

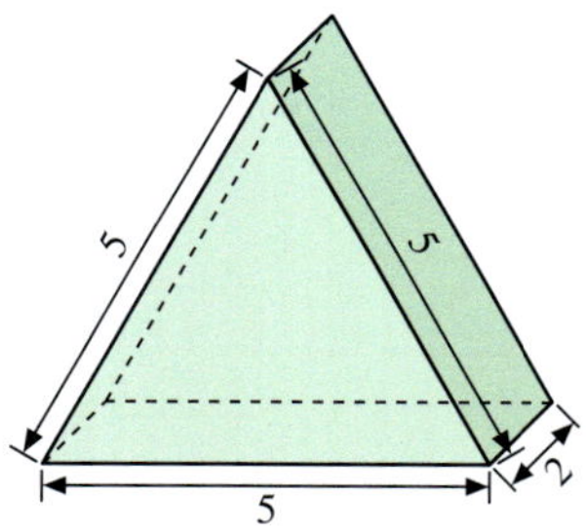

b)

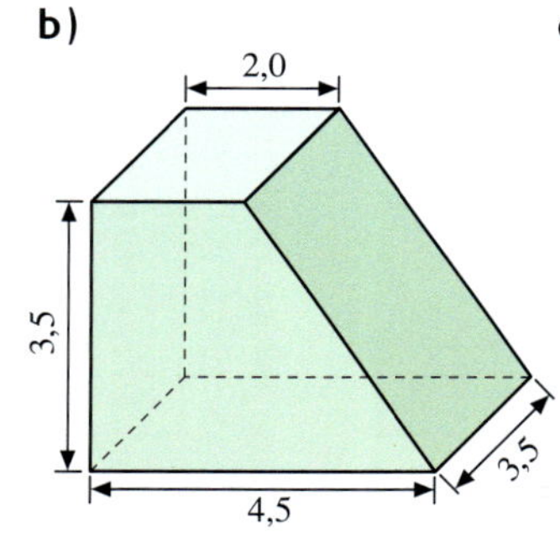

c)

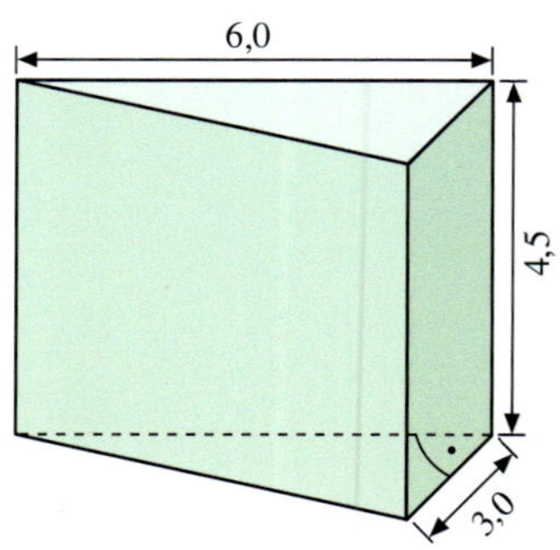

5. Entscheide, ob es sich um Körpernetze handelt. Skizziere, wenn möglich, ein Schrägbild.

(1)

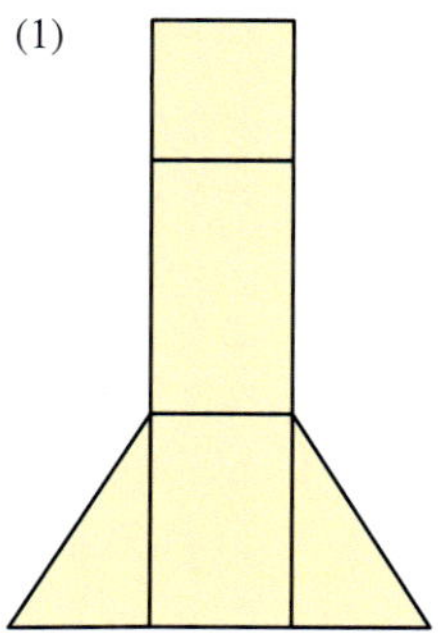

(2)

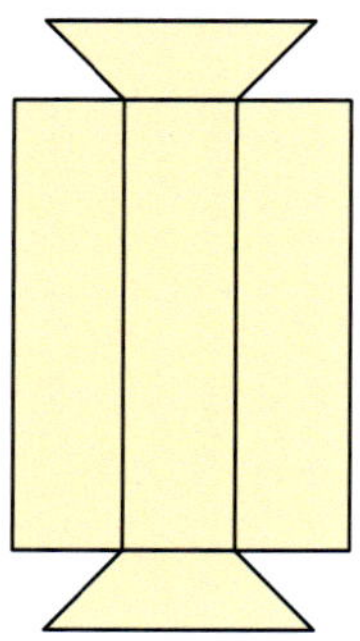

(3)

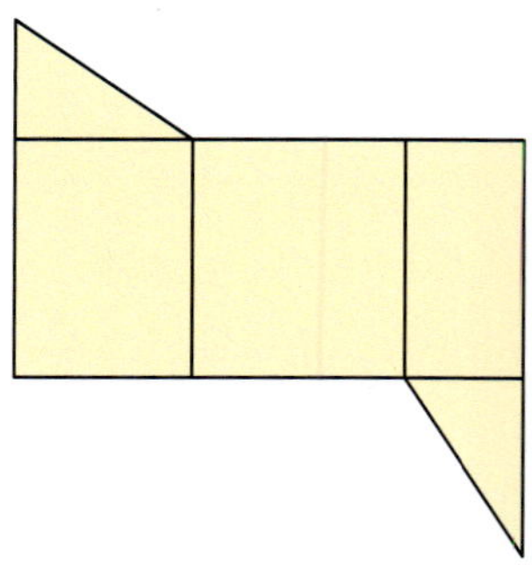

6. Ein Zylinder hat folgende Maße: Radius 1,9 cm; Höhe 5,1 cm.

a) Zeichne ein Netz. **b)** Zeichne zwei unterschiedliche Zweitafelbilder.

OBERFLÄCHENINHALT VON PRISMEN

Einstieg

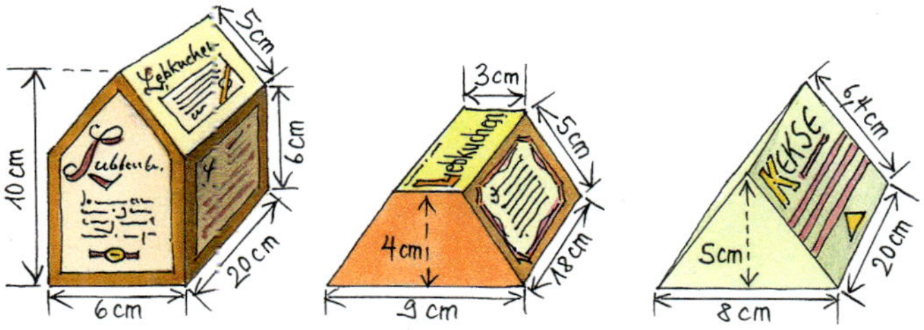

Für Verpackungen benutzt eine Firma prismenförmige Pappkartons.

→ Berechne den Bedarf an Pappe für jede Verpackung.

→ Beschreibe, wie du vorgehst.

Aufgabe

1. Ein Kunsthandwerker benötigt für eine Wandverzierung eine größere Zahl von Körpern aus Blech, die die Form eines dreiseitigen Prismas haben (Maße rechts).
Wie viel Blech benötigt man für ein Prisma?

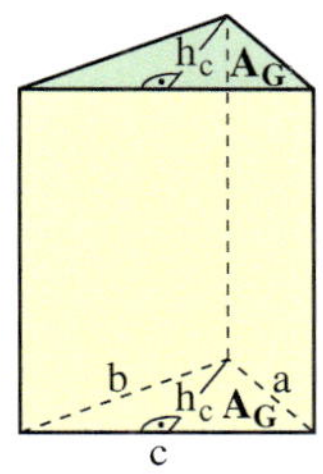

a = 28 cm
b = 23 cm
c = 30 cm
h_c = 20 cm
h = 35 cm

Lösung

Zur Berechnung des Blechbedarfs bestimmst du den Oberflächeninhalt des Prismas.
Die Oberfläche des Prismas setzt sich aus den beiden Grundflächen und allen Seitenflächen zusammen.

Statt *Oberflächeninhalt* sagt man auch *Größe der Oberfläche*

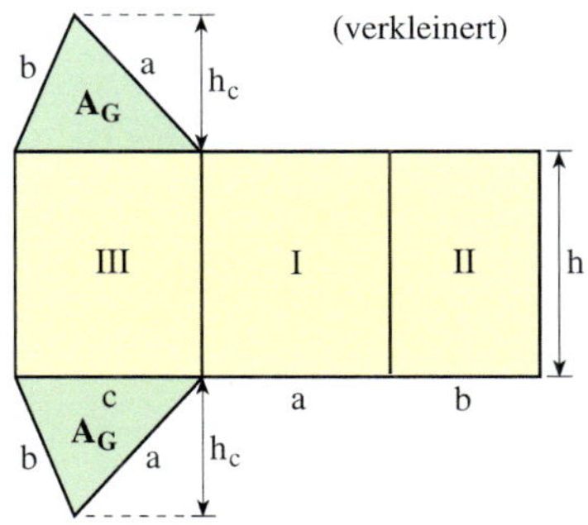

1. Weg:
Größe A_G einer Grundfläche:

$A_G = \frac{c \cdot h_c}{2} = \frac{30\text{ cm} \cdot 20\text{ cm}}{2} = 300\text{ cm}^2$

Größe A der Seitenflächen:

$A_I = a \cdot h = 28\text{ cm} \cdot 35\text{ cm} = 980\text{ cm}^2$

$A_{II} = b \cdot h = 23\text{ cm} \cdot 35\text{ cm} = 805\text{ cm}^2$

$A_{III} = c \cdot h = 30\text{ cm} \cdot 35\text{ cm} = 1050\text{ cm}^2$

Oberflächeninhalt A_O des Prismas:

$A_O = 2 \cdot A_G + A_I + A_{II} + A_{III}$

$A_O = 2 \cdot 300\text{ cm}^2 + 980\text{ cm}^2 + 805\text{ cm}^2 + 1\,050\text{ cm}^2$

$= 3\,435\text{ cm}^2 = 34{,}35\text{ dm}^2$

2. Weg:
Die Seitenflächen bilden zusammen *ein* Rechteck, die *Mantelfläche* des Prismas (im Netz gelb gerastert). Die Länge dieses Rechtecks ist gleich dem Umfang u einer Grundfläche des Prismas, die Breite des Rechtecks ist gleich der Körperhöhe h des Prismas.

Mantelflächeninhalt A_M:

$A_M = u \cdot h = (a + b + c) \cdot h$

$A_M = (28\text{ cm} + 23\text{ cm} + 30\text{ cm}) \cdot 35\text{ cm}$

$A_M = 2\,835\text{ cm}^2$

Oberflächeninhalt A_O:

$A_O = 2\,A_G + A_M$

$A_O = 2 \cdot 300\text{ cm}^2 + 2\,835\text{ cm}^2$

$A_O = 3\,435\text{ cm}^2 = 34{,}35\text{ dm}^2$

Ergebnis: Der Kunsthandwerker benötigt für jedes Prisma 34,35 dm^2 Blech.

Zum Festigen und Weiterarbeiten

2. Der Kunsthandwerker (in Aufgabe 1) benötigt auch Prismen, die (bei gleich großer Grundfläche) nur halb so hoch sind wie das Prisma.
Wie groß ist der Blechbedarf für ein solches Prisma? Rechne möglichst einfach.

3. Der Umfang u der Grundfläche eines Prismas ist 50 cm lang. Das Prisma ist 12 cm hoch. Wie groß ist die Mantelfläche des Prismas?

4. Ein Prisma ist 15 cm hoch; seine Grundfläche (Maße im Bild in mm) ist
a) ein Parallelogramm; **b)** ein Trapez.
Berechne den Oberflächeninhalt.

zu **a)**

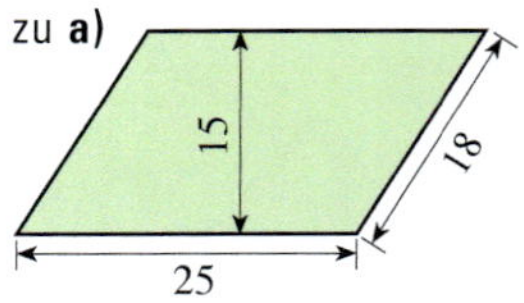

zu **b)**

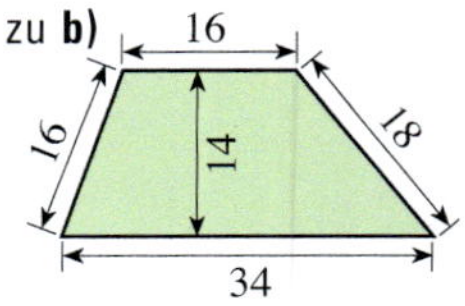

Information

Für den **Oberflächeninhalt A_O eines Prismas** mit der Größe A_G der Grundfläche und dem Mantelflächeninhalt A_M gilt: $\mathbf{A_O = 2 \cdot A_G + A_M}$

Übungen

5.

a) Wie viel Karton braucht man für die abgebildete Verpackung von Schokolade (ohne Abfall)?

b) Stelle ein Papiermodell der Verpackung her.

6. Ein dreiseitiges Prisma (Grundfläche im Bild) hat die Körperhöhe h = 65 mm. Wie groß ist die Oberfläche des Prismas?

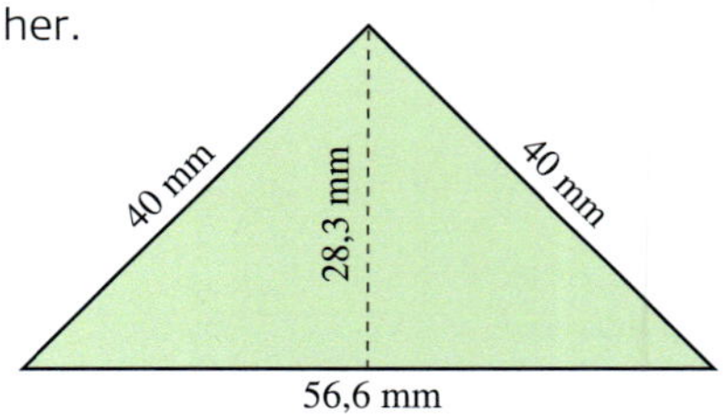

7. Bestimme den Oberflächeninhalt des Prismas (Maße in mm). Beschreibe dein Vorgehen.

Grundfläche	**a)** 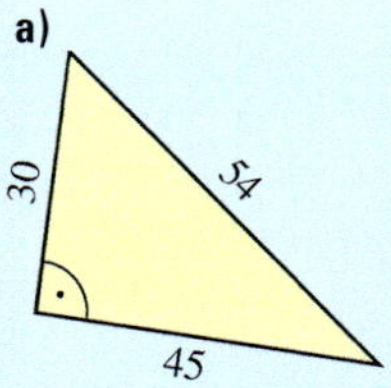	**b)** 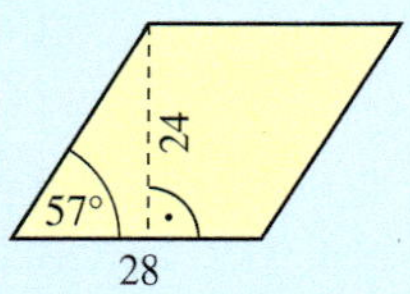	**c)** 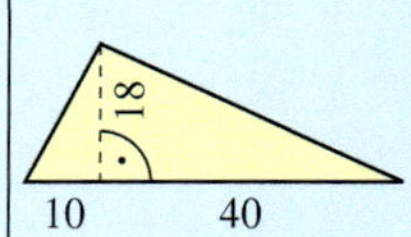	**d)** 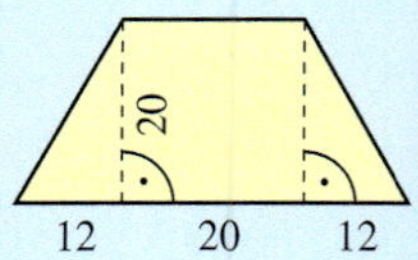
Körperhöhe	32	35	25	36

8. Bei einem Prisma sind u der Umfang einer Grundfläche, A_G die Größe einer Grundfläche, h die Höhe des Prismas, A_M der Mantelflächeninhalt und A_O der Oberflächeninhalt. Berechne die fehlenden Größen.

a) h = 9 cm
$A_G = 94\ \text{dm}^2$
u = 56 dm

b) h = 20 cm
$A_M = 518\ \text{cm}^2$
$A_G = 63\ \text{cm}^2$

c) u = 42 cm
h = 23 cm
$A_O = 1225\ \text{cm}^2$

d) u = 6,0 cm
$A_M = 36{,}6\ \text{cm}^2$
$A_O = 54{,}6\ \text{cm}^2$

9. a) Wie verändert sich der Oberflächeninhalt eines Würfels, wenn man die Kantenlänge (1) verdoppelt; (2) verdreifacht?

b) Wie ändert sich der Oberflächeninhalt eines Quaders, wenn man die Länge jeder Kante (1) verdoppelt; (2) verdreifacht?

OBERFLÄCHENINHALT VON ZYLINDERN

Einstieg

Aus einem DIN-A4-Blatt kann man auf zwei verschiedene Arten einen Zylinder bilden.

→ Bestimme den Radius jeder Grundfläche.

→ Zeichne ein Netz jedes Zylinders im Maßstab 1 : 4.

→ Jeder Zylinder soll aus Blech hergestellt werden. Berechne den Materialbedarf (ohne Verschnitt).

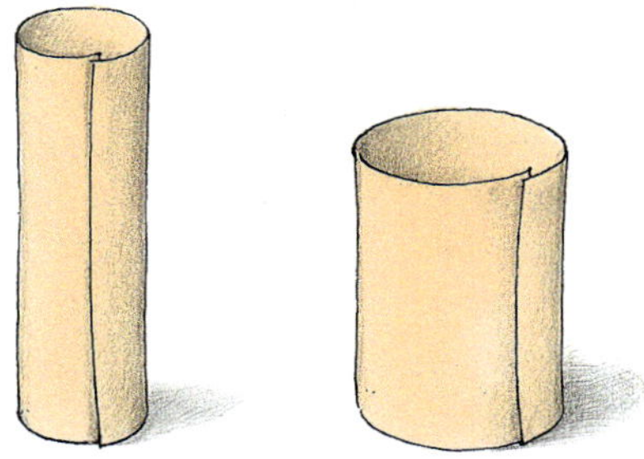

Aufgabe

1.

Poster werden zum Versand oder zum Verschenken in zylinderförmige Verpackungen gesteckt.
Der Radius r einer Grundfläche soll 3,2 cm, die Höhe h 28,5 cm sein.
Berechne den Bedarf an Pappe (Verschnitt nicht mitgerechnet).

Lösung

Zur Berechnung des Pappbedarfs bestimmen wir den Oberflächeninhalt A_O des Zylinders. Wir nennen den Mantelflächeninhalt A_M und den Grundflächeninhalt A_G. Dann gilt:

$A_O = 2 \cdot A_G + A_M$
$A_O = 2 \cdot \pi r^2 + 2 \pi r h$

Einsetzen der gegebenen Größen:

$A_O = 2\pi \cdot (3{,}2\ \text{cm}^2) + 2\pi \cdot 3{,}2\ \text{cm} \cdot 28{,}5\ \text{cm}$
$A_O \approx 637{,}37\ \text{cm}^2$

Ergebnis: Für eine Verpackung braucht man ungefähr 638 cm^2 Pappe.

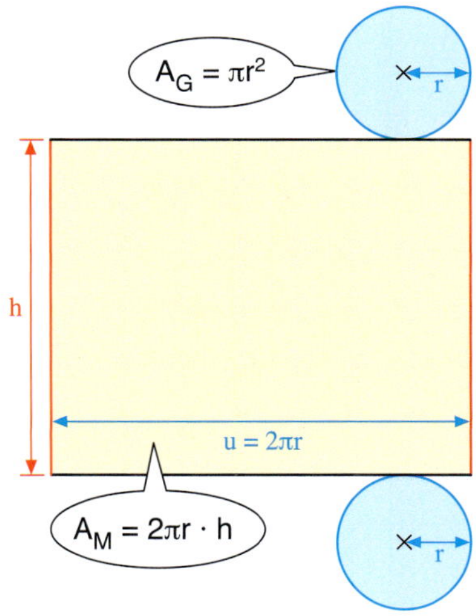

Information

Für den **Oberflächeninhalt eines Zylinders** mit dem Grundflächeninhalt A_G, dem Mantelflächeninhalt A_M und den Radius r des Grundkreises gilt:

$A_O = 2 \cdot A_G + A_M$

Mit $A_G = \pi r^2$ und $A_M = 2 \pi r h$ gilt:

$\mathbf{A_O = 2 \pi r^2 + 2 \pi r h}$

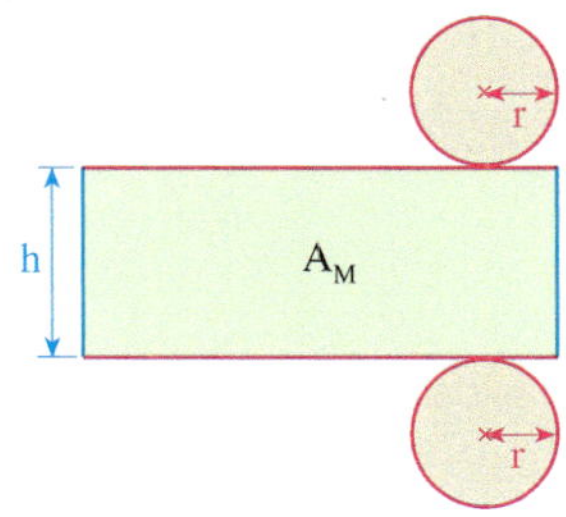

Beispiel: r = 2,0 cm; h = 3,0 cm

$A_M = 2\pi \cdot 2{,}0\ \text{cm} \cdot 3{,}0\ \text{cm}$
$A_M \approx 37{,}7\ \text{cm}^2$

$A_O = 2\pi \cdot (2{,}0\ \text{cm})^2 + 2\pi \cdot 2{,}0\ \text{cm} \cdot 3{,}0\ \text{cm}$
$A_O \approx 62{,}8\ \text{cm}^2$

Zum Festigen und Weiterarbeiten

2. Berechne den Blechbedarf für zylinderförmige Blechdosen. Runde sinnvoll.

a)	**b)**	**c)**	**d)**	**e)**
r = 4 cm	r = 9 cm	r = 7,0 cm	d = 16 cm	d = 120 mm
h = 12 cm	h = 25 cm	h = 15,5 cm	h = 23 cm	h = 17 cm

3. Zeige: Für den Oberflächeninhalt A_O eines Zylinders gilt:
$A_O = 2\pi r\,(r + h)$

4. *Berechnen von Radius bzw. Höhe eines Zylinders*

a) Ein Zylinder hat den Radius 5 cm und den Oberflächeninhalt 377 cm^2. Wie hoch ist der Zylinder? Runde sinnvoll.

b) Leite aus der Formel für den Oberflächeninhalt des Zylinders durch Umformen eine Formel her zur Berechnung von h bei gegebenem A_O und r.

5. Wie verändert sich der Mantelflächeninhalt und wie verändert sich die Größe der Grundfläche eines Zylinders, wenn man

a) den Radius (1) verdoppelt, (2) verdreifacht;

b) die Höhe (1) verdoppelt, (2) verdreifacht;

c) den Radius und die Höhe (1) verdoppelt, (2) verdreifacht?

Übungen

6. Berechne den Blechbedarf für zylinderförmige Behälter.
Runde die Ergebnisse sinnvoll.

a)	**c)**	**e)**	**g)**	**i)**
r = 12,5 cm	r = 7,5 cm	$r = 2\frac{3}{4}$ cm	d = 0,25 cm	d = 5,4 cm
h = 28 cm	h = 35 cm	h = 3,8 cm	h = 7,5 cm	$h = \frac{1}{2}d$
b)	**d)**	**f)**	**h)**	**j)**
r = 2,7 cm	r = 0,74 cm	d = 15 cm	d = 12,5 cm	d = 0,45 m
h = 3,5 cm	h = 27 cm	h = 14 cm	h = d	h = 10 d

7. Eine Litfaßsäule hat einen Durchmesser von 1,16 m. Sie ist 3,80 m hoch. Ein Sockel von 30 cm Höhe und der obere Rand von 15 cm Höhe sollen nicht beklebt werden.
1 m^2 Werbefläche kostet 99 € zuzüglich Mehrwertsteuer.
Stelle selbst Aufgaben und löse sie.

8. Die Walze einer Straßenbaumaschine hat einen Durchmesser von 1,20 m und eine Breite von 2,20 m.
Welche Größe hat die Fläche, die die Walze mit einer Umdrehung überfährt?

9. Die Mantelfläche eines Zylinders ist 100 cm^2 groß.
Berechne die Höhe h bzw. den Radius r, wenn gilt:

a) r = 5 cm b) h = 7,5 cm c) r = h

VOLUMEN VON PRISMEN

Einstieg

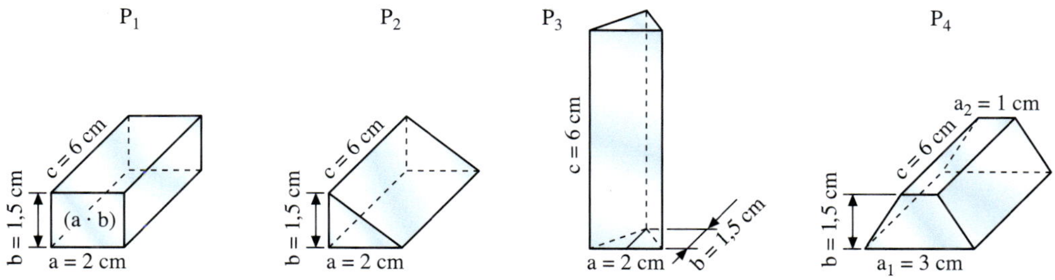

→ Die prismenförmigen Werkstücke sollen aus Metall hergestellt werden. Wie viel cm^3 Metall braucht man für jedes Werkstück?

→ Beschreibe, wie man das Volumen möglichst einfach berechnen kann.

→ Versuche eine Formel für die Berechnung des Volumens der Prismen anzugeben.

Aufgabe

Volumen eines Quaders mit den Kantenlängen a, b und c:
$V = a \cdot b \cdot c$

1. Die Baugrube eines Ausstellungspavillons hat die Form eines dreiseitigen Prismas P (Grundfläche: c = 30 m; h_c = 40 m; Höhe: h = 6 m).

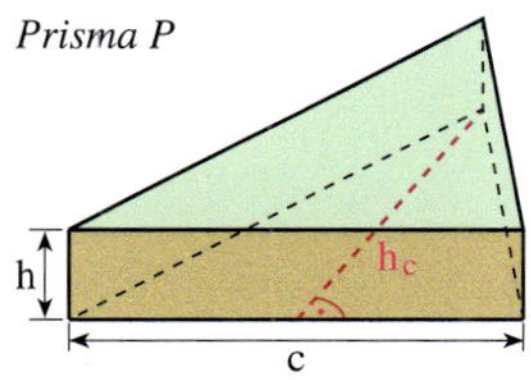

a) Wie viel m^3 Erde müssen ausgebaggert werden?

b) Gib eine Formel für die Berechnung des Volumens V_P des Prismas an; berechne V_P mithilfe dieser Formel.

Lösung

a) Zu dem Prisma P kannst du einen Quader Q mit gleichem Volumen angeben.
Berechne das Volumen V_Q des Quaders mit den Kantenlängen c, $\frac{h_c}{2}$ und h:

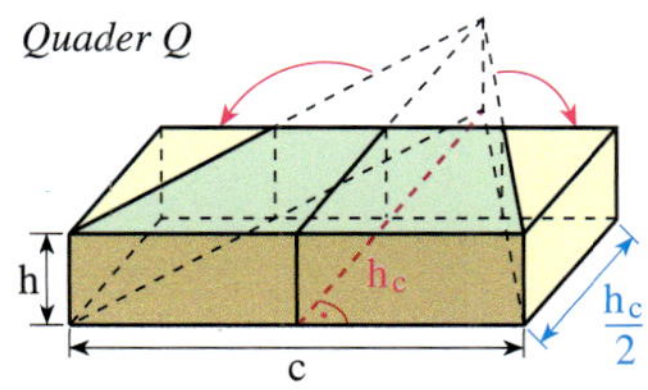

$V_Q = c \cdot \frac{h_c}{2} \cdot h$

$V_Q = 30\ m \cdot \frac{40\ m}{2} \cdot 6\ m = 3\,600\ m^3$

Ergebnis: Es müssen 3600 m^3 Erde ausgebaggert werden.

b) (1) Die Grundflächen des Quaders und des Prismas sind gleich groß.

Rechteck: Länge, Breite

$$A = c \cdot \frac{h_c}{2}$$

Dreieck: Länge der Grundseite, halbe Höhe

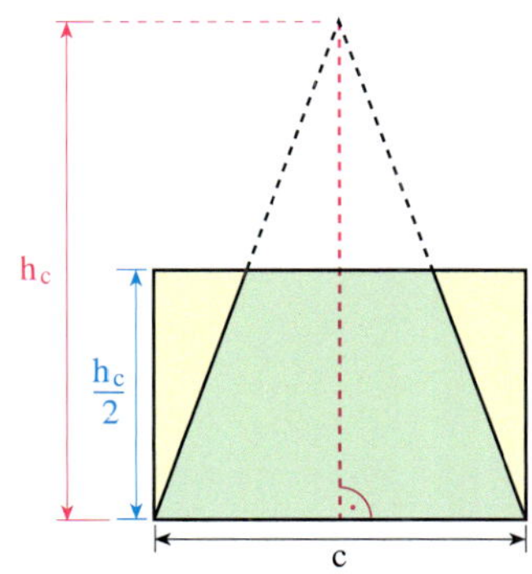

(2) Das Prisma P und der Quader Q haben dasselbe Volumen. Es gilt:

$V_P = A_G \cdot h$, denn: $V_Q = A_G \cdot h$

$V_P = c \cdot \frac{h_c}{2} \cdot h$, denn: $V_Q = c \cdot \frac{h_c}{2} \cdot h$

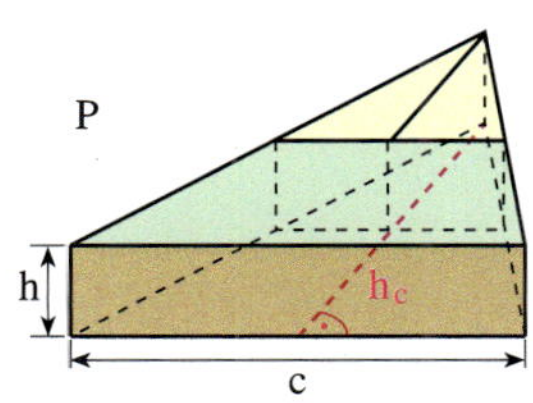

(3) Berechnung des Volumens V des Prismas mithilfe der Formel:

$V = c \cdot \frac{h_c}{2} \cdot h$

$V = 30\ \text{m} \cdot \frac{40\ \text{m}}{2} \cdot 6\ \text{m} = 3\,600\ \text{m}^3$

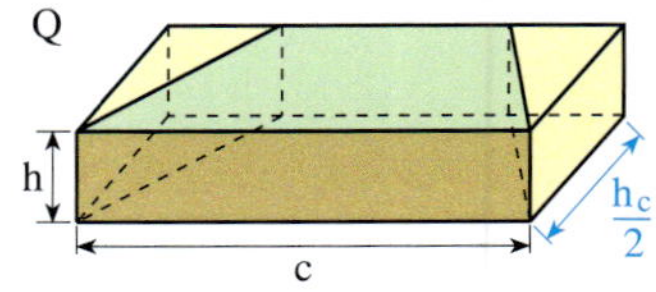

Zum Festigen und Weiterarbeiten

2. a) Versehentlich wurde die Baugrube (Aufgabe 1) 1,5 m zu tief ausgebaggert.
Wie viel m³ Erde wurde zuviel ausgebaggert?

b) Die Höhe des Pavillons (ab Oberkante der Baugrube) beträgt 8 m.
Berechne den Brutto-Rauminhalt des gesamten Gebäudes.

> **Brutto-Rauminhalt**
> Volumen des Hauses einschließlich der Außenmauern

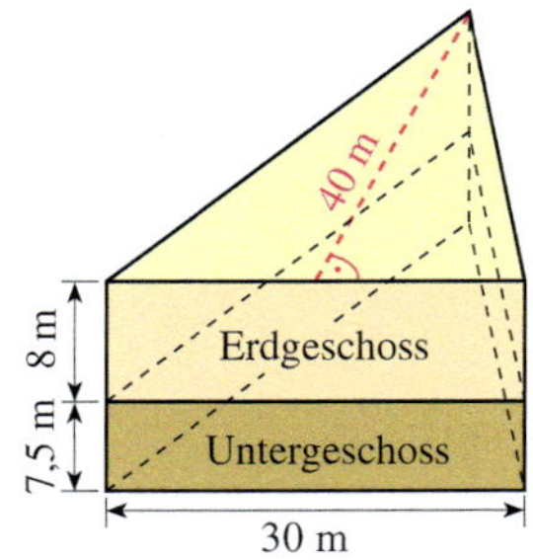

3. a) Ein quaderförmiger Behälter Q ist mit Wasser gefüllt. Sein Inhalt soll in einen Behälter P umgefüllt werden, der die gleiche Höhe hat wie der Quader Q. Seine Grundfläche ist jedoch ein rechtwinkliges Dreieck (Maße im Bild).
Beantworte folgende Frage ohne zu rechnen:
Kann der Behälter P den Inhalt von Behälter Q vollständig aufnehmen?

b) Im Bild siehst du die Grundflächen von Prismen P_1 bis P_7. Alle Prismen haben die gleiche Höhe.
Welche Prismen haben dasselbe Volumen? Begründe.

zu **a)**

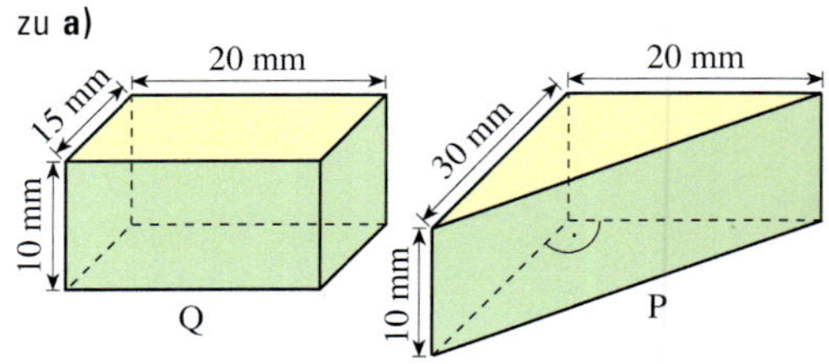

zu **b)**

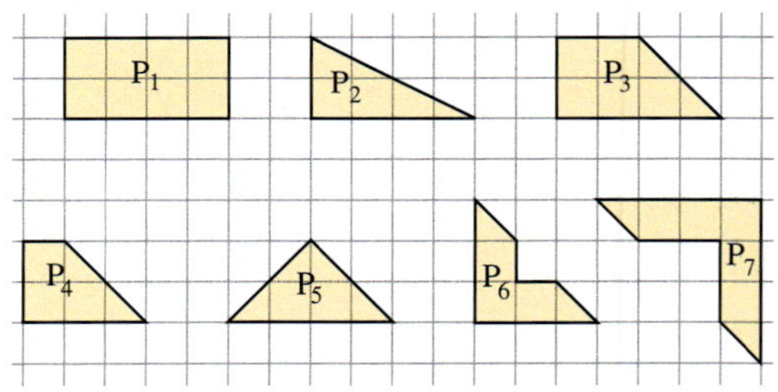

4. a) Die Grundfläche eines Prismas ist (1) ein Parallelogramm; (2) ein Trapez.
Das Prisma ist 6,3 cm hoch. Berechne das Volumen des Prismas.

(1)

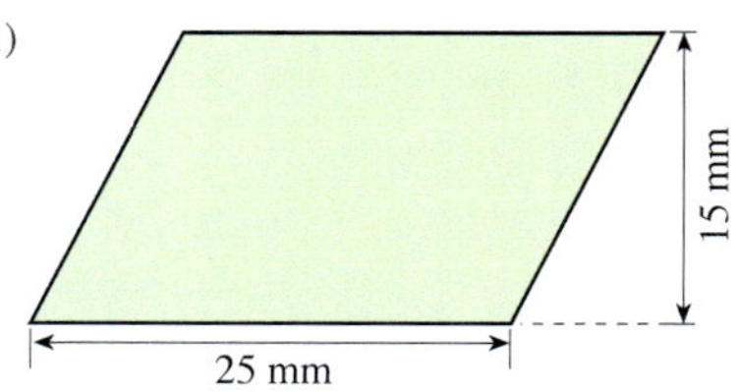

(2)

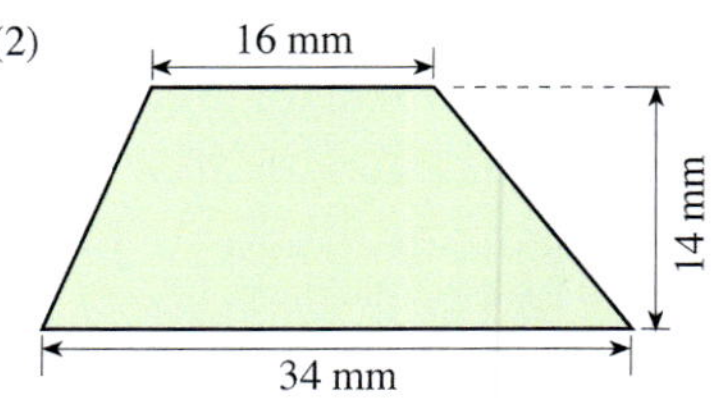

b) Begründe: Ist die Grundfläche eines Prismas ein beliebiges Vieleck, so gilt für sein Volumen: $V = A_G \cdot h$.

5.

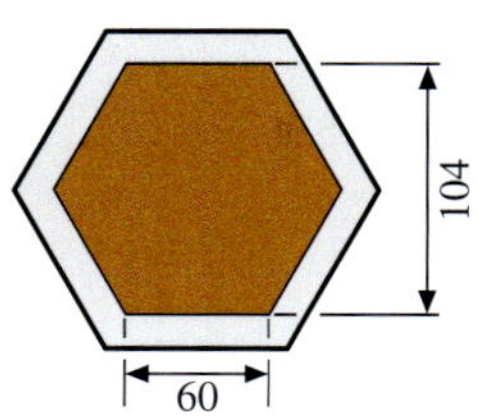

In einer verkehrsberuhigten Straße sollen acht gleich große Pflanzkübel mit Blumenerde gefüllt werden. Ihre Grundfläche ist ein regelmäßiges Sechseck (Maße im Bild in cm). Die Erde soll innen 60 cm hoch sein.
Wie viel m³ Erde müssen gekauft werden?

Information

Für das **Volumen V eines Prismas** mit der Größe A_G der Grundfläche und der Körperhöhe h gilt:

$$\mathbf{V = A_G \cdot h}$$

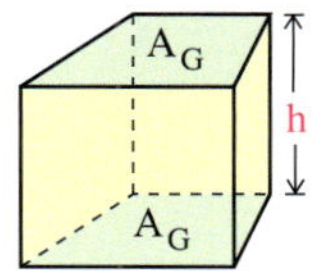

Wiederholung

Umwandlungszahl 1000

Volumeneinheiten

$1000\ mm^3 = 1\ cm^3$	$1\ mm^3 = 0{,}001\ cm^3$	$1\ cm^3 = 1$ ml	1000 ml = 1 *l*
$1000\ cm^3 = 1\ dm^3$	$1\ cm^3 = 0{,}001\ dm^3$	$1000\ ml = 1\ dm^3$	100 cl = 1 *l*
$1000\ dm^3 = 1\ m^3$	$1\ dm^3 = 0{,}001\ m^3$	$1\ dm^3 = 1$ *l*	100 *l* = 1 hl

Übungen

6. Entscheide, welche Prismen zueinander volumengleich sind. Begründe.

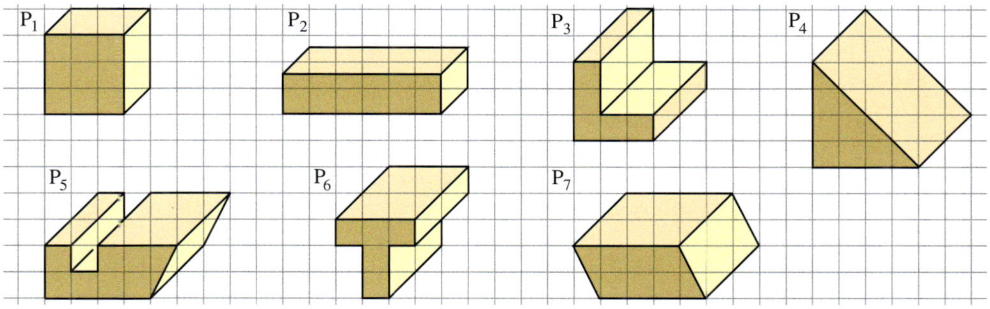

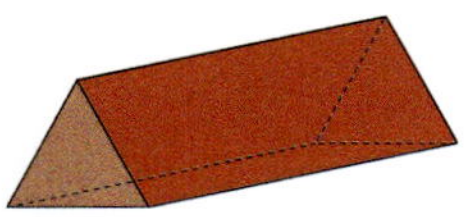

7. Berechne das Volumen des dreiseitigen Prismas.

	a)	b)	c)	d)	e)
Länge der Grundseite	6 cm	12,4 dm	27,3 m	8,7 dm	0,45 m
Höhe der Grundfläche	4 cm	8,6 dm	15,8 m	83 cm	3,8 dm
Körperhöhe des Prismas	5 cm	5,3 dm	8,5 m	4,5 dm	47 cm

8. Berechne die fehlenden Werte des Prismas.

Grundfläche des Prismas	a) $50\ cm^2$	b)	c) $30\ cm^2$	d)
Körperhöhe des Prismas	12 cm	5 cm		1,8 m
Volumen		$125\ cm^3$	660 ml	4 500 *l*

9. Berechne das Volumen des Prismas. Gib den Wert auch in *l* an.

a) Die Grundfläche ist ein Parallelogramm.
Länge einer Grundseite des Parallelogramms: 15 cm
zugehörige Höhe des Parallelogramms: 13 cm
Höhe des Prismas: 12 cm

b) Die Grundfläche ist ein Trapez.
Länge der parallelen Seiten des Trapezes: a = 23 cm und c = 19 cm
Höhe des Trapezes: 16 cm
Höhe des Prismas: 13 cm

1 m³ Fichtenholz wiegt 500 kg

10. In einer Holzhandlung werden 25 Kanthölzer aus Fichtenholz auf einen Lkw geladen. Die Abmessungen eines Kantholzes: a = 20 cm; b = 15 cm; c = 4,30 m.
Wie viel wiegen die Kanthölzer insgesamt?

11.

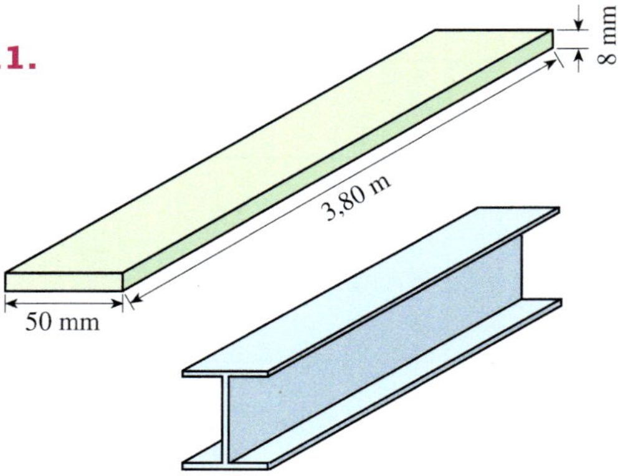

a) Berechne das Volumen eines 3,80 m langen Stahlstabes mit rechteckigem Querschnitt (Flachstahl). Die Querschnittsfläche des Stabes ist 50 mm lang und 8 mm breit.

b) Die Querschnittsfläche eines Doppel-T-Trägers aus Stahl ist 60 cm² groß. Der Träger ist 3 m lang.
1 dm³ Stahl wiegt 7,8 kg.
Wie viel wiegt der Träger?

12. Der Flächeninhalt der Grundfläche eines Prismas beträgt 27,8 dm². Das Prisma hat das Volumen 180,7 dm³.
Wie hoch ist das Prisma?

13. Berechne den Brutto-Rauminhalt des Hauses.

a)

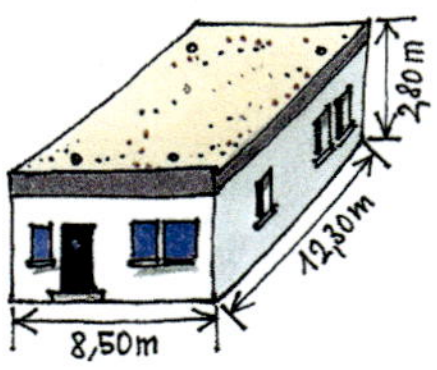

b)

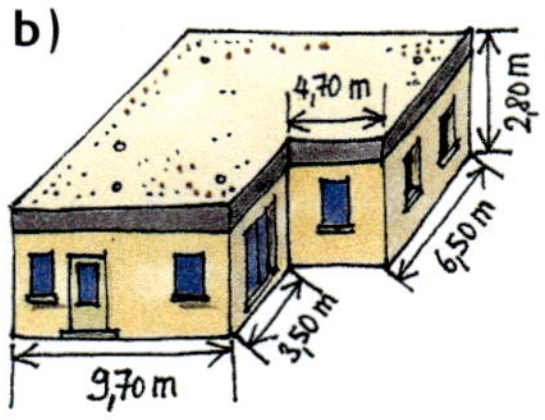

c)

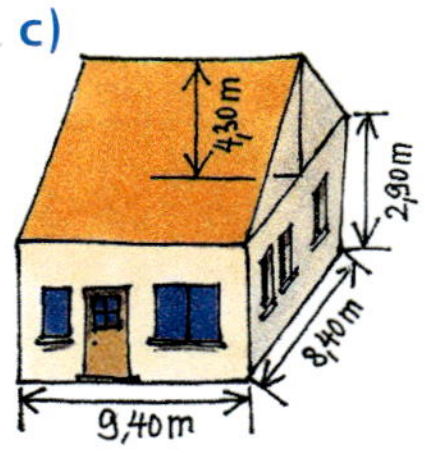

d)

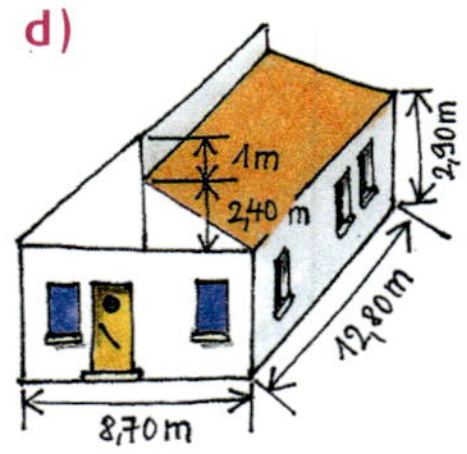

14. Erstelle ein Tabellenblatt und berechne das Volumen eines dreiseitigen Prismas. Verändere nacheinander jede der drei gegebenen Größen.
Beschreibe die Auswirkungen auf das Volumen des Prismas.

	A	B	C
1	Dreiseitiges Prisma		
2			
3	Länge der	Höhe der	Körperhöhe
4	Grundseite	Grundfläche	des Prismas
5	2	3	5
6			
7	Volumen des Prismas		15

15. Wie verändert sich das Volumen eines Prismas, wenn man die Höhe
(1) verdoppelt, (2) verdreifacht, (3) halbiert und die Grundfläche nicht verändert?

16. Rechts sind die Querschnitte von 3,50 m langen Eisenträgern gegeben.

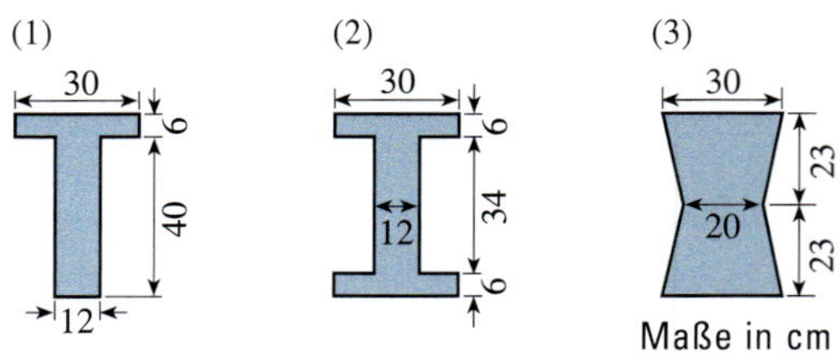

Maße in cm

a) Berechne das Volumen und die Masse des Trägers.
Eisen hat die Dichte $\varrho = 7{,}86\,\frac{\text{g}}{\text{cm}^3}$.

b) Die Messtoleranz beträgt für jedes Längenmaß ± 0,1 cm.
Berechne den Höchstwert und den Mindestwert für die Masse des Trägers und gib die Abweichung zu der in Teilaufgabe a) berechneten Masse in Prozent an.

VOLUMEN VON ZYLINDERN

Einstieg

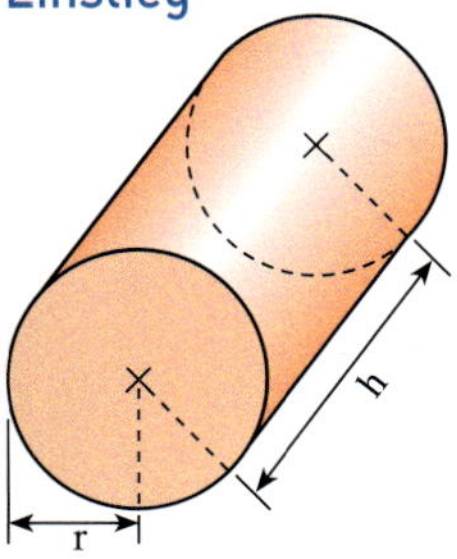

Bei Kanalbauarbeiten wird unter einer Straße ein kreisrundes Bohrloch gebohrt. Wie viel m^3 Erdaushub fallen an?

→ Annika: „Man kann das Volumen des Zylinders (Bohrlochs) mit der Formel $V = A_G \cdot h$ berechnen."
Berechne das Volumen des Zylinders (Bohrlochs) mithilfe dieser Formel.

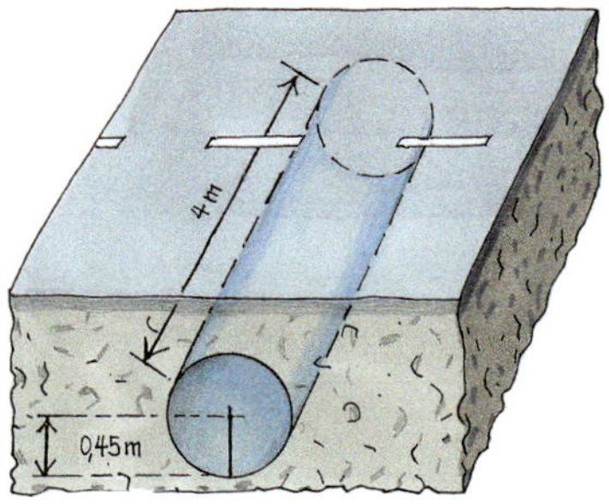

Aufgabe

1. a) Begründe mithilfe der Zeichnung rechts: Für das Volumen des Zylinders gilt die Formel:
$V = A_G \cdot h = \pi r^2 \cdot h$

b) Ein Metallzylinder hat den Radius r = 5,0 cm und die Höhe h = 11,5 cm. Berechne das Volumen des Zylinders.

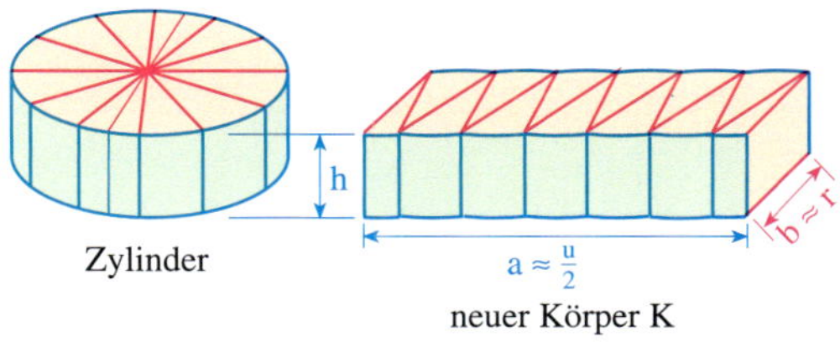

Lösung

a) Wir zerlegen den Zylinder wie im Bild und setzen die Teile zu einem neuen Körper K zusammen.
Wir stellen uns vor, der Zylinder wird immer feiner zerlegt (d. h. in immer mehr Teilstücke).
Dann nähert sich der neue Körper beliebig genau der Form eines Quaders an.
Schließlich können wir sagen:
Die Grundfläche des Quaders hat die Länge $a = \frac{u}{2}$ und die Breite b = r (u = Umfang des Zylinders; r = Radius des Zylinders).
Die Höhe des Quaders entspricht der Höhe des Zylinders.
Für das Volumen des Quaders gilt: $V_Q = A_G \cdot h \approx \frac{u}{2} \cdot r \cdot h = \pi r^2 \cdot h$
Somit gilt auch für den Zylinder: $V_Z = A_G \cdot h = \pi r^2 \cdot h$

b) $V_Z = \pi r^2 \cdot h$
$V_Z = \pi \cdot (5{,}0\ cm)^2 \cdot 11{,}5\ cm = \pi \cdot 287{,}5\ cm^3$
$V_Z \approx 903\ cm^3$

$1\ cm^3 = 1 ml$

Ergebnis: Die Fruchtsaftdose hat ein Volumen von ungefähr 903 ml.

Information

Für das **Volumen eines Zylinders** mit dem Grundflächeninhalt A_G und der Höhe h gilt:
$\mathbf{V = A_G \cdot h}$

Bezeichnet r den Radius des Grundkreises, so gilt insbesondere:
$\mathbf{V = \pi r^2 \cdot h}$

Beispiel: r = 2,0 cm, h = 3,0 cm
$V_Z = \pi \cdot (2{,}0\ cm)^2 \cdot 3{,}0\ cm$
$V_Z = \pi \cdot 12{,}0\ cm^3$
$V_Z \approx 37{,}7\ cm^3$

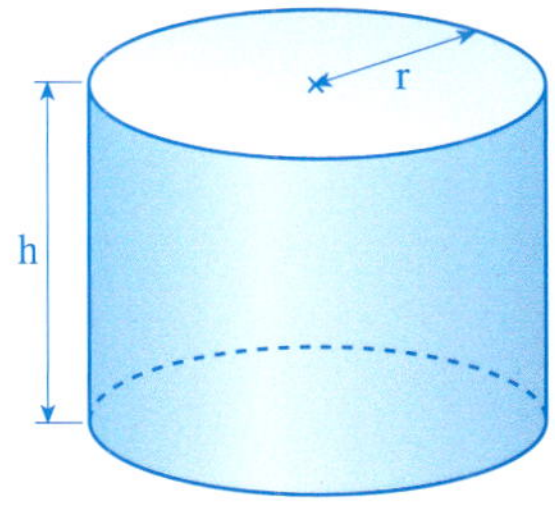

△ *Eine andere Herleitung der Volumenformel für den Zylinder*

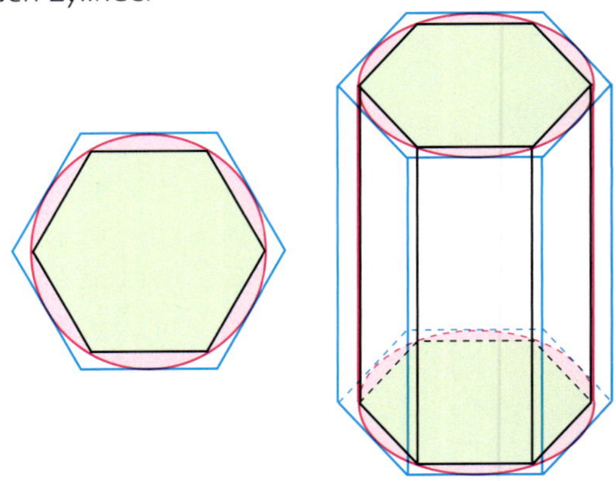

△ Den Inhalt A_K einer Kreisfläche kann man mithilfe von einbeschriebenen bzw. umbeschriebenen regelmäßigen n-Ecken bestimmen. Als Formel für den Inhalt des Kreises kennst du:

△ $A_K = \pi r^2$

△ Ist die Kreisfläche Grundfläche eines Zylinders Z, so kannst du jedes der n-Ecke als Grundfläche eines einbeschriebenen Prismas P_1 bzw. eines umbeschriebenen Prismas P_2 betrachten.

△ Es gilt: $V_{P_1} < V_Z < V_{P_2}$.

△ Das Volumen der Prismen kann man mit der Formel $V_P = A_G \cdot h$ berechnen. Diese Formel gilt auch, wenn die Eckenzahl n beliebig wächst. Mit wachsendem n nähert sich der Grundflächeninhalt A_G der n-Ecke beliebig genau dem Kreisflächeninhalt A_K, das Volumen des Prismas nähert sich beliebig genau dem Volumen des Zylinders.

△ Somit muss auch für den Zylinder gelten:

△ $V_Z = A_G \cdot h = \pi r^2 \cdot h$

Zum Festigen und Weiterarbeiten

2. Berechne das Volumen des Zylinders.

a) $r = 7$ cm, $h = 8$ cm
b) $r = 7{,}5$ cm, $h = 13{,}4$ cm
c) $r = 12{,}4$ cm, $h = 13{,}5$ m
d) $d = 8{,}8$ dm, $h = 27$ cm

TAB

3. **a)** Zeichne den Graph der Zuordnung:
(1) *Höhe des Zylinders → Volumen*
(2) *Radius des Zylinders → Volumen*

b) Wie verändert sich das Volumen eines Zylinders, wenn man
(1) die Höhe verdoppelt; verdreifacht; ...; um 10% vergrößert;
(2) den Radius verdoppelt; verdreifacht; ...; um 10% vergrößert;
(3) zugleich die Höhe und den Radius verdoppelt; verdreifacht; ...; um 10% vergrößert?

$1\ cm^3 = 1\ ml$

4. Stelle für die gesuchte Größe zunächst eine Formel auf. Verwende dabei die Formeln für das Volumen des Prismas bzw. des Zylinders. Berechne dann mithilfe der Formel.

a) Verschiedene zylinderförmige Fruchtsaftdosen sollen alle das Volumen 0,7 *l* haben. Der Radius ist (1) 5 cm; (2) 4,5 cm; (3) 4 cm. Wie hoch sind die Dosen?

b) Eine zylinderförmige Dose soll ein Volumen von 1 000 ml haben. Wie können Radius r und Höhe h gewählt werden? Gib drei Möglichkeiten an.

Dichte von Stahl
$\varrho = 7{,}85 \frac{g}{cm^3}$

5. *Volumen eines Hohlzylinders*
Ein Stahlring (vgl. Bild) hat die Maße
$r_a = 29$ cm, $r_i = 26$ cm, $h = 24$ cm.

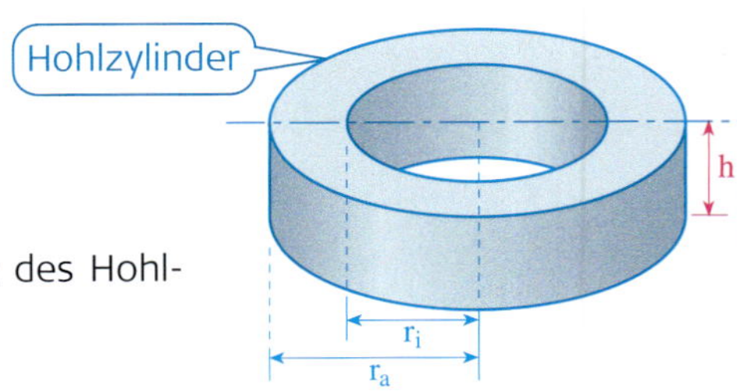

a) Berechne das Volumen des Ringes.

b) Stelle auch eine Formel für das Volumen des Hohlzylinders auf.

c) Gib auch die Masse des Stahlrings an.

Übungen

6. Berechne das Volumen des Zylinders. Runde die Ergebnisse.

a) $r = 12\ cm$, $h = 7\ cm$	**c)** $r = 12{,}3\ cm$, $h = 7{,}8\ cm$	**e)** $r = 28{,}4\ cm$, $h = 3{,}75\ m$	**g)** $d = 27\ mm$, $h = 3{,}6\ cm$	**i)** $d = 73\ cm$, $h = 2\ d$
b) $r = 25\ dm$, $h = 16\ dm$	**d)** $r = 7{,}25\ m$, $h = 6{,}49\ m$	**f)** $d = 46{,}30\ m$, $h = 3{,}75\ m$	**h)** $d = 0{,}9\ cm$, $h = d$	**j)** $d = \frac{1}{2}\ m$, $h = \frac{1}{2}\ d$

$1\ dm^3 = 1\ l$

7. Der Durchmesser eines 80 cm langen Fasses für Öl beträgt 60 cm (Innenmaße).

a) Berechne das Fassungsvermögen in Liter. Überschlage zunächst.

b) Das leere Fass wiegt 28 kg.
1 *l* Öl wiegt 0,94 kg.
Wie viel wiegt das Ölfass, wenn es gefüllt ist?

8. Wie viel wiegt ein 1 m langer Rundstahl von **a)** 20 mm, **b)** 12 mm Durchmesser?

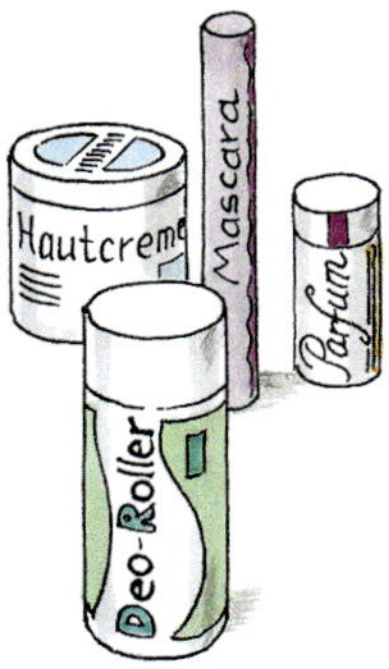

9. Kosmetikartikel werden oft aufwändig verpackt. Berechne den prozentualen Anteil des Inhalts am Gesamtvolumen.

	Artikel	Durchmesser der zylindrischen Verpackung (d)	Höhe der zylindrischen Verpackung (h)	Volumen (V) des Kosmetikartikels
a)	Creme	5,5 cm	5,0 cm	50 ml
b)	Deo-Stick	4,5 cm	9,5 cm	75 ml
c)	Deo-Roller	3,5 cm	10,0 cm	50 ml
d)	Mascara	1,4 cm	12,0 cm	10 ml
e)	Parfüm	2,6 cm	5,4 cm	5 ml

10. Jeder Rundstahl einer bestimmten Sorte ist 6,40 m lang und hat einen Durchmesser von 12 mm. $1\ cm^3$ des Stahls wiegt 7,85 g.
Wie viel wiegt ein Bund mit 50 Stück?

11. a) Ein Zylinder hat den Radius $r = 5\ cm$ und das Volumen $V = 549{,}5\ cm^3$.
Wie hoch ist der Zylinder?

b) Ein Zylinder ist 7 cm hoch. Seine Mantelfläche ist $197{,}92\ cm^2$ groß.
Berechne das Volumen des Zylinders.

12. Ein Rohr hat die Form eines Hohlzylinders.

a) Der Außendurchmesser eines Rohres beträgt 18 cm, der Innendurchmesser 17 cm. Berechne das Volumen eines 15 m langen Rohres als Hohlzylinder.

b) Stelle für das Volumen eines Rohres mit dem Innendurchmesser d_i, dem Außendurchmesser d_a und der Länge l eine Formel auf. Stelle dir vor: Das Rohr ist vollständig mit Wasser gefüllt. Wie viel Liter Wasser enthält das Rohr?

IM BLICKPUNKT: BLECHDOSEN – ZYLINDER MIT VORGEGEBENEM VOLUMEN

Für Gemüsekonserven, Fruchtsäfte oder Farben werden oft zylinderförmige Blechdosen als Verpackung verwendet. Dabei ist häufig eine bestimmte Füllmenge (z.B. 1 *l*; 0,7 *l*; 0,5 *l*) vorgegeben.
Durchmesser und Höhe können nach unterschiedlichen Gesichtspunkten festgelegt werden.

Hinweis:

- Besprecht die folgenden Aufgaben gemeinsam, rechnet und zeichnet arbeitsteilig.
- Besprecht und kontrolliert die Ergebnisse in der Gruppe.
- Wählt geeignete Ergebnisse für einen Gruppenvortrag oder ein Ausstellungsplakat aus.

Im Folgenden sehen wir aus Gründen der Einfachheit davon ab, dass die Dosen nicht vollständig gefüllt werden können. Wir betrachten sie immer als Zylinder, deren Volumen der Füllmenge entspricht.
Höhe und Durchmesser bzw. Radius betrachten wir immer als Innenmaße.

1. **a)** Ein Erfrischungsgetränk wird in 0,33-*l*-Dosen und in 0,5-*l*-Dosen angeboten. Beide Dosen haben einen Durchmesser von 6,4 cm.
Wie hoch ist jede Dose?

b) Wie hoch müsste eine (1) 0,7-*l*-Dose, (2) eine 1-*l*-Dose sein, die den gleichen Durchmesser hat wie die 0,5-*l*-Dose in Teilaufgabe a)?

2. Eine Firma will eine Serie von *Qualitäts-Fertigsuppen* in Dosen auf den Markt bringen. In einer Werbekampagne sollen diese Fertigsuppen als etwas Besonderes herausgestellt werden. Form und Aufmachung der Dosen sollen diesem Produktimage entsprechen.
Die Füllmenge soll 500 ml betragen.

a) Legt für die Funktion *Radius → Höhe einer zylinderförmigen 500-ml-Dose* eine Tabelle für folgende Radien an:
3 cm; 3,5 cm; 4 cm; ...; 5,5 cm.

b) Wählt für mehrere verschiedene Entwürfe Werte für r bzw. h aus, die euch geeignet erscheinen.
Stellt je ein Modell der Dose aus Papier her.

c) Vergleicht die verschiedenen Modelle und entscheidet euch für einen Entwurf.
Berücksichtigt auch Aspekte des Umweltschutzes.

3. **a)** Legt für die Funktion *Radius → Höhe einer zylinderförmigen 1-l-Dose* eine Tabelle für folgende Radien an:
2 cm; 4 cm; ...; 12 cm.

b) Zeichnet den Graphen der Funktion.
Welche Informationen kann man aus diesem Graphen entnehmen?

c) Zeichnet den Graphen der Funktion *Höhe → Radius einer zylinderförmigen 1-l-Dose*.
Vergleicht den Graphen mit dem Graphen aus Teilaufgabe b). Was fällt auf?

Mit einem Tabellenkalkulationsprogramm könnt ihr verschiedene Maße und den Materialbedarf für Blechdosen berechnen und vergleichen.

TAB

4. **a)** Erstellt ein Tabellenblatt und berechnet für verschiedene Durchmesser die Höhe einer Blechdose mit dem Volumen 0,5 *l*.
Der abgebildete Ausschnitt einer Kalkulationstabelle kann euch als Vorlage dienen.

b) Erläutert die Formel, die ihr in den Zellen B7 bis B12 eingegeben habt.

c) Verdoppelt und verdreifacht das Volumen in Zelle B3. Beschreibt die Auswirkungen dieser Änderung auf die Höhe der Blechdose.

	A	B
1	**Zylinderberechnungen**	
2		
3	Volumen (in cm³)	500
4		
5	Durchmesser d	Höhe h
6	(in cm)	(in cm)
7	3,00	70,74
8	4,00	39,79
9	5,00	25,46
10	6,00	17,68
11	7,00	12,99
12	8,00	9,95

5.

	A	B	C
1	**Zylinderberechnungen**		
2			
3	Volumen (in cm³)	500	
4			
5	Durchmesser d	Höhe h	Material
6	(in cm)	(in cm)	(in cm²)
7	3,00	70,74	680,80
8	4,00	39,79	525,13
9	5,00	25,46	439,27
10	6,00	17,68	389,88
11	7,00	12,99	362,68
12	8,00	9,95	350,53

a) Erweitert euer Tabellenblatt wie in der Abbildung links. Berechnet den Materialbedarf der zylinderförmigen Dose.

b) Bestimmt mithilfe der Kalkulationstabelle den kleinstmöglichen Materialbedarf für eine zylinderförmige Blechdose mit dem Volumen
(1) 500 cm³, (2) 750 cm³.

6. Im Handel gibt es unterschiedliche Dosen, z. B. (Maße in cm).

Material/ Inhalt	**Aluminium 0,33 l**	**Aluminium 0,25 l**	**Weißblech 850 ml**	**Weißblech 580 ml**	**Weißblech 425 ml**	**Weißblech 300 ml**	**Weißblech 290 ml**
Durchmesser	6,6	5	10	8,3	8,3	9,8	6,4
Höhe	11,5	12	11,2	10,8	8,0	4,2	9,3

a) Die Dosen können aus technischen Gründen nicht ganz gefüllt werden. Übertragt die Daten in ein Tabellenblatt.
Berechnet für jede Dose das tatsächliche Volumen und die prozentuale Füllung.

b) Überprüft, ob die Dosen optimiert sind, das heißt, ob für das tatsächliche Volumen der kleinstmögliche Materialbedarf verwendet wird.

c) Besprecht, welche Gründe es gibt, eine Dose nicht zu optimieren.

7. Entwickelt in Partnerarbeit selbst eine ideale Verpackung. Macht euch gegenseitig Vorgaben, z. B. Volumen und Höhe einer Dose, und ermittelt dann Vorschläge für sinnvolle Maße.
Präsentiert eure Ergebnisse.

KUBIKWURZELN UND IHRE ANWENDUNG

Einstieg

Aufgabe

1. Eine würfelförmige Kerze soll aus 125 ml Wachs gegossen werden.
Welche Kantenlänge muss die Form haben, wenn sie bis zum Rand mit Wachs gefüllt werden soll?

Lösung

Die würfelförmige Kerze hat ein Volumen von 125 cm³ (1 ml = 1 cm³).
Man erhält das Volumen V eines Würfels, indem man die Kantenlänge a mit 3 potenziert:
$V = a^3$
Hier ist das Volumen gegeben, gesucht ist die Kantenlänge.
Wir suchen also eine Maßzahl x, für die gilt:
$x^3 = x \cdot x \cdot x = 125$
Wir finden 5, denn $5^3 = 5 \cdot 5 \cdot 5 = 125$.
Ergebnis: Die gesuchte Kantenlänge beträgt 5 cm.

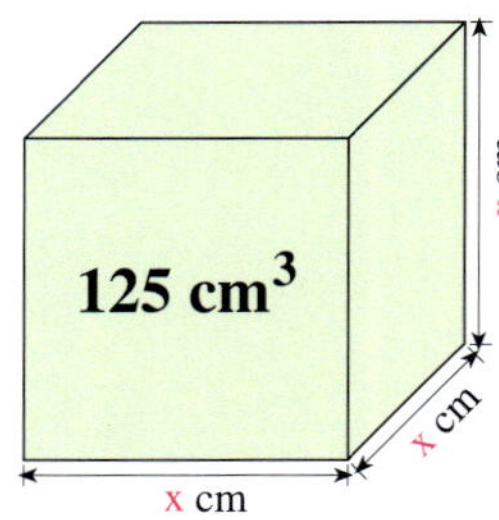

Zahlen wie
$1^3 = 1$
$2^3 = 8$
$3^3 = 27$
...
nennt man Kubikzahlen.

Information

- In Aufgabe 1 haben wir eine *positive* Zahl x gesucht, die mit 3 potenziert 125 ergibt:
- $x^3 = 125$
- Diese Zahl x nennt man die *dritte Wurzel* aus 125, geschrieben: $\sqrt[3]{125} = 5$.
- Entsprechend ist:

$\sqrt[3]{216} = 6$, denn $6^3 = 6 \cdot 6 \cdot 6 = 216$ | $\sqrt[3]{1} = 1$, denn $1^3 = 1 \cdot 1 \cdot 1 = 1$

$\sqrt[3]{1000} = 10$, denn $10^3 = 10 \cdot 10 \cdot 10 = 1000$ | $\sqrt[3]{0} = 0$, denn $0^3 = 0 \cdot 0 \cdot 0 = 0$

$\sqrt[3]{\frac{8}{27}} = \frac{2}{3}$, denn $\left(\frac{2}{3}\right)^3 = \frac{2}{3} \cdot \frac{2}{3} \cdot \frac{2}{3} = \frac{8}{27}$ | $\sqrt[3]{0{,}008} = 0{,}2$, denn $0{,}2 \cdot 0{,}2 \cdot 0{,}2 = 0{,}008$

> Unter der **3. Wurzel** (*Kubikwurzel*) aus einer positiven Zahl a versteht man diejenige *positive* Zahl, die mit 3 potenziert die Zahl a ergibt.
> Für 3. Wurzel aus a schreibt man kurz: $\sqrt[3]{a}$
> Für den Sonderfall a = 0 gilt: $\sqrt[3]{0} = 0$
> Die Zahl a, aus der man die Wurzel zieht, heißt *Radikand*.
>
> Wurzelexponent
> $\sqrt[3]{125} = 5$
> Radikand — Wert der 3. Wurzel

- *Beachte:* Die dritte Wurzel aus einer negativen Zahl, z. B. $\sqrt[3]{-8}$, ist nicht erklärt.

Aufgabe

2. Die Dose soll ein Volumen von 140 ml haben; die Maßzahlen für Höhe und Radius sollen bei gleicher Einheit übereinstimmen.
Wie hoch ist die Dose?

Lösung

Für das Volumen eines Zylinders gilt: $V = \pi \cdot r^2 \cdot h$
Da Höhe und Radius gleich groß sind, ergibt sich die vereinfachte Formel: $V = \pi \cdot h^3$
Das Volumen ist gegeben und wir können nach h^3 umstellen:

$V = \pi \cdot h^3 \quad | : \pi$

$\frac{V}{\pi} = h^3$ Wegen $V = 140\ \text{ml} = 140\ \text{cm}^3$ erhalten wir:

$h^3 = \frac{140\ \text{cm}^3}{\pi}$

$h^3 \approx 44{,}6\ \text{cm}^3$

Wir sehen sofort, dass wir nicht so einfach eine Maßzahl für h finden. Deshalb versuchen wir durch systematisches Probieren eine Lösung zu finden. Dazu legen wir eine Tabelle an:

Anzahl der Stellen nach dem Komma	untere Näherungszahl	hoch 3	Probe			hoch 3	obere Näherungszahl
0	3	27	<	44,6	<	64	4
1	3,5	42,875	<	44,6	<	46,656	3,6
2	3,54	44,361864	<	44,6	<	44,738875	3,55

Ergebnis: Die Höhe der Dose muss ungefähr 3,55 cm betragen.

Zum Festigen und Weiterarbeiten

3. Berechne im Kopf:

a) $\sqrt[3]{8}$ **b)** $\sqrt[3]{27}$ **c)** $\sqrt[3]{1000}$ **d)** $\sqrt[3]{27000}$ **e)** $\sqrt[3]{0{,}001}$

4. *Wurzelziehen und Potenzieren heben sich gegenseitig auf*
Vervollständige die Tabelle in deinem Heft. Vergleiche die erste mit der dritten Spalte.

a) 3. Wurzel → hoch 3 →

64	4	64
216		
512		
729		
1 331		
$\frac{1}{27}$		
$\frac{8}{216}$		

b) hoch 3 → 3. Wurzel →

5	125	5
6		
12		
30		
50		
$\frac{2}{7}$		
$\frac{3}{5}$		

c) Vereinfache: $\left(\sqrt[3]{125}\right)^3$; $\left(\sqrt[3]{4913}\right)^3$; $\left(\sqrt[3]{7}\right)^3$; $\sqrt[3]{2^3}$; $\sqrt[3]{19^3}$; $\sqrt[3]{0{,}74^3}$.

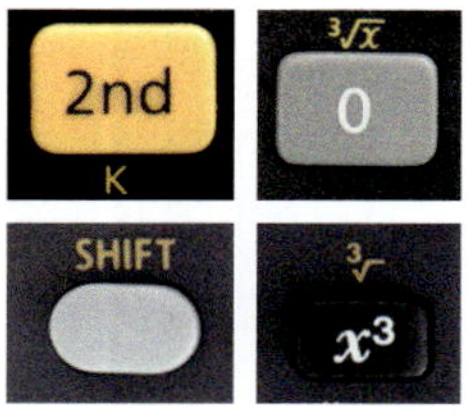

(1) Das Ziehen der dritten Wurzel wird durch das Potenzieren mit 3 rückgängig gemacht.
Für alle a ≥ 0 gilt: $\left(\sqrt[3]{a}\right)^3 = \mathbf{a}$.
Beispiel: $\left(\sqrt[3]{125}\right)^3 = 125$

125 —3. Wurzel aus→ 5; 5 —hoch 3→ 125

(2) Das Potenzieren mit 3 wird durch das Ziehen der dritten Wurzel rückgängig gemacht.
Für alle a ≥ 0 gilt: $\sqrt[3]{\mathbf{a}^3} = \mathbf{a}$.
Beispiel: $\sqrt[3]{5^3} = 5$

5 —hoch 3→ 125; 125 —3. Wurzel aus→ 5

5. Berechne mit dem Taschenrechner.
a) $\sqrt[3]{20}$ c) $\sqrt[3]{64}$ e) $\sqrt[3]{520}$ g) $\sqrt[3]{0{,}74}$ i) $\sqrt[3]{17{,}4}$ k) $\sqrt[3]{\frac{5}{8}}$
b) $\sqrt[3]{19}$ d) $\sqrt[3]{135}$ f) $\sqrt[3]{756}$ h) $\sqrt[3]{0{,}058}$ j) $\sqrt[3]{\frac{3}{4}}$ l) $\sqrt[3]{\frac{2}{3}}$

6. Löse die Gleichung:
a) $a^3 = 27$ c) $r^3 = 343$ e) $x^3 = \frac{27}{125}$
b) $c^3 = -27$ d) $h^3 = 125$ f) $y^3 = \frac{512}{1000}$

Übungen

7. Bestimme das Volumen eines Würfels mit der angegebenen Kantenlänge.
a) 11 cm b) 15 cm c) 20 cm d) 4,2 cm e) 42 cm f) 420 cm

8. Bestimme die Kantenlänge eines Würfels mit dem angegebenen Volumen.
a) 8 cm^3 b) 27 cm^3 c) 343 cm^3 d) 3 375 cm^3 e) 8 000 cm^3 f) 74 088 cm^3

9. Gib den Wert der dritten Wurzel an.
a) $\sqrt[3]{1000}$ d) $\sqrt[3]{8000000}$ g) $\sqrt[3]{0{,}027}$ j) $\sqrt[3]{0{,}003375}$ m) $\sqrt[3]{\frac{64}{125}}$
b) $\sqrt[3]{512}$ e) $\sqrt[3]{1000000000}$ h) $\sqrt[3]{4{,}096}$ k) $\sqrt[3]{\frac{1}{3}}$ n) $\sqrt[3]{\frac{2197}{1000}}$
c) $\sqrt[3]{64000}$ f) $\sqrt[3]{0{,}512}$ i) $\sqrt[3]{0{,}000001}$ l) $\sqrt[3]{\frac{27}{8}}$ o) $\sqrt[3]{\frac{1000}{4096}}$

10. Prüfe durch Potenzieren, ob die Aussage wahr ist.
a) $\sqrt[3]{2744} = 14$ c) $\sqrt[3]{2{,}744} = 1{,}4$ e) $\sqrt[3]{8000000} = 200$ g) $\sqrt[3]{\frac{8}{125}} = \frac{2}{125}$
b) $\sqrt[3]{27{,}44} = 1{,}4$ d) $\sqrt[3]{0{,}003} = 0{,}1$ f) $\sqrt[3]{27000000} = 300$ h) $\sqrt[3]{\frac{16}{54}} = \frac{2}{3}$

11. Bestimme die Höhe des Zylinders (h = r). Runde auf eine Stelle nach dem Komma.
a) V = 115 cm^3 b) V = 2,75 m^3 c) V = 345 mm^3 d) V = 13,824 cm^3

1+1=3

12. Korrigiere die Fehler.
a) $\sqrt[3]{64} = 8$ b) $\sqrt[3]{-8} = -2$ c) $\sqrt[3]{(-3)^3} = -3$ d) $\left(-\sqrt[3]{125}\right)^2 = 125$

13. Zwischen welchen aufeinanderfolgenden natürlichen Zahlen liegt der Wert der dritten Wurzel?
a) $\sqrt[3]{10}$ b) $\sqrt[3]{100}$ c) $\sqrt[3]{480}$ d) $\sqrt[3]{2000}$ e) $\sqrt[3]{0{,}5}$

VERMISCHTE UND KOMPLEXE ÜBUNGEN

1.

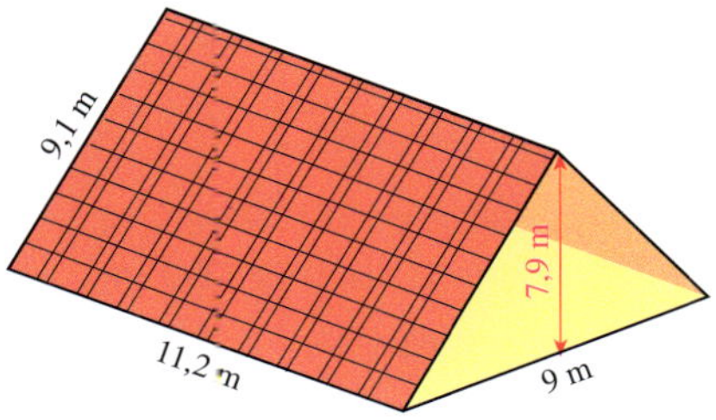

a) Berechne die Größe des Dachraumes.

b) Berechne die Größe der Dachfläche.

c) Für 1 m^2 braucht man 15 Dachziegel. Wie viele Dachziegel braucht man?

d) Das Decken des Daches kostet 24 € pro m^2, dazu kommen noch 19% Mehrwertsteuer. Berechne die Kosten.

2. Ein Pool mit rechteckiger Grundfläche ist 12,5 m lang und 4,5 m breit.

a) Die Wassertiefe ist überall 1,5 m. Wie viel m^3 [l] Wasser passen in den Pool?

b) Bei Reinigungsarbeiten wird so viel Wasser abgelassen, dass der Wasserstand nur noch 20 cm beträgt. Wie viel m^3 Wasser sind jetzt noch im Pool? Gib das Volumen auch in l an.

3. a) Zeichne zu jedem Prisma ein Netz und berechne den Oberflächeninhalt.

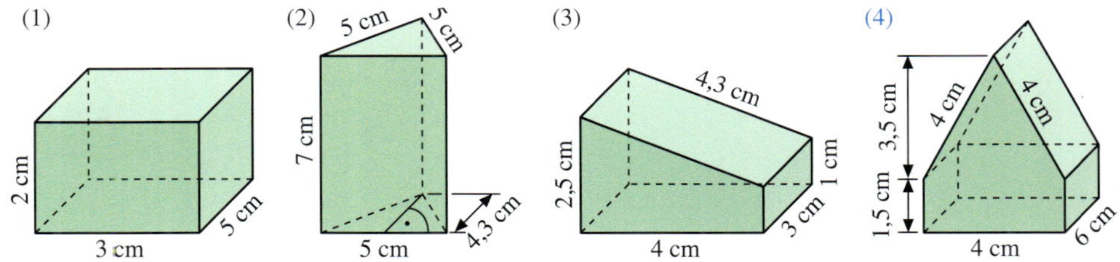

b) Berechne das Volumen der Prismen.

c) Zeichne jeweils ein Zweitafelbild des Prismas.

4. Bei dem rechts abgebildeten Körper (Maße in cm) werden alle Kanten um 1 cm verlängert.
Um wie viel Prozent ändert sich dadurch

a) das Volumen des Prismas;

b) der Oberflächeninhalt des Prismas?

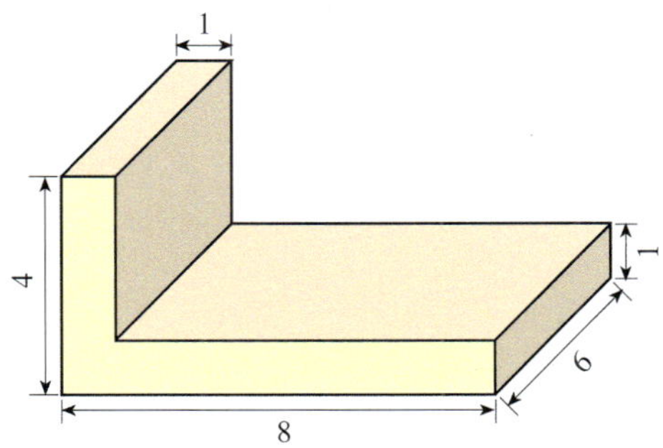

Dichte von Stahl
$\varrho = 7{,}8\ \frac{g}{cm^3}$

5. Welche Masse haben die Stahlbleche (Maße in mm)? Jedes Blech ist 2 mm dick.

a)

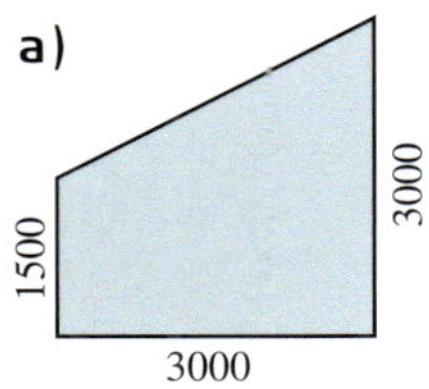

b)

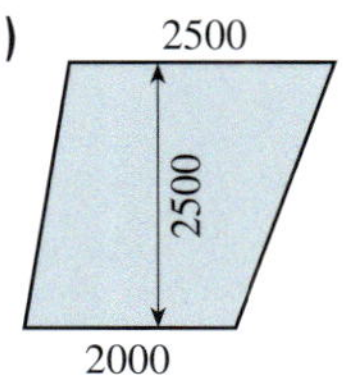

c)

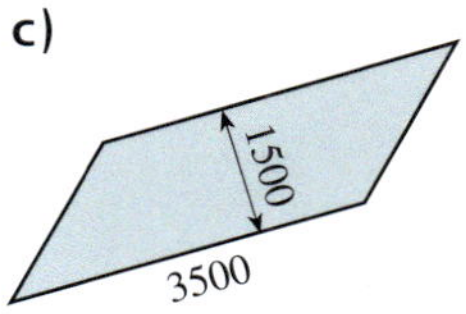

d)

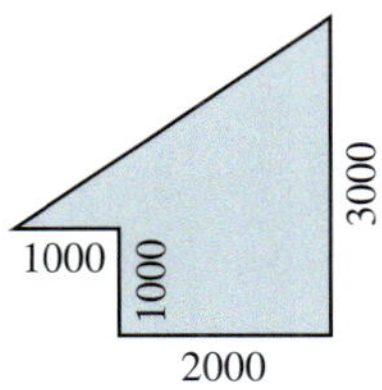

6. **a)** Wie viel dm^2 Blech benötigt man für die Herstellung des Behälters?

b) Wie viel l Wasser fasst der Behälter?

c) Das Wasser steht 1,5 cm hoch. Wie viel l Wasser sind im Behälter?

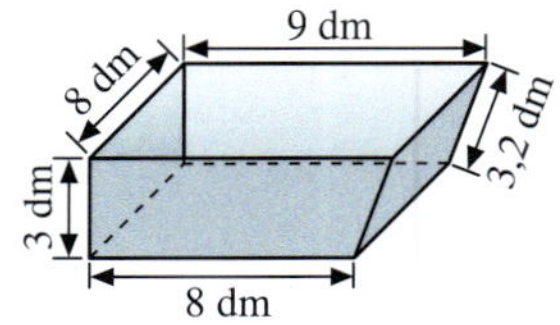

7. Eine Siedlung wurde durch einen Wall gegen Straßenlärm geschützt. Die Länge eines Bauabschnitts betrug 400 m.

a) Wie viel m^3 Erde wurden aufgeschüttet?

b) Der Wall wurde eingesät. Ein Sack Grassamen reicht für 50 m^2. Wie viel Säcke wurden benötigt?

c) Später müssen in der Regel nochmals 15 % nachgesät werden, da ein Teil der Saat nicht angeht. Welche Menge Saatgut wird insgesamt benötigt?

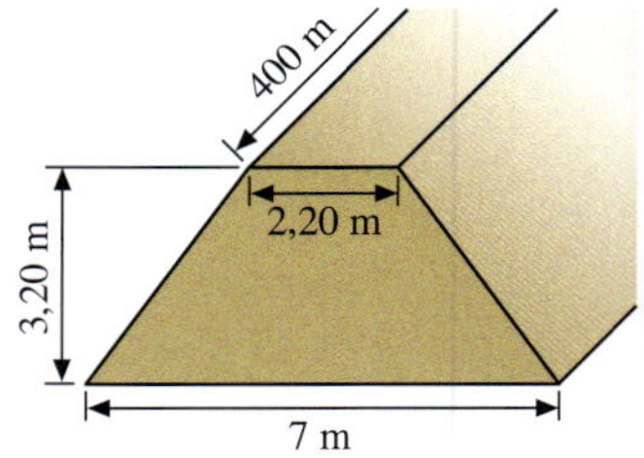

8. Der Flächeninhalt der Grundfläche eines Prismas beträgt 27,8 dm^2. Das Prisma hat das Volumen 180,7 dm^3.
Wie hoch ist das Prisma?

9. Ein Anbieter von Nur-Dach-Häusern bietet das nebenstehende Ferienhaus an. Es ist 9,05 m lang, 8,20 m breit und 7,66 m hoch.
Bestimme den Brutto-Rauminhalt eines Hauses und die Größe der Dachfläche.

10. Berechne das Volumen, den Mantelflächeninhalt und den Oberflächeninhalt bei dem symmetrischen Körper rechts.

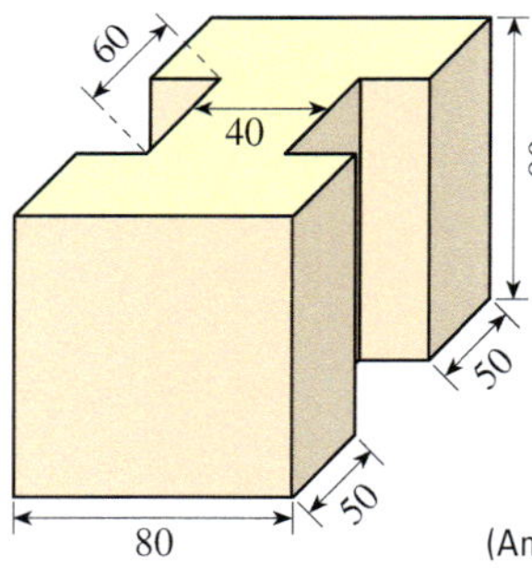

(Angaben in mm)

11. Der Mantelflächeninhalt eines Prismas beträgt 98 cm^2, der Oberflächeninhalt 118 cm^2. Das Prisma ist 7 cm hoch.
Berechne zunächst die Größe der Grundfläche des Prismas und dann das Volumen.

Dichte = $\frac{\text{Masse}}{\text{Volumen}}$

12. Die Maße des rechts abgebildeten Körpers sind in mm angegeben. Er wird hergestellt:

a) aus Aluminium;

b) aus Eisen;

c) aus Glas.

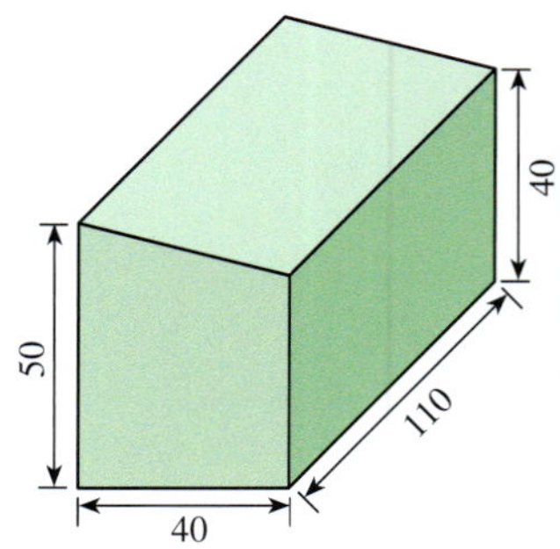

13. Berechne aus den gegebenen Stücken eines Zylinders alle anderen.

	Radius r	Höhe h	Größe A_M der Mantelfläche	Größe A_O der Oberfläche	Volumen V
a)	4,3 cm	6,4 cm			
b)	5,1 cm		245,8 cm²		
c)	3,9 cm				454 cm³
d)	3,4 cm			194 cm²	

14. Eine Firma bietet Waschmittel in zylinderförmigen Behältern an (d = 20 cm; h = 25 cm). Berechne das Fassungsvermögen.

15. 

Eine Firma soll für verschiedene Zwecke zylinderförmige Blechdosen liefern. Alle Dosen sollen das Volumen $\frac{3}{4}$ *l* haben.

a) Wie hoch muss eine Dose sein, wenn der Radius 5 cm; 4 cm; 3,5 cm; 3 cm; 4,5 cm sein soll?

b) Welchen Radius muss eine Dose haben, wenn sie 10 cm; 13 cm; 8 cm; 6 cm hoch sein soll?

c) Der Mantelflächeninhalt eines Zylinders ist 400 cm².
Berechne die Höhe des Zylinders für folgende Radien:
2,5 cm; 3,8 cm; 4,2 cm; 5,4 cm; 6,7 cm; 7,9 cm.

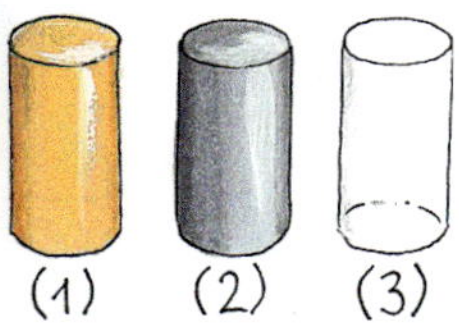

16. In der Physiksammlung befinden sich drei gleich große Zylinder mit einem Radius von 10 mm und einer Höhe von 35 mm.
Die Angaben der Dichte findest du im Tafelwerk.

a) Körper (1) besteht aus Messing. Wie viel wiegt Körper (1)?

b) Körper (2) besteht aus Stahl. Berechne seine Masse.

c) Körper (3) wiegt 29,7 g. Aus welchem Material besteht er?

17. Wie viel wiegt der im Bild dargestellte Hohlzylinder aus Gusseisen?
1 cm³ Gusseisen wiegt 7,3 g (Maße in mm).

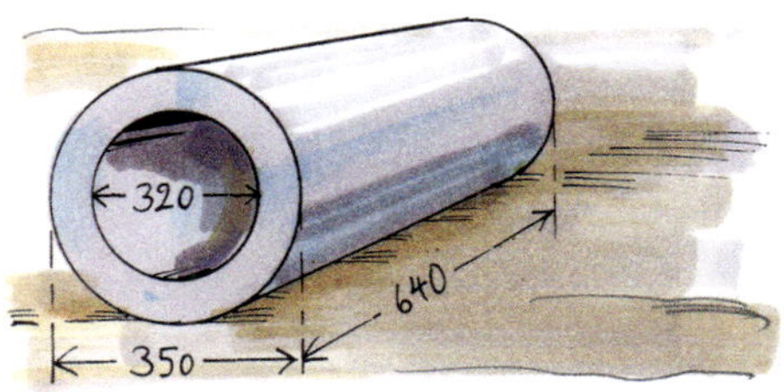

18. Manche Bakterien wie der Erreger von Tuberkulose haben die Gestalt eines Zylinders. Der Durchmesser beträgt 0,000094 cm und die Höhe (Länge) 0,00038 cm.
Gib das Volumen und die Größe der Oberfläche des Bakteriums an.

19. Aus zwei DIN-A4-Blättern wird auf zwei Arten ein Zylinder durch Zusammenrollen geformt:
(1) Die Blattbreite (20,9 cm) ist die Höhe. (2) Die Blattlänge (29,6 cm) ist die Höhe.
Welcher Zylinder hat das größere Volumen, welcher die größere Oberfläche?

a) Beantworte die Fragen zunächst ohne zu rechnen. Begründe deine Antworten.

b) Berechne dann das Volumen und den Oberflächeninhalt jedes Zylinders. Vergleiche.

BIST DU FIT?

1. Wie viel dm^2 Blech benötigt man für die Herstellung des Körpers? Wie viel l fasst er?

a)

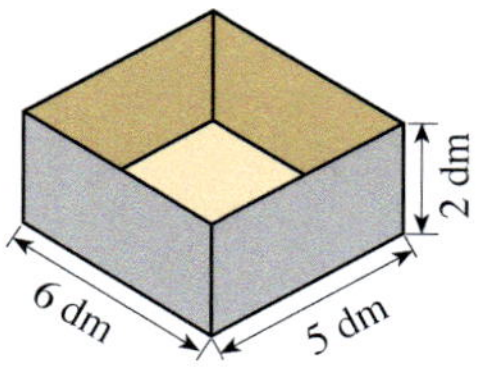

b)

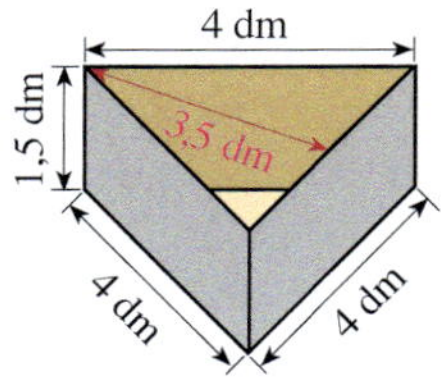

c)

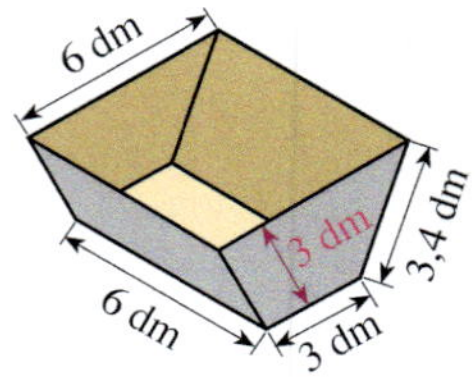

2. Berechne (1) das Volumen, (2) den Mantelflächeninhalt, (3) den Oberflächeninhalt des 23 cm hohen Prismas mit der angegebenen Grundfläche (Maße in cm).
Zeichne auch ein Schrägbild.

a)

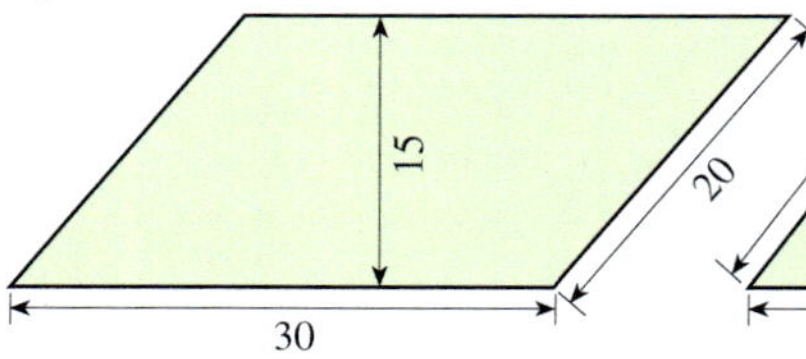

b)

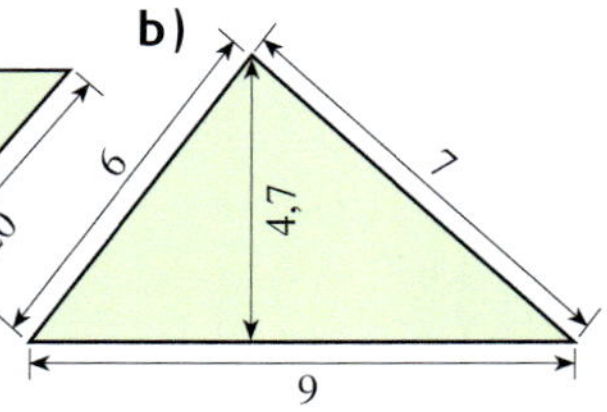

c)

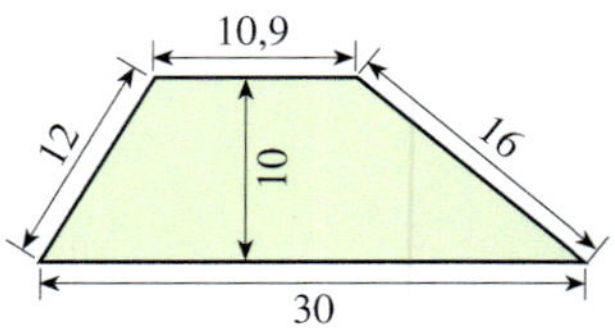

3. Von einem Prisma ist bekannt:

a) $V = 708\ cm^3$, $A_G = 212\ cm^2$ **b)** $V = 4\ l$, $A_G = 4\ dm^2$ **c)** $V = 12\ m^3$, $A_G = 750\ dm^2$ **d)** $V = 61{,}875\ ml$, $A_G = 825\ mm^2$

Wie hoch ist das Prisma?

4. Berechne die fehlenden Werte.

	a)	b)	c)	d)
Grundfläche des Prismas	$32\ cm^2$	$48{,}4\ dm^2$		$70\ mm^2$
Körperhöhe des Prismas	12 cm		180 dm	
Volumen des Prismas		1 240 l	$4320\ m^3$	$4{,}1\ cm^3$

5. Bei einem Prisma ist u der Umfang einer Grundfläche, A_G die Größe einer Grundfläche, h die Körperhöhe des Prismas, A_M der Mantelflächeninhalt und A_O der Oberflächeninhalt. Berechne die fehlenden Stücke.

a) $A_G = 52\ cm^2$, $h = 17\ cm$, $u = 45\ cm$ **b)** $A_M = 2666\ cm^2$, $A_G = 240\ cm^2$, $h = 43\ cm$ **c)** $u = 120\ m$, $A_M = 4300\ m^2$, $A_O = 5500\ m^2$

6. Übertrage die Figur in dein Heft. Miss die notwendigen Stücke aus und berechne (1) das Volumen, (2) den Oberflächeninhalt, (3) den Mantelflächeninhalt des Prismas.

a)

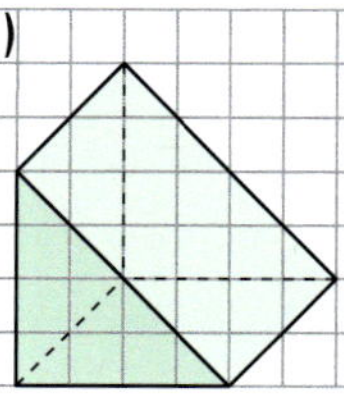

b)

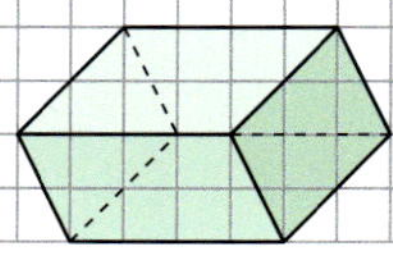

c)

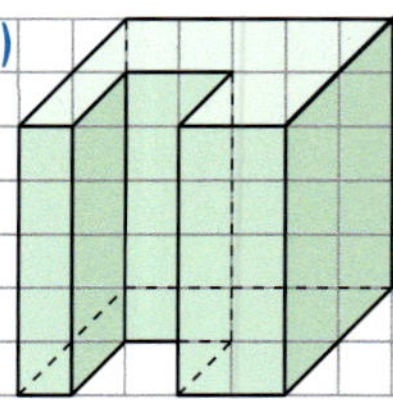

7. Berechne den Oberflächeninhalt und das Volumen des Zylinders.

a) r = 15 mm; h = 25 mm **c)** r = 48,25 dm; h = 7,75 m **e)** r = 0,78 m; h = 3,9 dm

b) r = 7,5 cm; h = 13,4 cm **d)** d = 27,0 cm; h = 2,5 dm **f)** r = 275,2 cm; h = 1,74 m

8. Zeichne ein Netz des Zylinders mit r = 2 cm und h = 6 cm.

9. In einen zylinderförmigen Blechbehälter (Durchmesser 40 cm; Höhe 40 cm) werden 20 *l* Wasser eingefüllt.

a) Wie hoch steht das Wasser im Behälter?

b) Wie viel *l* Flüssigkeit fasst der Behälter insgesamt?

c) Wie viel cm^2 Blech braucht man für die Herstellung des Behälters (ohne Deckel, ohne Verschnitt)?

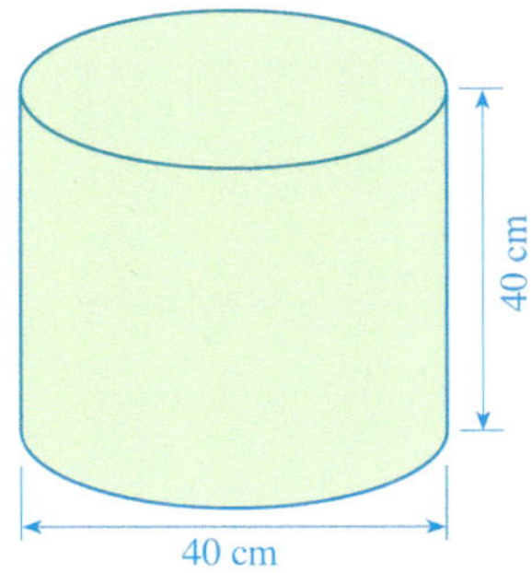

10. Aus einem Kantholz mit quadratischem Querschnitt (a = 6,2 cm; h = 10 cm) soll der größtmöglichste Rundstab hergestellt werden. Fertige eine Skizze an.
Berechne den dabei anfallenden Abfall in Prozent.

11. a) Vergleiche die Größe der rundherum aufgeklebten Etiketten.

b) Vergleiche den Materialverbrauch für beide Konservendosen.

c) Verändere entweder Radius oder Höhe so, dass beide Dosen gleichen Materialverbrauch haben.

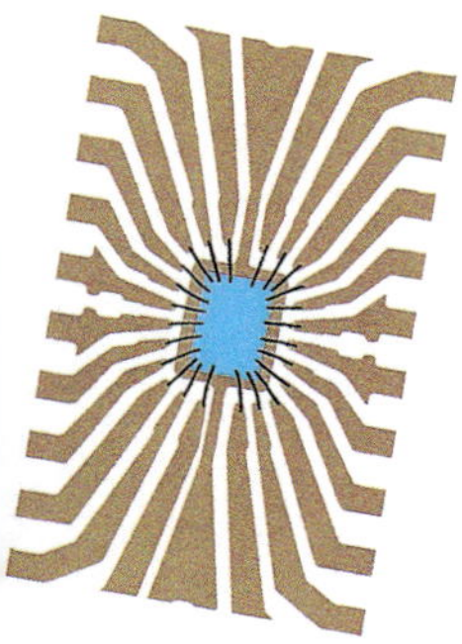

12. Für integrierte Schaltungen in Computern werden extrem dünne Drähte verwendet.
Ein solcher Draht hat einen Durchmesser von 0,01 mm.

a) Wie viel m Draht haben ein Volumen von 1 cm^3?

b) Der Draht besteht aus fast reinem Gold $\left(\varrho_{Gold} = 19,1\,\frac{g}{cm^3}\right)$.
Wie viel wiegt 1 m Draht?

13. Familie Schneider möchte das Dachgeschoss ausbauen. Herr Schneider überlegt, ob er vorher eine Dachgaube einbaut.
Er hat eine Skizze angefertigt.

a) Vergleiche den Brutto-Rauminhalt des Daches mit und ohne Gaube.

b) Um wie viel Prozent würde der Brutto-Rauminhalt zunehmen?

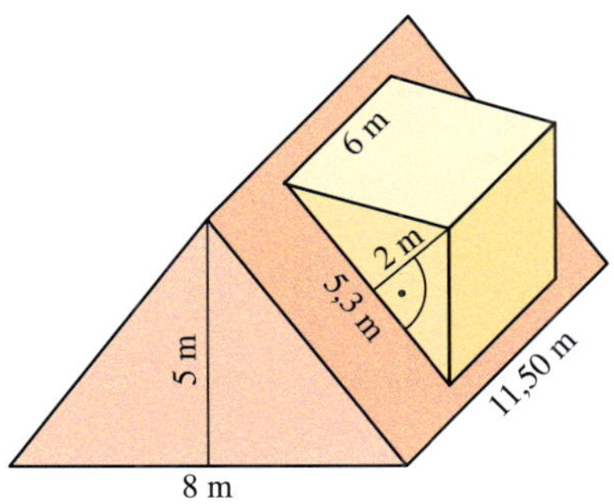

IM BLICKPUNKT: MOGELPACKUNGEN

Milch, Gebäck, Schokolade, Zahnpasta … werden verpackt.
Oft bezweifeln wir die Notwendigkeit und die Größe der Verpackung, weil wir als umweltbewusste Menschen Abfall vermeiden wollen.

Beim Öffnen von Verpackungen stellst du manchmal fest, dass weniger drin ist, als du erwartet hast.
Hast du eine Mogelpackung gekauft?

Eichgesetz § 7:

(1) …
(2) Fertigpackungen müssen so gestaltet und befüllt sein, dass sie keine größere Füllmenge vortäuschen als in ihnen enthalten ist.

Verpackungen sollen ihren Inhalt schützen, aber auch den Kunden durch eine schöne Form und Beschriftung zum Kauf anregen.
Bei Pralinen und Gebäck darf das Volumen der Verpackung zahlenmäßig höchstens das *Sechsfache* vom Inhalt sein. Bei Lebkuchen nur das *Fünffache*.

Merke

Wichtig sind also beim Verpacken von Pralinen, Gebäck und Lebkuchen das Volumen der Verpackung (in cm^3) und der Inhalt (in g).

1. Sammelt Verpackungen. Ordnet diese nach verschiedenen Kriterien wie z. B. Form, Material, Einfach- oder Mehrfachverpackung usw..

2. Im Jahre 1991 hat die Bundesregierung eine Verpackungsverordnung erlassen. Was sagt sie aus?

3. Aus einer Pappe (30 × 20 cm) können Schachteln mit unterschiedlicher Größe gefaltet werden. Dazu werden an den Ecken gleich große Quadrate ausgeschnitten. Sie haben die Seitenlänge a. Vergleiche das Volumen aller Schachteln mit a = 1 cm, 2 cm, 3 cm, … .

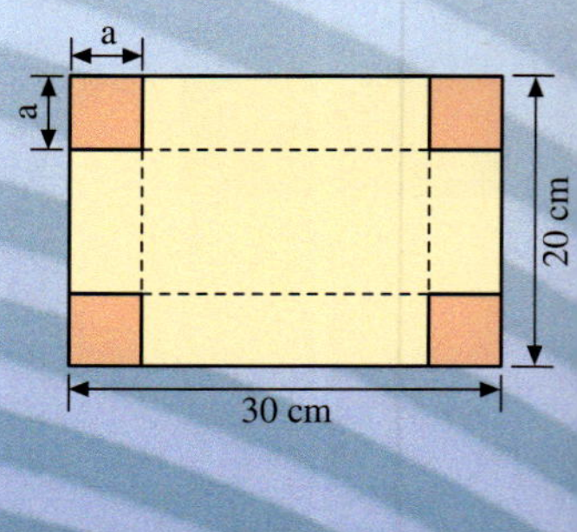

4.

(1) Gib den Inhalt der Verpackungen in Gramm an.
(2) Welches Volumen darf bei Einhaltung der gesetzlichen Regelungen die Verpackung höchstens haben?
(3) Berechne das Volumen der Verpackungen mit den gegebenen Maßen.
(4) Sind es Mogelpackungen?

5. Wie groß darf das Volumen der Verpackungen (in cm^3) höchstens sein?

(1) Pralinen

(2) Gebäck

6. Überprüft, ob unter euren gesammelten Verpackungen für Pralinen, Gebäck und Lebkuchen Mogelpackungen sind.

7. Wie viel Pappe wird für die Herstellung einer Gebäckverpackung in Aufgabe 4 benötigt, wenn zusätzlich 15 % für Überlappungen einzuplanen sind?

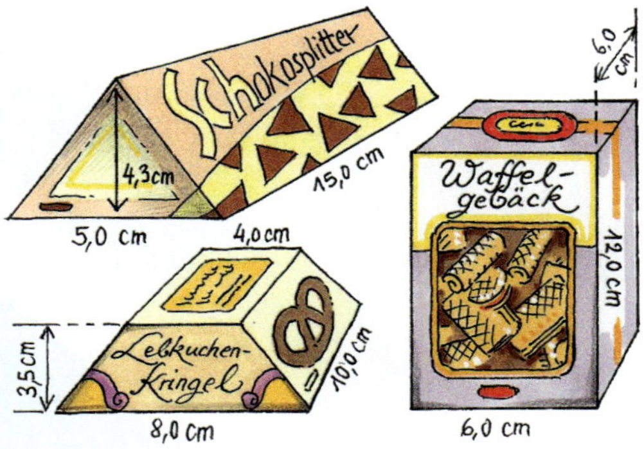

8. **a)** Berechne das Volumen der Verpackungen rechts.

b) Wie viel Inhalt (in g) muss mindestens drin sein?

9.

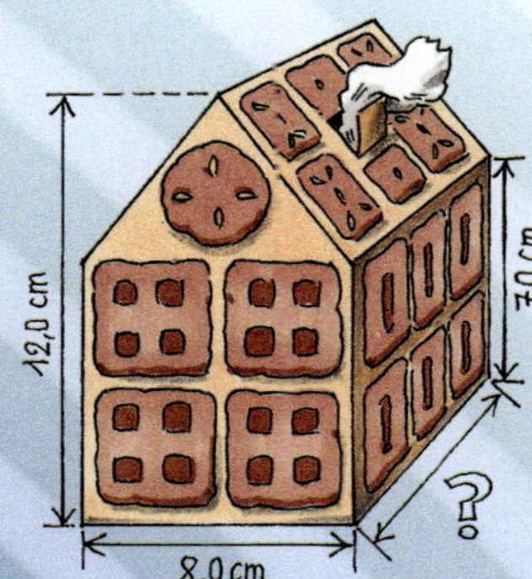

Pfefferkuchen werden oft in Schachteln verpackt, die die Form eines Hauses haben. Dieses Pfefferkuchenhaus soll mit 250 g Pfefferkuchen gefüllt werden.
Wie lang darf die Verpackung höchstens sein?

5 Rechtwinklige Dreiecke

Rechte Winkel oder rechtwinklige Dreiecke im Heft zu zeichnen, ist nicht schwer, wenn man ein Geodreieck hat. Aber auch überall in unserer Umgebung werden rechte Winkel benötigt und dort ist es oft nicht so einfach, sie herzustellen.

Handwerker verwenden keine Geodreiecke. Wie stellen sie rechte Winkel her, zum Beispiel

- bei den Wänden eines Neubaus?
- beim Fliesen in einem Badezimmer?
- bei den Balken eines Daches?

Links siehst du einen Fliesenleger mit drei Leisten, die 30 cm, 40 cm und 50 cm lang sind.

→ Zeichne ein solches Dreieck im Maßstab 1 : 10. Was stellst du fest?

Man nimmt an, dass auch schon im alten Ägypten eine Lösung für solche Aufgaben bekannt war: Seilspanner benutzten 12-Knoten-Seile, um rechtwinklige Dreiecke aufzuspannen. Diese wurden unter anderem bei der Ausrichtung von Altären und Bauwerken benutzt.

→ Ihr könnt die Methode überprüfen, indem ihr auf einem langen Seil 12 gleich große Abschnitte markiert. Eine Schülerin oder ein Schüler hält Anfang und Ende zusammen, zwei andere versuchen, die Markierungen zu finden, mit denen sich ein rechtwinkliges Dreieck aufspannen lässt. Im Kleinen lässt sich das auch mit 12 Streichhölzern nachvollziehen. Wie müssen sie auf die Dreiecksseiten verteilt werden?

Pythagoras von Samos, um 600 v. Chr.

Das Erzeugen eines rechten Winkels hat etwas zu tun mit einem Satz über rechtwinklige Dreiecke. Er ist nach Pythagoras benannt, der ein bedeutender Philosoph, Mathematiker und Naturwissenschaftler im alten Griechenland war. Gefunden oder bewiesen hat Pythagoras ihn aber nicht. Der *Satz des Pythagoras* war vermutlich schon lange zuvor in Babylon und Indien bekannt.
Mehr über Pythagoras und den nach ihm benannten Satz findest du im Internet.

www

In diesem Kapitel lernst du ...

... Längen im rechtwinkligen Dreieck zu berechnen sowie rechte Winkel zu konstruieren. Dabei wirst du u.a. den Satz des Pythagoras kennen lernen.

SATZ DES PYTHAGORAS

Einstieg

Rechts siehst du eine Bordüre aus hellen und dunklen Granit-Platten.

➜ Für welchen Streifen benötigt man mehr dunklen Granit?

➜ Formuliere dein Ergebnis.
Betrachte dazu die Quadrate an den Seiten eines rechtwinklig-gleichschenkligen Dreiecks.

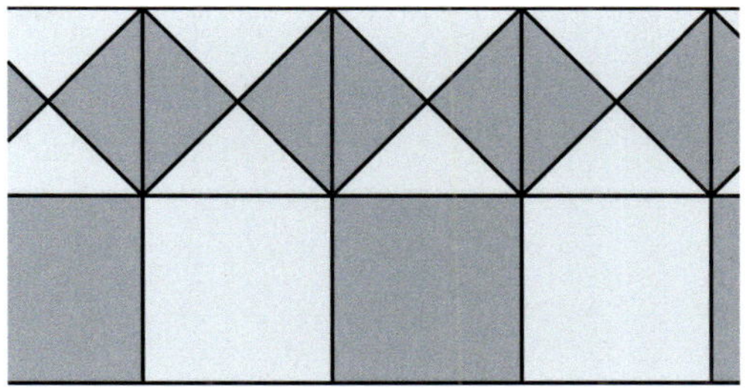

Aufgabe

1.

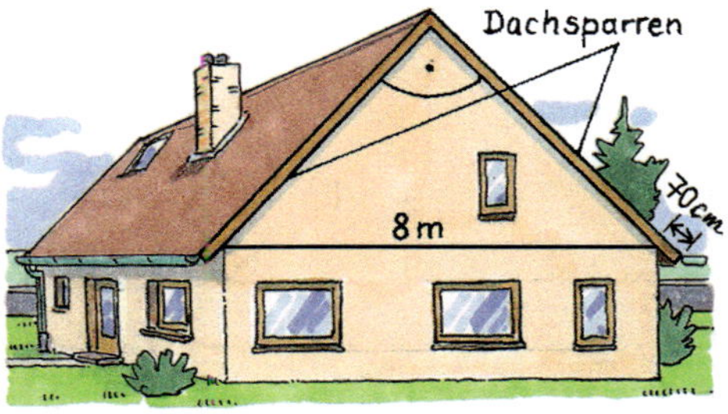

Eine Dachform wie links heißt Satteldach. Der Dachgiebel ist ein gleichschenkliges Dreieck.
Ein Architekt plant ein solches Haus. Es soll 8 m breit sein und an der Dachspitze einen rechten Winkel haben.
Wie lang müssen dann die Dachsparren sein, wenn sie 70 cm überstehen?

Lösung

(1) *Zeichnerische Lösung*

Vorüberlegung:
Von einem rechtwinklig-gleichschenkligen Dreieck ABC ist die Länge c der Basis $\overline{AB}$ und $\gamma = 90°$ gegeben.
Gesucht ist der Punkt C.
Er liegt auf der Mittelsenkrechten zu $\overline{AB}$ (Basis), ferner auf dem freien Schenkel des Winkels $\alpha = 45°$.
Dann ist aus Symmetriegründen der Winkel $\beta = 45°$ und damit ABC gleichschenklig.

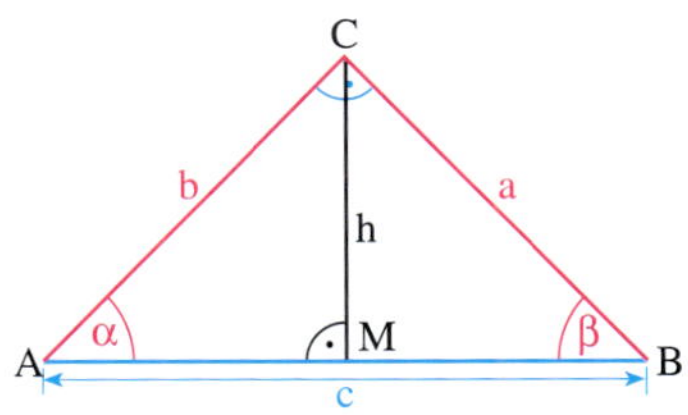

Konstruktionsbeschreibung:
Wir wählen den Maßstab 1 : 100, das bedeutet, 1 cm in der Zeichnung entsprechen 1 m in der Wirklichkeit.

(1) Zeichne die Strecke $\overline{AB}$ mit der Länge c = 8 cm.
(2) Zeichne die Mittelsenkrechte zu $\overline{AB}$; der Mittelpunkt von $\overline{AB}$ soll M sein.
(3) Trage an die Strecke $\overline{AB}$ in A den Winkel $\alpha = 45°$ an; der freie Schenkel schneidet die Mittelsenkrechte in C.
(4) Verbinde C mit A und mit B.

ABC ist das gesuchte Dreieck.
Durch Messen der Strecke $\overline{BC}$ bzw. $\overline{AC}$ erhalten wir:

a = b = 5,6 cm.

Ergebnis: Einschließlich Überstand müssen die Dachsparren ungefähr 6,30 m lang sein.

(2) *Rechnerische Lösung*

Wenn man den Flächeninhalt A_D des gleichschenklig-rechtwinkligen Dreiecks ABC kennt, kann man auch die Seitenlänge a berechnen. Für den Flächeninhalt A_D gilt:

$A_D = \frac{1}{2} \cdot a \cdot a$

Die Figur rechts zeigt, dass der Flächeninhalt A_D des Dreiecks ABC der 4. Teil des Flächeninhalts des Quadrates mit der Seitenlänge c ist:

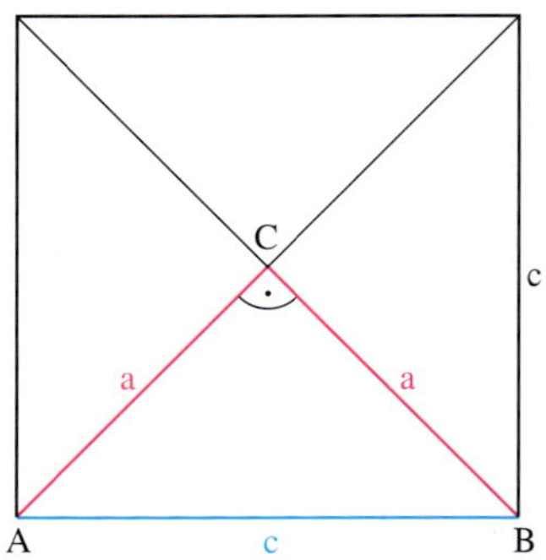

$A_D = \frac{1}{4} \cdot c^2$

Durch Gleichsetzen erhalten wir:

$\frac{1}{4} \cdot c^2 = \frac{1}{2} a^2$, also: $c^2 = 2 \cdot a^2$

Wir setzen ein:

$(8\text{ m})^2 = 2 \cdot a^2$

$64\text{ m}^2 = 2 \cdot a^2 \quad | :2$

$32\text{ m}^2 = a^2$

$a = \sqrt{32\text{ m}^2} \approx 5{,}66\text{ m}$

Ergebnis: Einschließlich Überstand müssen die Dachsparren 6,36 m lang sein.

Information

(1) Eine geometrische Deutung der Gleichung $c^2 = 2 \cdot a^2$

Bei der Lösung der Aufgabe 1 haben wir für ein gleichschenklig-rechtwinkliges Dreieck mit der Basislänge c und der Schenkellänge a die Gleichung $c^2 = 2a^2$ erhalten.
a^2 gibt den Flächeninhalt eines Quadrates mit der Seitenlänge a an, c^2 den Flächeninhalt eines Quadrates mit der Seitenlänge c.
Die folgende Figur zeigt uns eine geometrische Deutung dieser Gleichung als *Flächensatz*:

Für ein gleichschenklig-rechtwinkliges Dreieck ABC mit $\gamma = 90°$ gilt:

$c^2 = a^2 + a^2$

Der Flächeninhalt des Quadrates über der Seite $\overline{AB}$ ist gleich der Summe der Flächeninhalte der beiden Quadrate über den Seiten $\overline{AC}$ und $\overline{BC}$.

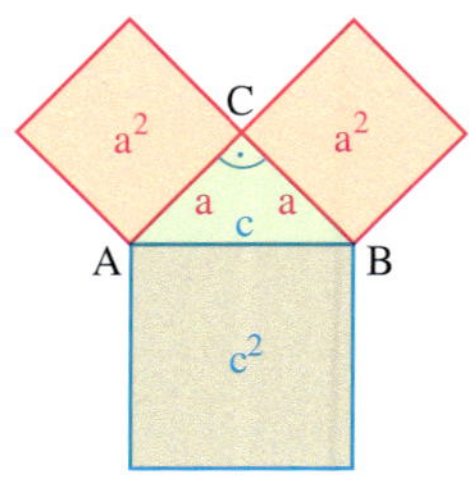

(2) Bezeichnungen im rechtwinkligen Dreieck

Wir führen einige Begriffe am rechtwinkligen Dreieck ein.

In einem *rechtwinkligen Dreieck* nennt man die dem rechten Winkel gegenüberliegende Seite die **Hypotenuse**, die dem rechten Winkel anliegenden Seiten die **Katheten** des rechtwinkligen Dreiecks.

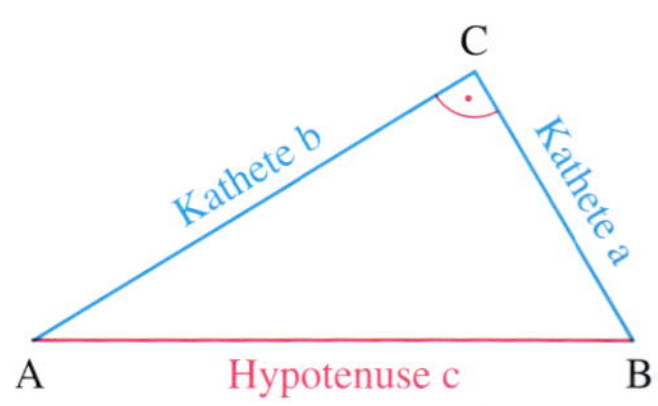

Hypotenuse ⟨griech.⟩
hypo – unten
teinein – spannen
Kathete ⟨griech.⟩
Kathetos – Senkblei

Damit können wir den obigen *Flächensatz* auch so formulieren:

Bei einem gleichschenklig-rechtwinkligen Dreieck ist das Quadrat über der Hypotenuse so groß wie die beiden Quadrate über den Katheten zusammen.

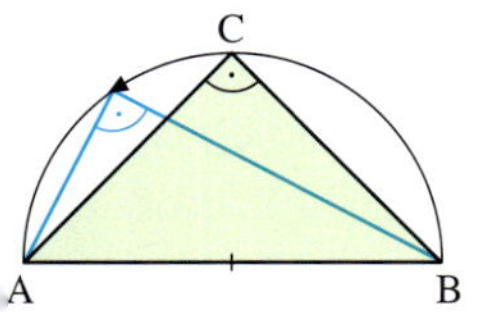

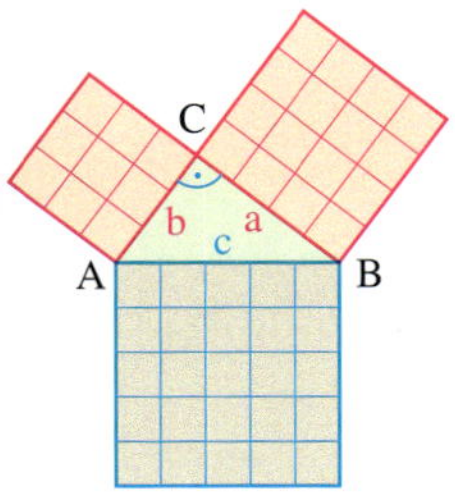

(3) Ein Flächensatz für beliebige rechtwinklige Dreiecke: Satz von Pythagoras

Wir wollen im Folgenden untersuchen, ob der Flächensatz von Seite 162 (Information (2)) nicht nur für gleichschenklig-rechtwinklige Dreiecke, sondern allgemein für rechtwinklige Dreiecke gilt. Dazu lassen wir den Punkt C des Dreiecks ABC auf dem Thaleskreis über der Seite $\overline{AB}$ wandern.

Im Bild links sind die Quadrate über den Seiten des rechtwinkligen Dreiecks ABC mit den Seitenlängen c = 5 cm, a = 4 cm und b = 3 cm verkleinert gezeichnet.

Setzt man in die Formel $a^2 + b^2 = c^2$ für a, b und c die Seitenlängen ein, so erhält man:

$$(4\text{ cm})^2 + (3\text{ cm})^2 = (5\text{ cm})^2$$
$$16\text{ cm}^2 + 9\text{ cm}^2 = 25\text{ cm}^2$$

Damit ist für dieses Beispiel die Gleichung bestätigt. Überprüfe das an weiteren Beispielen.
Wir vermuten:

Satz des Pythagoras

In jedem *rechtwinkligen* Dreieck ist der Flächeninhalt des Hypotenusenquadrates gleich der Summe der Flächeninhalte der beiden Kathetenquadrate.

$c^2 = a^2 + b^2$

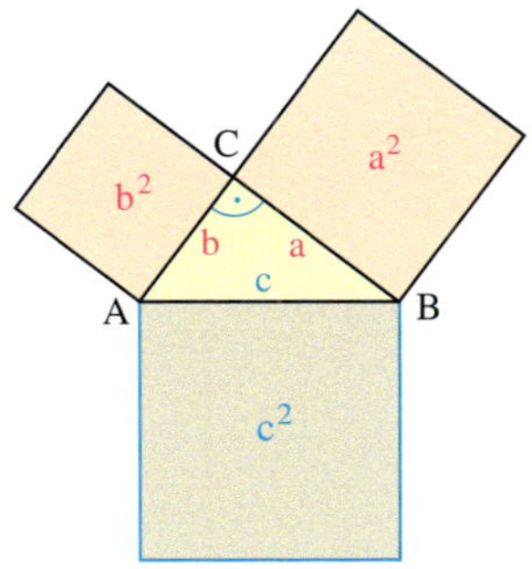

(4) Ein Beweis des Satzes des Pythagoras

Gegeben ist ein rechtwinkliges Dreieck mit den Seitenlängen a, b und c sowie $\gamma = 90°$.

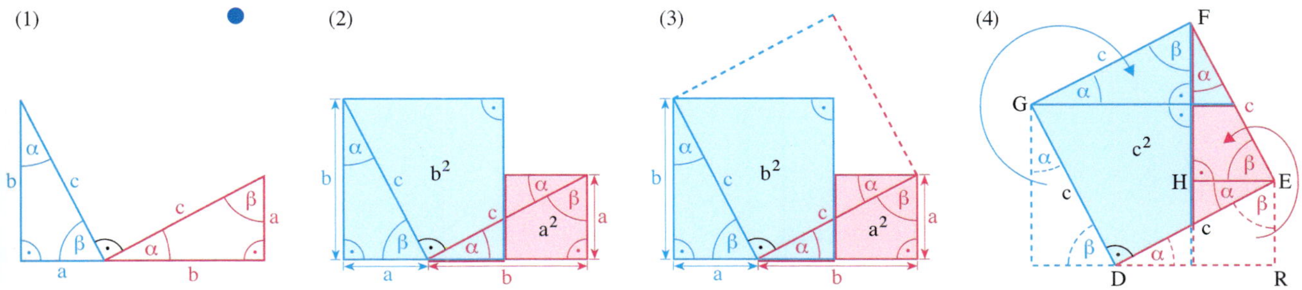

Zu Bild (1): Wir zeichnen zwei zueinander kongruente rechtwinklige Dreiecke mit den Katheten a und b. Dabei sollen die blaue Kathete a und die rote Kathete b einen gestreckten Winkel bilden. α und β sind zusammen 90° groß. Also bilden die blaue und die rote Hypotenuse auch einen rechten Winkel.

Zu Bild (2): Über der blauen Kathete b zeichnen wir ein blaues Quadrat und über der roten Kathete a ein rotes Quadrat.

Zu Bild (3): Mit den einzelnen Teilen der Figur wollen wir das Quadrat über der blauen bzw. roten Hypotenuse c auslegen.

Zu Bild (4): Dazu drehen wir das blau-umrandete Dreieck um G um 270° im Uhrzeigersinn sowie das rot-umrandete Dreieck um E um 270° entgegen dem Uhrzeigersinn. Wir erhalten ein Quadrat der Seitenlänge c.

Durch Flächenvergleich entsprechend gefärbter Stücke in (2) und (3) erkennen wir:
$c^2 = a^2 + b^2$.

Unter dem Suchwort „Satz des Pythagoras" findest du im Internet weitere Beweise.

- *Ergänzung:* Wir zeigen noch, dass an den Ecken E, F und G tatsächlich rechte Winkel entstehen. Die Winkel ∢HED und ∢RDE sind Wechselwinkel an den von DE geschnittenen Parallelen DR und HE, also ∢HED = α.
- Die Winkel bei E und F setzen sich aus α und β zusammen und sind daher jeweils 90° groß.
- Nach dem Winkelsummensatz für Vierecke ist dann der Winkel bei G ebenfalls 90° groß.

Aufgabe

2. *Berechnen von Seitenlängen im rechtwinkligen Dreieck*

Der Querschnitt des Daches rechts ist ein rechtwinkliges Dreieck. Das Haus soll 7,00 m breit sein. Die linken Dachsparren sind 3,50 m lang. Wie lang sind jeweils die rechten Dachsparren?

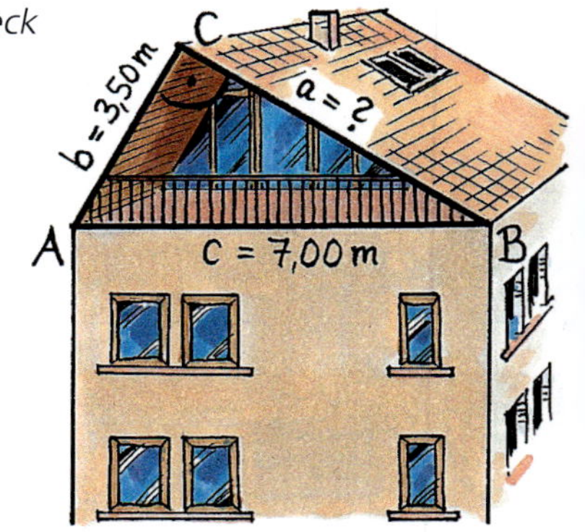

Lösung

Nach dem Satz des Pythagoras gilt:
$c^2 = a^2 + b^2$

Wir isolieren die Variable a:
$a^2 = c^2 - b^2$
$a = \sqrt{c^2 - b^2}$

In diese Formel setzen wir 7,00 m für c und 3,50 m für b ein:
$a = \sqrt{(7{,}00\text{ m})^2 - (3{,}50\text{ m})^2} \approx 6{,}06\text{ m}$

Ergebnis: Die rechten Dachsparren sind etwa 6,06 m lang.

Zum Festigen und Weiterarbeiten

3. a) Skizziere die Dreiecke, färbe die Katheten blau, die Hypotenusen rot. Gib für die rechtwinkligen Dreiecke jeweils die Gleichung nach dem Satz des Pythagoras an.

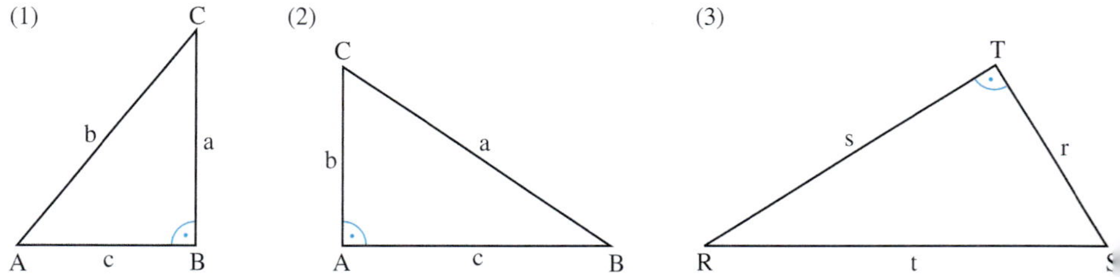

b) Zeichne auf Pappe ein rechtwinkliges Dreieck mit den Quadraten über der Hypotenuse und den Katheten. Schneide die Quadrate aus. Färbe die beiden Kathetenquadrate blau bzw. rot und zerschneide sie wie in der Information (4) auf Seite 163. Lege die Teile dann auf das Hypotenusenquadrat.

4. a) Gegeben ist ein rechtwinkliges Dreieck ABC.
Berechne die Länge der dritten Seite. Zeichne zunächst eine Planfigur, färbe dann die Katheten blau und die Hypotenuse rot.

(1) a = 3 cm, b = 8 cm; γ = 90°
(2) a = 3 cm, b = 8 cm; β = 90°
(3) a = 6 cm, c = 7 cm; β = 90°
(4) a = 6 cm, c = 7 cm; γ = 90°
(5) b = 6 cm, c = 8 cm; α = 90°
(6) b = 6 cm, c = 8 cm; γ = 90°

b) Notiere drei Formeln, mit denen man im Dreieck ABC (1) mit γ = 90°, (2) mit α = 90°, (3) mit β = 90° aus zwei Seitenlängen die Länge der dritten Seite berechnen kann.

5. Zeichne mit einem dynamischen Geometrie-System ein rechtwinkliges Dreieck. Konstruiere dann an jeder Dreiecksseite ein Quadrat. Lasse auch den Flächeninhalt dieser Quadrate berechnen. Verändere die Form des Dreiecks und beobachte dabei die Flächeninhalte. Was stellst du fest?

DGS

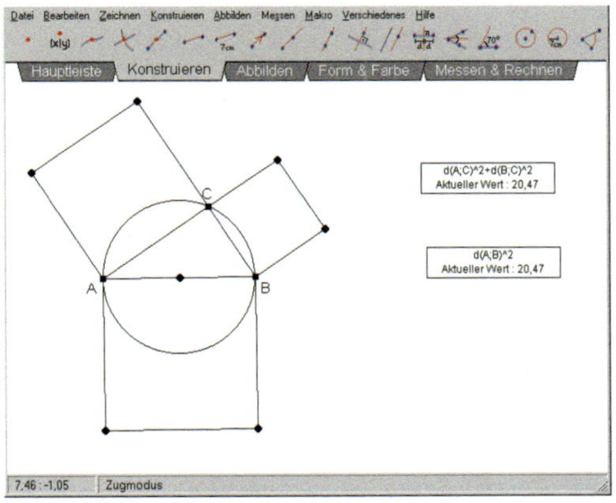

Übungen

6.

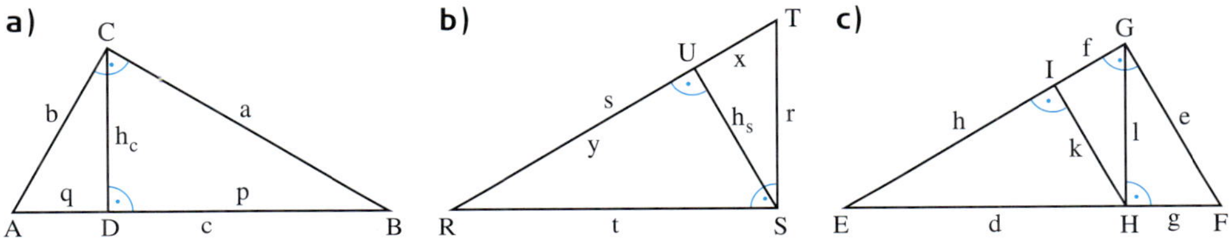

In der Figur findest du mehrere rechtwinklige Dreiecke. Notiere sie und gib jeweils nach dem Satz des Pythagoras den Zusammenhang zwischen den Seitenlängen an.

7. Zeichne zur angegebenen Gleichung ein passendes rechtwinkliges Dreieck.

a) $e^2 = f^2 + g^2$ **b)** $f^2 = e^2 + g^2$ **c)** $r^2 = s^2 + t^2$ **d)** $t^2 = r^2 + s^2$

8. Berechne die Länge x der roten Strecke (Maße in cm).

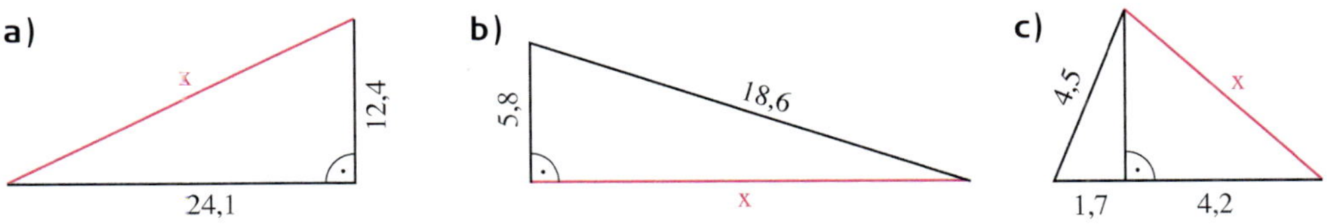

9. In einem rechtwinkligen Dreieck ABC mit $\gamma = 90°$ sind gegeben:

a) a = 8 cm, b = 6 cm **b)** a = 12 cm, b = 5 cm **c)** c = 17 cm, a = 8 cm **d)** b = 12 cm, c = 15 cm **e)** a = 16 cm, c = 20 cm

Berechne im Kopf die Länge der dritten Dreiecksseite.

10. Kontrolliere die angegebenen Gleichungen. Berichtige gegebenenfalls.

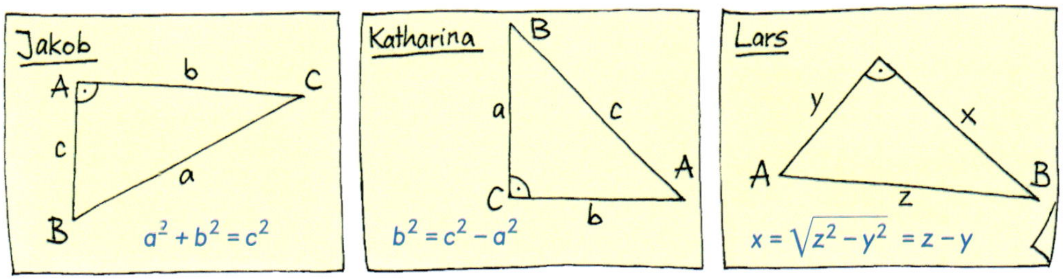

11. In einem rechtwinkligen Dreieck ABC sind gegeben:

a)	**b)**	**c)**	**d)**	**e)**
a = 7 cm	a = 10 dm	b = 4,1 km	a = 8 mm	a = 3,4 cm
b = 3 cm	c = 6 dm	c = 3,5 km	b = 12 mm	c = 5,1 cm
$\alpha = 90°$	$\alpha = 90°$	$\alpha = 90°$	$\beta = 90°$	$\beta = 90°$

Berechne die Länge der dritten Dreiecksseite sowie den Umfang und den Flächeninhalt.

12. Von A nach B führt eine schmale, meist stark befahrene Straße.
Um wie viel Prozent ist der Umweg auf den beiden Hauptstraßen $\overline{AC}$ und $\overline{CB}$ länger als die Abkürzung $\overline{AB}$?

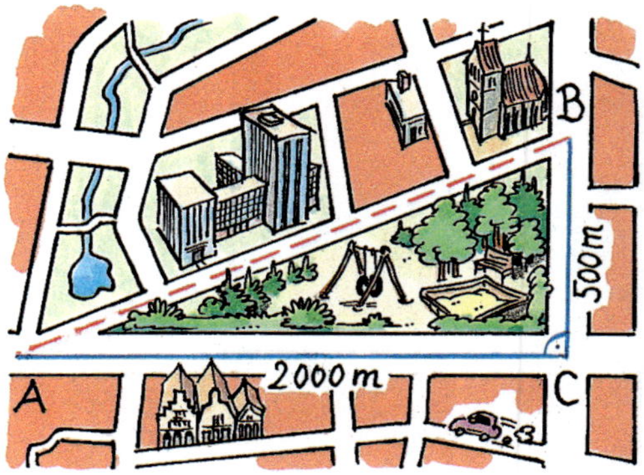

13. Durch einen Sturm ist eine 40 m hohe Fichte in 8,75 m Höhe abgeknickt.
Wie weit liegt die Spitze etwa vom Stamm entfernt?

14. a) Im Koordinatensystem (Einheit 1 cm) sind die beiden Punkte A und C gegeben.
Berechne die Entfernung von A nach C.

(1) A(−3|1) C(3|4)
(2) A(2|7) C(7|4)
(3) A(−4|−6) C(7|4)
(4) A(−7|−3) C(−2|−1)

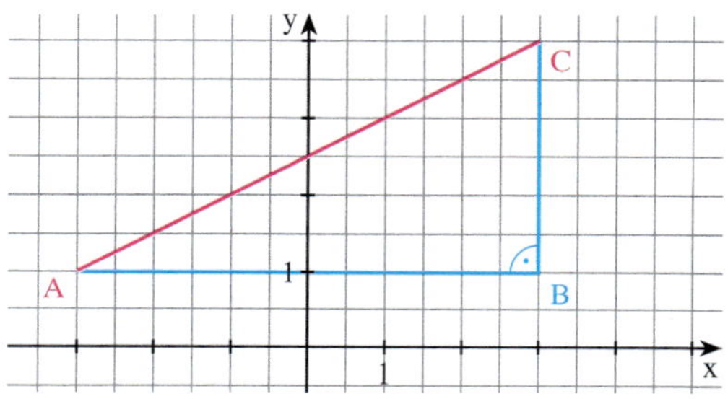

b) Welchen Abstand haben die Punkte A(3|4), B(7|9), C(−1|5), D(2|−4), E(−3|−1) jeweils vom Koordinatenursprung (Einheit 1 cm)?

15. Im Koordinatensystem (Einheit 1 cm) sind die Punkte A, B und C gegeben. Berechne den Umfang und den Flächeninhalt des Dreiecks ABC.

a) A(1|2); B(6|4); C(4|7) **b)** A(−4|−2); B(5|−4); C(0|3)

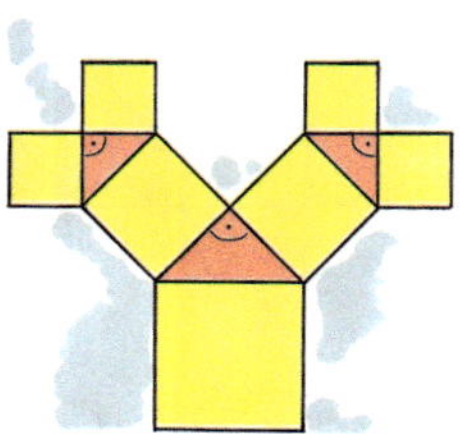

16. a) Zeichne ein rechtwinklig-gleichschenkliges Dreieck mit der Basis c = 4 cm. Konstruiere das Hypotenusenquadrat und die beiden Kathetenquadrate.
Ergänze die Figur wie im Bild links.

b) Setze die in Teilaufgabe a) erhaltene Figur um eine weitere Stufe fort.
Wie groß sind alle Quadrate zusammen? Berechne auch den Umfang der Gesamtfigur.

c) Du kannst die Figur weiter fortsetzen. Was vermutest du über den Flächeninhalt und den Umfang der Gesamtfigur?

▲ **17.** Von einem Quadrat der Seitenlänge a + b werden vier kongruente Dreiecke mit den Kathetenlängen a und b und der Hypotenusenlänge c abgeschnitten.
Begründe, dass die Restfigur ein Quadrat ist, und beweise durch Rechnung, dass $c^2 = a^2 + b^2$ gilt (Satz des Pythagoras).
Anleitung: Subtrahiere vom Flächeninhalt des großen Quadrates den Flächeninhalt der vier Dreiecke.

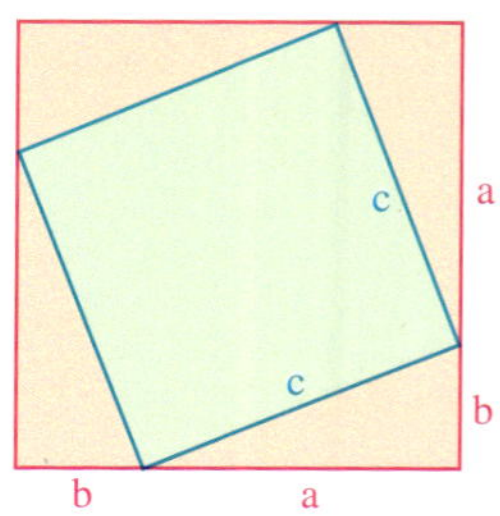

BERECHNEN VON LÄNGEN MITHILFE VON RECHTWINKLIGEN TEILDREIECKEN

Einstieg

Eine Stehleiter ist zusammengeklappt 2,10 m lang. Wenn sie aufgestellt ist, sind die Fußenden 1,40 m weit voneinander entfernt.

→ Wie hoch reicht die Leiter?

Aufgabe

1. *Höhe und Flächeninhalt eines gleichseitigen Dreiecks*

In einer Feriensiedlung werden Dachhäuser wie im Bild errichtet.

a) Wie hoch sind die Dachhäuser?

b) Die Giebelflächen sollen mit Holz verkleidet werden.
Wie viel m^2 Holz werden für eine Fläche mindestens benötigt?

Lösung

Die Giebelfläche ist ein gleichseitiges Dreieck, da die beiden Dachneigungen und damit auch der Winkel an der Spitze jeweils 60° betragen.

a) Die Höhe h zur Seite $\overline{AB}$ zerlegt das gleichseitige Dreieck ABC in zwei rechtwinklige Dreiecke ADC und DBC; außerdem halbiert sie die Seite $\overline{AB}$.
Wir betrachten nun das rechtwinklige Dreieck ADC und wenden den Satz des Pythagoras an:

Berechnen von h

$\left(\frac{a}{2}\right)^2 + h^2 = a^2$

Einsetzen

$\left(\frac{7}{2}\text{m}\right)^2 + h^2 = (7\text{ m})^2$

$h^2 = 49\text{ m}^2 - 12{,}25\text{ m}^2$

$h^2 = 36{,}75\text{ m}^2$

$h = \sqrt{36{,}75\text{ m}^2}$

$h \approx 6{,}06\text{ m}$

Ergebnis: Die Dachhäuser sind 6,06 m hoch.

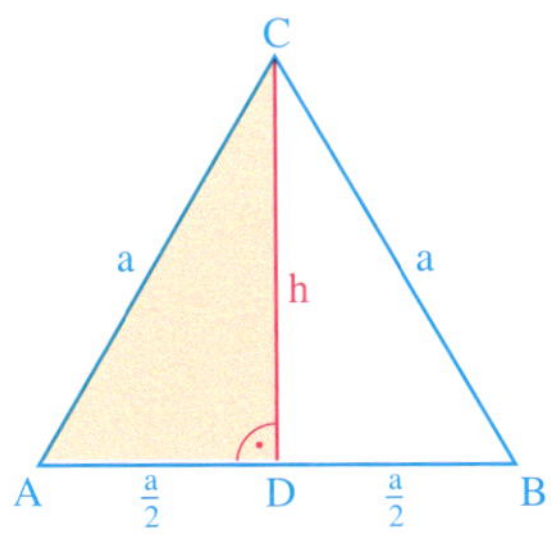

b) *Berechnen des Flächeninhalts*

$A = \frac{1}{2} \cdot a \cdot h$

$A = \frac{1}{2} \cdot 7\text{ m} \cdot \sqrt{36{,}75\text{ m}^2}$

$A \approx 21{,}2\text{ m}^2$

Ergebnis. Es werden mindestens 21,2 m^2 Holz benötigt.

Aufgabe

2. *Höhe einer Pyramide*

Der Louvre in Paris, bis zur französischen Revolution königliche Residenz, ist heute ein weltberühmtes Kunstmuseum. Als Haupteingang dient seit einigen Jahren eine gläserne Pyramide mit quadratischer Grundfläche, deren Seite 35,4 m lang ist. Die Seitenkanten sind jeweils 33,1 m lang.
Wie hoch ist die Pyramide?

Lösung

Wir skizzieren zunächst eine quadratische Pyramide und tragen die gegebenen Maße ein. Wir suchen nun ein rechtwinkliges Dreieck, in dem die gesuchte Höhe h und mindestens eine der gesuchten Längen vorkommen. Ein solches Dreieck ist MCS, in dem die Höhe h und die Seitenkante s vorkommen.
Um die Höhe h zu berechnen, müssen wir zunächst noch die Länge der Kathete $\overline{MC}$ ermitteln.

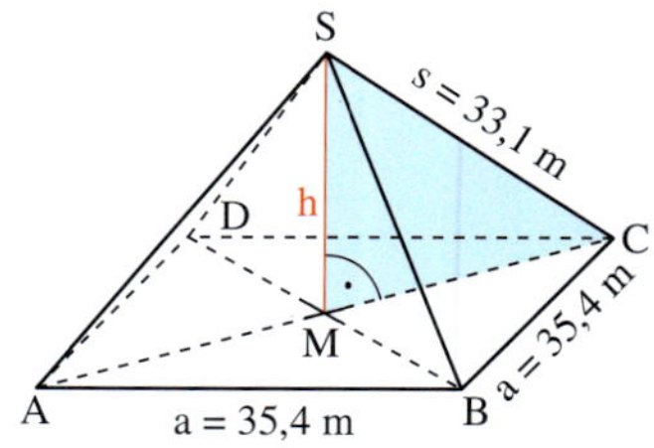

Berechnen der Kathete $\overline{MC}$ im Dreieck MCS

Die Länge der Kathete ist die halbe Länge der Diagonale der quadratischen Grundfläche.

$d^2 = a^2 + a^2$

$d^2 = (35{,}4\text{ m})^2 + (35{,}4\text{ m}^2) = 2\,506{,}32\text{ m}^2$

$d \approx 50{,}06\text{ m}$, also $\frac{d}{2} = 25{,}03\text{ m}$

Die Kathete $\overline{MC}$ ist 25,03 m lang.

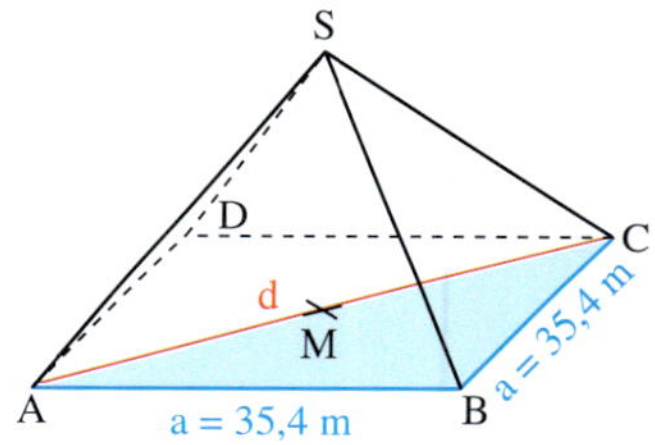

Berechnen der Höhe h im Dreieck MCS

$h^2 = s^2 - \left(\frac{d}{2}\right)^2$

$h^2 = (33{,}1\text{ m})^2 - (25{,}03\text{ m})^2 \approx 469{,}11\text{ m}^2$

$h \approx \sqrt{469{,}11\text{ m}^2} \approx 21{,}66\text{ m}$

Ergebnis: Die Höhe der Pyramide beträgt ungefähr 21,7 m.

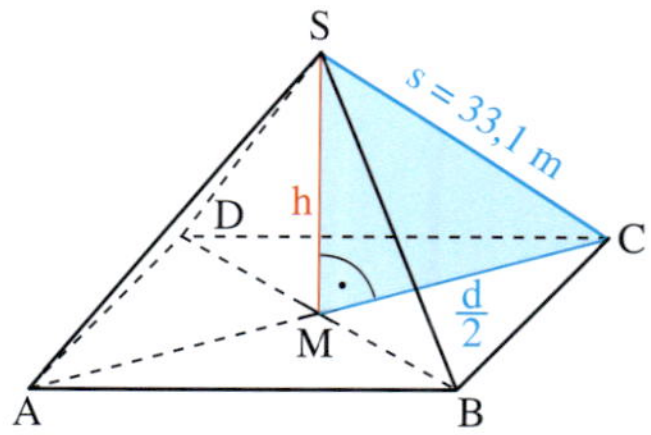

Zum Festigen und Weiterarbeiten

3. **a)** Gegeben ist ein gleichseitiges Dreieck mit der Seitenlänge a = 4,5 cm. Berechne die Höhe h und den Flächeninhalt A des Dreiecks.

b) Ein gleichseitiges Dreieck hat den Flächeninhalt $A = 12\text{ cm}^2$. Wie lang ist die Seite a?

c) Gegeben ist ein gleichseitiges Dreieck, dessen Höhe 4 cm beträgt. Berechne die Seitenlänge a, den Flächeninhalt A und den Umfang u des Dreiecks.

4. *Länge der Diagonalen im Rechteck*

Von den drei Größen a, b und e eines Rechtecks ABCD sind zwei gegeben. Berechne die dritte. Notiere zunächst eine Formel für die Länge der Diagonalen.

(1) a = 8 cm; b = 5 cm
(2) a = 1,4 m; e = 3,8 m
(3) e = 8,9 dm; b = 4,7 dm
(4) a = 12 cm; b = 20 cm

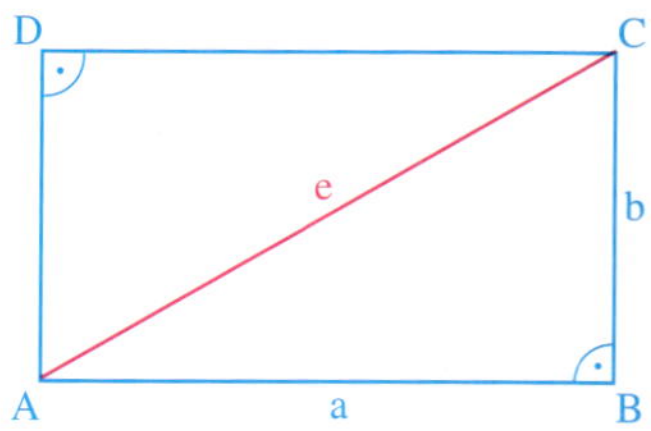

5. **a)** Von einem gleichschenkligen Trapez ABCD sind gegeben:
$b = d = 5$ cm; $c = 4$ cm; $h = 4$ cm
Berechne die Seitenlänge a.

b) Von einem (nicht gleichschenkligen) Trapez ABCD sind gegeben:
$b = 3{,}6$ cm; $d = 2{,}2$ cm; $c = 3{,}1$ cm; $h = 2$ cm
Berechne die Seitenlänge a.

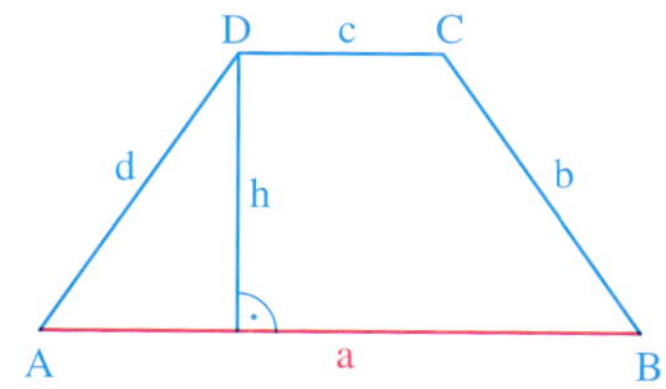

6. **a)** Berechne aus den Kantenlängen a, b und c eines Quaders die Längen der Diagonalen d_1 und d_2 der Seitenflächen sowie die Länge d der Raumdiagonalen.
(1) $a = 7$ cm; $b = 5$ cm; $c = 4$ cm
(2) $a = 6{,}4$ cm; $b = 8{,}9$ cm; $c = 1{,}9$ cm

b) Ein Quader ist durch die Kantenlängen a, b, c gegeben. Leite eine Formel für die Länge d der Raumdiagonalen her.

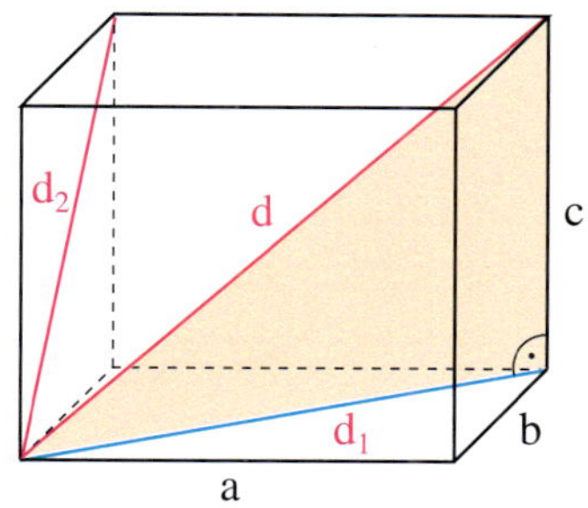

Information

Strategie zum Berechnen von Längen in Figuren und Körpern

Man kann mithilfe des Satzes des Pythagoras auch Seitenlängen in Figuren und Körpern wie z. B. im gleichseitigen Dreieck, im Rechteck, im Quader berechnen.
Dazu muss man in der Figur bzw. im Körper rechtwinklige Dreiecke suchen oder durch eine geeignete Hilfslinie ein rechtwinkliges Dreieck einzeichnen.

Übungen

7. **a)** Von einem gleichseitigen Dreieck ist die Seitenlänge (1) $a = 8$ cm, (2) $a = 1{,}4$ m gegeben.
Berechne die Höhe h und den Flächeninhalt A.

b) Ein gleichseitiges Dreieck hat den Umfang $u = 18$ cm. Berechne den Flächeninhalt des gleichseitigen Dreiecks.

c) Von einem gleichseitigen Dreieck ist die Höhe (1) $h = 5$ m, (2) $h = 4{,}8$ m gegeben.
Berechne die Seitenlänge a, den Flächeninhalt A und den Umfang u.

d) Von einem gleichseitigen Dreieck ist der Flächeninhalt (1) $A = 35\ \text{cm}^2$, (2) $A = 0{,}50\ \text{m}^2$ gegeben.
Berechne die Seitenlänge a, die Höhe h und den Umfang u.

8. Von den drei Größen Basislänge g, Schenkellänge s und Höhe h zur Basis eines gleichschenkligen Dreiecks sind zwei gegeben.
Berechne die dritte Größe sowie den Flächeninhalt A und den Umfang u.

a) $g = 6$ cm
$s = 4$ cm

b) $s = 5$ dm
$h = 3$ dm

c) $h = 24$ mm
$g = 45$ mm

d) $g = 8{,}3$ m
$s = 6{,}7$ m

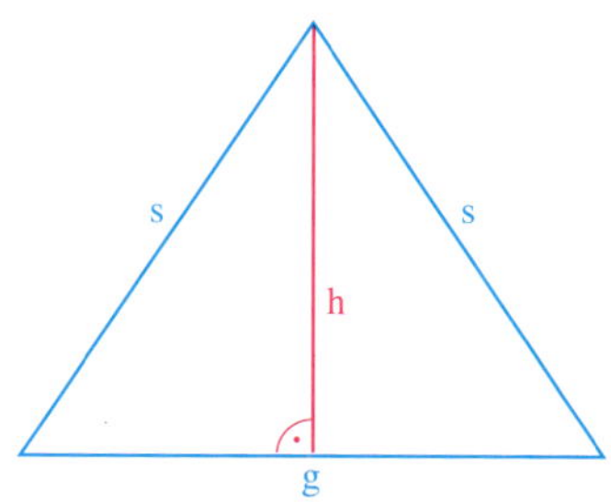

9. Ein Neubau soll 11,20 m breit werden. Die dreieckige gleichschenklige Giebelwand hat die Höhe 3,20 m. Die Dachbalken sollen 70 cm überstehen.
Wie lang müssen die Dachbalken sein?

10. Ein gleichschenkliges Dreieck ist durch die Basislänge g und eine Schenkellänge s gegeben.
Leite eine Formel für die Höhe h und den Flächeninhalt A her.

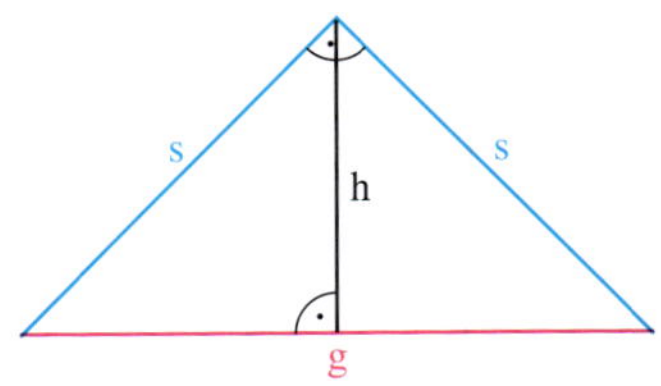

11. **a)** Ein Schenkel eines rechtwinklig-gleichschenkligen Dreiecks ist 7,5 cm lang.
Berechne Umfang und Flächeninhalt des Dreiecks.

b) Die Höhe auf der Basis eines gleichschenklig-rechtwinkligen Dreiecks beträgt 6 cm.
Berechne die Länge der Schenkel und der Basis.

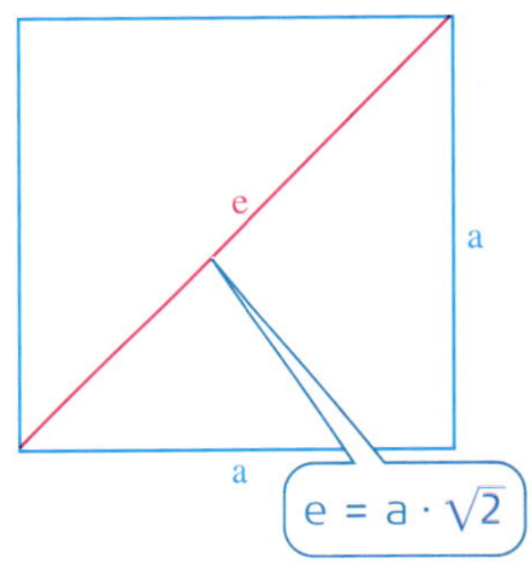

12. **a)** Gegeben ist ein Quadrat durch die Seitenlänge a.
(1) Berechne die Länge der Diagonalen für
(1) a = 7 cm, (2) a = 0,8 cm.
(2) Leite die Formel $e = a \cdot \sqrt{2}$ für die Länge e der Diagonalen eines Quadrates her.

b) Gegeben ist ein Quadrat durch die Diagonalenlänge e.
(1) Berechne die Seitenlänge a und den Flächeninhalt A für (1) e = 12 cm, (2) e = 2 m.
(2) Leite eine Formel her, mit der man mithilfe der Diagonalenlänge e den Flächeninhalt A des Quadrates berechnen kann.

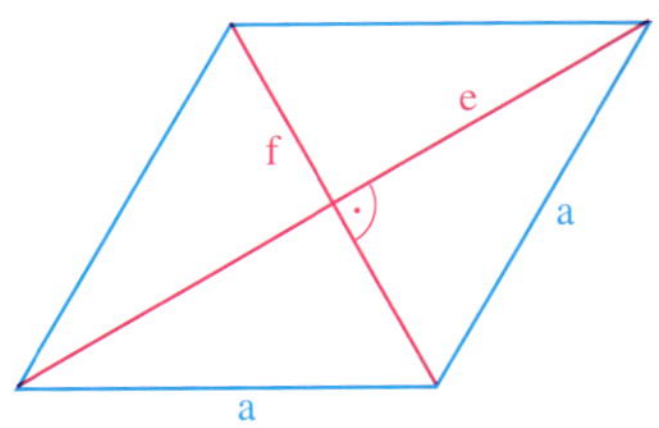

13. Von den drei Größen a, e und f eines Rhombus sind zwei gegeben. Berechne die dritte Größe, den Flächeninhalt A und den Umfang u.

a) e = 5 cm; f = 7 cm
b) a = 6 mm; e = 9 mm
c) a = 4,9 km; f = 3,1 km
d) e = 4,7 m; f = 3,3 m

14. Der Flächeninhalt eines Rhombus beträgt 48 cm^2. Die Diagonale e ist $1\frac{1}{2}$-mal so lang wie die Diagonale f.
Berechne die Seitenlänge des Rhombus.

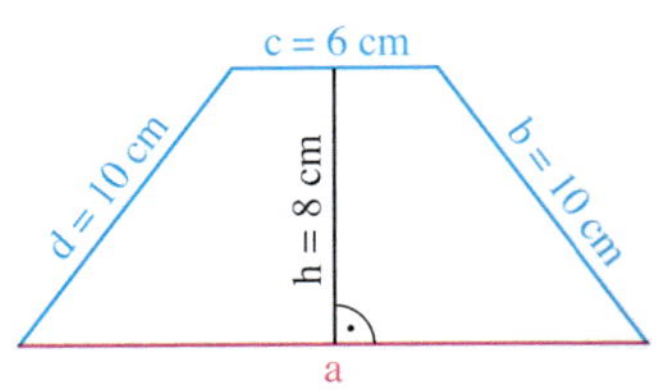

15. **a)** Berechne die Länge a der Grundseite des nebenstehenden gleichschenkligen Trapezes sowie den Flächeninhalt und den Umfang.

b) Ein gleichschenkliges Trapez ABCD mit AB || CD hat die Seitenlängen a = 6 cm, c = 4 cm, b = 2,5 cm.
(1) Berechne den Flächeninhalt und den Umfang.
(2) Leite auch eine Formel für den Flächeninhalt des gleichschenkligen Trapezes her.

*Eine **Sehne** ist eine Verbindungsstrecke von zwei Punkten auf dem Kreis.*

16. Von einem Kreis sind gegeben:

a) Radius r = 6 cm und Sehnenlänge s = 8,3 cm. Berechne den Abstand h des Mittelpunktes von der Sehne.

b) Radius r = 5 cm und Mittelpunktabstand h = 3,4 cm. Berechne die Länge der Sehne.

c) Sehnenlänge s = 8 cm und Mittelpunktabstand h = 3 cm. Berechne den Kreisradius.

d) Leite jeweils eine Formel für die gesuchte Größe her.

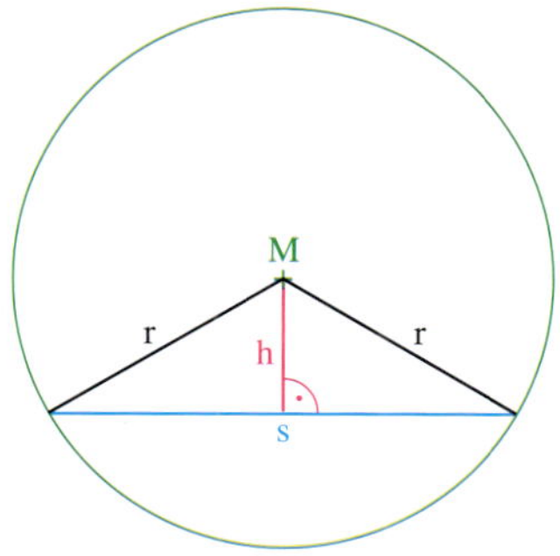

17. Von einem gleichschenkligen Trapez ABCD mit AB || CD sind gegeben:

a) a = 85 cm, c = 63 cm, h = 55 cm. Berechne den Umfang u.

b) a = 37 cm, h = 5 cm, A = 125 cm². Berechne die Seitenlängen b und d.

c) a = 12,0 cm, b = d = 4,5 cm, c = 9,0 cm. Berechne die Länge der Diagonalen $\overline{AC}$.

18. In einem Drachenviereck ABCD mit AC als Symmetrieachse ist $\overline{AB}$ = 5 cm, $\overline{AC}$ = 9 cm und $\overline{BD}$ = 8 cm. Wie lang sind die drei Seiten $\overline{BC}$, $\overline{DC}$ und $\overline{DA}$?

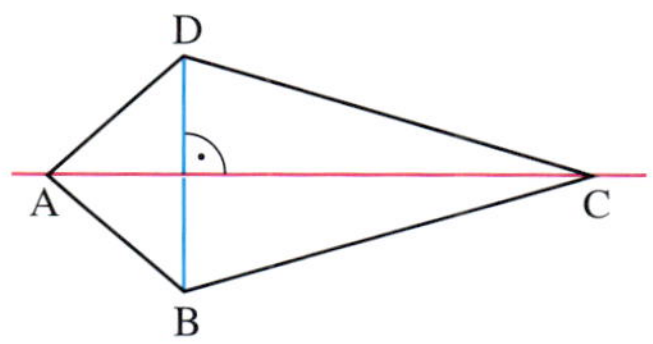

19. Von einem Quader mit den Kantenlängen a, b und c und der Länge d der Raumdiagonalen sind drei gegeben. Berechne die vierte Größe und das Volumen.

a) a = 2 cm; b = 4 cm; c = 6 cm

b) a = 2,4 cm; c = 1,8 cm; d = 4,6 cm

c) b = 4,9 cm; c = 3,7 cm; d = 9,5 cm

d) a = 5,1 cm; b = 3,9 cm; d = 6,9 cm

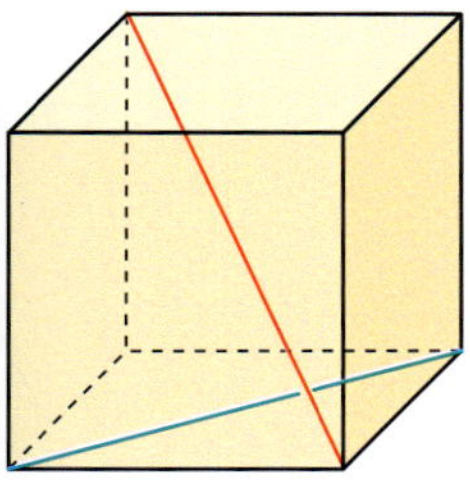

20. a) Berechne die Länge einer Flächendiagonale und die Länge einer Raumdiagonale eines Würfels mit der Kantenlänge (1) a = 5 cm; (2) 3,5 m.

b) Berechne die Kantenlänge und die Länge einer Flächendiagonale eines Würfels, dessen Raumdiagonale (1) 8 cm, (2) 5,3 m lang ist.

c) Wie lang ist die Raumdiagonale in einem Würfel mit der Kantenlänge a? Leite eine Formel für die Länge d der Raumdiagonalen her.

21. Gegeben ist eine quadratische Pyramide mit der Grundkantenlänge a = 4 cm und der Körperhöhe h = 5 cm. Die Spitze S der Pyramide befindet sich senkrecht über dem Schnittpunkt der Diagonalen des Quadrats.

a) Zeichne ein Zweitafelbild der Pyramide.

b) Zeichne das Netz der Pyramide.

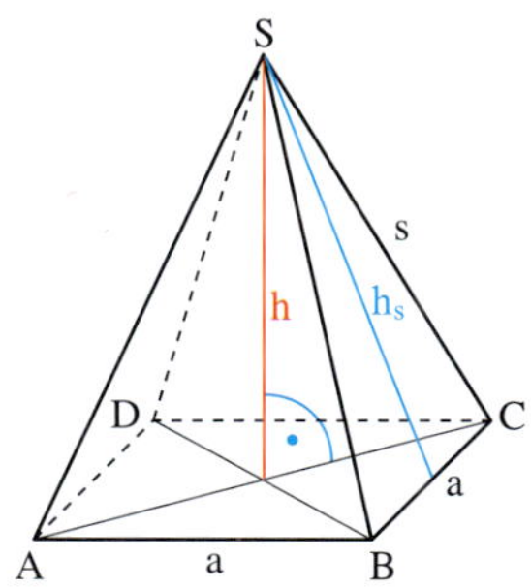

22. Von den drei Größen Radius r, Länge s einer Mantellinie und Höhe h eines Kegels sind zwei gegeben. Berechne die dritte.

(1) r = 2 cm, s = 4 cm
(2) r = 3 cm, h = 5 cm
(3) s = 6,0 cm, h = 4,5 cm
(4) r = 2,5 cm, s = 7,2 cm

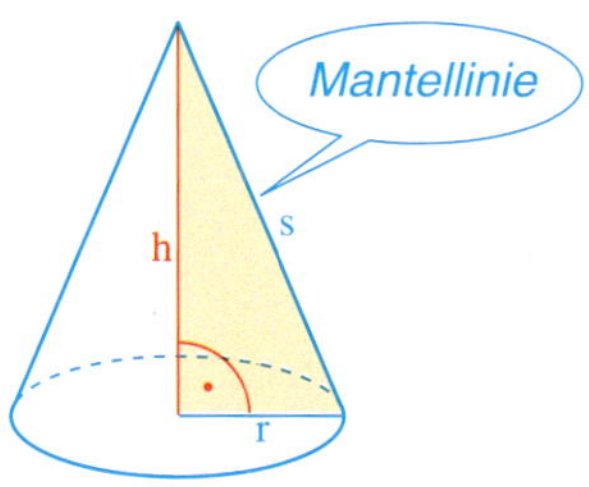

UMKEHRUNG DES SATZES DES PYTHAGORAS

Einstieg

Beim Bau eines Hauses sollen die Grundmauern senkrecht aufeinander treffen. Dazu stecken zwei Auszubildende ein Dreieck mit 3 m, 4 m und 5 m langen Seilen ein Dreieck ab. Für das Dreieck gilt:

$(3\text{ m})^2 + (4\text{ m})^2 = (5\text{ m})^2$

Man behauptet: Das abgesteckte Dreieck ist rechtwinklig.

→ Stimmt das?

Information

(1) Umkehrung des Satzes des Pythagoras

Bisher wissen wir nur:
Geht man nach dem Satz des Pythagoras von einem rechtwinkligen Dreieck ABC mit $\gamma = 90°$ aus, so gilt für die Seitenlängen $a^2 + b^2 = c^2$.
Die Auszubildenden und auch der Fliesenleger (siehe Seite 160) gehen *umgekehrt* vor: Sie legen ein Dreieck ABC, für dessen Seitenlängen $a^2 + b^2 = c^2$ gilt. Ihr Dreieck ist dann rechtwinklig.
Maurer und Fliesenleger verwenden also die *Umkehrung* des Satzes des Pythagoras:

> **Umkehrung des Satzes des Pythagoras**
> Wenn für die Seitenlängen eines Dreiecks ABC gilt:
> $a^2 + b^2 = c^2$, dann ist das Dreieck bei C rechtwinklig ($\gamma = 90°$).

(2) Begründung der Umkehrung des Satzes des Pythagoras

Wir können ohne Winkelmessung begründen, dass diese Umkehrung gilt.
Zur Begründung gehen wir von einem rechtwinkligen Dreieck ABC aus (Bild Mitte).
Nach dem Satz des Pythagoras gilt dann: $a^2 + b^2 = c^2$

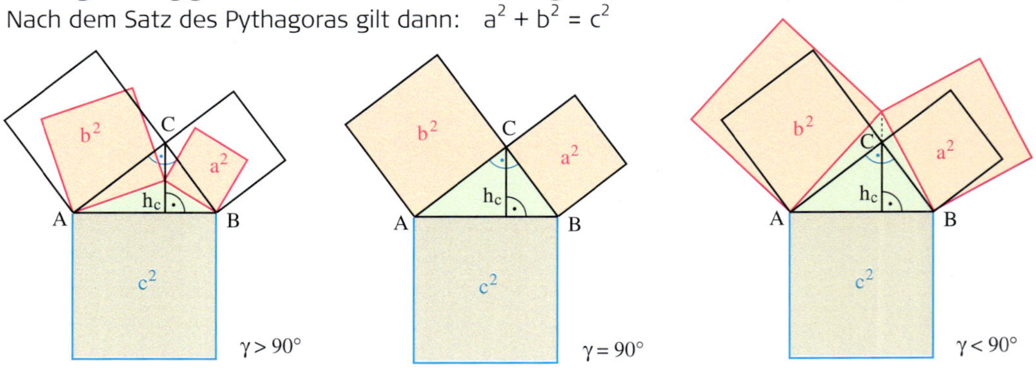

(1) Wir verschieben den Punkt C längs der Höhe h_c nach *unten* (Bild links); es entsteht ein *stumpfwinkliges* Dreieck ($\gamma > 90°$). Die Seiten a und b werden *kleiner*, also $a^2 + b^2 < c^2$.

(2) Wir verschieben den Punkt C längs der Verlängerung der Höhe nach *oben* (Bild rechts); es entsteht ein *spitzwinkliges Dreieck* ($\gamma < 90°$). Die Seiten a und b werden *größer*, also $a^2 + b^2 > c^2$.

Aus beiden Überlegungen folgt: Nur im Falle $\gamma = 90°$ gilt $c^2 = a^2 + b^2$.

Also: Wenn $c^2 = a^2 + b^2$ ist, dann ist $\gamma = 90°$.

Übungen

DGS

1. Zeichne mit einem dynamischen Geometrie-System ein Dreieck ABC.
Konstruiere dann über den Seiten Quadrate; lasse den Winkel bei C und die Flächeninhalte der Quadrate berechnen. Verändere die Form des Dreiecks und untersuche, für welche Dreiecke $a^2 + b^2 = c^2$ gilt.

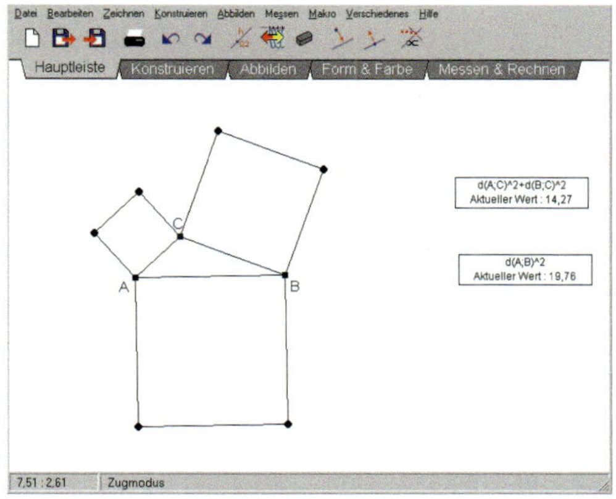

2.

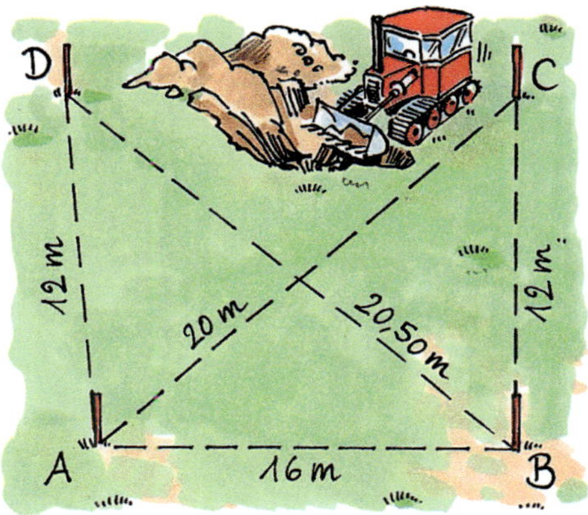

Auf einem Grundstück sind vier Pfähle A, B, C und D gesetzt worden, um die Ecken des zu bauenden Hauses abzustecken. Das Haus soll einen rechteckigen Grundriss mit den Seitenlängen 16 m und 12 m haben. Die Pfähle haben die in der Zeichnung angegebenen Abstände.
Welcher der Winkel bei A bzw. B ist ein rechter Winkel, welcher nicht?
Welcher Pfahl steht falsch?
Wie muss er bezüglich seines Standortes verändert werden?

3. **a)** Auf dem Bild auf Seite 160 wird mithilfe eines „12-Knotenseils" ein Dreieck abgesteckt. Erkläre, warum es rechtwinklig ist.

b) Kann man auch mit einem „30-Knotenseil" ein rechtwinkliges Dreieck abstecken? Begründe.

4. **a)** Konstruiere ein Dreieck ABC mit a = 6 cm, b = 8 cm und c = 10 cm.
Prüfe, ob es rechtwinklig ist. Begründe.

b) Man nennt das Zahlentripel (6; 8; 10) aus natürlichen Zahlen **pythagoreisches Zahlentripel.** Ebenso ist (3; 4; 5) ein solches Zahlentripel.
Entscheide, ob pythagoreische Zahlentripel vorliegen.
(1) (9; 12; 15) (2) (15; 20; 25) (3) (5; 12; 13) (4) (7; 18; 19)

c) Finde weitere pythagoreische Zahlentripel. Findest du eine Gesetzmäßigkeit?

5. Konstruiere drei unterschiedliche rechtwinklige Dreiecke. Wähle dazu drei geeignete Seitenlängen.

6. Entscheide, ob das Dreieck ABC rechtwinklig, stumpfwinklig oder spitzwinklig ist.

a)	**b)**	**c)**	**d)**	**e)**
a = 8 cm	a = 7 m	a = 5 cm	a = 13 dm	a = 23 mm
b = 6 cm	b = 9 m	b = 4 cm	b = 5 dm	b = 17 mm
c = 10 cm	c = 11 m	c = 3 cm	c = 12 dm	c = 29 mm

7. In einem gleichschenkligen Dreieck soll g die Länge der Basis und s die Länge eines Schenkels sein. Welche Beziehung muss zwischen g und s bestehen, damit das Dreieck

a) rechtwinklig ist; **b)** spitzwinklig ist; **c)** stumpfwinklig ist?

VERMISCHTE UND KOMPLEXE ÜBUNGEN

1. Skizziere das rechtwinklige Dreieck ABC; markiere Hypothenuse und Katheten verschiedenfarbig. Berechne die Länge der dritten Seite.

a) $\alpha = 90°$; $\overline{AB} = 17$ cm; $\overline{AC} = 8$ cm

b) $\alpha = 90°$; $\overline{BC} = 10$ mm; $\overline{AB} = 5$ mm

c) $\beta = 90°$; $\overline{AC} = 17$ m; $\overline{BC} = 11$ m

d) $\beta = 90°$; $\overline{AB} = 7$ dm; $\overline{BC} = 12$ dm

e) $\gamma = 90°$; $\overline{AB} = 5{,}4$ cm; $\overline{BC} = 2{,}1$ cm

f) $\gamma = 90°$; $\overline{AC} = 4{,}3$ cm; $\overline{BC} = 2{,}7$ cm

2.

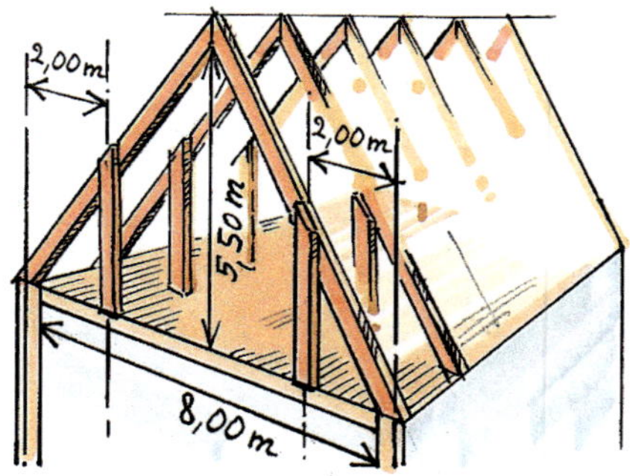

a) Ein Carport hat die in der Zeichnung angegebenen Maße. Die Dachsparren des Pultdaches stehen links und rechts je 30 cm über.
Wie lang sind die Dachsparren?

b) Die Maße eines Satteldaches sind im Bild gegeben.
Berechne die Länge der Dachsparren und der Stützpfosten.

3. Berechne die Seitenlängen des rot gefärbten Dreiecks.

a)

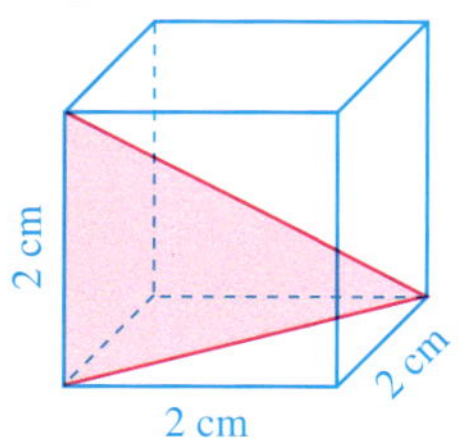

b)

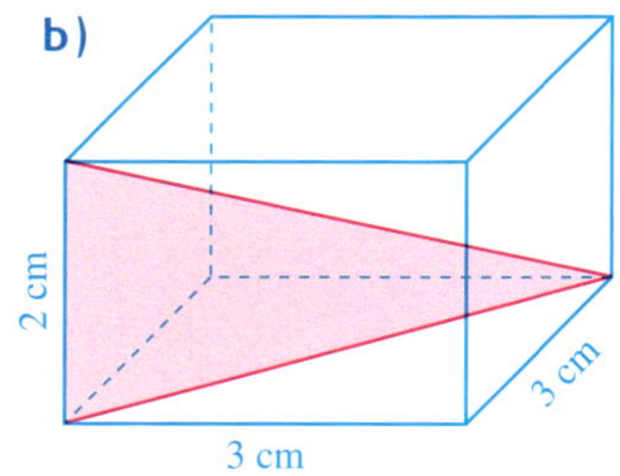

c)

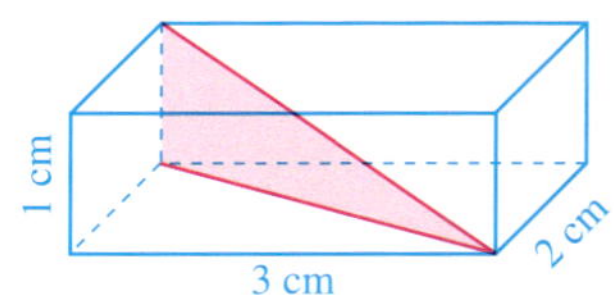

4. Eine Tür ist 0,82 m breit und 1,97 m hoch.
Eine 2,10 m breite und 3,40 m lange Holzplatte soll durch die Tür getragen werden.
Ist das möglich?

5. Gegeben sind im Koordinatensystem (Einheit 1 cm) die Punkte $A(-2\,|\,-1)$ und $B(4\,|\,5)$.

a) Berechne die Länge der Strecke $\overline{AB}$.

b) Verlängere die Strecke $\overline{AB}$ über A und B hinaus; du erhältst eine Gerade g.
Bestimme die Gleichung von g.

6. Ein Drachen hat die folgenden Abmessungen.
Berechne die Seitenlängen x und y.

a) r = 60 cm
s = 30 cm

b) r = 70 cm
s = 35 cm

c) r = 80 cm
s = 40 cm

d) r = 90 cm
s = 60 cm

zu **6.**

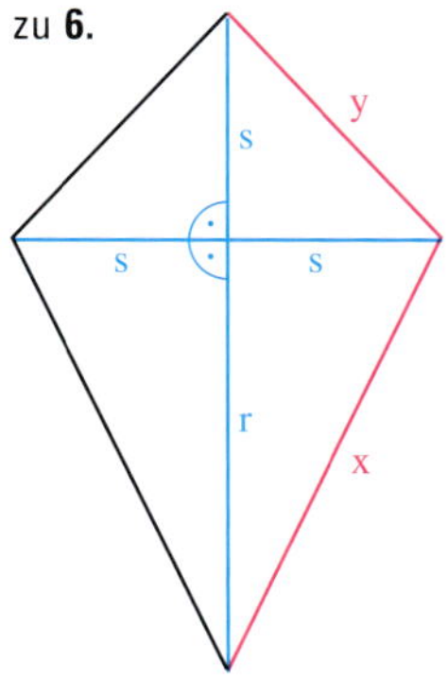

zu **7.**

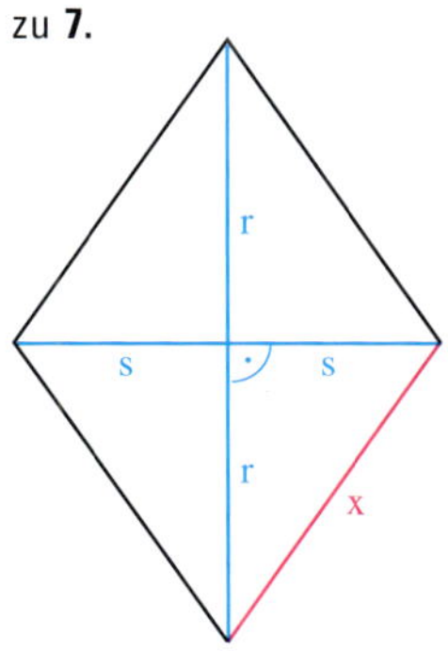

7. Ein Rhombus hat die Maße
r = 12 cm und s = 9 cm.
Berechne den Umfang.

8. **a)** Gegeben ist ein Rechteck mit den Seitenlängen a = 8 cm und b = 5 cm.
(1) Welchen Radius hat der Umkreis? Gib auch eine Formel an.
(2) Welchen Abstand haben die Ecken von einer Diagonalen?

b) Gegeben ist ein Quadrat mit der Seitenlänge a.
Gib eine Formel für den Umkreisradius an.

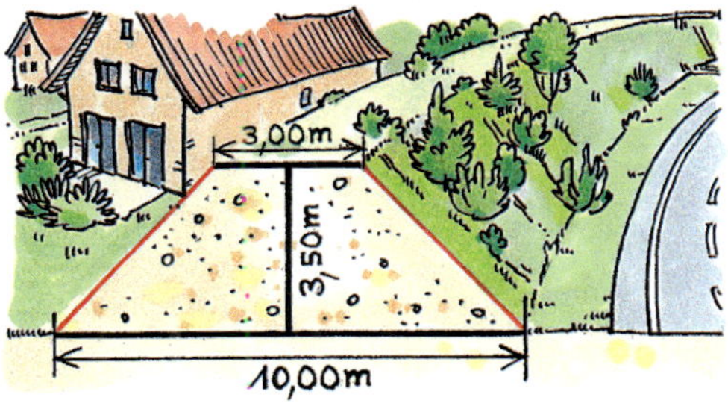

9. An einer Straße wird ein 60 m langer Lärmschutzwall geplant, dessen Querschnittsfläche ein gleichschenkliges Trapez sein soll.

a) Wie viel m^3 Erde müssen aufgeschüttet werden?

b) Beide Böschungen sollen bepflanzt werden. Das Bepflanzen kostet 36 € pro m^2.
Berechne die Kosten.

10. Berechne den Umfang und den Flächeninhalt der Figur. Zerlege dazu die Figur geeignet.

a)

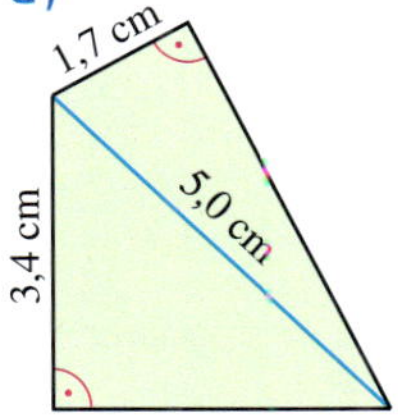

b)

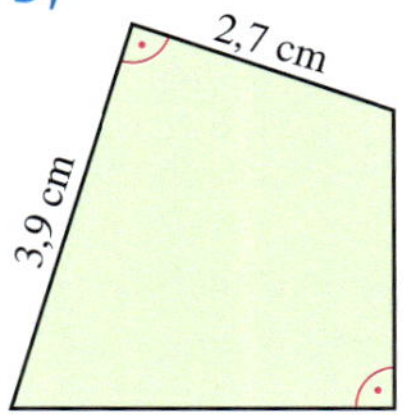

c)

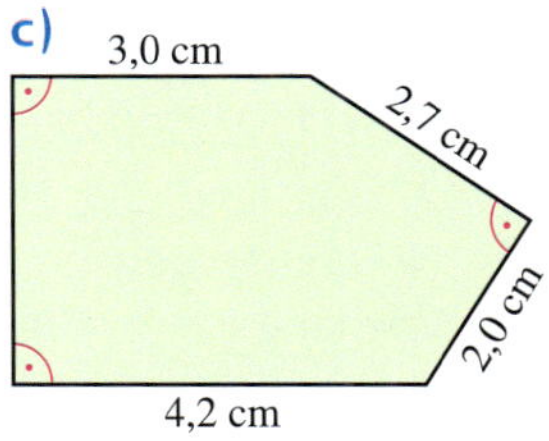

d)

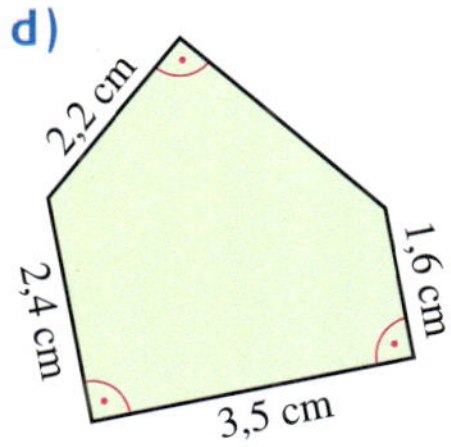

11. Berechne den Umfang und den Flächeninhalt des Grundstücks.

a)

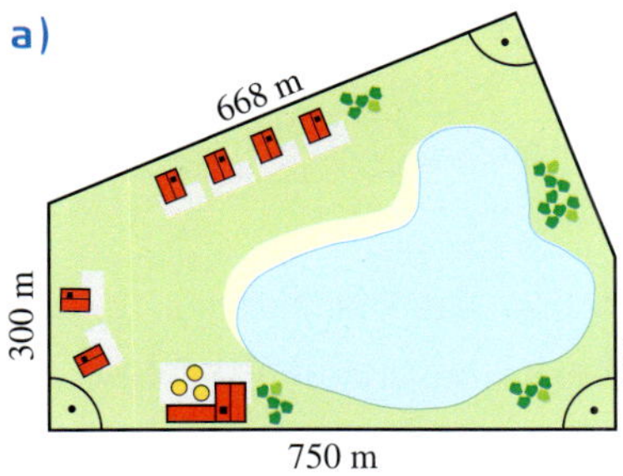

b)

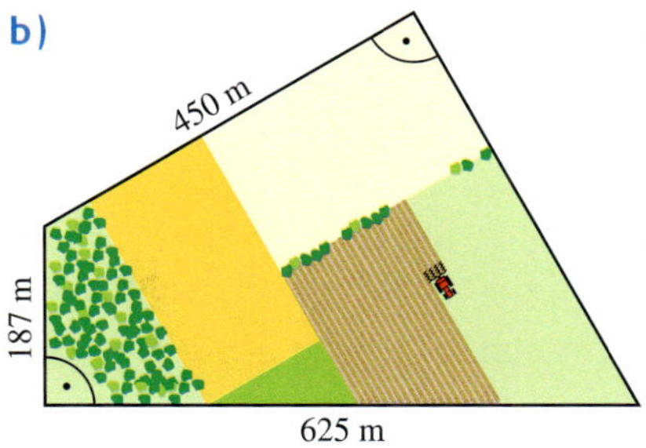

c)

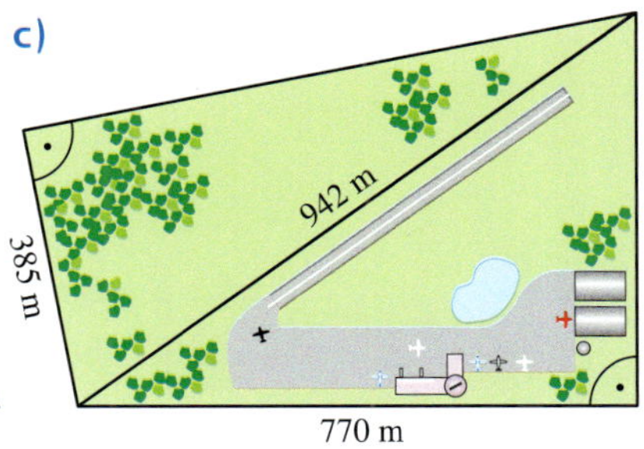

12. Die Hersteller von Fernsehern bieten ihre Geräte an
- mit unterschiedlichen Bildschirmgrößen, das sind die Diagonallängen;
- mit zwei Formaten, nämlich 4:3 und 16:9; das ist das Verhältnis von Länge zu Breite des Bildschirms.

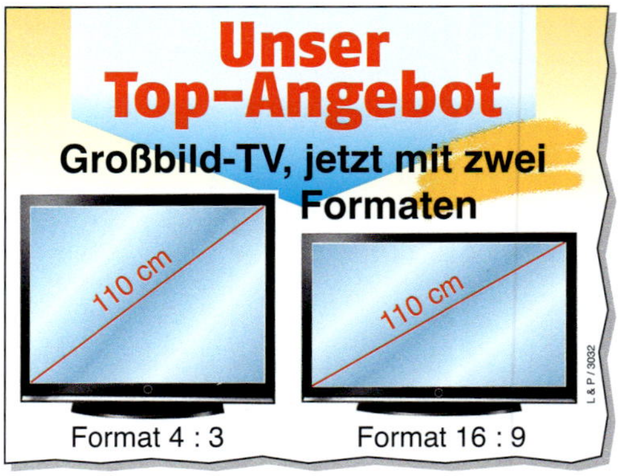

a) Bestimmt für beide Formate jeweils Länge und Breite des gesamten Bildschirms.

b) Vergleicht die Bildschirmflächen beider Formate.

c) Der Sehabstand sollte die 3fache Bildhöhe betragen. Bestimme für beide Formate den empfohlenen Sehabstand zum Fernseher.

d) Erkundige dich im Internet über die verschiedenen Fernsehtypen, ihre Vor- und Nachteile. Berichte darüber.

13. An die Dachgeländer eines Pizza-Taxis sollen zwei rechteckige Platten für Werbung aufgeschraubt und oben verbunden werden. Das Auto ist 1,43 m hoch; der Abstand der beiden Dachgeländer beträgt 1,04 m. Das Auto soll unter einem 2,60 m hohen Carport stehen.
Wie breit dürfen die Platten höchstens sein?
Nimm einen Sicherheitsabstand von 10 cm an.

14. Ein Wanderer befindet sich an der Stelle A. Von A aus führt ein fast gerader Weg zu Hütte. Auf der Karte mit dem Maßstab 1:25 000 ist der Weg (Luftlinie) 2,3 cm lang. Die Höhen sind in m über NN angegeben.
Wie lang ist der Weg in der Wirklichkeit?
Hinweis: Beachte die Höhenlinien.

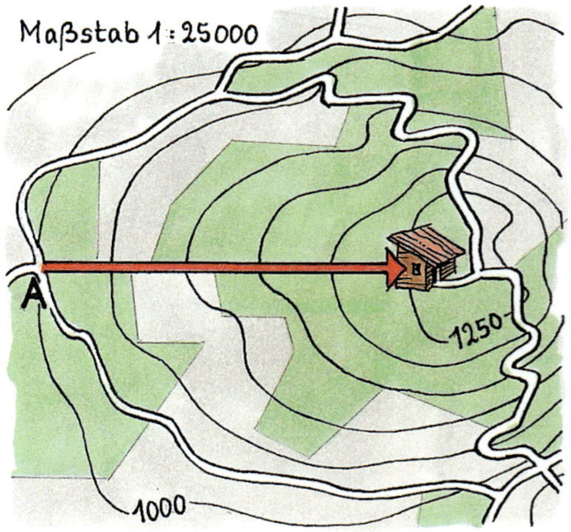

15. Gegeben ist ein Kreis mit dem Radius r = 4 cm sowie ein Punkt P, der vom Kreismittelpunkt 7 cm entfernt ist.
Konstruiere die Tangenten von P an den Kreis und berechne den Abstand der beiden Berührungspunkte.

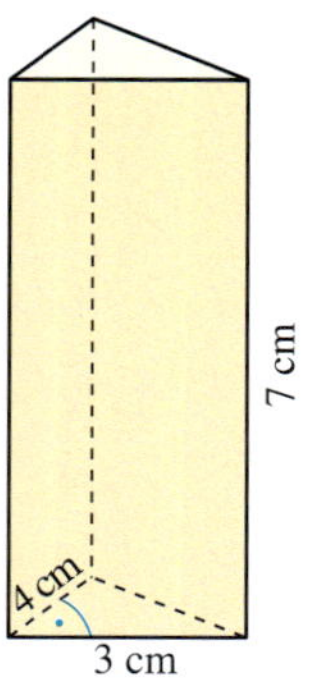

16. a) Berechne das Volumen V und den Oberflächeninhalt A_O des Prismas links.

b) Ein 6,5 cm hohes Prisma hat ein gleichseitiges Dreieck als Grundfläche; das Dreieck hat eine Seitenlänge von 3,8 cm.
Berechne Oberflächeninhalt und Volumen des Prismas.

BIST DU FIT?

1. Berechne die Länge der roten Seite.

a)

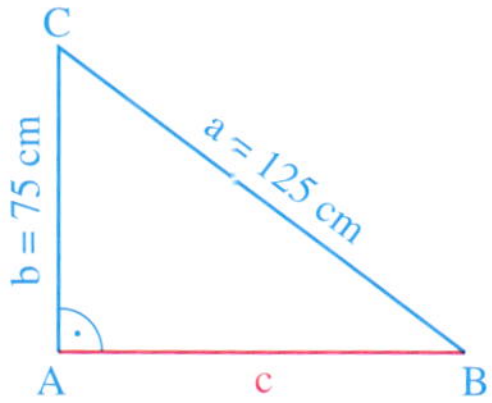

b)

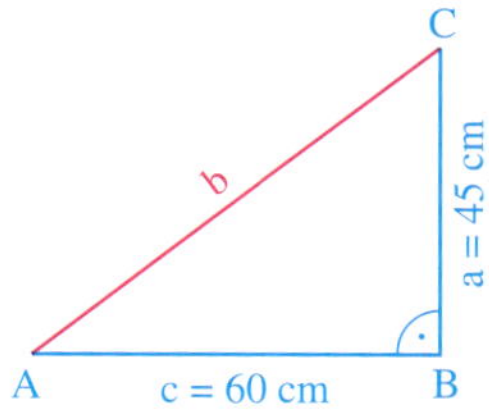

c)

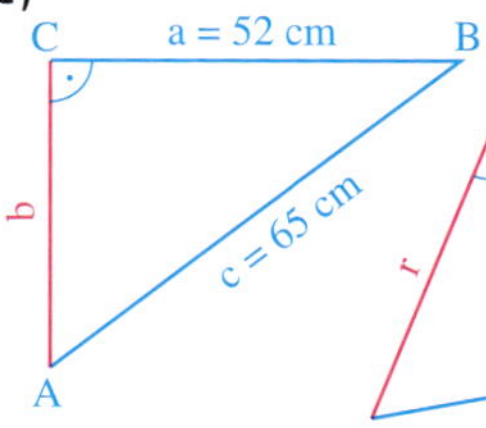

d)

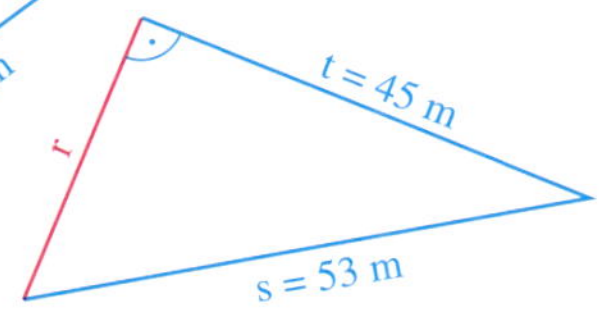

2. a) Berechne die Höhe h des gleichschenkligen Dreiecks (Bild a)).
Bestimme dann den Flächeninhalt.
(1) g = 66 cm; s = 65 cm
(2) g = 72 cm; s = 85 cm

b) Ein gleichseitiges Dreieck (Bild b)) hat die Seitenlänge a. Berechne die Höhe und den Flächeninhalt.
(1) a = 6 cm
(2) a = 50 cm
(3) a = 26 dm
(4) a = 61 mm

zu **a)**

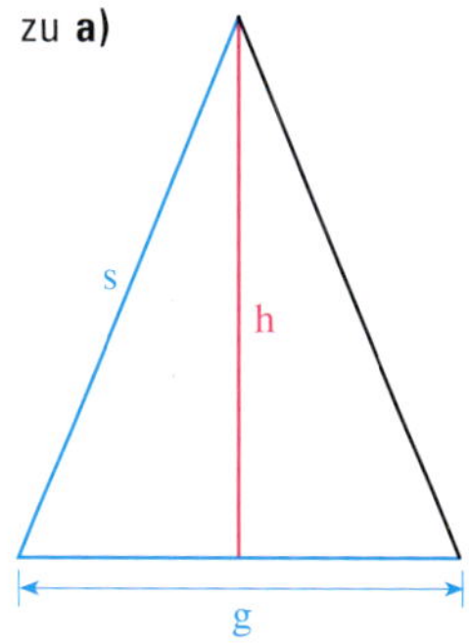

zu **b)**

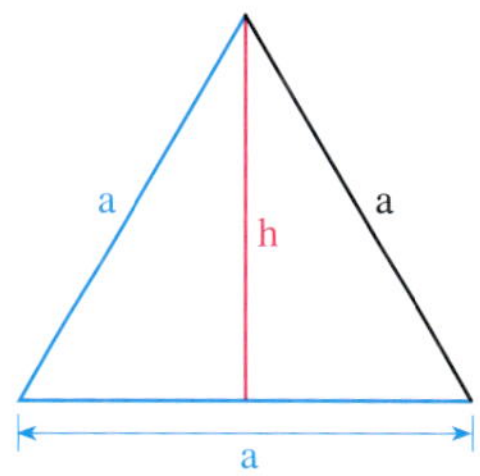

3. a) Ein Quadrat (Bild a)) hat die Seitenlängen a.
Berechne die Diagonalenlänge e.
(1) a = 5 cm
(2) a = 8,5 cm
(3) a = 12 dm
(4) a = 27 mm

b) Ein Rechteck (Bild b)) hat die Seitenlängen a = 12 cm und b = 5 cm. Berechne die Diagonalenlänge e.

zu **a)**

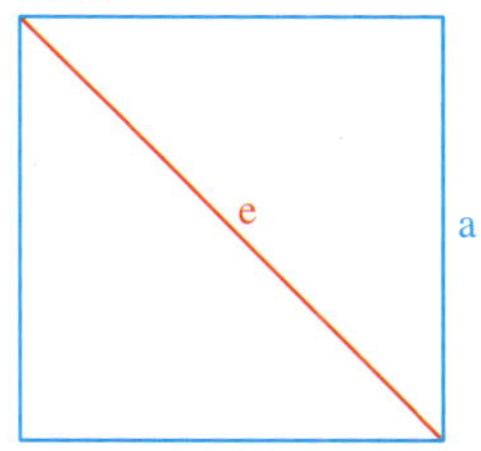

zu **b)**

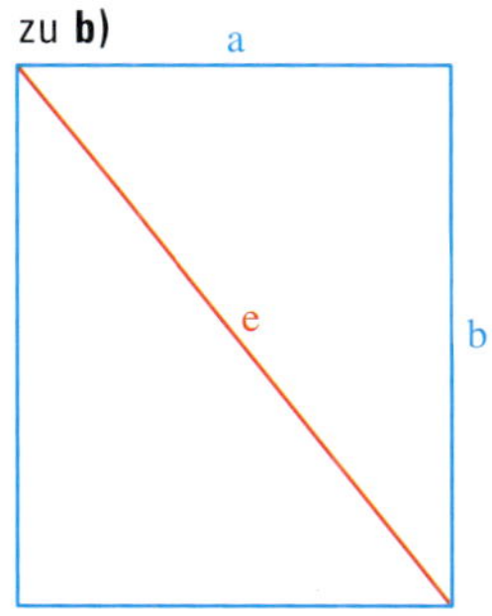

4. a)

In der Mitte zwischen zwei gegenüberliegenden Masten einer Straße ist eine Straßenlaterne befestigt. Der Abstand der Masten beträgt 12 m. Das Seil ist 12,10 m lang.
Wie viel cm hängt das Seil in der Mitte durch?

b)

Ein 120 m hoher Sendemast soll durch vier Stahlseile abgesichert werden, die in $\frac{3}{4}$ der Höhe befestigt sind. Die Seile sollen 60 m vom Mast entfernt im Boden verankert werden.
Wie viel m Seil werden benötigt?
(Das Durchhängen der Seile soll unberücksichtigt bleiben).

PROJEKT: PYTHAGORAS

Pythagoras, das griechische Allroundtalent von der Insel Samos, hat sich vor gut 2600 Jahren nicht nur mit Mathematik beschäftigt. Pythagoras interessierte sich auch für Musik, für Dichtkunst und für Religion.
Pythagoras gründete sogar eine Art mathematische Glaubensgemeinschaft und die Mitglieder dieser Gemeinschaft nannten sich Pythagoreer.
Bei diesem Projekt sollt ihr euch näher mit dem Forscher Pythagoras befassen und einen Teil seines damaligen Wissens aufbereiten. Ihr könntet euch entweder der zentralen Satzgruppe des Pythagoras widmen oder den Zahlverhältnissen seiner Musiktheorie. Hier hilft vielleicht eure Musiklehrerin oder euer Musiklehrer.
Neben der Musik hat sich Pythagoras auch intensiv mit den reinen Zahlen beschäftigt, so sind für euch vielleicht die pythagoreischen Zahlentripel interessant.
Ihr könnt auch untersuchen, wie seine mathematischen Entdeckungen bzw. Erkenntnisse in der Technik An-

Vorschlag 1: Das Leben des Pythagoras

Wer war Pythagoras? Was hat er so den ganzen Tag gemacht? Womit hat er sein Geld verdient? Wo hat er gelebt? Wann hat er gelebt? War er verheiratet?
Fragen über Fragen, wisst ihr noch mehr?

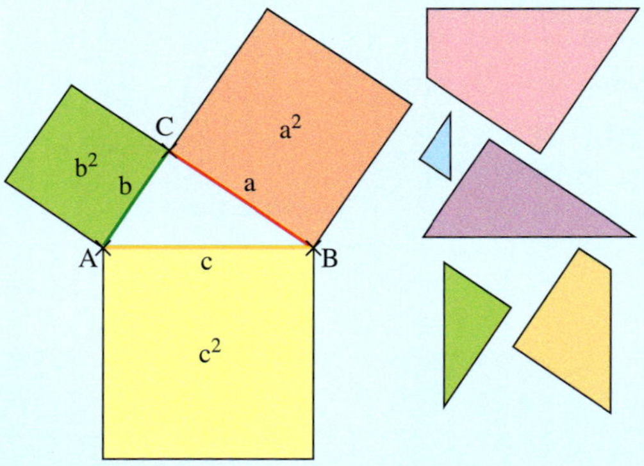

Vorschlag 2: Rund um den Satz des Pythagoras

Findet ihr weitere, schöne Erklärungen für die Richtigkeit des Satzes von Pythagoras?
Es gibt chinesische und indische Beweise.
Könnt ihr die Beweise so aufschreiben, dass sie auch eure Mitschüler verstehen?

Vorschlag 3: Pythagoras und seine Zahlen

„Alles ist Zahl." Pythagoras sieht in den Zahlen das eigentliche Geheimnis und die Bausteine der Welt. Jede der Grundzahlen hat ihre eigene Kraft und Bedeutung.
Mit welchen Zahlen beschäftigte sich Pythagoras noch?
Was ist das besondere an einem pythagoreischen Zahlentripel?
Wie viele gibt es davon?

wendung fanden. So wird der Satz des Pythagoras z. B. beim Vermessen angewendet.
Sich mit Pythagoras zu beschäftigen, lohnt sich wirklich. Der 20. Präsident der Vereinigten Staaten, J. Garfield, hat sich so intensiv damit beschäftigt, dass sogar ein Beweis nach ihm benannt wurde. Na, wenn das kein Ansporn ist.
Es wäre schön, wenn ihr eure pythagoreischen Ideen in einer kleinen Ausstellung im Schulgebäude zeigen könntet. Ihr könnt natürlich auch die Ergebnisse vor der Klasse präsentieren. Auch ein kleiner Artikel in der Lokalzeitung über ein besonders interessantes Abenteuer des Pythagoras ist denkbar. Hier hilft vielleicht eure Deutschlehrerin oder euer Deutschlehrer.
Wir haben hier für euch ein paar Ideen und Fragen rund um das Pythagorasprojekt vorbereitet, die ihr aufgreifen könnt.
Im Internet findet ihr das Projekt unter **www.mathematik-heute.de**

Vorschlag 4:
Pythagoras und seine Musik

Pythagoras ordnete jedem Ton seine eigene Schwingungsfrequenz zu. Ist das immer noch so?
Mit welchem Musikinstrument hat sich Pythagoras beschäftigt?

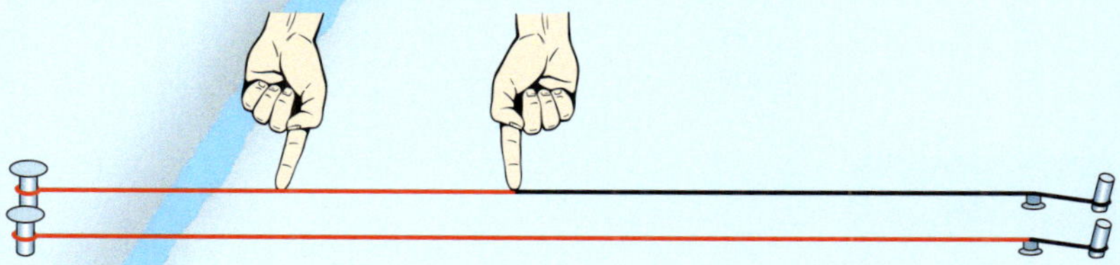

Vorschlag 5:
Die Seilspanner

Was sind denn Harpenodapten?
Was haben denn die ägyptischen Seilspanner gemacht?
Wird so ein Verfahren heute noch verwendet?
Beschreibe es.
Führe es selber durch.

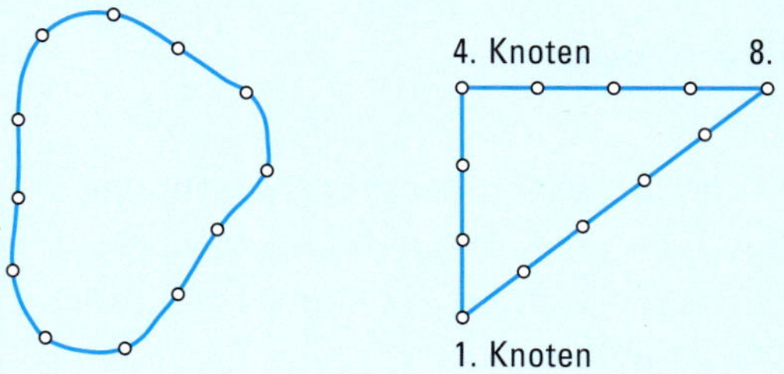

Vorschlag 6:
Anwendungen

Wofür kann man denn den Satz des Pythagoras gebrauchen?
Gibt es Einsatzmöglichkeiten außerhalb der Schule?
Wie weit ist es eigentlich bis zum Horizont?
Wie steckt man rechte Winkel im Gelände ab?

Bleib fit im ...

Umgang mit Prozenten

Zum Aufwärmen

1. Schreibe den dargestellten Anteil als Bruch, als Dezimalbruch und in Prozent.

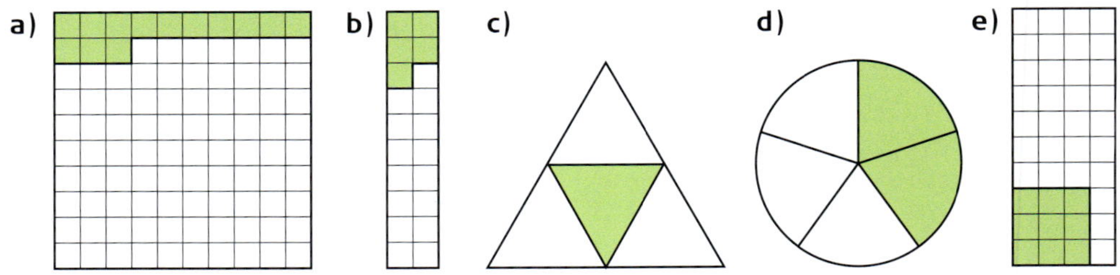

2. Bei verpacktem Aufschnitt ist oft der Fettanteil in Prozent angegeben.

a) Ein Schinken enthält 20% Fett. Wie viel g Fett enthält eine Scheibe, die 15 g wiegt?

b) Eine Salami wird untersucht: In 80 g sind 24 g Fett enthalten. Welchen Fettanteil hat diese Salami?

c) Eine Käsesorte trägt die nebenstehende Aufschrift. Wie viel wiegt eine Käsescheibe?

Zum Erinnern

(1) Angabe von Anteilen in Prozent

Anteile an einem Ganzen gibt man oft in Prozent an; Prozent bedeutet *Hundertstel*. Das Ganze bezeichnet man als **Grundwert** G, den Teil als **Prozentwert** W, den Anteil als **Prozentsatz** p%.

$$p\% = \frac{p}{100}$$

Ganzes — Anteil — Teil

$$\textbf{Grundwert} \xrightarrow{\cdot\ \text{Prozentsatz}} \textbf{Prozentwert}$$

(2) Grundaufgaben der Prozentrechnung

- Man berechnet den Prozentwert, indem man den Grundwert mit dem Prozentsatz multipliziert.

Wie viel sind 16% von 300 €?

Ansatz: $300\ € \xrightarrow{\cdot 16\%} W$

Rechnung: $W = 300\ € \cdot \frac{16}{100}$
$= 300\ € \cdot 0{,}16 = 48\ €$

- Man berechnet den Grundwert, indem man den Prozentwert durch den Prozentsatz dividiert.

30% eines Grundwertes sind 18 €.

Ansatz: $G \xrightarrow{\cdot 30\%} 18\ €$

Rechnung: $G = 18\ € : \frac{30}{100}$
$= 18\ € \cdot \frac{100}{30} = 60\ €$

- Man berechnet den Prozentsatz, indem man den Prozentwert durch den Grundwert dividiert und das Ergebnis in der Prozentschreibweise notiert.

Wie viel % sind 24 € von 80 €?

Ansatz: $80\ € \xrightarrow{\cdot p\%} 24\ €$

Rechnung: $p\% = \frac{24\ €}{80\ €}$
$= 0{,}3 = \frac{30}{100} = 30\%$

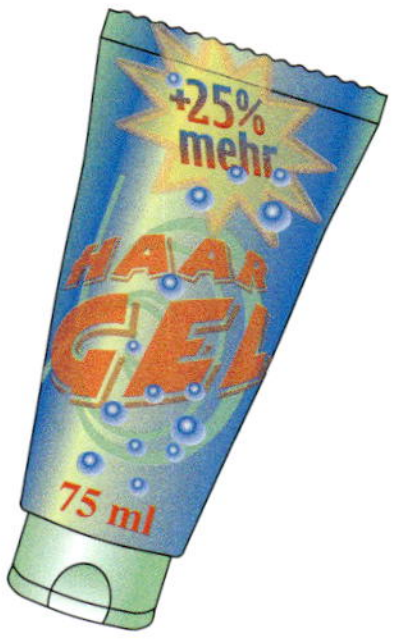

(3) Prozentsätze über 100%

Erhöht man einen Grundwert um einen Anteil, so kann man den erhöhten Wert mit dem Grundwert vergleichen: es ergibt sich dann ein Prozentsatz über 100%.

Nach einer Erhöhung um 25% beträgt der Tubeninhalt 75 ml.

Ansatz:

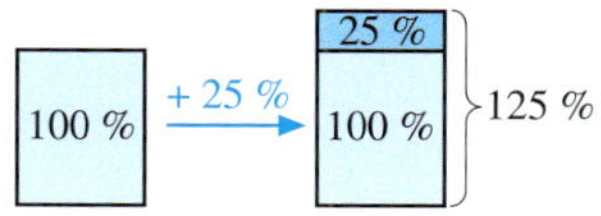

$G \xrightarrow{\cdot 125\%} 75$ ml

Rechnung: G = 75 ml : 1,25 = 60 ml

125% = 1,25

Zum Trainieren

3. Betrachte die Packung mit dem Schinken links.

a) Wie viel Fett nimmst du zu dir, wenn du eine Scheibe dieses Schinkens isst?

b) Jemand macht Diät. Wie viel Scheiben von dem Schinken darf er noch essen, wenn er damit nur noch 5 g Fett zu sich nehmen möchte?

c) Ein anderer Bratenaufschnitt enthält 5 g Fett in 90 g Braten. Wie viel Prozent Fett muss auf der Verpackung ausgezeichnet werden?

4. In einem kleinen Staat stellen sich 4 Parteien zur Wahl:

Demokratische Mitte	25 471 Stimmen	Grünes Engagement	11 003 Stimmen
Sozialer Fortschritt	19 323 Stimmen	Liberale Freiheit	2 517 Stimmen

a) Berechne den Stimmenanteil jeder Partei und zeichne ein Kreisdiagramm.

b) Nur die Parteien, die mehr als 5% der abgegebenen Stimmen erhalten haben, kommen in das Parlament. Wie viele Stimmen hätte die Liberale Freiheit mehr erringen müssen um in das Parlament einzuziehen?

5. Betrachte die beiden Kakao-Packungen rechts. Kontrolliere, ob die Angabe „40% Zucker-reduziert" korrekt ist.

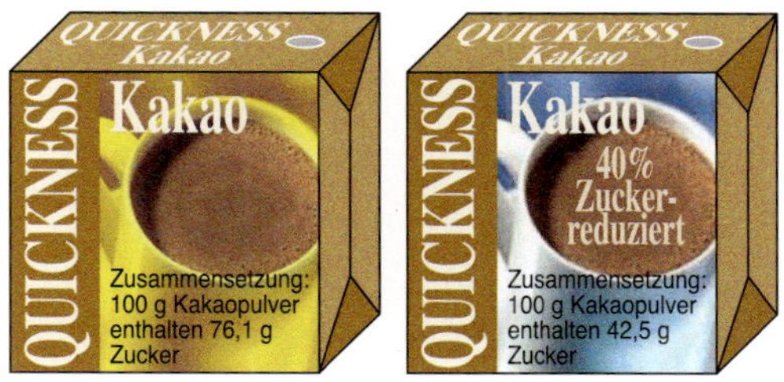

6. Beim Herunterladen einer großen Datei aus dem Internet wird angegeben, dass nach 2 Minuten 34% der Datei übertragen worden sind. Wie lange dauert der gesamte Vorgang voraussichtlich?

7. In dieser Aufgabe geht es um die Mehrwertsteuer.

a) Im Großhandel sind die Warenpreise netto, d.h. ohne Mehrwertsteuer ausgezeichnet. Tim sieht im Großhandel einen Computer zu 799 €.
Wie viel kostet dieser einschließlich 19% Mehrwertsteuer?

b) Maries Computer hat im Einzelhandel 899 € gekostet.
Wie viel Mehrwertsteuer ist im Preis enthalten?

c) Ein Elektro-Discount-Markt startet zum Jahresanfang eine große Werbeaktion mit den rechts abgebildeten Anzeigen. Bewerte diese im Hinblick auf mathematische Richtigkeit.

6 Zufall und Wahrscheinlichkeit

Bauernregeln wissenschaftlich belegt

„Regnet es am Siebenschläfertag (27. Juni), es noch 7 Wochen regnen mag."

Solche Bauernregeln für die Wettervorhersage wurden lange eher belächelt als ernst genommen. Nun aber liegt der wissenschaftliche Beweis vor: Ende Juni/Anfang Juli stabilisiert sich die Wetterlage in Europa - tatsächlich bleibt das Wetter 7 Wochen lang so wie am 27. Juni (mit einer Wahrscheinlichkeit von 63%).

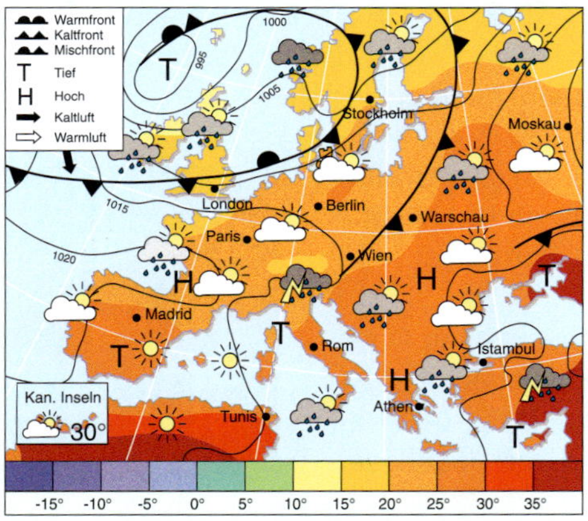

L & P / 1674

SPORTMAGAZIN

AKTUELL

EURO-Münzen für Schiedsrichter-entscheidung ungeeignet

Fußballer kennen das Spiel vor dem Spiel: Der Münzwurf des Schiedsrichters, Zahl oder Adler, entscheidet die Seitenwahl und darüber, welche Mannschaft Anstoß hat. Seit mehr als 100 Jahren ist das so, ohne dass es damit Probleme gab - bis zur Einführung der Euro-Münzen: Bundesadler kommt zu oft - sagt der DFB.

L & P / 1675

Jungen immer noch vorne

In Deutschland beträgt zur Zeit die Wahrscheinlichkeit dafür, dass ein Neugeborenes ein Mädchen ist, 48,7%.

- ➜ Worum geht es bei diesen Zeitungsmeldungen?
- ➜ Wie könnte man die angegebenen Aussagen überprüfen?

In diesem Kapitel lernst du ...

... wie man bei Zufallsversuchen Wahrscheinlichkeiten berechnen oder näherungsweise bestimmen kann.

WAHRSCHEINLICHKEIT BEI ZUFALLSVERSUCHEN

Zufallsversuche und Wahrscheinlichkeit

Einstieg

Laura und Elias streiten sich um das Fernsehprogramm. Laura möchte einen Krimi und Elias ein Fußballländerspiel sehen.

→ Wie können sie sich
(1) mit einer Münze,
(2) mit einem Würfel einigen?

→ Was hältst du davon, zur Entscheidung den Spielstein „Fang den Hut" zu werfen?

Aufgabe

1. Die Klasse 8b hat für ein Schulfest die beiden Glücksräder aufgebaut. Es gewinnt, wer beim Drehen eines Glücksrads das richtige Ergebnis vorhersagt.
Vergleiche bei beiden Glücksrädern die Gewinnchancen der möglichen Ergebnisse.

Lösung

Beim Drehen des *linken Glücksrads* können fünf mögliche Ergebnisse eintreten: 1, 2, 3, 4 oder 5.
Wir fassen sie zu der *Ergebnismenge* S = {1; 2; 3; 4; 5} zusammen.
Alle fünf Kreissektoren sind gleich groß. Wir gehen deshalb davon aus, dass jedes mögliche Ergebnis die gleiche Gewinnchance hat. Man sagt, die möglichen Ergebnisse sind *gleichwahrscheinlich*, und gibt den Anteil $\frac{1}{5}$ bzw. 20% als die Wahrscheinlichkeit eines Ergebnisses an.

Das *rechte Glücksrad* hat vier mögliche Ergebnisse: Rot, Blau, Gelb oder Grün.
Die Ergebnismenge ist hier S = {Rot; Blau; Gelb; Grün}.
Da die Kreissektoren *nicht* gleich groß sind, haben die möglichen Ergebnisse hier unterschiedlich große Gewinnchancen.
Der rote Kreissektor ist am größten. Das Ergebnis **Rot** hat somit die größte Gewinnchance. Wir sagen auch, die Wahrscheinlichkeit für das Ergebnis **Rot** ist am größten.
Der Anteil des roten Kreissektors am Vollkreis beträgt $\frac{1}{3}$ (ca. 33%). Dieser Anteil gibt die Wahrscheinlichkeit dafür an, dass das Ergebnis **Rot** eintritt. Dies bedeutet: Wird das Glücksrad sehr oft gedreht, so erwartet man in etwa einem Drittel der Fälle **Rot**.
Entsprechend ordnen wir den Ergebnissen **Gelb** und **Grün** jeweils die Wahrscheinlichkeit $\frac{1}{4}$ (25%) und dem Ergebnis **Blau** die Wahrscheinlichkeit $\frac{1}{6}$ (ca. 17%) zu.
Die Summe aller Wahrscheinlichkeiten ist dann 1 bzw. 100%.

Gewinnchancen (Wahrscheinlichkeiten) bei beiden Glücksrädern:

	linkes Glücksrad					rechtes Glücksrad			
Ergebnis	1	2	3	4	5	Rot	Gelb	Grün	Blau
Wahrscheinlichkeit	20%	20%	20%	20%	20%	33%	25%	25%	17%

Information

random ⟨engl.⟩
Zufall

(1) Zufallsversuche

Das Werfen einer Münze, eines Würfels oder das Drehen von Glücksrädern sind **Zufallsversuche**. Bei einem Zufallsversuch kann man nicht voraussagen, welches **Ergebnis** eintritt, es hängt vom Zufall ab.
Andere Zufallsversuche sind z.B. die Ziehung der Lottozahlen, die Auswahl eines Musiktitels mit der Random-Funktion oder auch die Funktionsprüfung bei einer Glühlampe.

Manchmal verwendet man auch für S den griechischen Buchstaben Ω (gelesen Omega).

Zufallsversuche sind Versuche mit folgenden Eigenschaften:
- Man kann nicht vorhersagen, *welches* **Ergebnis** eintritt; es hängt vom Zufall ab.
- Aber schon vor dem Versuch kann man alle **möglichen Ergebnisse** angeben. Man fasst sie zu der **Ergebnismenge S** des Zufallsversuchs zusammen.
  Beispiele:
  Werfen eines Würfels: S = {1; 2; 3; 4; 5; 6}
  Drehen eines Glücksrads; z.B.: S = {rot, blau, gelb, grün}
  Werfen einer Münze: S = {Wappen; Zahl}
- Der Versuch kann unter gleichen Bedingungen beliebig oft wiederholt werden.

(2) Chancengleichheit – Laplace-Versuch

Bei manchen Zufallsversuchen (z.B. Werfen eines Würfels oder Drehen eines Glücksrads mit gleich großen Kreissektoren) haben aus Symmetriebetrachtungen heraus alle Ergebnisse die gleiche Chance. Bei anderen Zufallsversuchen (z.B. Werfen der Spielfigur „Fang den Hut") ist dies nicht der Fall.

Zufallsversuche, bei denen alle möglichen Ergebnisse die gleiche Chance haben, heißen **Laplace-Versuche**. Sie sind nach dem französischen Mathematiker Pierre Simon Marquis de Laplace (1749 – 1827) benannt worden.
Hat ein Laplace-Versuch n mögliche Ergebnisse, so gilt:

Wahrscheinlichkeit P eines Ergebnisses = $\frac{1}{n}$

Beispiele:
Beim Werfen eines Würfels gibt es 6 mögliche Ergebnisse.
Die Wahrscheinlichkeit, z.B. eine Drei zu würfeln: P(Augenzahl 3) = $\frac{1}{6} \approx 17\%$

(3) Wahrscheinlichkeit bei Glücksrädern

Bei Glücksrädern gibt der Anteil des Kreissektors am Vollkreis die Wahrscheinlichkeit P des zugehörigen Ergebnisses an. Für das Glücksrad links gilt: P(Rot) = $\frac{1}{4}$ = 25%.

Dies bedeutet: Wird das Glücksrad häufig gedreht, so erwartet man in etwa einem Viertel der Fälle das Ergebnis Rot.

Zum Festigen und Weiterarbeiten

2. Zufall oder nicht?
(1) Der Zug fährt um 16.30 Uhr ab.
(2) Julias Vater hat „vier Richtige" im Lotto.
(3) Ulrich würfelt 4mal hintereinander eine Sechs.
(4) Bremen schlägt Schalke 2:1.
(5) Wasser siedet bei 100 °C.
(6) Herr Klaus hat einen Autounfall.

3. Betrachte folgende Vorgänge. Warum kann man sie als Zufallsversuche bezeichnen?
(1) Werfen eines Reißnagels (2) Geburt eines Kindes (3) Prüfen einer Glühlampe
Gib zu jedem Zufallsversuch eine Ergebnismenge an.
Vergleiche auch die Chancen der Ergebnisse miteinander.

4. Ein Würfel und eine Münze werden gleichzeitig geworfen.
Wenn der Würfel die Augenzahl 3 und die Münze Wappen zeigt, so kann man dieses Ergebnis durch das Paar (3|W) angeben.

a) Schreibe alle möglichen Ergebnisse dieses Zufallsversuchs auf.

b) Wie groß ist die Wahrscheinlichkeit der einzelnen Ergebnisse? Begründe.

Prognose ⟨griech.⟩
Vorhersage

5. *Schätzen von absoluten Häufigkeiten*
Gib eine begründete Prognose ab.

a) Eine Münze wird 100-mal geworfen. Wie oft erwartest du Zahl?

b) Ein Würfel wird 300-mal geworfen. Wie oft erwartest du die Augenzahl Sechs?

Übungen

6. Gib für jeden Zufallsversuch die Ergebnismenge an. Entscheide, ob ein Laplace-Versuch vorliegt, und gib gegebenenfalls die Wahrscheinlichkeit der Ergebnisse an.
(1) Werfen einer Münze (2) Werfen eines Kronenkorkens (3) Werfen eines Bierdeckels

7. Geschick oder Zufall oder beides?
(1) Lukas gewinnt beim Skatspiel.
(2) Maries Vater gewinnt im Fußballtoto.
(3) Stefanie springt 3,90 m weit.
(4) Anne trifft eine Dose bei einer Wurfbude.
(5) Tims Mutter zieht ein Glückslos.
(6) Jan schreibt eine gute Englischarbeit.

8. In Spielwarengeschäften erhält man nicht nur den üblichen, sondern auch folgende Würfel:

Tetraeder (Vier-Flächen-Körper)

Hexaeder (Sechs-Flächen-Körper)

Oktaeder (Acht-Flächen-Körper)

Dodekaeder (Zwölf-Flächen-Körper)

Ikosaeder (Zwanzig-Flächen-Körper)

Vergleiche die Wahrscheinlichkeit für das Auftreten der Augenzahl 1 beim Werfen dieser Würfel.

9. Die Klasse 8a hat für das Schulfest das Glücksrad rechts gebaut. Es hat 12 gleich große, farbige Sektoren.
Bei einem Spiel kommt es auf die gedrehte Zahl, bei einem anderen auf die Farbe an.

a) Gib für jedes Spiel die möglichen Ergebnisse an.

b) Wie groß sind die Wahrscheinlichkeiten der Ergebnisse?

c) Das Glücksrad wird 150-mal gedreht.
Mache eine begründete Vorhersage.
(1) Wie oft erwartest du *5*?
(2) Wie oft erwartest du *Gelb*?

Die beiden Seiten einer Münze nennt man „Zahl" (Z) und „Wappen" (W).

Zahl Wappen

10. Eine 1-Cent-Münze, eine 2-Cent-Münze und eine 5-Cent-Münze werden gleichzeitig geworfen. Rechts findest du ein mögliches Ergebnis dieses Versuchs in Kurzschreibweise. Schreibe alle möglichen Ergebnisse auf.

(Z|W|Z)

Wahrscheinlichkeit und relative Häufigkeit

Einstieg

Ein Würfel wird 50-, 100-, 150-, . . . , 900-mal geworfen.

→ Gebt begründete Prognosen ab:
- Wie groß werden die relativen Häufigkeiten für die einzelnen Augenzahlen sein?
- Wie häufig erwartet ihr die einzelnen Augenzahlen jeweils nach 50, 100, 150, . . . , 900 Würfen?

→ Überprüft eure Prognosen und diskutiert mögliche Gründe für Abweichungen. Überlegt euch vorher, wie ihr eure Arbeit aufteilen könnt.

Aufgabe

1. Luisa und Sebastian wollen *Mensch-ärgere-dich-nicht* spielen. Leider haben sie keinen Würfel.
Sebastian schlägt vor, mit einem Lego-Vierer (s. Bild rechts) zu würfeln.
Luisa hat Bedenken.

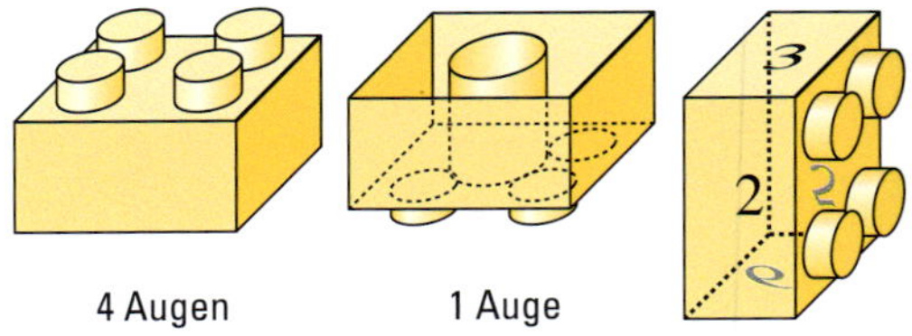

In der Tabelle siehst du die Ergebnisse nach 50, 100, 150, ..., 900 Würfen.

Anzahl der Würfe mit Augenzahl	Gesamtzahl der Würfe											
	50	100	150	200	250	300	400	500	600	700	800	900
1	22	52	72	90	114	126	177	235	299	343	383	433
2	0	3	8	11	11	16	19	24	29	39	50	52
3	3	8	11	14	15	20	21	27	32	35	46	50
4	18	27	43	57	78	92	126	149	169	197	220	250
5	2	5	8	16	18	26	31	35	39	46	53	58
6	5	5	8	12	14	20	26	30	32	40	48	57

a) Bestimme jeweils die relativen Häufigkeiten. Gib sie in Prozent an.
Trage deine Ergebnisse in eine entsprechende Tabelle ein.

b) Wie ändern sich die relativen Häufigkeiten der Ergebnisse mit zunehmender Anzahl der Würfe?
Zeichne dazu für jedes Ergebnis den Graphen der Zuordnung
Anzahl der Würfe → relative Häufigkeit in dasselbe Koordinatensystem.

c) Beurteile nun die Vermutungen von Luisa und Sebastian.

Lösung

a)

Relative Häufigkeiten in Prozent für die einzelnen Augenzahlen	Gesamtzahl der Würfe											
	50	100	150	200	250	300	400	500	600	700	800	900
h (Augenzahl 1)	44,0	52,0	48,0	45,0	45,6	42,0	44,3	47,0	49,8	49,0	47,9	48,1
h (Augenzahl 2)	0,0	3,0	5,3	5,5	4,4	5,3	4,8	4,8	4,8	5,6	6,3	5,8
h (Augenzahl 3)	6,0	8,0	7,3	7,0	6,0	6,7	5,3	5,4	5,3	5,0	5,8	5,6
h (Augenzahl 4)	36,0	27,0	28,7	28,5	31,2	30,7	31,5	29,8	26,5	28,1	27,5	27,8
h (Augenzahl 5)	4,0	5,0	5,3	8,0	7,2	8,7	7,8	7,0	6,5	6,6	6,6	6,4
h (Augenzahl 6)	10,0	5,0	5,3	6,0	5,6	6,7	6,5	6,0	5,3	5,7	6,0	6,3

Wie sich die relativen Häufigkeiten mit der Anzahl der durchgeführten Würfe verändern, kann der Tabelle, aber noch besser dem Graphen der Zuordnung ***Anzahl der Würfe → relative Häufigkeit*** *entnommen werden.*

b) Zu Beginn der Würfelserie treten noch große Schwankungen der relativen Häufigkeiten auf. Je öfter aber gewürfelt wird, desto weniger ändern sich die relativen Häufigkeiten: Augenzahl 1 tritt am häufigsten auf in ungefähr 48% der Fälle, Augenzahl 4 in 28% der Fälle. Die übrigen Augenzahlen sind gleichberechtigt und treten alle in ungefähr 6% der Fälle auf.
Ein Mensch-ärgere-dich-nicht-Spiel mit diesem Lego-Vierer als Würfelersatz würde also im Mittel lange Wartezeiten auf die Sechs ergeben.

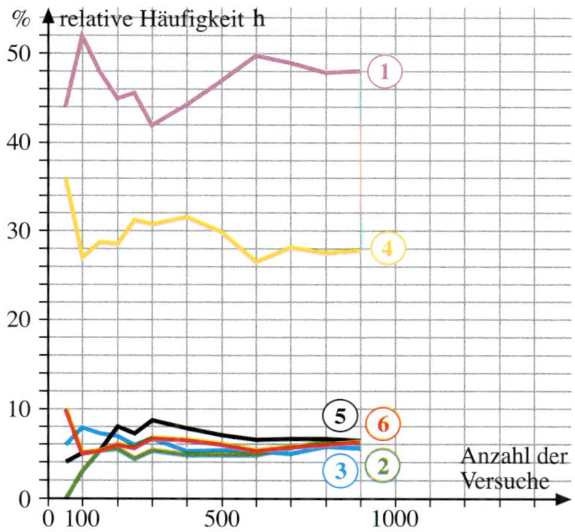

c) Sebastians Vermutung stimmt. Mit dem Lego-Vierer würfelt man am häufigsten Einsen.

Information

(1) Wahrscheinlichkeit und relative Häufigkeit

An den Beispielen im Einstieg und in Aufgabe 1 sehen wir:
Am Anfang einer Würfelserie ändern sich die relativen Häufigkeiten von Wurf zu Wurf noch sehr stark; je öfter aber gewürfelt wird, desto weniger schwanken sie um einen festen Wert. Dieser feste Wert kann dann für zukünftige Durchführungen des Versuchs als zu erwartende relative Häufigkeit und damit als Wahrscheinlichkeit verwendet werden.

Die **Wahrscheinlichkeit P** eines Ergebnisses gibt an, welche relative Häufigkeit h man bei häufiger Durchführung des Versuchs für dieses Ergebnis erwarten kann. Sie ist der Wert, um den die relativen Häufigkeiten schwanken. Daher lassen sich Wahrscheinlichkeiten erst nach vielen Durchführungen des Versuchs einigermaßen genau abschätzen.
Legt man Wahrscheinlichkeiten fest, so ist darauf zu achten, dass die Summe der Wahrscheinlichkeiten aller Ergebnisse 1 bzw. 100% beträgt.

Beim Würfeln mit dem Lego-Würfel in Aufgabe 1 ergibt sich:

P(Augenzahl 1) ≈ 48%; P(Augenzahl 4) ≈ 28%; P(2) ≈ P(3) ≈ P(5) ≈ P(6) ≈ 6%

(2) Bestimmen der Wahrscheinlichkeit eines Ergebnisses

(1) Bei Laplace-Versuchen kann man Wahrscheinlichkeiten direkt angeben.
Hat ein Laplace-Versuch n mögliche Ergebnisse (z.B. beim Würfeln n = 6), so gilt: $\mathbf{P = \frac{1}{n}}$

(2) Ist ein Zufallsversuch kein Laplace-Versuch, so kann man die Wahrscheinlichkeit eines Ergebnisses näherungsweise mit einer langen Versuchsreihe ermitteln.
Dabei gilt: **Wahrscheinlichkeit P ≈ relative Häufigkeit h**

(3) Was geben Wahrscheinlichkeiten an?

Wahrscheinlichkeiten geben an:
- die Gewinnchancen bei einem Spiel, dessen Ergebnisse nur vom Zufall abhängen,
- die bei langen Versuchsreihen zu erwartenden relativen Häufigkeiten.

Zum Festigen und Weiterarbeiten

2. a) Eine Münze wird geworfen. Wie groß ist die Chance (Wahrscheinlichkeit), dass *Wappen* auftreten wird?
Die Münze soll 300-mal geworfen werden.
Wie groß wird der Anteil von *Wappen* an der Gesamtzahl der Würfe ungefähr sein?
Wie häufig wird *Wappen* ungefähr auftreten?

b) Eine Münze ist 300-mal geworfen worden:

Anzahl der Würfe	20	40	60	80	100	120	140	160	180	200	220	240	260	280	300
Anzahl der Wappen	13	24	29	38	48	57	69	82	92	100	110	121	134	142	150
relative Häufigkeit (in %)	65	60	48	48	48	48	49	51	51	50	50	50	52	51	50

Zeichne den Graphen der Zuordnung *Anzahl der Würfe → relative Häufigkeit*.
Vergleiche die relativen Häufigkeiten.

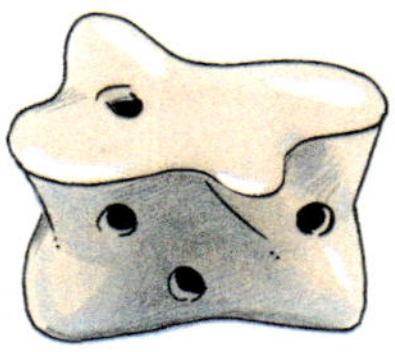

3. Ein Astragalus ist ein Vieraugenwürfel aus einem Fußgelenkknöchel von Lämmern. Solche Würfel wurden im Altertum oft verwandt.

a) Beim 30maligen Werfen erhält man: 3; 1; 2; 3; 2; 2; 4; 2; 2; 2;
2; 3; 3; 3; 3; 3; 2; 3; 4; 3; 2; 2; 2; 2; 3; 4; 4; 1; 2; 2
Bestimme die relative Häufigkeit für jede Augenzahl nach 10, 20, 30 Würfen.

b) Was kann man über die Wahrscheinlichkeiten der einzelnen Augenzahlen sagen? Stelle sie in einem Kreisdiagramm dar.

4. Stellt selbst einen Ersatz-Astragalus (s. Aufgabe 3) aus einer Astgabel her und ermittelt für dessen Augenzahlen jeweils die Wahrscheinlichkeiten.
Schätzt zuvor.

5. Lukas und Mara streiten, wer von beiden den Einkauf erledigen soll.
Lukas schlägt vor, den Zufall entscheiden zu lassen und einen Reißnagel zu werfen.
Mara entgegnet:
„Aber nur, wenn ich aussuchen darf, worauf ich setze."

a) Überlegt, worauf ihr setzen würdet.
Überprüft eure Entscheidung, indem ihr mehrmals einen Reißnagel werft.

b) Gebt eine Prognose ab:
Wie oft erscheint , wie oft  bei 200-maligem Werfen?

c) Führt das Experiment 200-mal durch, gebt die Werte in ein Tabellenkalkulationsprogramm ein. Es ist günstig, wenn ihr die Ergebnisse bei der Eingabe schon aufsummiert.

d) Lasst nach jedem Wurf die relative Häufigkeit für  und  berechnen.
Vergleicht auch mit eurer Prognose.
Lasst den Graphen der Zuordnung *Anzahl der Würfe → relative Häufigkeit* zeichnen.
Beschreibt ihn.

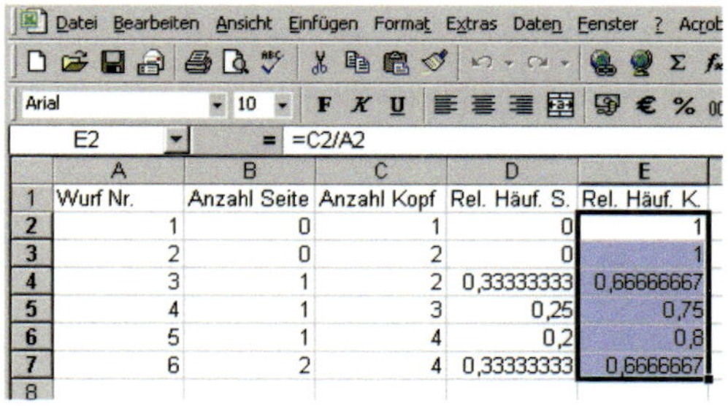

	A	B	C	D	E
1	Wurf Nr.	Anzahl Seite	Anzahl Kopf	Rel. Häuf. S.	Rel. Häuf. K.
2	1	0	1	0	1
3	2	0	2	0	1
4	3	1	2	0,33333333	0,66666667
5	4	1	3	0,25	0,75
6	5	1	4	0,2	0,8
7	6	2	4	0,33333333	0,6666667
8					

Übungen

6. Ein Glückskreisel mit 5 gleich großen Sektoren wurde 140-mal gedreht. Man erhielt die Urliste rechts.
Bestimme die relative Häufigkeit für die einzelnen Sektoren und vergleiche sie mit den Wahrscheinlichkeiten.

1 4 1 3 5 2 3 2 3 4 3 1 1 5 5 2 5 3 1 1
4 3 5 1 2 1 2 1 4 2 2 4 5 3 2 5 3 5 4 1
4 5 2 3 1 3 1 2 2 1 3 2 5 1 2 4 2 3 2 4
2 5 5 4 3 3 4 4 3 4 1 5 3 4 1 2 2 5 1 2
1 5 1 5 4 3 3 3 4 5 5 2 5 5 4 5 2 3 2 1
2 3 3 4 5 3 5 1 3 1 4 1 1 1 2 2 5 3 5 3
1 4 1 4 5 2 4 1 3 2 1 2 3 3 2 2 2 4 4 4

7. Julia und Maria spielen mit zwei Würfeln, einem weißen und einem schwarzen. Sie erhalten bei 100 Würfen folgende Ergebnisse:

	Augenzahl	1	2	3	4	5	6
absolute Häufigkeit	**weißer Würfel**	6	17	17	16	18	26
	schwarzer Würfel	15	18	16	17	18	16

Maria vermutet: „Der weiße Würfel ist nicht in Ordnung".

a) Woran erkennt Maria, dass der weiße Würfel nicht in Ordnung ist?

b) Schätze die Wahrscheinlichkeit für das Werfen einer 6 mit dem weißen Würfel.

8. Bei der automatischen Produktion von Speicher-Chips weiß man aus Erfahrung, dass 2,5% aller produzierten Chips defekt sind. In einer Serie werden 12 000 Chips produziert.

a) Schätze ab, wie viele Chips aus dieser Serie einen produktionsbedingten Defekt haben.

b) 99% der defekten Chips werden in der Qualitätskontrolle erkannt und gelangen nicht in den Handel.
Gib einen Schätzwert an, wie viele Chips mit einem Defekt in den Handel kommen.

9. a) Beim Sportfest spielen die Klassen 8 a und 8 c gegeneinander Fußball. Da für die Seitenwahl keine Münze verfügbar ist, schlägt der Spielführer der Klasse 8 a vor, einen Kronenkorken zu werfen. Die Klasse 8 c ist damit nicht einverstanden.
Versetze dich in die Situation.
Was würdest du machen?
Ist die Seitenwahl mit einem Kronenkorken fair?

b) Bei einer Versuchsreihe mit einem Kronenkorken wurden folgende Ergebnisse erzielt:

Anzahl der Würfe	50	100	200
Ergebnis: ***liegt auf dem Rücken***	31	57	118
Ergebnis: ***liegt auf dem Rand***	19	43	82

Bestimme näherungsweise die Wahrscheinlichkeit für beide Ergebnisse und beurteile danach die Seitenwahl mit einem Kronenkorken.

c) Florian schlägt vor, die Versuchsdurchführung zu beschleunigen. „Wir werfen nicht mehrmals mit einem Kronenkorken, sondern mit mehreren Kronenkorken zugleich.“ Was meinst du dazu?

10. Zehn Tage nach Einführung des EURO (1. 1. 2002) als neuer Währung berichtete die Presse:

Der Euro ist nicht gerecht

Polnische Studenten haben entdeckt, dass die belgische 1-Euro-Münze bei 1000 Würfen knapp 600-mal mit dem Kopf König Alberts II., als der “nationalen” Seite, nach oben zu liegen kam. Journalisten der Süddeutschen Zeitung kamen mit dem deutschen Euro zu einem ähnlichen Ergebnis: 250 Würfe, 141-mal Bundesadler oben.
Bei einem Vergleichstest mit der alten D-Mark kam heraus: 129-mal Zahl, 121-mal Kopf zeigte das Zweimarkstück. Aber die gerechte Mark ist zum Aussterben verurteilt.

a) Was erwartet man von einer „gerechten“ Münze?
Vergleicht die Ergebnisse miteinander.

b) Führt in Zweiergruppen mit einer 1-Euro-Münze einen 250fachen Münzwurf durch. Notiert in 10er-Schritten, mit welcher relativen Häufigkeit Zahl erscheint. Fertigt einen Graphen dazu an. Vergleicht die Ergebnisse mit denen eurer Mitschüler.

11. Bei einer Kontrolle werden 178 Fahrzeuge überprüft. Dabei stellt die Polizei bei 23 Autos Mängel fest.

a) Wie groß ist die Wahrscheinlichkeit, dass ein zufällig ausgewähltes Auto bei einer Verkehrskontrolle am nächsten Tag Mängel aufweist? Runde sinnvoll.

b) Am nächsten Tag sollen 800 Autos kontrolliert werden. Schätze, wie viele davon Mängel aufweisen werden.

c) Begründe die Antworten von Teilaufgabe a) und b). Welche Annahmen setzt man jeweils voraus?

IM BLICKPUNKT: MÄDCHEN ODER JUNGE

Mädchen oder Junge? Diese spannende Frage stellen sich immer wieder werdende Eltern zu Beginn einer Schwangerschaft. Sieht man von Mehrlingsgeburten ab, so liegt ein Zufallsversuch mit der Ergebnismenge S = {Mädchen; Junge} vor.
Zunächst wird man sicherlich vermuten, dass beide Geschlechter gleichberechtigt sind, dass also die Wahrscheinlichkeit für eine Jungengeburt genauso groß ist wie die Wahrscheinlichkeit für eine Mädchengeburt. Aber ist das tatsächlich so?

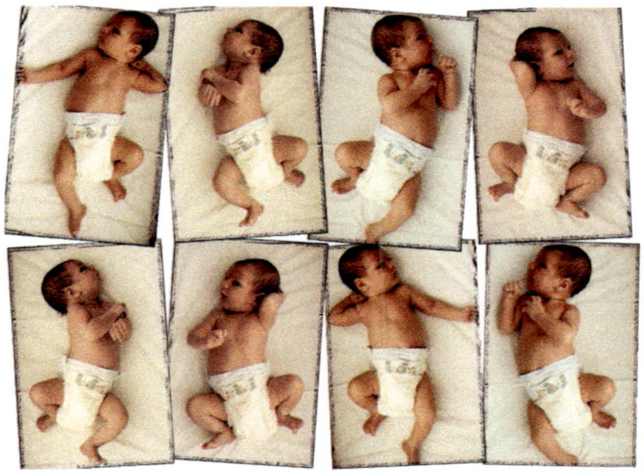

1. In Halle wurden 2009 insgesamt 2 195 Kinder geboren, davon waren 1 103 Jungen.

a) Wie hoch ist der Anteil der Mädchen, wie hoch der Anteil der Jungen?

b) Was kann man feststellen, wenn man weitere Daten aus Halle betrachtet?

Jahr	2005	2006	2007	2008
Geburten	2 058	2 012	2 052	2 125
Jungen	1 066	1 066	1 056	1 122

2. Der schottische Mathematiker und Arzt John Arbuthnot (1667 – 1735) betrachtete Taufregister aus London und fand heraus, dass in 82 aufeinander folgenden Jahren immer mehr Jungen als Mädchen geboren wurden. Was konnte er hieraus über die Wahrscheinlichkeit für die Geburt eines Jungen bzw. eines Mädchen schließen?

PARIS
in 26 Jahren
unter
493 472 Geburten
251 257 Jungen

LONDON
von 1664 – 1757
waren
737 629 Jungen-
und
698 958 Mädchen-
geburten
verzeichnet

3. Auch Pierre Simon de Laplace (1749 – 1827) untersuchte anhand der Geburtsregister in Paris und London die Frage, ob eine Jungengeburt wahrscheinlicher ist als eine Mädchengeburt und wie groß die Wahrscheinlichkeiten sind.

a) Vergleicht die Zahlen aus Paris mit den Zahlen aus London.

b) Laplace konnte sich zunächst die unterschiedlichen Ergebnisse in Paris und London nicht erklären. Erst durch die Untersuchung der Anzahl der von der Landbevölkerung in Paris ausgesetzten Kinder, die mit in das Geburtsregister eingetragen wurden, fand er eine Erklärung. Wie könnte diese Erklärung ausgesehen haben?

c) Laplace schätzte aufgrund seiner Untersuchungen, dass auf 18 Jungen 17 Mädchen kommen. Wie groß ist damit die geschätzte Wahrscheinlichkeit für eine Jungengeburt? Passen die Daten aus Halle zu der von Laplace geschätzten Wahrscheinlichkeit?

4. Betrachtet die nebenstehende Bevölkerungsstatistik. Jemand behauptet: „Wie man anhand der Statistik sofort sieht, werden in Deutschland offensichtlich mehr Mädchen als Jungen geboren." Begründet eure Meinung.

Bevölkerung in Deutschland nach Geschlecht

Jahr	2007	2008
männlich	40 274 300	40 184 300
weiblich	41 943 500	41 818 100

5. Aktuelle Bevölkerungsdaten über eine Stadt bzw. euren Landkreis bekommt ihr über das Internet. Besorgt euch die entsprechenden Daten.
Was kann man mithilfe dieser Daten über die Anteile von Jungen und Mädchen sagen? Vergleicht auch mit den Untersuchungen von Laplace.

IM BLICKPUNKT: COMPUTERSIMULATIONEN

Es gibt Zufallsversuche, bei denen es schwierig oder sogar unmöglich ist, die gesuchten Wahrscheinlichkeiten rechnerisch zu bestimmen. In diesem Fall muss man lange Versuchsreihen durchführen und die Wahrscheinlichkeiten näherungsweise aus den relativen Häufigkeiten bestimmen.
Aber auch das 1000-malige Werfen eines Spielwürfels ist ziemlich zeitaufwändig.

Solche langen und zeitaufwändigen Versuchsreihen kann man mit zufällig erzeugten Zahlenfolgen nachahmen. Eine solche Nachahmung nennt man eine **Simulation**.

> **Simulation** ⟨lat.⟩ Nachahmung
> **simulieren** ⟨lat.⟩ nachahmen

Eine Simulation kann man z. B. mit einem Tabellenkalkulationsprogramm durchführen. Dazu werden von dem Programm Zufallszahlen erzeugt. Diese werden dazu benutzt, zufällige Ereignisse zu simulieren. Bei der Auswertung von Zufallsversuchen kann man ebenfalls ein Tabellenkalkulationsprogramm einsetzen.

In der Tabelle rechts wird mit der Formel
=ganzzahl(zufallszahl( )*6)+1
eine ganzzahlige Zufallszahl von 1 bis 6 erzeugt.

=	=GANZZAHL(ZUFALLSZAHL()*6)+1	
	3	4
	4	

Mit dieser Zufallszahl kann man zum Beispiel das Werfen eines Würfels simulieren.

Erkundige dich, ob dein Kalkulationsprogramm mit den oben angegebenen Funktionen Zufallszahlen erzeugt und Dezimalbrüche rundet. Benutze ansonsten die Funktionsnamen deines Programms.

1. Simuliere das 75-malige Werfen eines Würfels.

a) Werte deine Simulation aus. Berechne auch die relativen Häufigkeiten.

b) Führe die Simulation mehrfach durch.

	A	B	C	D	E	F	G	H
1	Simulation: Werfen eines Würfels							
2								
3	3	6	5	2	2		Auswertung	
4	6	3	1	3	1		1	14
5	1	3	2	1	5		2	14
6	5	1	5	4	5		3	8
7	2	2	4	2	6		4	11
8	5	1	2	2	1		5	15
9	6	6	5	2	5		6	13
10	4	4	5	4	3			
11	4	1	2	5	1		Relative Häufigkeiten	
12	1	3	6	1	3		1	0,19
13	6	5	5	4	5		2	0,19
14	6	4	2	5	6		3	0,11
15	6	6	3	1	2		4	0,15
16	2	4	4	6	1		5	0,20
17	4	6	2	1	5		6	0,17

Erzeuge zunächst im Bereich von A3 bis E17 75 ganzzahlige Zufallszahlen aus dem Bereich von 1 bis 6.

In der Tabelle wird mithilfe der Funktion **=zählenwenn(A3:E17;"=1")** die Simulation ausgewertet. Diese Funktion gibt an, wie oft die Zahl 1 im Bereich A3 bis E17 vorkommt.

In der Zelle H12 wird die relative Häufigkeit für die Augenzahl 1 mithilfe der Formel **=H4/75** berechnet.

Für die anderen Augenzahlen werden die Funktionen entsprechend angepasst.

Sicherlich hast du schon bemerkt, dass bei jeder Änderung an deiner Tabelle die Zufallszahlen neu erzeugt werden.

Wenn du dies verhindern möchtest, kannst du im Menü Extras die Berechnung auf manuell einstellen.

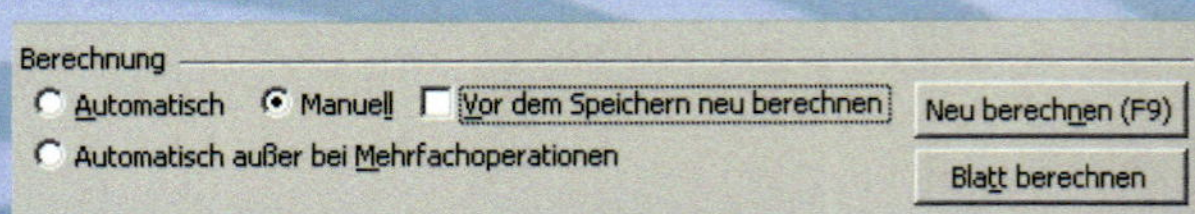

2. Erweitere die Tabelle. Simuliere das 200-malige und 500-malige Werfen eines Würfels.

a) Berechne jeweils die absoluten und relativen Häufigkeiten.

b) Vergleiche die relativen Häufigkeiten mit den Wahrscheinlichkeiten.

3. Erstelle ein Tabellenblatt und simuliere mithilfe der Formel
=ganzzahl(zufallszahl( )*2)
das zweimalige Werfen einer Münze.

- Deute die Zufallszahl 0 als Wappen, die Zufallszahl 1 als Zahl
- Addiere die Zufallszahlen und werte die Simulation aus:
  Summe 0 bedeutet 2-mal W
  Summe 1 bedeutet 1-mal Z, 1-mal W
  Summe 2 bedeutet 2-mal Z

	A	B	C	D	E	F	G
1	Simulation: Zweimaliger Münzwurf						
2							
3	Wurf-Nr.	Wurf 1	Wurf 2	Summe		Auswertung	
4	1	1	0	1		2mal W	3
5	2	0	0	0		1mal Z, 1mal W	4
6	3	1	0	1		2mal Z	3
7	4	0	1	1			
8	5	1	0	1		Relative Häufigkeiten	
9	6	1	1	2		2mal W	0,30
10	7	0	0	0		1mal Z, 1mal W	0,40
11	8	0	0	0		2mal Z	0,30
12	9	1	1	2			
13	10	1	1	2			

a) Erweitere das Tabellenblatt und simuliere 100-mal das zweimalige Werfen einer Münze.

b) Vergleiche die relativen Häufigkeiten.

4. Simuliere das dreimalige Werfen einer Münze. Führe die Simulation mehrfach durch und werte sie mit deinem Kalkulationsprogramm aus.

Bei einem Pasch zeigen beide Würfel die gleiche Augenzahl

5. Untersuche, wie häufig beim Werfen von zwei Würfeln ein Pasch vorkommt.

- In den Zellen D4 bis D13 soll eine 1 stehen, falls ein Pasch vorliegt, ansonsten eine 0.
  In der Zelle D4 verwendest du folgende Funktion:
  =wenn(B4 = C4; 1; 0)

	A	B	C	D	E	F	G
1	Simulation: Pasch bei 2 Würfeln						
2							
3	Wurf	Würfel 1	Würfel 2	Pasch		Auswertung	
4	1	5	4	0		Pasch	3
5	2	2	2	1		Kein Pasch	7
6	3	4	1	0			
7	4	1	6	0		Relative Häufigkeiten	
8	5	5	6	0		Pasch	0,30
9	6	3	3	1		Kein Pasch	0,70
10	7	6	3	0			
11	8	5	5	1			
12	9	2	4	0			
13	10	5	2	0			

a) Erweitere die Tabelle und führe die Simulation mehrfach durch.

b) Bestimme näherungsweise die Wahrscheinlichkeit für einen Pasch.

6. Beim Werfen von 2 Würfeln kannst du als Summe der Augenzahlen die Zahlen von 2 bis 12 erhalten. Simuliere mit deinem Kalkulationsprogramm das 250-malige Werfen von 2 Würfeln. Du kannst die folgende Formel für die Simulation verwenden:
=ganzzahl(zufallszahl( )*6)+1+ganzzahl(zufallszahl( )*6)+1

a) Führe die Simulation mehrfach durch. Notiere jeweils die absoluten und relativen Häufigkeiten für die Summe der Augenzahlen. Bestimme näherungsweise die Wahrscheinlichkeiten.

b) Welche Summen haben gleiche Wahrscheinlichkeiten?

c) Welche Summen haben die größten Wahrscheinlichkeiten?

7. Mit der Formel **=ganzzahl(zufallszahl( )*21)+2** kannst du Zufallszahlen von 2 bis 22 erzeugen.

a) Erzeuge mit deinem Kalkulationsprogramm 500 dieser Zufallszahlen.

b) Bestimme die absoluten und relativen Häufigkeiten der Zufallszahlen.

c) Vergleiche mit dem zweimaligem Werfen von 2 Würfeln aus Aufgabe 6.

WAHRSCHEINLICHKEIT EINES EREIGNISSES – SUMMENREGEL

Einstieg

Lenas Bruder hat Geburtstag. Mit einem Würfelspiel werden kleine Preise verteilt. Beim Werfen des Vierer-Legosteins gewinnt derjenige, dessen Augenzahl größer als 2 ist (siehe Seite 186 und 187).
Beim Werfen eines normalen Würfels gewinnt, wer eine gerade Zahl würfelt.

→ Womit würdest du würfeln?

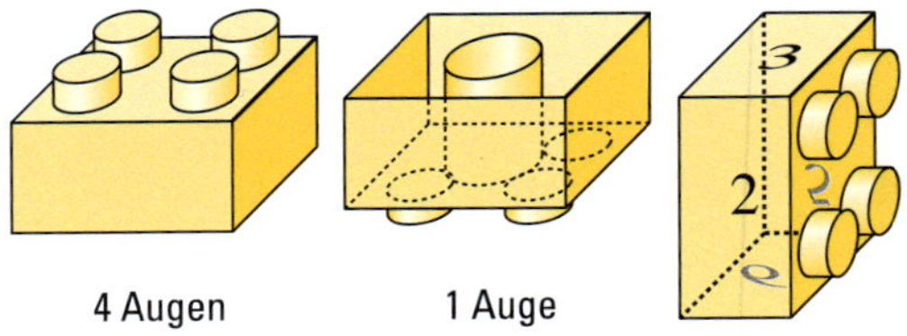

4 Augen	1 Auge	
P (1) ≈ 0,48	P (3) ≈ 0,06	P (5) ≈ 0,06
P (2) ≈ 0,06	P (4) ≈ 0,28	P (6) ≈ 0,06

Aufgabe

1. Maria und Sophie haben zwei Glücksräder gebaut, mit denen sie Gewinne auslosen:

Marias Glücksrad

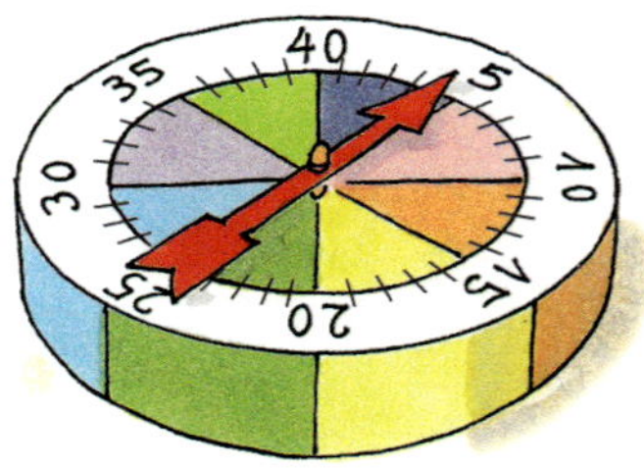

Sophies Glücksrad

Auf Marias Rad sind die Zahlen 0 bis 99 notiert.
Es gewinnen alle Zahlen, die zwei gleiche Ziffern enthalten.

Auf Sophies Rad sind die Zahlen von 1 bis 40 notiert.
Es gewinnen alle Zahlen, die durch 7 teilbar sind.

Auf welchem Rad würdest du spielen?

Lösung

Wir berechnen für jedes Glücksrad die Wahrscheinlichkeit, mit der man gewinnt und vergleichen sie dann miteinander.

(1) *Marias Glücksrad*

Menge der Gewinnzahlen:
{11; 22; 33; 44; 55; 66; 77; 88; 99}

Von den 100 Zahlen auf dem Rad sind 9 Gewinnzahlen, d. h. $\frac{9}{100}$ der Zahlen gewinnen.

Alle Zahlen auf dem Glücksrad haben die gleiche Chance. Daher kannst du in $\frac{9}{100}$ aller Fälle mit einer Gewinnzahl rechnen.

Wahrscheinlichkeit für eine Gewinnzahl:
$\frac{9}{100}$

(2) *Sophies Glücksrad*

Menge der Gewinnzahlen:
{7; 14; 21; 28; 35}

Von den 40 Zahlen auf dem Rad sind 5 Gewinnzahlen, d. h. $\frac{5}{40}$ der Zahlen gewinnen.

Alle Zahlen auf dem Glücksrad haben die gleiche Chance. Daher kannst du in $\frac{5}{40}$ aller Fälle mit einer Gewinnzahl rechnen.

Wahrscheinlichkeit für eine Gewinnzahl:
$\frac{5}{40}$

Vergleich der Wahrscheinlichkeiten: $\frac{9}{100} < \frac{5}{40}$

Ergebnis: Es ist wahrscheinlicher, dass man bei Sophies Glücksrad gewinnt.

Information

(1) Ereignis, Summenregel

Betrachtet man beim Werfen mit dem „Lego-Vierer“ (vgl. Einstieg) z. B. nur, ob eine gerade Zahl gewürfelt wird, so fasst man die Ergebnisse 2, 4 und 6 zu dem **Ereignis** *„Augenzahl ist gerade“* zusammen. Dieses Ereignis lässt sich durch eine Menge E, die die zugehörigen Ergebnisse enthält, beschreiben:

Verwechsle nicht Ergebnis und Ereignis!

$E = \{2; 4; 6\}$

Die Wahrscheinlichkeit dieses Ereignisses ist die Summe der Wahrscheinlichkeiten der einzelnen Ergebnisse:

$P(E) = P(2) + P(4) + P(6) = 0{,}06 + 0{,}28 + 0{,}06 = 0{,}4 = \frac{4}{10}$

Summenregel

Die Wahrscheinlichkeit eines Ereignisses E ist die Summe der Wahrscheinlichkeiten der zugehörigen Ergebnisse.

(2) Wahrscheinlichkeit bei Laplace-Versuchen

Bei Laplace-Versuchen sind alle Ergebnisse gleichwahrscheinlich. Mit der Summenregel erhält man direkt folgende Regel:

Laplace-Regel

Für *Laplace-Versuche* gilt:

$$\textbf{Wahrscheinlichkeit des Ereignisses} = \frac{\textbf{Anzahl der für das Ereignis günstigen Ergebnisse}}{\textbf{Anzahl der möglichen Ergebnisse}}$$

Beispiel: Werfen mit einem Würfel

Ereignis:	*Augenzahl ist eine Primzahl*
Menge der günstigen Ergebnisse:	$E = \{2; 3; 5\}$
Menge der möglichen Ergebnisse:	$S = \{1; 2; 3; 4; 5; 6\}$
Wahrscheinlichkeit:	$P(E) = \frac{3}{6} = 50\%$

Zum Festigen und Weiterarbeiten

2. Maria überlegt sich neue Gewinnbedingungen für ihr Glücksrad mit den Zahlen von 0 bis 99:
(1) alle Zahlen, die durch 8 teilbar sind;
(2) alle Zahlen, die auf 8 enden;
(3) alle Zahlen, die mit 8 beginnen;
(4) alle Zahlen, in denen eine 8 vorkommt;
(5) alle Zahlen mit der Quersumme 8.

a) Schreibe zu jeder Gewinnbedingung die Menge der Gewinnzahlen auf.

b) Vergleiche die Gewinnchancen. Berechne dazu die Wahrscheinlichkeiten.

3. Aus einem Gefäß mit 5 weißen, 4 gelben und 7 roten Kugeln wird mit verbundenen Augen eine Kugel gezogen.

a) Wie groß ist die Wahrscheinlichkeit, dass diese Kugel
(1) gelb ist; (2) rot oder weiß ist; (3) nicht rot ist?

b) Zeichne ein Glücksrad mit den gleichen Wahrscheinlichkeiten.

4. In einem Behälter sind rote und blaue Kugeln, deren Anzahl man nicht kennt. Man weiß nur: Zusammen sind es 72 Kugeln und die Wahrscheinlichkeit, eine rote Kugel zu ziehen, ist

a) $\frac{3}{8}$ **b)** $\frac{5}{6}$ **c)** $\frac{9}{24}$ **d)** $\frac{7}{12}$ **e)** $\frac{2}{3}$

Wie viele rote und wie viele blaue Kugeln sind in dem Behälter?

5. Gib die Menge an, die beim Werfen eines Würfels zu dem Ereignis gehört. Bestimme auch die zugehörige Wahrscheinlichkeit.

a) *Die Zahl ist gerade.*
b) *Die Zahl ist eine gerade Primzahl.*
c) *Die Zahl hat 4 Teiler.*
d) *Die Zahl hat mindestens 3 Teiler.*
e) *Die Zahl hat höchstens 4 Teiler.*
f) *Die Zahl ist durch 3 und durch 4 teilbar.*

Information

(1) Elementarereignis

Ein Ereignis E, zu dem nur *ein* Ergebnis gehört, nennt man **Elementarereignis**.

Beispiel:
E: *Eine gerade Primzahl würfeln.*
2 ist die einzige gerade Primzahl, also ist E = {2} und $P(E) = \frac{1}{6}$.

(2) Sicheres Ereignis

Ein Ereignis E, zu dem alle möglichen Ergebnisse gehören, heißt **sicheres Ereignis**. Die Wahrscheinlichkeit eines sicheren Ereignisses ist immer 1.

Beispiel:
E: *Eine Augenzahl würfeln, die kleiner als 7 ist.*
Alle Augenzahlen eines Würfels sind kleiner als 7, also ist E = {1; 2; 3; 4; 5; 6} und P(E) = 1.

(3) Unmögliches Ereignis

Ein Ereignis E, zu dem kein mögliches Ergebnis passt, heißt **unmögliches Ereignis**. Die Wahrscheinlichkeit eines unmöglichen Ereignisses ist immer 0.

Beispiel:
E: *Eine Augenzahl würfeln, die durch 3 und durch 4 teilbar ist.*
Keine der Augenzahlen 1 bis 6 ist durch 3 und durch 4 teilbar, also ist E = { } und P(E) = 0.

$\bar{E}$ gelesen: E quer

6. Mit einem Ereignis E kennt man auch immer sofort das zugehörige Gegenereignis $\bar{E}$.
Beispiel: Werfen mit einem Vierer-Legostein (vgl. Einstieg Seite 194)
Ereignis E: „Augenzahl ist durch 3 teilbar"
Gegenereignis $\bar{E}$: „Augenzahl ist nicht durch 3 teilbar"

a) Beschreibe beide Ereignisse durch eine Menge und berechne ihre Wahrscheinlichkeiten.

b) Begründe folgende Regel:

> Ist $\bar{E}$ das **Gegenereignis** von E, so gilt für ihre Wahrscheinlichkeiten:
> $P(E) = 1 - P(\bar{E})$

c) Es wird wieder mit dem Vierer-Legostein gewürfelt. Beschreibe jeweils Ereignis E und Gegenereignis $\bar{E}$ mit einer Menge und berechne die Wahrscheinlichkeiten.
(1) Die Zahl ist gerade.
(2) Die Zahl ist nicht durch 4 teilbar.
(3) Die Zahl ist größer als 2.
(4) Die Zahl ist kleiner als 5.
(5) Die Zahl ist gerade und keine Primzahl.
(6) Die Zahl ist durch 2 oder durch 3 teilbar.

Manchmal ist es einfacher, die Wahrscheinlichkeit des Gegenereignisses zu bestimmen.

7. In einem Behälter sind 4 rote, 3 grüne, 2 blaue, 5 gelbe und 6 weiße Kugeln. Eine Kugel wird verdeckt gezogen.
Wie groß ist die Wahrscheinlichkeit (1) keine rote, (2) keine gelbe, (3) keine blaue Kugel zu ziehen?

Übungen

8. Gib zu dem Spiel die Gewinnchance (Wahrscheinlichkeit) mithilfe eines Bruches an:

a) Werfen eines Würfels, Primzahl gewinnt;

b) Ziehen einer Karte aus einem Kartenspiel (32 Karten), König gewinnt.

9. a) Gib die Menge an, die beim Werfen eines Würfels zu dem folgenden Ereignis gehört. Bestimme auch die zugehörige Wahrscheinlichkeit.

(1) Eine ungerade Zahl werfen
(2) Eine Primzahl werfen
(3) Eine durch 3 teilbare Zahl werfen
(4) Augenzahl ist nicht 3
(5) Eine durch 2 oder 3 teilbare Zahl werfen
(6) Eine durch 2 und durch 3 teilbare Zahl werfen
(7) Augenzahl ist höchstens 4
(8) Augenzahl ist mindestens 3

b) Beschreibe

(1) ein weiteres Ereignis mit der Wahrscheinlichkeit $\frac{5}{6}$,
(2) ein Elementarereignis,
(3) ein sicheres Ereignis,
(4) ein unmögliches Ereignis.

10. In einem Becher befinden sich 6-schwarze, 4-rote und 5-weiße Kugeln.
Bestimme die Wahrscheinlichkeit für das Ziehen einer

a) weißen Kugel;
b) roten Kugel;
c) schwarzen Kugel;
d) Kugel, die nicht weiß ist.

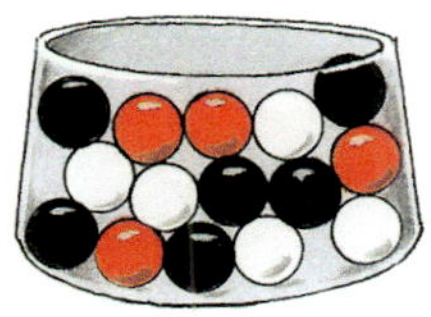

11. a) Das Wetteramt gibt die Regenwahrscheinlichkeit für den nächsten Tag mit 25% an. Wie groß ist die Wahrscheinlichkeit, dass es am nächsten Tag nicht regnen wird?

b) Bei einer Produktion von Tongefäßen sind erfahrungsgemäß 20% Ausschuss. Wie groß ist die Wahrscheinlichkeit, dass ein zufällig aus der Produktion herausgenommenes Tongefäß brauchbar ist?

12. Aus einem Skatblatt wird verdeckt eine Karte gezogen.

Beschreibe das Gegenereignis jeweils mit Worten. Berechne mithilfe des Gegenereignisses die Wahrscheinlichkeit dafür, dass die gezogene Karte

(1) kein Bube ist;
(2) Karo, Herz oder Pik ist;
(3) kein Herz ist;
(4) schwarz oder ein As ist;
(5) rot und kein König ist;
(6) weder Kreuz noch Dame noch Bube ist.

13. Ein Würfel wird geworfen. Beschreibe zu der Menge ein Ereignis mit Worten.

a) {1; 3; 5} **b)** {2; 3; 5} **c)** {2; 4; 6} **d)** {1; 2; 3; 4} **e)** {4; 5; 6}

14. Die Wahrscheinlichkeit für den Defekt einer Festplatte ist durch die Tabelle angegeben.

Defekt im Jahr	Wahrscheinlichkeit
1	0,02
2	0,05
3	0,12
4	0,23
5	0,21
6 oder später	0,37

a) Berechne auf verschiedene Weisen die Wahrscheinlichkeit dafür, dass die Festplatte mindestens 1 Jahr funktioniert. Vergleiche und bewerte die Lösungswege.

b) Berechne möglichst vorteilhaft die Wahrscheinlichkeit dafür, dass die Festplatte nicht länger als 5 Jahre funktioniert.

15. Bei einem Geburtstag werden kleine Gewinne mit einem Würfelspiel verteilt. Worauf würdest du setzen? Auf das Erscheinen einer Primzahl beim Werfen des Oktaeders oder einer geraden Zahl beim Werfen eines gewöhnlichen Würfels? Begründe.

16. Oliver dreht einen regelmäßigen Glückskreisel mit Feldern, die von 0 bis 9 nummeriert sind.
Markus gewinnt eine Spielmarke, wenn der Kreisel bei einer Primzahl zur Ruhe kommt. Sonst muss Markus eine Spielmarke an Oliver abgeben.

a) Ist das Spiel fair (gerecht)?

b) Oliver und Markus führen das Spiel 50-mal durch. Was erwartest du?

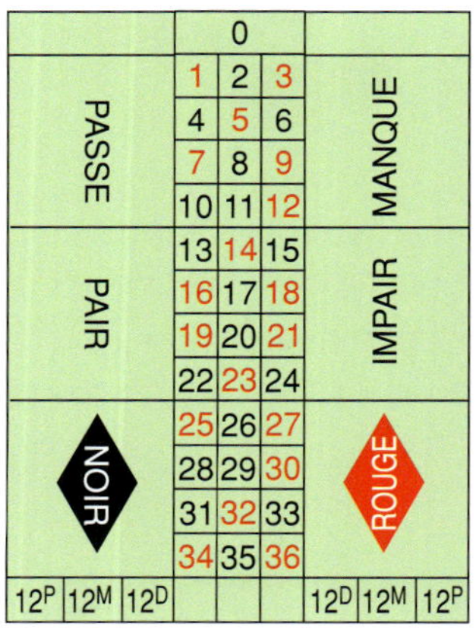

17. Beim Roulette-Spiel bleibt die Kugel in einem der 37 Fächer liegen.
Bestimme die Wahrscheinlichkeiten der folgenden Ereignisse:

(1) Impair, d.h. eine ungerade Zahl erscheint
(2) Pair, d.h. eine gerade Zahl (außer Null) erscheint
(3) Zero, d.h. Null erscheint
(4) Rouge, d.h. die Kugel liegt im Fach einer roten Zahl
(5) Noir, d.h. die Kugel liegt im Fach einer schwarzen Zahl

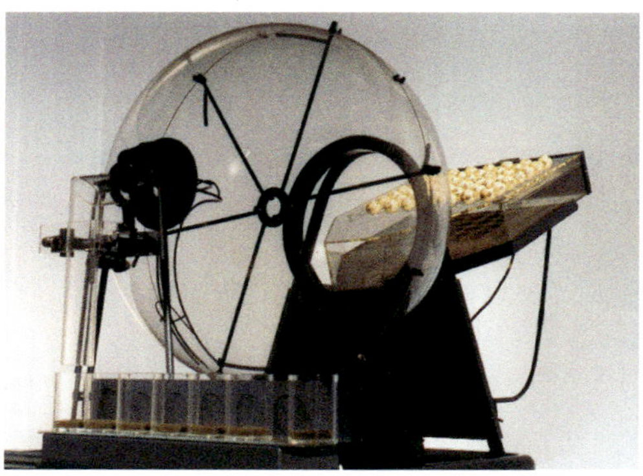

18. Beim Lotto *6 aus 49* sind 49 Kugeln in der Trommel.
Wie groß ist die Wahrscheinlichkeit, dass die zuerst gezogene Kugel eine Zahl mit zwei gleichen Ziffern trägt?

19. In einem Becher befinden sich schwarze und weiße Kugeln. Die Wahrscheinlichkeit für das Ziehen einer weißen Kugel ist:
(1) $\frac{1}{3}$ (2) $\frac{2}{3}$ (3) $\frac{4}{7}$ (4) 1 (5) 0.
Wie viele schwarze Kugeln und wie viele weiße Kugeln können in dem Becher sein?
Gib jeweils – wenn möglich – drei Beispiele an.

VERMISCHTE UND KOMPLEXE ÜBUNGEN

1. Aus Erfahrungen bei Fahrzeugkontrollen weiß man, dass ca. jedes neunte Auto Mängel aufweist.

a) Wie groß ist die Wahrscheinlichkeit, dass bei einem zufällig kontrollierten Auto Mängel festgestellt werden?

b) Die Polizei hat 285 Autos kontrolliert und bei 26 Autos Mängel festgestellt.
Vergleiche dieses Ergebnis mit dem Erfahrungswert und erkläre Abweichungen.

c) Schätze, wie viele von 430 Autos, die von der Polizei an einem Nachmittag kontrolliert wurden, Mängel aufwiesen.

2. In einer Lostrommel sind 200 Lose mit den dreistelligen Nummern 001 bis 200.
Es wird zufällig ein Los gezogen.
Bestimme die Wahrscheinlichkeit für folgende Ereignisse:

(1) Die Zahl ist durch 5 teilbar.
(2) Die Zahl endet auf 2.
(3) Die Zahl ist durch 2 und 3 teilbar.
(4) Alle Ziffern der Zahl sind verschieden.
(5) Die Quersumme der Zahl ist durch 9 teilbar.
(6) Die Zahl ist weder durch 5 noch durch 2 teilbar.

3. a) Erkundigt euch im Internet oder in Nachschlagewerken, was man unter *Regenwahrscheinlichkeit* versteht.

b) Vor dem Formel-1-Rennen auf dem Nürburgring erfährt Sebastian Vettel, dass die Regenwahrscheinlichkeit für das Rennen 35 % beträgt.
Beurteilt folgende Kommentare:

(1) 35 % ist weniger als die Hälfte, also wird es nicht regnen.
(2) Das Rennen dauert ca. 100 Minuten, d. h. während des Rennens wird es ungefähr 35 Minuten lang regnen.
(3) Die Wahrscheinlichkeit, dass es während des Rennens irgendwann regnet, beträgt 35 %. Darüber, wie lange und wie viel es regnen kann, wird nichts ausgesagt.
(4) Es ist wahrscheinlicher, dass es während des Rennens nicht regnet, als dass es regnet.
(5) Das Rennen dauert ca. 100 Minuten, d. h. ca. 35 Minuten nach dem Start wird es regnen.
(6) Bei vergleichbaren Wetterlagen hat es in 35 von 100 Fällen während des Rennens geregnet.

c)

7. Mai 2008	Morgens	Nachmittags	Abends	Nachts
Wetterlage in Trier				
Temperatur Min/Max	9 °C / 13 °C	13 °C / 20 °C	14 °C / 9 °C	9 °C / 5 °C
Regen	90 %	45 %	20 %	5 %

Welche Informationen könnt ihr der Schautafel entnehmen?
Schreibt eine Wettervorhersage und präsentiert sie der Klasse.

4. Rechts siehst du das Netz eines Holzquaders. Die Flächen mit den Zahlen 5 und 6 sind Quadrate.
Mit dem Quader wurde wie mit einem normalen Würfel 800-mal gewürfelt. Dabei wurde 121-mal die Eins geworfen.

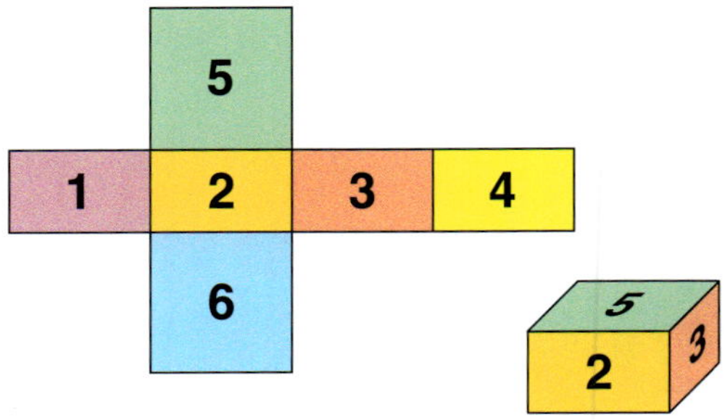

a) Gib einen Näherungswert für die Wahrscheinlichkeit an, eine Eins zu würfeln.

b) Kannst du auch für die übrigen Augenzahlen Näherungswerte für die Wahrscheinlichkeiten angeben? Erläutere deine Überlegungen.

5. Die Tabelle gibt die Wahrscheinlichkeit für das Reißen des Zahnriemens eines bestimmten Automodells an.

Reißen des Zahnriemens	Wahrscheinlichkeit
0 km – 30 000 km	0,02
über 30 000 km – 60 000 km	0,09
über 60 000 km – 90 000 km	0,14
über 90 000 km – 120 000 km	0,25
über 120 000 km – 150 000 km	0,21
über 150 000 km	

a) Mit welcher Wahrscheinlichkeit reißt der Zahnriemen erst bei einer Laufleistung von über 150 000 km?

b) Berechne die Wahrscheinlichkeit dafür, dass der Zahnriemen
(1) mindestens 60 000 km hält; (2) höchstens 120 000 km hält;
(3) mindestens 60 000 km und höchstens 120 000 km hält.

6. Berechne für das Glücksrad die Wahrscheinlichkeit der angegebenen Ereignisse mithilfe der Wahrscheinlichkeit des Gegenereignisses. Gib das Gegenereignis vorher durch eine Menge an.

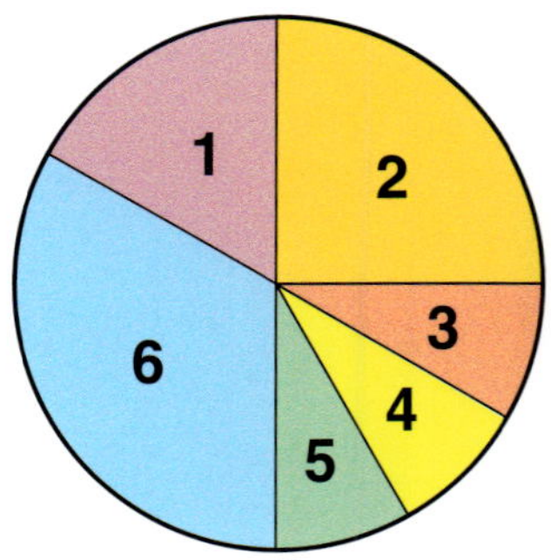

(1) Die Zahl ist größer als 1.
(2) Die Zahl ist kleiner als 5.
(3) Die Zahl ist nicht durch 4 teilbar.
(4) Die Zahl ist 3 oder größer.
(5) Die Zahl ist durch 2 oder durch 3 teilbar.

7. Ein blauer und ein roter Würfel werden gleichzeitig geworfen. Das Ergebnis (2|5) bedeutet, dass der blaue Würfel eine zwei und der rote eine Fünf zeigt.

a) Wie viele Ergebnisse sind möglich. Schreibe die Ergebnismenge S auf. Gehe geschickt vor.

b) Wie groß ist die Wahrscheinlichkeit für
(1) Augensumme 8; (4) einen Pasch;
(2) Augensumme größer als 8; (5) mindestens eine Sechs;
(3) Augendifferenz 3; (6) höchstens eine Sechs?

BIST DU FIT?

Oktaeder
(Acht-Flächen-Körper)

1. Ein Oktaeder wird geworfen. Wir betrachten folgende Ereignisse:
(1) Die Augenzahl ist ungerade.
(2) Die Augenzahl ist größer als 5.
(3) Die Augenzahl ist durch 4 teilbar.
(4) Die Augenzahl ist einstellig.
(5) Die Augenzahl ist durch 9 teilbar.

a) Gib zu jedem Ereignis die Ereignismenge E an.

b) Beschreibe jeweils das Gegenereignis $\overline{E}$ mit Worten und gib die Menge an.

c) Berechne die Wahrscheinlichkeiten der Ereignisse.

2. In einem Gefäß sind zwei grüne, drei gelbe, vier blaue und fünf rote Kugeln. Eine Kugel wird zufällig herausgezogen.
Bestimme die Wahrscheinlichkeit dafür, dass diese Kugel
(1) rot, (2) grün, (3) nicht grün, (4) blau oder gelb, (5) weder rot noch blau ist.

3. Ein Glücksrad hat vier Sektoren mit den Farben **Blau**, Gelb, **Rot** und **Grün**.

Farbe	Rot	Blau	Gelb	Grün
Wahrscheinlichkeit	20%	$\frac{1}{3}$	0,3	

a) Wie groß ist die Wahrscheinlichkeit für **Grün**?

b) Zeichne das Glücksrad.

c) Wie groß ist die Wahrscheinlichkeit, dass das Glücksrad nicht auf Gelb stehen bleibt?

d) Das Glücksrad wird 70-mal gedreht. Wie oft ungefähr erwartest du **Rot**?

e) Das Glücksrad blieb viermal hintereinander auf **Rot** stehen.
Wie groß ist jetzt die Wahrscheinlichkeit, dass es beim nächsten mal wieder auf **Rot** stehen bleibt?

4. Aus Erfahrung weiß man, dass bei 9 von 1 000 Festplatten die Magnetisierungsschicht nicht in Ordnung ist.

a) Bestimme näherungsweise die Wahrscheinlichkeit dafür, dass die Magnetisierung einer zufällig herausgegriffenen Festplatte (1) defekt, (2) einwandfrei ist?

b) Schätze ab, wie viele Festplatten in einer Sendung von 75 000 Stück (1) defekt, (2) einwandfrei sind.

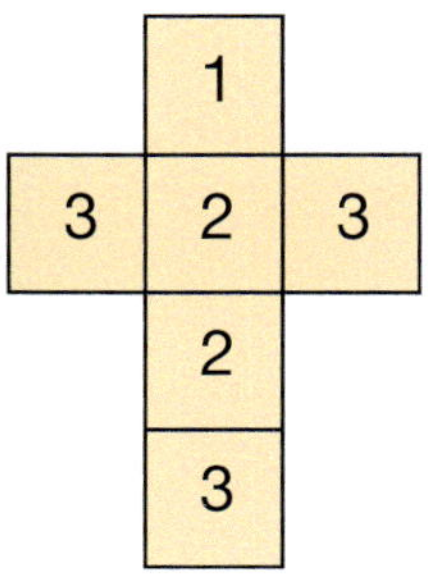

5. Links siehst du das Netz eines Würfels. Der Würfel hat nur die Zahlen 1, 2 und 3.

a) Wie groß ist die Wahrscheinlichkeit, mit dem Würfel eine Drei zu würfeln?

b) Wie groß ist die Wahrscheinlichkeit, dass die Augenzahl größer als 1 ist?

c) Wie groß ist die Wahrscheinlichkeit eine Augenzahl zu würfeln, die mehr als 2 Teiler hat?

d) Bei einer Versuchsreihe wurde 85-mal die Zwei gewürfelt. Schätze ab, wie oft der Würfel insgesamt gewürfelt wurde.
Beschreibe deine Überlegungen.

7 Aufgabenpraktikum

Topfit – Vermischte Übungen 1

1. a) Welcher Term führt zum größten, welcher zum kleinsten Ergebnis?

(1) $20 + 2 \cdot 10 + 5$ (3) $(20 + 2) \cdot 10 + 5$ (5) $(20 + 2 \cdot 10) + 5$
(2) $20 + 2 \cdot (10 + 5)$ (4) $20 + (2 \cdot 10 + 5)$ (6) $(20 + 2) \cdot (10 + 5)$

b) Wie viel Prozent der rechteckigen Fläche ist gefärbt?

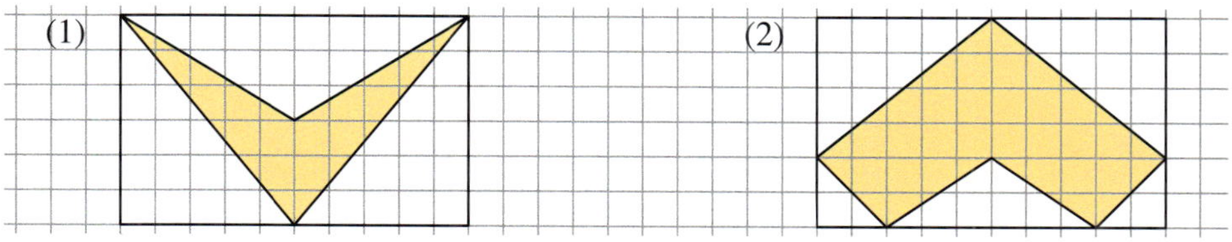

c) Jede der folgenden Aufgaben gehört zu einem Diagramm unten. Ordne richtig zu.

(1) Heike bezahlt für einen Maxibrief in die französische Partnerstadt ihres Heimatortes 1,60 €. Helen zahlt 2,50 € und Birgit sogar 4,00 €.

(2) Nach einer kurzen Rast auf dem Parkplatz fährt Herr Bahr wieder auf die Autobahn und setzt mit $120 \frac{km}{h}$ seine Reise fort.

(3) Familie Bahl zahlt für ihren Stromverbrauch monatlich eine Grundgebühr. Hinzu kommen je Kilowattstunde 20 Cent.

Maxibrief

		EUROPA
	bis 50 g	1,60
über 50 g	bis 100 g	2,50
über 100 g	bis 250 g	4,00
über 250 g	bis 500 g	
über 500 g		

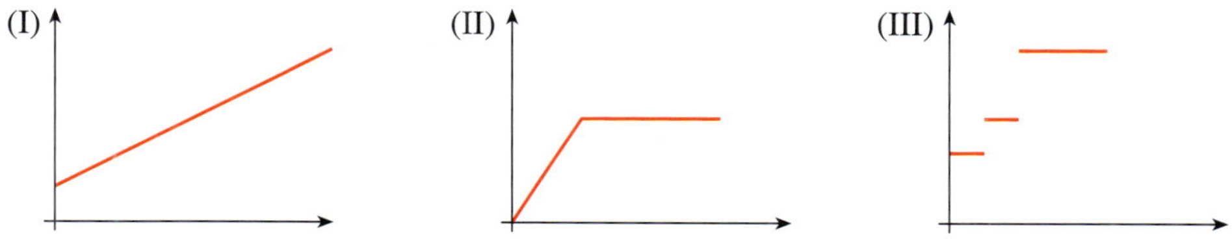

d) Der Kaiserpalast in Peking, auch *Verbotene Stadt* genannt, bildet etwa ein Rechteck mit 1 km Länge und 790 m Breite. Ein Fußballfeld (105 m lang, 70 m breit) ist ein ideales Vergleichsmaß für die Größenvorstellung dieser Palastanlage.
Formuliere einen Größenvergleich.

e) Barbara hat Pythagorasfiguren aus einem rechtwinkligen Dreieck und drei Quadraten gezeichnet.

Wie groß ist die

- gelbe Ärmelfläche
- grüne Rockfläche
- Huthöhe
- blaue Jackenfläche
- rote Ärmelfläche

Topfit – Vermischte Übungen 2

1. Klammere möglichst viele gemeinsame Faktoren aus.

a) (1) $7ay^2 - 14a^2y$
(2) $-9xy^3 + 12x^2y^2$
(3) $-30x^3yz^2 + 42x^2y^3z$
(4) $17r^2s^2t - 7s^2t^3$
(5) $24a^3bc^2 - 32a^2bc^3 + 8abc^2$
(6) $75d^2ef - 60def^3 + 45d^2f^2$

b) Welche abgebildete Figur passt logischerweise nicht in die Reihe?

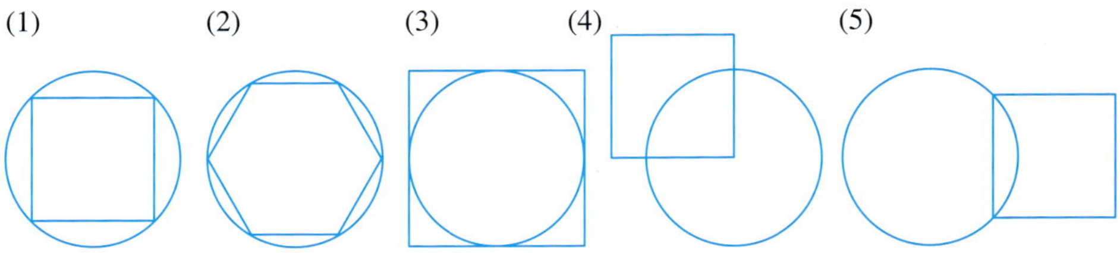

c) Zwei Familien fuhren zu verschiedenen Zeiten von Halle zur Insel Rügen. Ermittle aus dem Diagramm, mit welcher Durchschnittsgeschwindigkeit beide Familien bis zur ersten Pause unterwegs waren.
Nach welcher Fahrzeit legten sie jeweils die erste Pause ein?

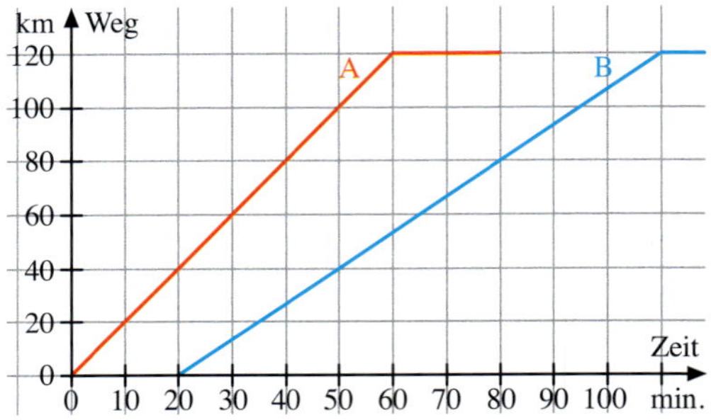

d) Auf der Pinnwand sind drei Textaufgaben. Leider sind die Pinnzettel durcheinander geraten. Viel Spaß beim Sortieren und Rechnen.

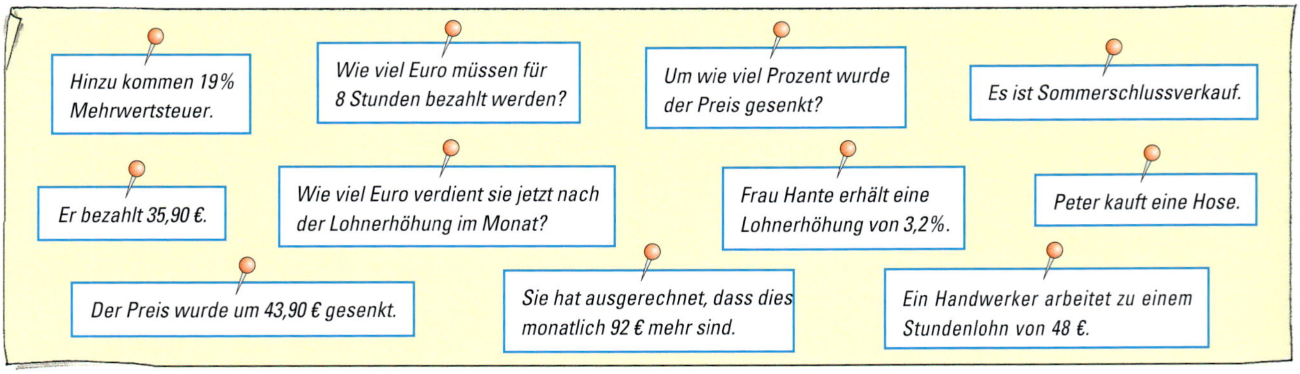

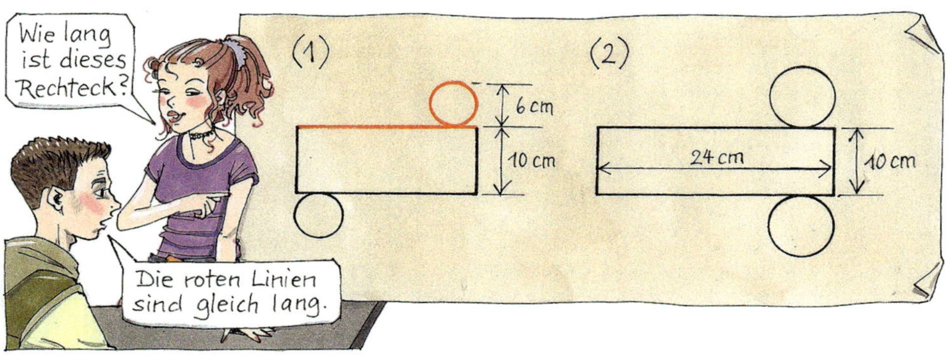

e) Bestimme mit einem Überschlag die Größe der Grundfläche, der Mantelfläche, der Oberfläche und das Volumen des Zylinders.

Topfit – Vermischte Übungen 3

1. a) (1) Berechne die relativen Häufigkeiten und stelle sie in einem Kreisdiagramm dar.

(2) Mit einer Spareinrichtung lässt sich der Wasserverbrauch für die Toilettenspülung halbieren. Um wie viel Prozent kann man dadurch den jetzigen Gesamtwasserverbrauch senken?
Zeichne das geänderte Kreisdiagramm; vergleiche es mit dem in Teilaufgabe (1).

b) (1) Übertrage die Tabelle in dein Heft. Notiere nacheinander die gefundenen Zahlen der Rechenschlange.

A	B	C	D	E

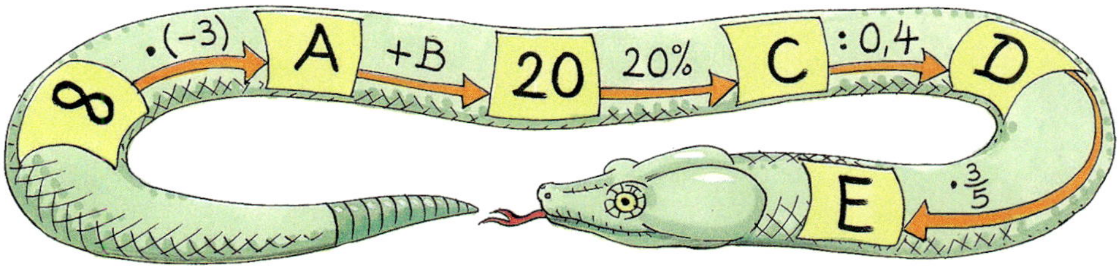

(2) Bilde das arithmetische Mittel der gefundenen Zahlen.

c) Bei einer dreitägigen Radtour zum 130 km entfernten Urlaubsziel legte Familie Laduga am zweiten Tag 10 km weniger als am ersten Tag zurück. Am dritten Tag schaffte sie dagegen 20 km mehr als am ersten Tag.
Wie viel Kilometer legt sie jeden Tag zurück?

d) In einer Urne befinden sich 3 grüne, 4 rote und 5 schwarze Kugeln. Es wird eine Kugel gezogen.
Mit welcher Wahrscheinlichkeit tritt das Ereignis ein:
(A) Die Kugel ist rot.
(B) Die Kugel ist schwarz.
(C) Die Kugel ist nicht grün.

e) Betrachte die Abbildung rechts.

(1) Wie lang ist der kürzeste Weg von A nach B?

(2) Der Teich soll zum Park hin vergrößert werden. Deshalb wird der Weg zwischen Park und Teich unterbrochen.
Um wie viel Prozent wird sich der kürzeste Weg von A nach B nun vergrößern?

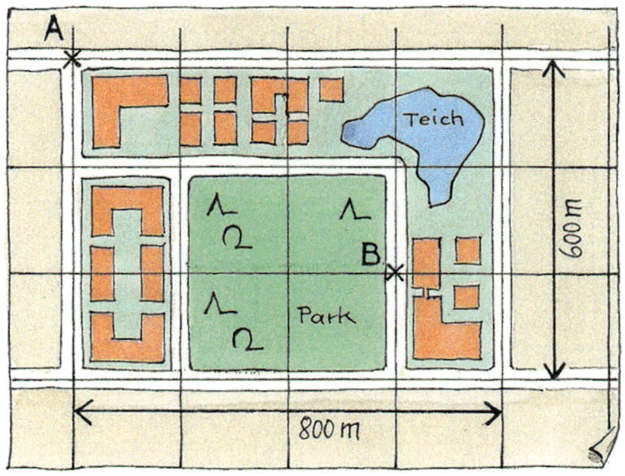

Topfit – Vermischte Übungen 4

1. a) Ordne folgende Flächenangaben der Größe nach. Beginne mit der kleinsten Angabe.
50 600 cm^2; 60 dm^2; $6{,}5 \cdot 10^6$ mm^2; 0,6 ha; 5,5 m^2

b) Herr „Einhalb" sucht eine um 10% kleinere Frau. Wie heißt sie?

c) Eberhard will sich den Computer PC/LX kaufen. Er vergleicht zwei Angebote.

(1)
PC / LX
Preis 700 €
(inkl. Mehrwertsteuer)
Barzahlungsrabatt 5%

(2)
PC / LX
Preis 680 €
(inkl. Mehrwertsteuer)
Skonto: 2%
(Zahlbar innerhalb von 14 Tagen)

d) Zeichne das Vieleck in ein Koordinatensystem (1 Einheit = 1 cm) und bestimme Umfang und Flächeninhalt.
(1) A(0|− 2), B(5|− 1), C(1|2), D(− 4|1)
(2) A(1|− 4), B(5|− 4), C(6|3), D(− 1|4), E(− 2|0)

e) Jürgen meint: „Wenn ich meine gedachte Zahl um 7 vermehre und das Ergebnis mit 4 multipliziere, erhalte ich dasselbe, wie wenn ich von 3 die gedachte Zahl subtrahiere!" Wie heißt die Zahl?

2. a) Wie viel Euro sind ungefähr 19% von 3 970 €?

b) Ergänze im Heft!

a	b	c	a + b − c	2a + b c	a (c − b)
10	1	0			
−3	7	0,5			
$\frac{1}{2}$	$\frac{1}{4}$	1			

c) Entscheide, ob ein Körper oder eine ebene Figur vorliegt. Benenne sie.

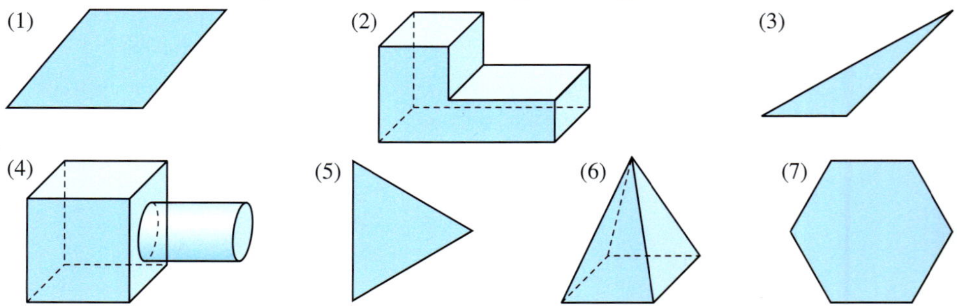

d) Ein Pkw legte in 12 min eine Teststrecke von 34 km zurück. Wie groß war seine Durchschnittsgeschwindigkeit?

e) Von einem trapezförmigen Blech sind der Flächeninhalt A, die Trapezhöhe h und die Grundseite c bekannt. Steffi, Laura, Emely, Olaf und Sebastian wollen die Länge a der anderen Grundseite berechnen und stellen dazu die Flächeninhaltsformel für ein Trapez um. Welche umgestellte Formel ist richtig?

(1) $\frac{2A - c}{h} = a$ (2) $\left(\frac{2A}{h}\right) - c = a$ (3) $(2 \cdot A) : h - c = a$ (4) $\frac{2A}{h} - c = a$ (5) $\left(A : \frac{1}{2}\right) : h - c = a$

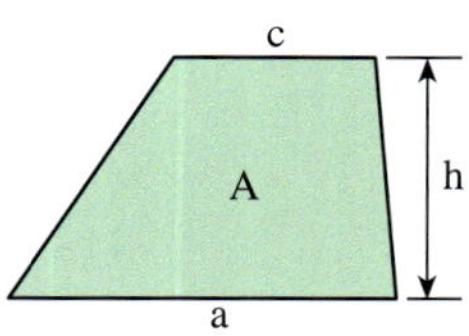

$A = \frac{1}{2}(a + c) \cdot h$

bzw.

$A = \frac{(a + c) \cdot h}{2}$

Topfit – Vermischte Übungen 5

1. **a)** Berechne den Wert des Terms
(1) $3x + (6 - 2y)$ für $x = 3{,}5$ und $y = -3$
(2) $5(2a + b) - (8a - 5b)$ für $a = 1{,}5$ und $b = \frac{1}{5}$.

b) Der Erdradius beträgt etwa 6 378 km. Nach ungefähr wie viel Stunden hat ein Auto mit einer angenommenen Durchschnittsgeschwindigkeit von $100\ \frac{\text{km}}{\text{h}}$ die Erde auf der „Äquatorfahrbahn“ umrundet?

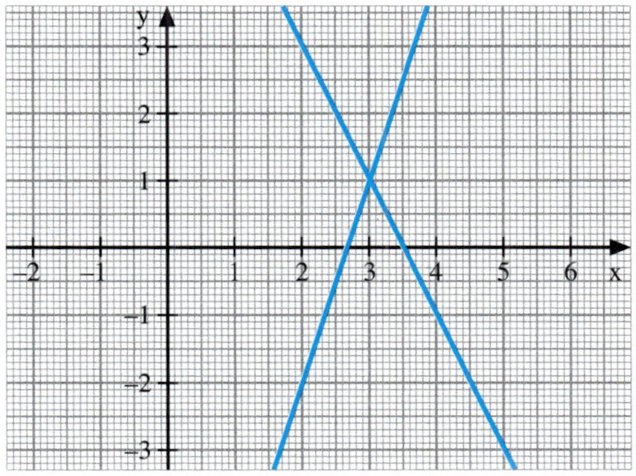

c) Bettina hat für die Graphen der beiden linearen Funktionen die Gleichungen $y = 2x - 5$ und $y = -2x + 7$ nieder geschrieben.
Überprüfe die Richtigkeit der Gleichungen. Rechne im Kopf.

d) Welchen Überschlagswert findest du gut? 900 g von 19,1 kg ist
(1) die Hälfte;
(2) der zehnte Teil;
(3) der zweihundertste Teil;
(4) der fünfzigste Teil;
(5) der zwanzigste Teil.

e) Die Geraden g und h sind parallel zueinander. Der Punkt P wandert auf der Geraden g nach rechts.
Was ändert sich an dem Dreieck ABP, was bleibt gleich groß? Begründe.

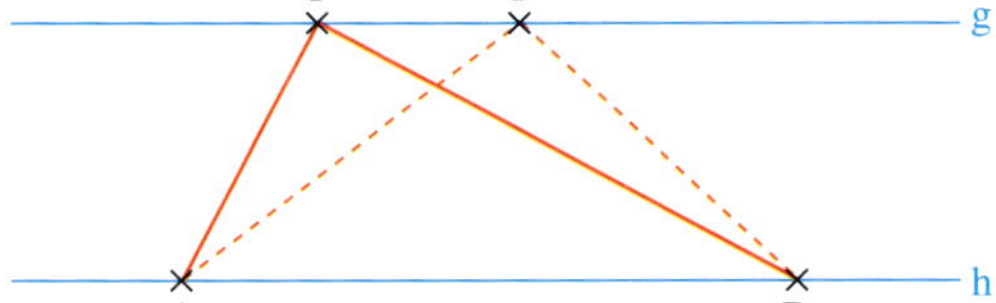

2. **a)** Ermittle die Lösung der Gleichung.
(1) $6x - 5 = 4x - 1$
(2) $\frac{7}{2} = \frac{y}{5}$
(3) $3a - 15 = 2(2{,}5 - a)$

b) Welche Figuren sind Netze von Prismen?

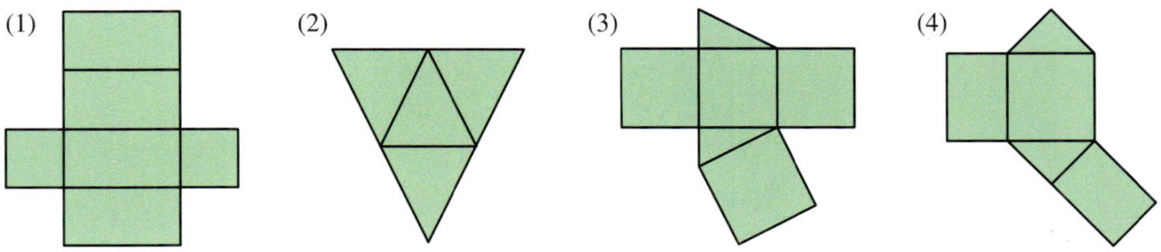

c) Ein Motorrad kostet 3 540 € zuzüglich 19% Mehrwertsteuer. Bei Barzahlung gewährt der Händler 3% Skonto.

> *Herr Schlau: „Dann muss ich 3 540 € nur um 16% erhöhen.“*

d) (1) Ein gleichseitiges Dreieck hat den Umfang von 18 cm. Berechne den Flächeninhalt dieses Dreiecks.
(2) Der Flächeninhalt eines Quadrates beträgt 64 cm². Berechne den Umfang des Quadrates.

e) Schreibe aus den acht bzw. neun Hölzchen ein „Auto“!

(1) 
(2) 

Rund ums Freibad

Das Schwimmbecken des Freibads „Waldblick" hat die Form eines Quaders.
Es ist 25 m lang, 15 m breit und 3,6 m tief.

1. **a)** Zeichne ein Schrägbild des Beckens im Maßstab 1 : 200.

b) Wie viel m^3 Wasser passen in das Becken?

2. Vor der neuen Badesaison werden u. a. das Becken und ein 1,8 m breiter Rundweg, der sich direkt an den Beckenrand anschließt neu gefliest. Für das Entfernen der alten Fliesen und das Verlegen und Verfugen der neuen Fliesen berechnet die Firma einschließlich der Materialkosten 94,70 € pro Quadratmeter zuzüglich 19% Mehrwertsteuer.
Erstelle eine Rechnung.

3. Zur Finanzierung der Renovierung der gesamten Freibadanlage hat die Bädergesellschaft am 11. 4. einen Kredit von 230 000 € aufgenommen. Der Zinssatz beträgt 6,4%.
Wie viel Euro Zinsen sind am Ende des Jahres fällig?

4. Birgit und Thorsten besuchen das renovierte Bad.

a) Thorsten stoppt im Schwimmbad Birgits Schwimmzeiten. Birgit braucht für 6 Bahnen $3\frac{1}{4}$ Minuten.
Wie viel Meter ist sie durchschnittlich pro Minute geschwommen?
Wie lange braucht sie bei gleicher Geschwindigkeit für 8 Bahnen?

b) Der Eintrittspreis wurde um 25% angehoben und beträgt jetzt 2,50 €.
Wie teuer war der Eintritt vorher?

5. In einer Augustwoche werden folgende Besucherzahlen registriert:

Wochentag	Sonntag	Montag	Dienstag	Mittwoch	Donnerstag	Freitag	Samstag
Anzahl der Besucher	413	156	99	256	385	347	521

a) Erstelle ein Säulendiagramm.

b) Wie viele Besucher kamen durchschnittlich pro Tag?

6. Nach der Badesaison wird das Schwimmbecken leer gepumpt. Die Pumpe schafft 45 m^3 stündlich. Im Becken sind 1 350 m^3 Wasser.

a) Wie tief ist das Wasser noch (1) nach 4 Stunden, (2) nach 7 Stunden?

b) Gib eine Berechnungsvorschrift an, mit der man die Wassertiefe nach x Stunden berechnen kann.

c) Nach wie viel Stunden beträgt die Wassertiefe noch 2 m?

d) Wann ist das Becken leer?

Neugestaltung eines städtischen Grundstücks

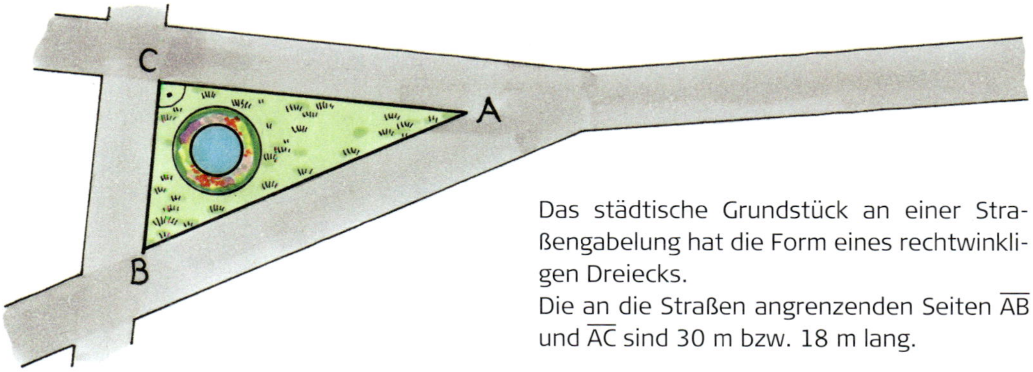

Das städtische Grundstück an einer Straßengabelung hat die Form eines rechtwinkligen Dreiecks.
Die an die Straßen angrenzenden Seiten $\overline{AB}$ und $\overline{AC}$ sind 30 m bzw. 18 m lang.

1. Es ist geplant, das Grundstück rundherum mit 40 cm langen Rasenkantensteinen einzufassen. Wie viele Steine werden benötigt?

2. Auf dem Grundstück soll ein kreisringförmiges Blumenbeet angelegt werden. Der äußere Kreis hat von allen drei Grundstücksseiten jeweils 2 m Abstand. Im inneren Kreis, der einen Radius von 1,3 m hat, ist eine Springbrunnenanlage geplant.

a) Erstelle eine maßstabtreue Zeichnung des städtischen Grundstücks und des Blumenbeets. Beschreibe die Konstruktion.
Wie groß ist der Radius des äußeren Kreises? *Zur Kontrolle:* $r_a = 3{,}8\,m$

b) Das Blumenbeet soll außen mit einer kleinen Buchsbaumhecke eingefasst werden. Man rechnet mit 8 Pflanzen auf 1 m.
Wie viele Buchsbaumpflanzen werden benötigt?

c) Im Frühjahr wird das Blumenbeet mit Begonien und Petunien im Verhältnis von 2 : 5 bepflanzt. Auf 1 m^2 kommen 16 Pflanzen. Eine Begonie kostet 1,59 €, eine Petunie 0,85 €. Wie viel Euro kosten die Blumen?

d) Die restliche Grundstücksfläche außerhalb des Blumenbeets wird mit Rasen eingesät. Wie viel Prozent des gesamten Grundstücks sind das?

3. Das zylinderförmige Springbrunnenbecken hat innen einen Durchmesser von 2,5 m und ist 28 cm tief. Die Seitenwand ist 5 cm dick, der Boden 7 cm.

a) Wie viel Liter Wasser fasst das Becken?

b) Das Becken besteht aus Beton; 1 cm^3 wiegt 2,1 g.

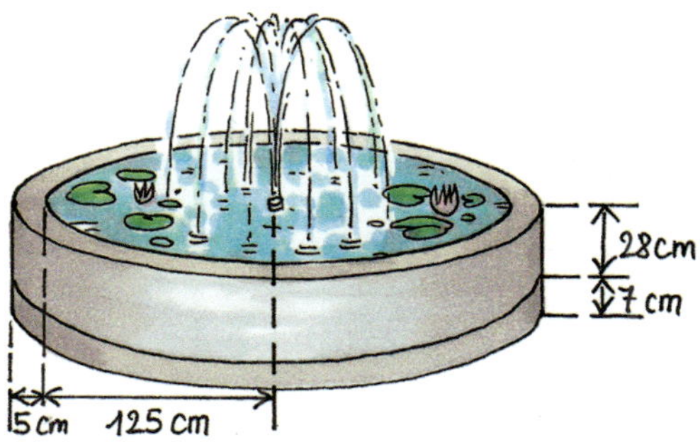

Anhang

LÖSUNGEN ZU BIST DU FIT?

Seite 51

1. $x = 12$ cm

2. **a)** $21ab + 15ac$ **b)** $72xy - 96xz$ **c)** $68x^2 + 408y^2$

3. **a)** $20x^2 + 8y^2$ **c)** $x - y + z$ **e)** $72x^2 - 60 - 60y - 12x^2y$
b) $-ac + b^2c$ **d)** $x + 8y$ **f)** $38x - 47xy^2$

4. **a)** $x(24y + 7z)$ **b)** $10b(8a - 5c)$ **c)** $9x(3y + 8x)$ **d)** $12a(4c - 3b)$

5. **a)** $-2(a + b)$ **b)** $-7(p + q)$ **c)** $-24(ab + ac + bc)$

6. **a)** $x = -5$ **c)** $y = -4$ **e)** $a = -18$ **g)** $x = 10$ **i)** $x = 2$
b) $x = -5$ **d)** $x = -18$ **f)** $x = -1$ **h)** $x = 1\frac{1}{3}$

7. **a)** Die Zahl ist die 11. **b)** Die Zahl ist die 10.

8. **a)** $A = g \cdot h$ **b)** $g = \frac{A}{h}$; $h = \frac{A}{g}$

9. 59 Cent

10. **a)** 1000 € und 1500 € **b)** 270 € und 450 €

Seite 85

1.

	x	−4	−3	−2	−1	−0,5	0	0,5	1	2	3	4
a)	y	17	10	5	2	1,25	1	1,25	2	5	10	17
b)	y	−7	0	5	8	8,75	9	8,75	8	5	0	−7

2. a)

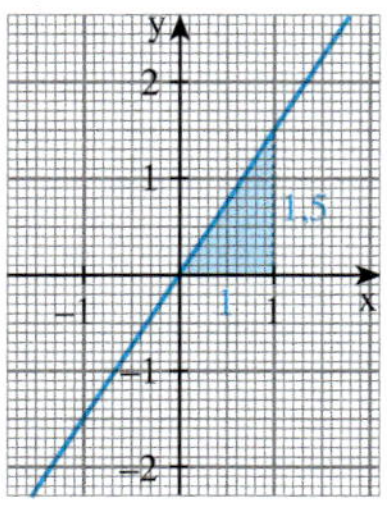

b)

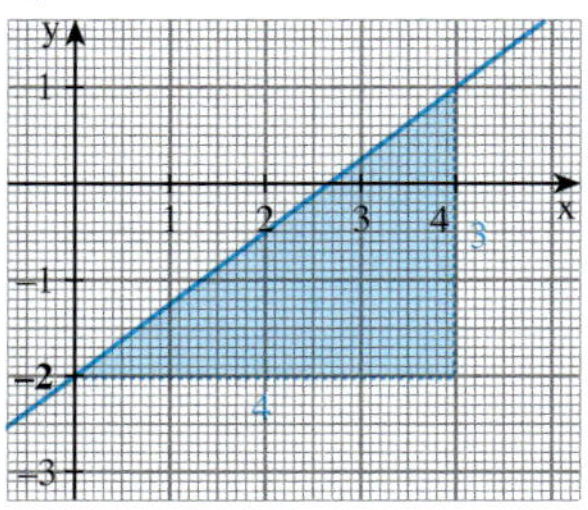

c)

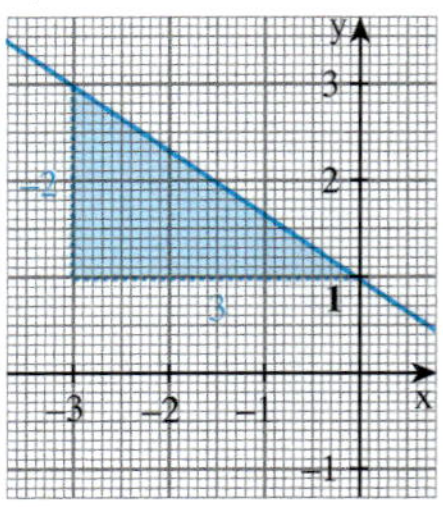

d)

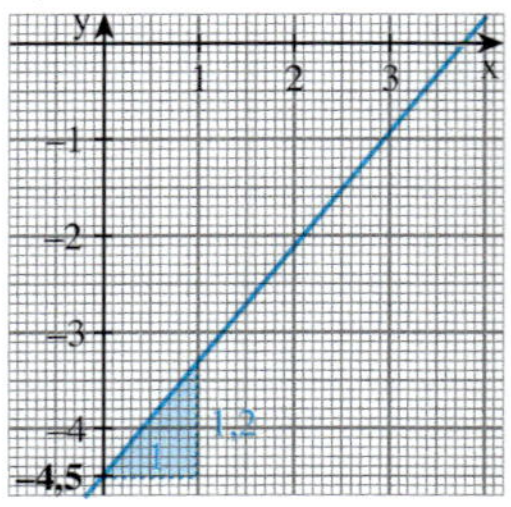

3. **a)** P_1 **b)** P_4 **c)** P_2 **d)** P_3

Seite 85

4. a)

x	10	− 10	0	1	− 0,5	$\frac{1}{4}$	$-\frac{2}{5}$
(1) y	60	− 60	0	6	− 3	1,5	− 2,4
(2) y	$-9\frac{1}{2}$	$10\frac{1}{2}$	$\frac{1}{2}$	$-\frac{1}{2}$	1	$\frac{1}{4}$	$\frac{9}{10}$
(3) y	7,4	− 7,6	− 0,1	0,65	− 0,475	0,0875	− 0,4
(4) y	− 1	3	1	$\frac{4}{5}$	1,1	$\frac{19}{20}$	$1\frac{2}{25}$

b)

y	1	− 1	0	2	− 2	2,5	$-\frac{3}{4}$
(1) x	3	2	2,5	3,5	1,5	3,75	$2\frac{1}{8}$
(2) x	2	3	2,5	1,5	3,5	1,25	$2\frac{7}{8}$
(3) x	1	− 1,5	− 0,25	2,25	− 2,75	2,875	$-1\frac{3}{16}$

5. a) (1) $y = 0{,}25x$ (2) $y = -2x$ (3) $y = \frac{1}{6}x + 3$ (4) $y = -\frac{1}{5}x - 1$ **b)** (1) $y = -3x - 3$ (2) $y = 2x - 6$ (3) $y = 3$

6. a) $y = 1{,}4x$. Der Anstieg gibt den Preis pro kg an. **b)** 5,60 €; 4,90 €; 2,10 €; 6,30 €; 2,80 €

7. a) $y = 50 - 0{,}075x$ **b)** 0,075 *l* pro 1 km **c)** 35 *l*; 23,75 *l*; 8,75 *l* **d)** 400 km; $533\frac{1}{3}$ km; $666\frac{2}{3}$ km

8. a) Ja **b)** Ja **c)** Nein. Die Zuordnung ist nicht eindeutig.

Seite 124

1. –

2. (verkleinert)

(zu **2.**)

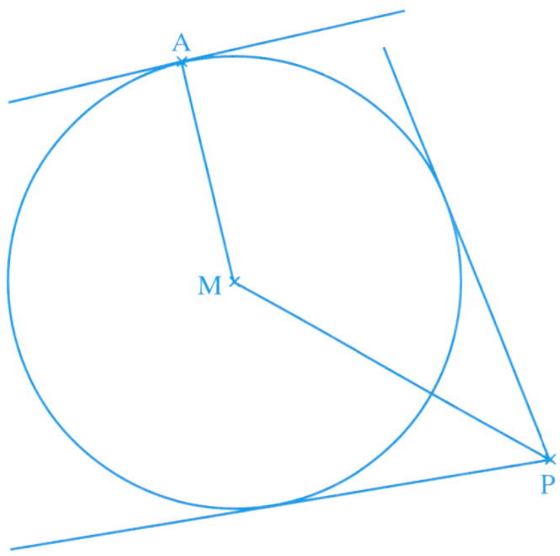

3. –

4. a) $u \approx 29{,}53$ cm
$A \approx 69{,}40\ cm^2$

b) $u \approx 28{,}27$ m
$A \approx 63{,}62\ m^2$

c) $u \approx 2\,733{,}19$ mm
$A \approx 594\,467{,}87\ mm^2$
$\approx 59{,}45\ dm^2$

d) $u \approx 39{,}87$ km
$A \approx 126{,}48\ km^2$

e) $u \approx 47{,}12$ m
$A \approx 176{,}71\ m^2$

f) $u \approx 227{,}77$ cm
$A \approx 4\,128{,}25\ cm^2$

g) $u \approx 1\,344{,}60$ mm
$A \approx 143\,872{,}38\ mm^2$
$\approx 14{,}39\ dm^2$

h) $u \approx 71{,}47$ m
$A \approx 406{,}49\ m^2$

5. a) 2 Lösungen: $M_1(3{,}1|-0{,}3)$; $M_2(-2{,}2|2{,}4)$
b) $M(0{,}25|0)$
c) $(1|2{,}7)$

6. a) Die Mittelpunkte der Kreise liegen auf der Senkrechten zu g und Q und haben den Radius $r = \overline{MQ}$. (M ist der Mittelpunkt des jeweiligen Kreises.)
b) Der Mittelpunkt M des Kreises ist der Schnittpunkt von h mit der Orthogonalen zu g durch P; der Radius ist $r = \overline{PM}$.

(zu **7.**)

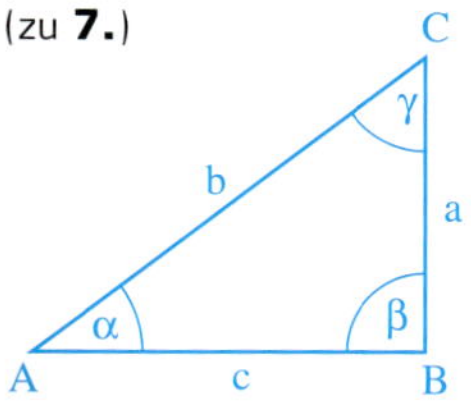

7. (verkleinert)

8. –

9. Die Punkte liegen auf zwei Kreisbögen (verkleinert).

(zu **9.**)

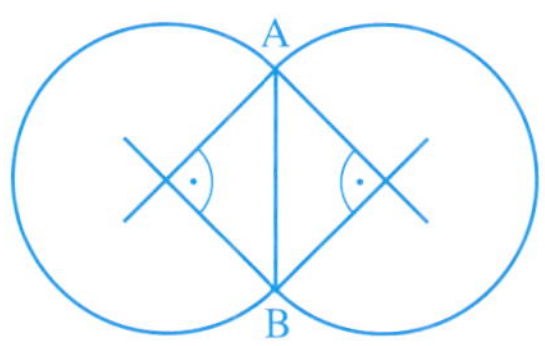

10. (verkleinert)

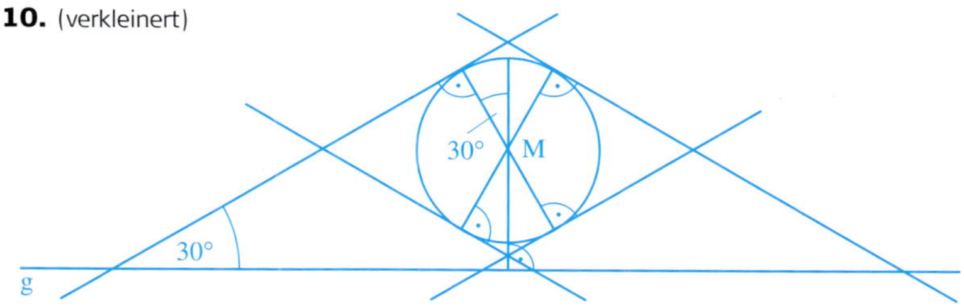

Seite 124

11. a) Es gibt keine solchen Punkte, da der Kreisbogen um M mit dem Radius $\overline{MB}$ keinen Punkt mit der Geraden CD gemeinsam hat.

b) Vom Schnittpunkt der Symmetrieachse aus sieht man alle drei Seiten unter dem Winkel von 120°.

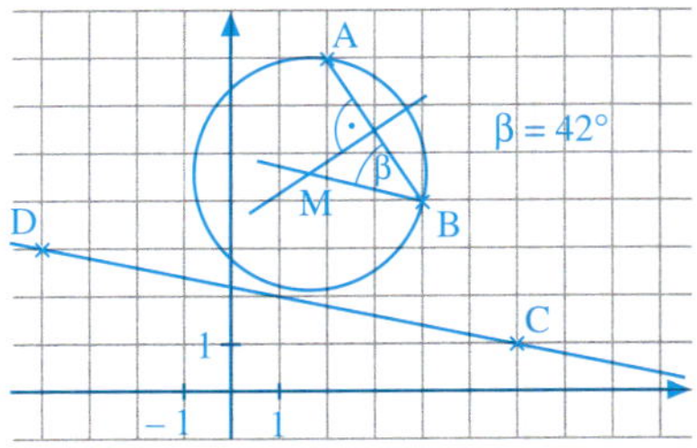

Seite 125

12. a) Es werden 81 Steine benötigt. **b)** Es sind 32 Rosen zu bestellen. Die Rosen kosten rund 225,58 €.

13. a) $A \approx 353{,}43\ cm^2$ **b)** $A \approx 175\,231{,}76\ mm^2$ **c)** $A \approx 137\,626{,}89\ mm^2$ **d)** $A \approx 344{,}07\ cm^2$

14. $\approx 0{,}48\ m^2$ Abfall; $\approx 21{,}46\%$ Abfall

15. a) $d \approx 17{,}51\ cm$ $A \approx 240{,}50\ cm^2$ **c)** $d \approx 0{,}92\ m$ $A \approx 0{,}66\ m^2$
b) $d \approx 0{,}46\ m$ $A \approx 0{,}17\ m^2$ **d)** $d \approx 1{,}13\ m$ $A \approx 1{,}00\ m^2$

16. a) $A = 42{,}07\ cm^2$; $u_i = 28{,}3\ cm$ $u_a = 36{,}4\ cm$ **c)** $A = 16\,898{,}63\ mm^2$; $u_i = 408{,}4\ mm$ $u_a = 615{,}8\ mm$
b) $A = 85{,}86\ m^2$; $u_i = 26{,}829\ m$ $u_a = 42{,}412\ m$ **d)** $A = 2\,272{,}76\ m^2$; $u_i = 392{,}071\ m$ $u_a = 426{,}942\ m$

17. a) $A \approx 2\,827{,}4\ cm^2$ **b)** ca. 60% Abfall

18. a) 2,236 **b)** 27,404 **c)** 50,010 **d)** 1,1 **e)** 0,367 **f)** 9,165

19. Die Seitenlänge beträgt 30,594 m.

20. (1) $r \approx 3{,}91\ cm$; $d \approx 7{,}82\ cm$ (3) $r \approx 0{,}56\ m$; $d \approx 1{,}13\ m$
(2) $r \approx 8{,}36\ cm$; $d \approx 16{,}71\ cm$ (4) $r \approx 5\ cm$; $d \approx 10\ cm$

21. a) $A = 25{,}13\ cm^2$, $u = 20{,}57\ cm$ **b)** $A = 32\ cm^2$, $u = 49{,}14\ cm$ **c)** $A = 2r^2$, $u = 2\pi r$ **d)** $A = \frac{2\pi r^2}{3}$, $u = 4\pi r$

Seite 156

1. a) $A_O = 7\,400\ cm^2 = 74\ dm^2$; $V = 60\,000\ cm^3 = 60\ dm^3$
b) $A_O = 25\ dm^2$; $V = 10{,}5\ dm^3$
c) $A_O = 85{,}8\ dm^2$; $V = 81\ dm^3$

2. a) $V = 10\,350\ cm^3$; $A_M = 2\,300\ cm^2$; $A_O = 3\,200\ cm^2$
b) $V = 486{,}45\ cm^3$; $A_M = 506\ cm^2$; $A_O = 548{,}3\ cm^2$
c) $V = 4\,703{,}5\ cm^3$; $A_M = 1\,584{,}7\ cm^2$; $A_O = 1\,993{,}7\ cm^2$

3. a) 3,3 cm **b)** 1 dm **c)** 1,6 m **d)** 75 mm

4. a) $V = 384\ cm^3$ **b)** $h = 25{,}62\ dm$ **c)** $A_G = 240\ m^2$ **d)** $h = 58{,}6\ mm$

5. a) $A_M = 765\ cm^2$; $A_O = 869\ cm^2$ **b)** $u = 62\ cm$; $A_O = 3\,146\ cm^2$ **c)** $h = 35{,}833\ m$; $A_G = 600\ m^2$

6. a) $V = 4\ cm^3$; $A_O = 17{,}66\ cm^2$; $A_M = 13{,}66\ cm^2$
b) $V = 4\ cm^3$; $A_O = 16{,}47\ cm^2$; $A_M = 12{,}47\ cm^2$
c) $V = 10\ cm^3$; $A_O = 35{,}5\ cm^2$; $A_M = 27{,}5\ cm^2$

Seite 157

7. a) $A_O \approx 37{,}699\ cm^2$; $V \approx 17{,}671\ cm^3$ **d)** $A_O \approx 32{,}657\ dm^2$; $V \approx 14{,}314\ dm^3$
b) $A_O \approx 984{,}889\ cm^2$; $V \approx 2\,367{,}98\ cm^3$ **e)** $A_O \approx 573{,}403\ dm^2$; $V \approx 745{,}425\ dm^3$
c) $A_O \approx 381{,}228\ m^2$; $V \approx 566{,}821\ m^3$ **f)** $A_O \approx 77{,}673\ m^2$; $V \approx 41{,}4\ m^3$

8. –

9. a) $h \approx 15{,}9\ cm$ **b)** $\approx 50{,}265\ l$ **c)** $A_M \approx 6\,283{,}19\ cm^2$

10. Der Abfall beträgt ca. 21,5%.

Seite 157

11. a) links: $A \approx 50{,}265\ cm^2$ rechts: $A \approx 50{,}265\ m^2$
Die Etiketten sind gleich groß.

b) links: $A_O \approx 75{,}398\ cm^2$ rechts: $A_O \approx 150{,}796\ cm^2$
Für die linke Dose wird weniger Material verbraucht.

c) Bsp.: Die Höhe der linken Dose wird um 6 cm vergrößert.

12. a) 12 732,395 m **b)** 0,0015 g

13. a) mit: $261{,}8\ m^3$ ohne: $230\ m^3$ **b)** um 13,8%

Seite 177

1. a) c = 100 cm **b)** b = 75 cm **c)** b = 39 cm **d)** r = 28 m

2. a) (1) h = 56 cm; $A = 1848\ cm^2$ (2) h = 77 cm; $A = 2772\ cm^2$

b) (1) $h \approx 5{,}20$ cm; $A \approx 15{,}59\ cm^2$ (3) $h \approx 22{,}52$ dm; $A \approx 292{,}72\ dm^2$
(2) $h \approx 43{,}30$ cm; $A \approx 1082{,}53\ cm^2$ (4) $h \approx 52{,}83$ mm; $A \approx 1611{,}24\ mm^2$

3. a) (1) $e \approx 7{,}07$ cm (2) $e \approx 12{,}02$ cm (3) $e \approx 16{,}97$ dm (4) $e \approx 38{,}18$ mm

b) e = 13 cm

4. a) Die Lampe hängt 0,78 m durch. **b)** Es werden 432,7 m Seil benötigt.

Seite 201

1. a) (1) E: {1; 3; 5, 7}
(2) E: {6; 7; 8}
(3) E: {4; 8}
(4) E: {1; 2; 3; 4; 5; 6; 7; 8}
(5) E: { }

b) (1) Die Augenzahl ist gerade; $\overline{E}$ = {2; 4; 6; 8}
(2) Die Augenzahl ist kleiner gleich 5; $\overline{E}$ = {1; 2; 3; 4; 5}
(3) Die Augenzahl ist nicht durch 4 teilbar; $\overline{E}$ = {1; 2; 3; 5; 6; 7}
(4) Die Augenzahl hat mehr als eine Stelle; $\overline{E}$ = { }
(5) Die Augenzahl ist nicht durch 9 teilbar; $\overline{E}$ = {1; 2; 3; 4; 5; 6; 7; 8}

c) (1) $\frac{1}{2}$ (2) $\frac{3}{8}$ (3) $\frac{1}{4}$ (4) 1 (5) 0

2. (1) $\frac{5}{14} \approx 36\%$ (2) $\frac{2}{14} \approx 14\%$ (3) $\frac{12}{14} \approx 86\%$ (4) $\frac{7}{14} = 50\%$ (5) $\frac{5}{14} \approx 36\%$

3. a) 16,67%
b) Rot: 72°; Blau: 120°; Gelb: 108°; Grün: 60°
c) 70%
d) 14-mal
e) 20%

4. a) (1) 0,9% (2) 99,1%
b) (1) 675 (2) 74 325 Festplatten

5. a) $\frac{3}{6} = \frac{1}{2} = 50\%$
b) $\frac{5}{6} \approx 83{,}3\%$
c) 0%
d) 255 Würfe. Die Wahrscheinlichkeit für das Würfeln einer Zwei ist $\frac{1}{3}$.

STICHWORTVERZEICHNIS

BILDQUELLENVERZEICHNIS

|akg-images GmbH, Berlin: 160; Pirozzi 178. |alamy images, Abingdon/Oxfordshire: David Ball 105. |alimdi.net, Deisenhofen: Carsten Leutzinger 134; Michael Weber 88. |Arco Images GmbH, Lünen: W. Dieterich 134. |Astrofoto, Sörth: 120. |bpk-Bildagentur, Berlin: 96. |Bundesministerium der Finanzen, Berlin: 90, 185 (4), 188 (2). |Bütow, Heike Dr., Kemnitz (bei Greifswald): 133. |Caro Fotoagentur, Berlin: 65. |Cramers Kunstanstalt Druck GmbH, Dortmund: 109. |c't Magazin für Computertechnik, Hannover: 201. |Deutsche Bahn AG/Mediathek, Frankfurt/M.: 55, 120, 122. |F1online digitale Bildagentur GmbH, Frankfurt/M : Otto 177. |Fabian, Michael, Hannover: 52, 64, 83 (5), 89 (3), 101, 102 (2), 104, 122, 127, 185 (5), 189, 198, 201. |Fnoxx, Stuttgart: 84. |Fotoagentur Frank Ossenbrink, Bonn: 68. |Fotoagentur SVEN SIMON, Mülheim an der Ruhr: 120. |Getty Images, München: photodisc Titel; Photodisc 210. |Henker, Frieder, Großenhain: 128, 129, 157. |Herzig, Reinhard, Wiesenburg: 73. |http://jeff560.tripod.com: 160. |Köcher, Ulrike, Hannover: 79. |Krupp Stahlwerke, Essen: 147. |mauritius images GmbH, Mittenwald: 88, 121, 134, 153, 191, 208; age 8; age fotostock 88, 88; Bernhard Lehn 91; Dieter Gerhard 134; Fichtl 44; Frei 75; H. Schwarz 105; H.-P. Merten 168; Jean-Claude Dewolf 88; Schrempp 52. Nurda-Hausbau GmbH, Burgwedel: 154. |Peugeot Deutschland GmbH, Köln: 127. |Picture-Alliance GmbH, Frankfurt/M.: 109, 198; dpa (Agence France) 117; Fuehler 140. |plainpicture, Hamburg: L. Schneider 202. |Postel, Prof. Dr. Helmut, Kassel: 59. |Scala Electronic, Grünwald: 58. |Siemens AG, München: 157. |Tooren-Wolff, Magdalena, Hannover: 66. |Visum Foto GmbH, Hannover: Rainer Hackenberg 134. |Warmuth, Torsten, Berlin: 18, 20, 22, 70, 71, 92, 104 (3), 105, 106, 108, 116, 126, 139, 140, 148, 155, 158, 160, 172, 177, 182, 183 (2), 185, 186, 190 (2), 194, 197, 198, 208. |© Europäische Zentralbank (EZB), Frankfurt/M.: 185 (2).